机 电 电 气 专 业 系 列

"十四五"职业教育国家规划教材

U0646478

精 密 测 量 技 术

主 编 蒋建强 陶华山

副主编 董改花 薛 峰

秦 乐 陈凯立

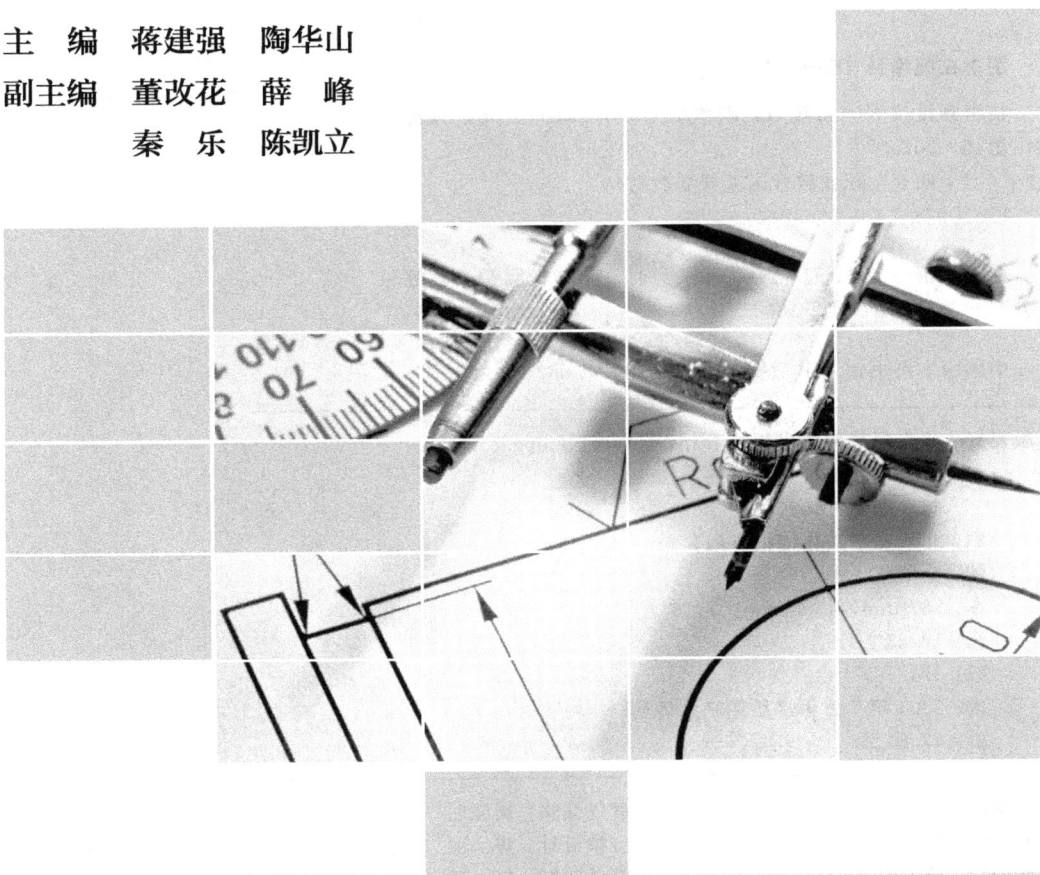

北京师范大学出版集团
BEIJING NORMAL UNIVERSITY PUBLISHING GROUP
北京师范大学出版社

图书在版编目（CIP）数据

精密测量技术 / 蒋建强，陶华山主编 . —北京：北京师范大
学出版社，2025.7

（"十四五"职业教育国家规划教材）

ISBN 978-7-303-23632-9

Ⅰ . ①精… Ⅱ . ①蒋…②陶… Ⅲ . ①精密测量－高等职
业教育－教材 Ⅳ . ①TG806

中国版本图书馆 CIP 数据核字（2018）第 082436 号

出版发行：北京师范大学出版社 https://www.bnupg.com
　　　　　北京市西城区新街口外大街 12-3 号
　　　　　邮政编码：100088

印　　刷：北京虎彩文化传播有限公司
经　　销：全国新华书店
开　　本：787 mm×1092 mm　1/16
印　　张：19.25
字　　数：374 千字
版 印 次：2025 年 7 月第 2 版第 7 次印刷
定　　价：47.80 元

策划编辑：周光明　　　　　　　责任编辑：周光明
美术编辑：焦　丽　　　　　　　装帧设计：焦　丽
责任校对：陈　民　　　　　　　责任印制：赵　龙

内容简介

　　本书以培养高素质高技能的实用型人才为出发点，根据职业类院校教育人才培养目标及教学要求进行编写。教材遵循"淡化理论，够用为度，培养技能，重在应用"的编写原则，主要培养学生测量技术的实际操作能力、创新意识和创业精神。

　　本书的主要内容包括测量基础知识、尺寸测量、角度测量、现代测量仪器、表面粗糙度的测量、形位公差与形位误差的测量、普通结合件的测量、圆柱齿轮传动的测量技术和几何量测量新技术。

　　本书主要用作为职业院校机电一体化、机械制造与自动化、数控技术等公差配合与测量技术、精密测量技术的专业教材、或中等职业学校数控技术应用专业领域技能型紧缺人才培养的专业教材，以及机械工人岗位培训和自学用书。也可作为企业培训部门、职业技能鉴定培训机构、高级技校、技师学院、高级职业技术院校、各种短期培训班的培训教材。

　　本教材所配资源包括视频资源和教学资源，教学资源可以下载。获取方法如下：（1）扫码注册登录。已注册过京师E课的用户直接扫码登录，未注册的用户用手机微信扫码注册后登录。（2）登录成功后，弹出激活弹框，输入激活码进行激活（激活码：T8arATEf）。（3）激活后即可使用。扫码本页二维码可下载教学资源，扫码教材内文中的二维码可直接观看视频。（4）使用资源只需要激活一次，在登录不过期时，再次使用资源不需要重新登录。

精密测量技术PPT

前　言

随着科技的进步，机械工业的发展体现在测量技术的现代化、互换性生产原则的贯彻能力等方面，也就是我们所说的机械零件的几何量、公差配合、精密测量技术等，这些都直接反映到产品质量以及企业的竞争能力中。精密测量技术是一门重要的技术学科，在机械、仪器仪表等制造工业中，始终都是不可缺少的组成部分，特别是在工厂定级和产品评优方面，精密测量技术更是质量监督的有力手段。同时，精密测量技术水平是衡量一个国家工业技术水平的重要尺度之一。

精密测量技术是现代制造业发展的重要基础之一，掌握并具备综合运用测量技术的能力，是对从事机械制造类专业人员的最基本要求。"精密测量技术"课程的设置是重要理论实践一体化的教学环节，有利于实现"加快建设国家战略人才力量的方向，既要努力培养更多'大师、战略科学家、一流科技领军人才和创新团队、青年科技人才'，也要努力造就更多'卓越工程师、大国工匠、高技能人才'"的目标，旨在培养"大师级"技术技能人才。精密测量技术的执行者——生产一线产业工人，他们素质的高低起到了决定性的作用。本书的编写以习近平新时代中国特色社会主义思想为指导，全面融入党的二十大精神，根据高等职业教育落实"立德树人"的根本任务，始终把学生的思想品德教育置于首位，以培养数以千计的高素质技术技能人才的课程改革思路，又根据新时代企业生产实际对岗位操作者的培养要求，编写了本书。本书力求使读者深刻认识到中国人民和中华民族从近代以后的深重苦难走向伟大复兴的光明前景，从来就没有教科书，更没有现成答案，而是要求我们始终坚持自信自立，坚定道路自信、理论自信、制度自信、文化自信，以更加积极的历史担当和创造精神，为新时代中国特色社会主义建设贡献力量。本书具有如下特点：①包含了很多生产中的实际案例，读者群定位在职业类学校的专业教师、在校学生和企业一线工人。②内容上以不同的测量方法为主线，以不同的测量要求所涉及的原理、工具为基本单元进行展开，同时将各种量具、量仪的使用方法融合在一起，注重实际操作。③便于自学，在编写过程中，注意理论联系实际，尽量多地列举实例，每章配有习题与思考题，以便对所学知识的巩固。④选题内容尽可能体现新技术、新工艺和新方法的应用，强调实用性、典型性和工艺规范，使学生在真实的情境中去感受、体验，从而提高学习兴趣，掌握操作技能。

书中内容主要有测量基础知识、尺寸测量、角度测量、现代测量仪器、表面粗糙度的测量、形位公差与形位误差的测量、普通结合件的测量、圆柱齿轮传动的测量技术和几何量测量新技术。

本教材由苏州经贸职业技术学院教授、高级工程师蒋建强；苏州幼儿师范高等专科学校副校长、副教授陶华山为主编；苏州经贸职业技术学院副教授董改花，莱克电气股份有限公司副总裁、高级工程师薛峰，巨立电梯股份有限公司顾问、正高级检验师秦乐，巨立电梯股份有限公司项目经理陈凯立为副主编。项目2、6、7由蒋建强编写，项目1、3由陶华山编写，项目4、8、9由董改花、薛峰编写，项目5、10由秦乐、陈凯立编写，全书由蒋建强统稿，由莱克电气股份有限公司高级工程师陆根官、苏州市职业大学高级工程师朱学超、苏州市技师协会秘书长、高级讲师徐渭林担任主审，感谢他们的大力协助和支持。

　　本书部分资源来源于网络，由于联系问题，谨向相关作者致以歉意和谢意，请与作者联系。

　　由于作者水平有限，书中难免存在不妥之处，敬请各位读者批评指正，以便使本书更加完善。

编　者

目　录

项目1 互换性与标准性

任何一台机器的设计，除了运动分析、结构设计、强度与刚度计算外，还要进行精度设计，研究机器的精度时，要处理好机器的使用要求与制造工艺的矛盾，解决的方法是确定合理的公差，并用检测手段保证其质量，由此可见，"公差"在生产中是非常重要的。

互换性与
标准性

▶ 任务1 互换性的基本概念

照明用的灯泡坏了，只要买一个与灯头规格一致（插销式或螺旋式）的灯泡保证能够装上，就可使用；自行车的辐条断了，买一根同规格的装上，就可照样使用；某管子上的螺母坏了，换一个同规格的，就可继续使用。为什么呢？这主要是由于灯泡、辐条和螺母等这些零件具有互换性的缘故。

零件互换性
作用与意义

现代化的机器生产，同样要求零件具有互换性。装备制造业担负着为国民经济各部门提供先进技术装备的重要任务。我们从事的是前无古人的伟大事业，必须坚持守正创新，守正才能不迷失方向、不犯颠覆性错误，创新才能把握时代、引领时代。机电技术装备都是由许多零件所组成，这些零件的制造必须符合互换性原则。

互换性是指在相同规格的一批零件或部件中，任取一件，不经任何挑选和装配，装到机器上就能满足机器的使用要求的一种性质。具有这种性质的零部件，我们称之具有互换性。例如，汽车、拖拉机、缝纫机、自行车和仪器仪表的零件都是按照互换性要求生产的。在使用中，当有些零件（如活塞、曲轴、轴承等）损坏而需要更换时，该零件不需要任何钳工修配即可装上机器，而且能完全满足使用要求，这样的一些零件成为具有互换性的零件。在现代生产中互换性已成为一个普遍遵循的原则。互换性对机器的制造、设计和使用都具有十分重要的意义。

▶ 任务2 互换性在机械制造中的作用

按互换性原则来组织生产，它是现代生产的重要技术经济原则之一。

从设计方面看，有利于最大限度采用标准件和通用件。可以大大简化绘图和计算工作，缩短设计周期，并便于计算机辅助设计（CAD），这对发展系列产品十分重要，例如，手表在发展新品种时，采用了具有互换性的机芯，不同品种只需要进行外观的造型设计，使设计与生产周期大大缩短。

从制造方面看，有利于组织专业化生产，采用先进工艺和高效率的专用设备，提高生产效率，提高产品质量，降低生产成本。

从使用、维修方面看，可以减少机器的维修时间和费用，保证机器能连续持久的运转，提高了机器的使用寿命。综上所述，在机械制造中，遵循互换性的原则不仅能显著提高劳动生产率，而且能有效保证产品质量和降低成本。所以，互换性是机械制造中的重要生产原则与有效技术措施。

在新产品试制方面，要以科学的态度对待科学、以真理的精神追求真理，坚持马克思主义基本原理不动摇，坚持党的全面领导不动摇，坚持中国特色社会主义不动摇，紧跟时代步伐，顺应实践发展，以满腔热忱对待一切新生事物，不断拓展认识的广度和深度，敢于说前人没有说过的新话，敢于干前人没有干过的事情，以新的理论指导新的实践，尽可能多地采用具有互换性的通用零部件，可缩短试制周期，而且能把精力集中在关键零部件的研制上，减少试制费用。

综上所述，互换性在提高产品质量和可靠性、提高经济效益等方面具有重大意义。互换性原则已成为现代机械制造业一个普遍遵守的原则，成为制造业可持续发展的重要技术基础。

▶ 任务 3 零件互换的条件及互换性种类

从互换性的定义可知，互换性包括了满足装配过程的几何参数的互换性和满足使用要求的功能互换性。零件之所以具有互换性，是因为这些零件的实际几何参数与理论几何参数间的误差都没有超过几何参数互换性所允许的范围而已。

合格零件实际几何参数允许的最大变动范围，称为几何参数公差，它由尺寸公差、形状公差和位置公差组成。对于一批同类零件能进行互换的条件是具有相同的几何精度，而零件具有互换性的关键，就是要把零件的加工误差控制在规定的公差范围内。

按规定参数或使用要求分，互换性可分为几何参数互换性与功能互换性。

几何参数互换性，规定几何参数公差，以保证零件成品的几何参数充分近似即可，也就是制成的零件几何参数值变动在控制范围内，即通常所讲的几何参数互换性，有时也局限于保证零件尺寸配合要求的互换性。

功能互换性，规定功能参数的公差所达到的互换性。功能参数当然包括几何参数，但还包括其他一些参数，如材料力学性能参数，化学、光学、电学、流体力学等参数。此为功能互换性，往往着重于保证除尺寸配合要求以外的其他功能要求。

互换性按其程度可分为完全互换（绝对互换）与不完全互换（有限互换）。

若零件（或部件）在装配或更换时，不仅不需辅助加工与修配，而且不需选择，则具有完全互换性。当装配精度要求很高时，采用完全互换将使零件尺寸公差缩小，加工困难，成本高，甚至无法加工。这时对某些形状误差很小而生产批量较大的零件，可将其制造公差适当的放大，以便于加工，而在加工完毕后再用测量器具（计量器具）将零件按实际尺寸大小分为若干组，使同组零件间的差别减小，按组进行装配。这样既可保证装配精度与使用要求，又可解决加工困难，降低成本。此时仅组内零件可以互换，组与组之间不可互换，故叫不完全互换。

对标准部件或机构讲，其互换性可分为外互换与内互换。

外互换：指部件或机构与其相配件间的互换性。例如，滚动轴承内圈内径与轴的配合，外圈外径与轴承座孔的配合。

内互换：指部件或机构内部组成零件的互换性。例如，滚动轴承内、外圈滚道直径与滚珠(滚柱)直径的装配。

为使用方便起见,滚动轴承的外互换为完全互换;至于其内互换则因其组成零件的精度要求高,加工困难,故采用分组装配,为不完全互换。

一般而言,不完全互换只限用于部件或机构的制造厂内部的装配。至于厂外协作,即使产量不大,往往也要求完全互换。

究竟采用完全互换、不完全互换还是修配,要由产品精度要求与复杂程度、产量大小(生产规模)、生产设备、技术水平等一系列因素决定。

▶ 任务 4 标准与标准化

现代化工业生产的特点是规模大,协作单位多,互换性要求高,为了协调各生产部门和衔接各生产环节,使分散的局部的生产部门和生产环节保持必要的技术统一,成为一个有机的整体,必须有一种协调手段,以实现互换性生产。标准与标准化正是联系这种关系的主要途径和手段,是实现互换性的基础。

1.4.1 标准与标准化的含义

标准是对重复性事物(产品、零件、部件)和概念(术语、规则、代号和量值)所作的统一规定。它以科学、技术和实践经验的综合成果为基础,经有关方面协商一致,由主管机构批准,以特定形式发布,作为共同遵守的准则和依据。

所谓标准化,就是指标准的制定、发布和贯彻实施的全部活动过程。这个过程包括从调查标准化对象开始,经试验、分析和综合归纳,进而制定和贯彻标准,以后还要修订标准等。

1.4.2 标准与标准化分类

标准的制定和应用已遍及人们生产和工作的各个领域,如工业、农业、矿业、建筑、能源、信息、交通运输、水利、科研、教育、贸易、文献、劳动安全、社会安全、广播、电影、电视、测绘、海洋、医药、卫生、环境保护、金融、土地管理,等等。

按照 WTO/TBT 协议对标准定义:"标准是由公认机构批准的,非强制性的,为了通用或反复使用的目的,为产品或相关加工和生产方法提供规则、指南或特性的文件。标准也可以包括或专门规定用于产品、加工或生产方法术语、符号、包装标志或标签要求。"标准是由民间机构在参与各方广泛协调一致的基础上制定的技术文件,属于推荐性的范畴。技术标准不仅要符合相应技术法规中规定的基本安全要求,同时还规定了产品的性能指标和合格标准。

1. 标准的分类

按照标准化对象,通常把标准分为技术标准、管理标准和工作标准三大类。

技术标准是指对标准化领域中需要协调统一的技术事项所制定的标准。技术标准包括基础技术标准、产品标准、工艺标准、检测试验方法标准及安全、卫生、环保标准等。

管理标准是指对标准化领域中需要协调统一的管理事项所制定的标准。管理标准包括管理基础标准。技术管理标准、经济管理标准、行政管理标准和生产经营管理标准等。

工作标准是指对工作的责任、权利、范围、质量要求、程序、效果、检查方法、考核办法所制定的标准。工作标准一般包括部门工作标准和岗位(个人)工作标准。

2. 标准化的分类

标准化的主要形式有简化、统一化、系列化、通用化、组合化。

简化是在一定范围内缩减对象事物的类型数目，使之在既定时间内足以满足一般性需要的标准化形式。

统一化是把同类事物两种以上的表现形态归并为一种或限定在一定范围内的标准化形式。

系列化是对同一类产品中的一组产品同时进行标准化的一种形式，是使某一类产品系统的结构优化、功能最佳的标准化形式。

通用化是指在互相独立的系统中，选择和确定具有功能互换性或尺寸互换性的子系统或功能单元的标准化形式。

组合化是按照标准化原则，设计并制造出若干组通用性较强的单元，根据需要组合成不同用途的物品的标准化形式。

1.4.3 标准的级别

标准制定的范围不同，其级别也不一样，我国的标准分为 4 级，分别为国家标准、行业标准、地方标准和企业标准。

从世界范围来看，标准又分为国际标准和国际区域性标准两级。国际标准是指国际标准化组织(ISO)、国际电工委员会(IEC)制定发布的标准。国际或区域性标准化组织是指由国际地区(或国家集团)性组织，如欧洲标准化委员会(CEN)、欧洲电工标准化委员会(CENELEC)等制定发布的标准。我国于 1978 年恢复参加 ISO 组织后，陆续修订了自己的标准。标准的分级如图 1-1 所示。

1. 国家标准

国家标准是对全国经济技术发展有重大意义，必须在全国范围内统一的技术要求。国家标准一经发布，与其重复的行业标准、地方标准相应废止，国家标准是四级标准体系中的主体。

(1)我国国家标准由国务院标准化行政主管部门编制计划和组织草拟，并统一审批、编号和发布。

(2)我国国家标准的代号，用"国标"两个字汉语拼音的第一个字母"G"和"B"表示。强制性国家标准的代号为"GB"，推荐性国家标准的代号为"GB/T"。国家标准的编号由国家标准的代号、国家标准发布的顺序号和国家标准发布的年号三部分构成。

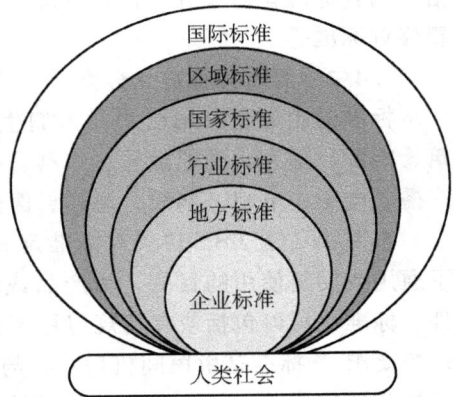

图 1-1 标准的分级

2. 行业标准

行业标准是指中国全国性的各行业范围内统一的标准。

(1)行业标准由国务院有关行政主管部门编制计划，组织草拟，统一审批、编号、发布，并报国务院标准化行政主管部门备案。

(2)在没有国家标准，而又需要在全国某个行业范围内统一的技术要求时制定行业标准。行业标准代号由国务院标准化行政主管部门规定。国务院标准化行政主管部门已批准了 58 个行业标准代号，行业标准的编号由行业标准的代号、标准顺序号和年号组成。

(3)行业标准是对国家标准的补充。

(4)行业标准在相应国家标准实施后，自行废止。

3. 地方标准

地方标准是指没有相应的国家和行业标准时，而在省、自治区、直辖市的范围内需要统一工业产品的安全和卫生要求的标准。制定地方标准的项目，由省、自治区、直辖市人民政府标准化行政主管部门确定。由省、自治区、直辖市人民政府标准化行政主管部门编制计划，组织草拟，统一审批、编号、发布，并报国务院标准化行政主管部门和国务院有关行政主管部门备案。

(1)地方标准不得与国家标准、行业标准相抵触，在相应的国家标准或行业标准实施后，地方标准自行废止。

(2)地方标准的代号，由汉语拼音字母"DB"加上省、自治区、直辖市行政区划代码前两位数再加斜线、顺序号和年号共四部分组成。

4. 企业标准

企业标准是指企业所制定的产品标准和在企业内需要协调、统一的技术要求和管理、工作要求所制定的标准。

(1)严于国家标准、行业标准和地方标准的企业标准。

(2)在企业内部适用。

(3)企业标准由企业制定，由企业法人代表或法人代表授权的主管领导批准、发布，由企业法人代表授权的部门统一管理。

(4)企业的产品标准，应在发布后 30 日内办理备案。一般按企业隶属关系报当地标准化行政主管部门和有关行政主管部门备案。

标准化是组织现代化大生产的重要手段，不仅是提高产品质量的有效措施，而且是将科学技术转化为生产力的桥梁。每一项先进的标准，都是一项科技成果，都为进一步发展生产提供了目标、准则和依据。制定、发布和实施标准的过程，也就是推广科技成果的过程。标准化作为一门管理科学，不仅在提高产品质量、保证企业获得最佳秩序、最佳效益方面发挥了积极的作用，而且在促进和发展市场经济方面有其特殊的地位；标准化作为一门软科学，不仅在统一产品性能、促进技术进步方面做出了重要贡献，而且在其不断发展中，将为打破技术壁垒、开辟国际市场做出巨大贡献。

▶ 任务 5　优先数和优先数系

优先数和优先数系是一整套国际通用的科学、统一、经济、合理的数值分级制度，我国国家标准 GB/T 321—2005《优先数和优先数系》规定了该数值分级制度的主要内容。在产品设计和制定技术标准时，涉及很多技术参数，这些技术参数在生产各环节中往往不是孤立的。当选定一个数值作为某种产品的参数指标后，这个数值就会按一定的规律向一切相关的制品、材料等的有关参数指标传播扩散。所以，在设计和生产过程中，如果随意取值，会造成尺寸、规格等的恶性膨胀，势必给组织生产、协作配套和设备维修带来很大困难。这种技术参数的传播，既可以发生在相同量值之间，

标准、优先数

也可以发生在不同量值之间，有时还可能跨越行业和部门的界限。因此，在生产中，为了满足用户各种各样的需求，同一种产品的同一参数就要从大到小取不同的数值，从而形成不同规格的产品系列。这个系列确定得是否合理，与所取的数值如何分级直接相关。优先数和优先数系不仅适用于标准的制定，也适用于标准制定前的规划、设计，从而把产品品种的发展一开始就引向科学的标准化轨道。

因此，优先数系是国际上统一的一个重要的基础标准。优先数和优先数系是对各种技术参数的数值进行协调、简化和统一的一种科学的数值制度。

1.5.1 数值标准

在设计机械产品时，需要确定许多技术参数。当选定一个数值作为某种产品的参数指标时，这个数值就会按照一定的规律，向一切相关制品和材料等有关的参数指标传播扩散。

实践证明，优先数和优先数系就是对各种技术参数的数值进行协调、简化和统一的一种科学的数值制度。

1.5.2 优先数和优先数系的概念

标准化的一项重要工作内容是对工程上的技术参数进行协调、简化和统一。

在进行机械产品设计时，需要确定许多技术参数。当选定一个数值作为某产品的参数指标后，这个数值就会按照一定的规律向一切相关的制品和材料等的有关参数指标传播扩散。

1. 优先数

制定公差标准以及设计零件的结构参数时，都需要通过数值表示，任何产品的参数值不仅与自身的技术特性有关，还直接或间接地影响与其配套系列产品的参数值，如：螺母直径数值，影响并决定螺钉直径数值以及丝锥、螺纹量规、钻头等系列产品的直径数值。由于参数值间的关联产生的扩散称为"数值扩散"。为满足不同的需求，产品必然出现不同的规格，形成系列产品，产品数值的杂乱无章会给组织生产、协作配套、使用维修带来困难，故需对数值进行标准化，即为优先数。

2. 优先数系

优先数和优先数系就是对各种技术参数的数值进行协调、简化和统一的一种科学的数值标准。GB/T 321—2005《优先数和优先数系》就是其中的一个重要标准。在确定机械产品的技术参数时，应尽可能地选用该标准中的数值。

优先数系是一种以公比为 $10^{1/r}$ 的近似等比数列，国家标准 GB/T 321—2005《优先数和优先数系》与国际标准 ISO 推荐 R5、R10、R20、R40、R80 系列，前四项为基本系列，R80 为补充系列。$r=5$、10、20、40 和 80，优先数系分为三类：基本数系、补充数系和派生数系。优先数系基本系列常用值见表 1-1。

（1）基本系列。

优先数系中的 R5、R10、R20、R40 4 个系列是常用系列，称为基本系列。该系列各项数值见表 1-1。系列无限定范围时，用 R5、R10、R20、R40 表示；系列有限定范围时，应注明界限值。如 R5（1.60，…）表示以 1.60 为下限的 R5 系列；R10（…，8.00）表示以 8.00 为上限的 R10 系列；R40（2.00，…，10.00）表示以 2.00 为下限、10.00 为上限的 R40 系列。

（2）补充系列。

R80 系列仅在参数分级很细或不能满足需要时才采用，称为补充系列。其代号表示方法与基本系列相同。

（3）派生系列。

实际应用中，当 R5、R10、R20、R40 和 R80 5 个系列不能满足要求时，还可采用派生系列。派生系列是从 R5、R10、R20、R40、R80 5 个系列中，每隔 p 项取值导出的系列。其公比为

$$q_{r/p} = q_r^p = (\sqrt[r]{10})^p = 10^{p/r}$$

代号为 Rr/p，其中 r 代表 5、10、20、40、80。例如，R10/3 表示从 R10 系列中，每隔 3 项取值导出的系列，该系列为…，1，2，4，8，16…；R10/3(…，10，…)表示含有项值 10 并向两端无限延伸的派生系列；R20/4(112，…)表示以 112 为下限的派生系列；R5/2(1，…，10 000)表示以 1 为下限、10 000 为上限的派生系列。

在标准化工作中，许多参数都是按优先数系确定的。本课程中涉及的尺寸分段、公差分级和表面粗糙度参数系列等也是按优先数系制定的。优先数系在工程技术领域被广泛应用，已成为国际上统一的数值制。

表 1-1　优先数系基本系列常用值

R5	R10	R20	R40	R5	R10	R20	R40	R5	R10	R20	R40
1.00	1.00	1.00	1.00			2.24	2.24		5.00	5.00	5.00
			1.06				2.36				5.30
		1.12	1.12	2.50	2.50	2.50	2.50			5.60	5.60
			1.18				2.65				6.00
	1.25	1.25	1.25			2.80	2.80	6.30	6.30	6.30	6.30
			1.32				3.00				6.70
		1.40	1.40		3.15	3.15	3.15			7.10	7.10
			1.50				3.35				7.50
1.60	1.60	1.60	1.60			3.55	3.55		8.00	8.00	8.00
			1.70				3.75				8.50
		1.80	1.80	4.00	4.00	4.00	4.00			9.00	9.00
			1.90				4.25				9.50
	2.00	2.00	2.00			4.50	4.50	10.00	10.00	10.00	10.00
			2.12				4.75				

▶ 任务 6　零件的加工误差与公差

零件加工时，任何一种加工方法都不可能把工件加工得绝对准确，一批成品工件总存在不同程度的差异，通常，称一批工件的尺寸变动为尺寸误差。随着制造技术水平的提高，可以减小尺寸误差，但永远不能消除尺寸误差。

在零件的加工过程中，几何量误差是不可避免的，要使同一规格零

零件的加工
误差与公差

件的几何量参数完全一样是不可能，也是没必要的。实践证明，只要将零件实际几何量的变动控制在一定范围内，即可实现互换性。这里，几何量允许的变动范围称为公差。公差越小，几何量精度越高，加工难度越大；反之，几何量精度越低，加工难度越小。公差可以控制误差，从而保证互换性的实现。在加工过程中，由于各种因素的影响，零件的实际几何参数不可能做得绝对准确，即与理想几何参数完全一致，二者之间的差异，称为几何量误差，它包括以下几个方面。

1.6.1 加工误差分类

1. 尺寸误差

尺寸误差是指一批工件的尺寸变动量。即加工后零件的实际尺寸和理想尺寸之差。如直径误差、孔距误差等。

2. 几何形状误差

几何形状误差是指加工后零件的实际表面形状对于其理想形状的差异或偏离程度，如圆度、直线度等。零件的几何形状误差分为三种：宏观几何形状误差、微观几何形状误差和表面波度。

(1)宏观几何形状误差：指零件整个表面范围内的形状与理想形状之间的差异。如理想形状是正圆形，若加工后实际形状为椭圆形或其他非正圆形，则存在形状误差，如图1-2(a)所示。宏观几何形状误差通常称作形状误差。

(2)微观几何形状误差：微观几何形状误差是加工后，刀具在工件表面上留下的许多微小的高低不平的波形，如图1-2(b)所示。微观几何形状误差通常称作表面粗糙度。

(3)表面波度：表面波度是介于宏观和微观几何形状误差之间的一种表面形状误差，主要是由加工过程中的振动引起的，表面成明显的周期波形，如图1-2(b)所示。

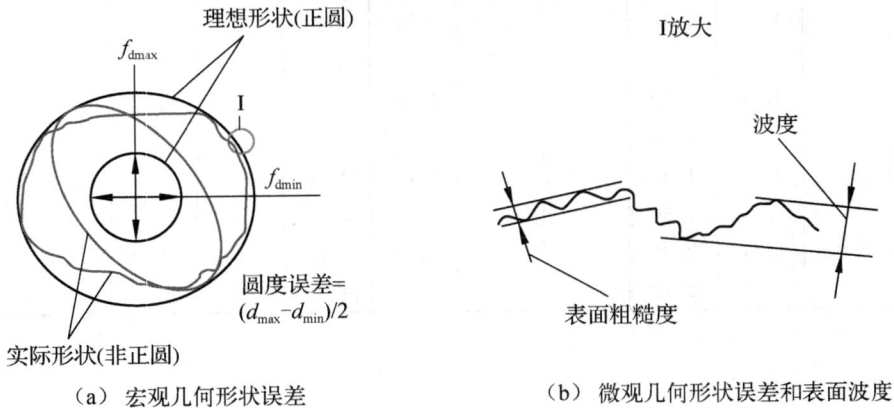

（a）宏观几何形状误差　　　　　（b）微观几何形状误差和表面波度

图1-2　几何形状误差

3. 相互位置误差

相互位置误差是指加工后，零件各表面或中心线之间的实际位置与其理想位置之间的差值。如两个平面之间的平行度、垂直度等。

4. 表面粗糙度

表面粗糙度是指零件加工表面上具有的较小间距和峰谷所形成的微观几何形状误差。

1.6.2 误差与公差的区别

1. 误差

误差是在零件加工过程中产生的，是不可避免的，是客观存在的，它的大小受到加工过程中的各种因素的影响。公差则是允许零件的尺寸、几何形状和相互位置的最大变动量。它是由设计人员根据零件的功能要求给定的。

2. 公差

公差是指允许尺寸、几何形状和相互位置误差变动的范围，用以限制加工误差。它是由设计人员根据产品使用性能要求给定的，它反映了一批工件对制造精度的要求和经济性要求，并体现了加工难易程度，公差越小，加工越困难，生产成本越高。

零件加工后的误差值若在公差范围之内，则为合格件，若超出公差范围，则为不合格件。所以，公差也是允许的最大误差。

为了保证机械产品的性能指标和良好的经济性，在产品设计时，必须合理地规定各种几何参数的公差，如尺寸公差、表面粗糙度、形状和位置公差等，并且按照规定的方法标注在零件图上。几何参数公差标注示例如图 1-3 所示。

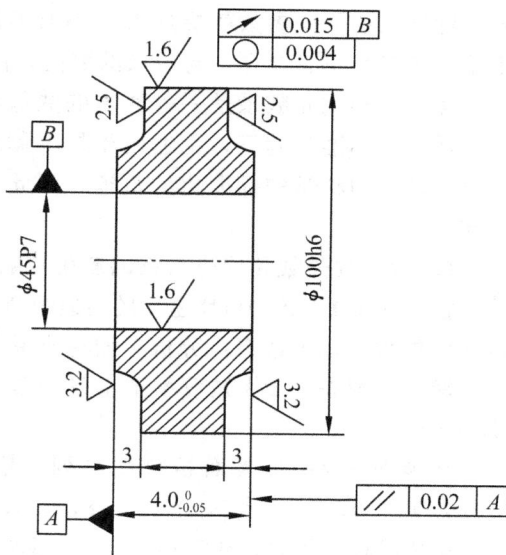

图 1-3　几何参数公差标注示例

任务 7　工程技术应用案例

1.7.1 优先数和优先数系的应用

企业在设计产品时，产品的主要参数系列应最大限度采用优先数系，以促进产品的标准化。企业在对产品整顿时，对规格杂乱、品种繁多的老产品，应通过调查分析加以整顿，从优先数系中选用合适的系列作为产品的主要参数系列，以简化品种规格，使产品走上标准化的轨道。在零部件的系列设计中应选取一些主要尺寸为自变量选用优先数系，这不仅有利于零部件的标准化，而且可以简化设计工作。

工程上各种技术参数的简化、协调和统一是标准化的一项重要内容。在产品设计和制订技术标准时，涉及很多技术参数，这些技术参数在生产各环节中往往不是孤立的。当选定一个数值做为某种产品的参数指标后，这个数值就会按一定的规律向一切相关的制品、材料等有关参数指标传播扩散。

在机械设计中，常常需要确定很多参数，而这些参数往往不是孤立的，一旦选定，这个数值就会按照一定规律向一切有关的参数传播。例如，动力机械的功率和转速数值确定后，不仅会传播到有关机器的相应参数上，而且必然会传播到其本身的轴、轴承、键、齿轮、联轴节等一整套零部件的尺寸和材料特性参数上，传播到加工和检验这些零部件的刀具、量具、夹具及专用机床的相应参数上。

例如，螺栓的直径确定后，不仅会传播到螺母的内径上，也会传播到加工这些螺纹的刀具上，传播到检测这些螺纹的量具及装配他们的工具上。这些技术参数的传播，在生产实际中是极为普遍的现象。而工程技术上的参数数值，即使只有很小的差别，经过多次传播以后，也会造成尺寸规格的繁多杂乱。如果随意取值，势必给组织生产、协作配套和设备维修带来很大困难。因此，在生产中，为了满足用户各种各样的需求，同一种产品的同一参数就要从大到小取不同的值，从而形成不同规格的产品系列，这个系列确定得是否合理，与所取的数值如何分级直接相关。

优先数和优先数系是一种科学的数值制度，也是国际上统一的数值分级制度，它不仅适用于标准的制订，也适用于标准制订前的规划、设计，从而把产品品种的发展一开始就引向科学的标准化的轨道，因此，优先数系是国际上统一的一个重要的基础标准。

1.7.2 优先数和优先数系的应用技能训练

技能训练 1：各种机床主轴的转速为 200，250，315，400，500，630，单位为 r/min，根据优先数和优先数系，分析主轴转速系列数据采用哪种优先数系列？其公比是多少？

解：根据表 1-1 优先数系基本系列常用值分析，它属于优先数系 R10 系列，其公比为 $10^{1/10}$。

技能训练 2：某表面粗糙度系列：轮廓算术平均偏差 Ra 是基本系列为 0.012，0.025，0.050，0.1，0.2，0.4，0.8，1.6，3.2，6.3，12.5，25，5，其单位为 μm，试分析采用哪种优先数系列？其公比是多少？

解：根据表 1-1 优先数系基本系列常用值分析，表中无此优先数系，因为优先数系分为三类：基本数系、补充数系和派生数系三种。所以此表面粗糙度 Ra 基本系列为 0.012，0.025，0.050，0.1，0.2，0.4，0.8，1.6，3.2，6.3，12.5，25，5，为派生数系。其公比是从基本系列 R10 中每逢三项取出一个优先数，组成的派生系列 R10/3，其公比 $q=(10^{1/10})^3=(1.2598)^3 \approx 2$。

技能训练 3：摇臂钻床的主参数（最大钻孔直径，单位为 mm）：25，40，63，100 属于哪种系列？公比为多少？

解：根据表 1-1 优先数系基本系列常用值分析，此系列属于 R5 系列，公比为 40/25＝$5^{1/10} \approx 1.6$。

技能训练 4：第一个数为 10，按 R5 系列确定后 5 项优先数。

解：根据表 1-1 优先数系基本系列常用值分析，按 R5 系列基本系列为 1.00，1.60，2.50，4.00，6.30，如果第一个数为 10，后 5 项优先数扩大 10 倍。

10.00，16.00，25.00，40.00，63.00，100.00。

技能训练 5：试写出 R10 系列从 250 到 3150 的优先数系。

解：根据表 1-1 优先数系基本系列常用值分析，按 R10 系列基本系列数值 2.50 开始，数值扩大 100 倍，2.50×100＝250，分别为如下所示：

250，315，400，500，630，800，1000，1250，1600，2000，2500，3150

1.7.3 优先数和优先数系的应用分析

优先数系的应用范围很广,适用于各种尺寸、参数的系列化和质量指标的分级,对保证各种工业产品品种、规格的合理简化分档和协调具有重大的意义。

选用基本系列时,应遵循先疏后密的原则,优先选用公比大的系列,以免规格太多。优先数系的应用实例很多,形位公差、粗糙度参数等都采用优先数系。

1. 优先数系基本系列常用值分析

以表 1-1 优先数系基本系列常用值来分析优先数系的特点,从国家标准规定可以看出,优先数系最主要有以下两个特点:第一个特点是优先数系是十进制等比数列;第二个特点是优先数系具有相关性。

在上一级优先数系中隔项取值就得到下一系列的优先数系;反之,在下一系列中插入比例中项,就得到上一系列的数值。R10 系列隔项取值就得到 R5 系列;反之,R5 系列中插入比例中项,就得到 R10 系列的数值。即:R5 系列的项值包含在 R10 系列之中,R10 系列的项值包含在 R20 系列之中,R20 系列的项值包含在 R40 列之中。

2. 优先数和优先数系的应用实例

(1)螺纹参数系列:螺纹规格系列是 M6,M8,M10,M12,M14,M16,M20,M24,M30,M36。该系列是 R10 基本系列,公比为 $10^{1/10} \approx 1.25$,优先数的应用可以用较少的品种覆盖较大的应用范围,这样 6 个规格就覆盖了 M6~M16 的尺寸范围。

(2)粗牙螺纹的螺距系列:粗牙螺纹的螺距系列是 0.7,0.8,1,1.25,1.5,1.75,2,2.5,3,3.5,4。该系列是 R10 基本系列,公比为 $q=10^{1/10} \approx 1.25$。

(3)普通螺纹公差:普通螺纹公差自 3 级精度开始其公差等级系数为,0.50,0.63,0.80,1.00,1.25,1.60,2.00。该系列是 R10 基本系列,公比为 $q=10^{1/10} \approx 1.25$。

(4)轴的标准直径系列:轴的标准直径系列为,24,25,26,28,30,32,34,36,38,40,42,45,48,50,53,56,60,63,67,71,75,80,85,90,95,100。该系列是 R40 基本系列,公比为 $q=10^{1/10} \approx 1.06$。

(5)型钢型号系列:普通工字钢、普通槽钢型号系列:

10,12.6,14,16,18,20,22,25,28,32,36,40,45,50,56,63。该系列是 R20 基本系列,公比为 $q=10^{1/10} \approx 1.12$。

3. 优先数派生系列(或补充系列)的应用

为了使优先数系有更大的适应性来满足生产,可从基本系列中每逢几项选取一个优先数组成新的系列,即派生系列。工程中经常使用的派生系列 R10/3,就是从基本系列 R10 中每逢三项取出一个优先数组成的,其公比 $q=(10^{1/10})^3=(1.2598)^3 \approx 2$。这个系列又称为倍数系列。同理,对于 R20 系列来说,每逢 6 项取值,其项值也增大 2 倍。

(1)齿轮的标准模数系列,齿轮的标准模数第一系列是 0.8,1,1.25,1.5,2,2.5,3,4,5,6,8,10,12,16,20,25,32,40,50。该系列为 R10 基本系列,公比为 $q=10^{1/10} \approx 1.25$。

(2)齿轮的标准模数第二系列是 1.75,2.25,2.75,(3.25),3.5,(3.75),4.5,5.5,(6.5),7,9,(11),14,18,22,28,(30),36,45。该系列是从基本系列 R20 中每逢两项取出一个优先数组成的派生系列,公比为 $q=(10^{1/20})^2=(1.12)^2 \approx$

1.25。模数种类越多，齿轮加工刀具的种类就越多，不利于加工准备、管理等。

（3）第一系列的齿轮模数，是优先选用模数值；第二系列的，是其次的选择。第一系列模数的刀具，很容易"选到"，第二系列模数，作为齿轮模数的"补充"，刀具不如第一系列的"好选"。应优先选用第一系列，括号内的模数(m)尽量不要选用。

习题 1

1-1：填空题

1. 为了控制加工误差，在设计时需要规定_____，在制造时需要进行_____。

2. 保证互换性生产的基础是_____。

3. R5 系列中 10～100 的优先数是 10、_____、_____、_____、_____、100。

4. 优先数系 R10 系列中在 1～10 的进段中包含_____个优先数。

1-2：判断题

1. 对大批量生产的同规格零件要求有互换性，单件生产则不必遵循互换性原则。 （ ）

2. 遵循互换性原则将使设计工作简化，生产效率提高，制造成本降低，使用维修方便。 （ ）

3. 标准化是通过制定、发布和实施标准，并达到统一的过程，因而标准是标准化活动的核心。 （ ）

1-3：简答题

1. 零件具有什么性能才称它们具有互换性？

2. 互换性如何分类？

3. 完全互换与不完全互换有什么区别？举例说明应用场合。

4. 按照标准颁发的级别，我国标准有哪几种？

5. 互换性在机器制造业中有什么作用和优越性？

大国工匠　大国成就

培养造就大批德才兼备的高素质人才，是国家和民族长远发展大计。课程设置既要在教室里学习理论知识，又必须深入企业内部进行调研和交流，将企业的设计项目融入课堂教学中，将产、学、研做到实处，培养人才发现问题、解决问题的能力和精益求精的工匠精神，同时培养他们探索未知、追求真理、永攀科学高峰的责任感和使命感。坚持尊重劳动、尊重知识、尊重人才、尊重创造；完善人才战略布局，坚持各方面人才一起抓，建设规模宏大、结构合理、素质优良的人才队伍。

JIER 龙门铣机台长——技工的风采

项目 2 测量仪器与极限尺寸

在机械设计制造过程中，需要通过测量来判断加工后的零件是否符合设计要求。测量技术主要是研究对零件的几何量进行测量和检验的一门技术。国家标准是实现互换性的基础，测量技术是实现互换性的保证。测量技术在生产中占据着举足轻重的地位。

测量基础知识概述

▶ 任务 1 测量概述

测量是指为了确定被测几何量的量值而进行的试验过程，其实质是将被测几何量 L 与作为计量单位的标准量 E 进行比较，从而获得两者比值的过程；而检验是指为确定被测量是否达到预期要求所进行的测量，从而判断是否合格，不一定得出具体的量值。

1. 测量要素

所谓"测量"，是指以确定量值为目的的一组操作。通俗地讲，测量就是把被测量值与法定计量单位的标准量进行比较，从而确定被测量量值的过程。这一过程必将产生一个比值，比值乘测量单位即为被测量值。

若以 L 表示被测量，以 E 表示所采用的计量单位，则比值为

$$q = L/E \qquad (2\text{-}1)$$

在被测量 L 一定的情况下，比值 q 的大小完全取决于所采用的计量单位 E，计量单位的选择取决于被测量所要求的精确程度，则测量结果为

$$L = qE \qquad (2\text{-}2)$$

式(2-2)称为基本测量方程式。它说明：如果采用的计量单位 E 为 mm，与一个被测量比较所得的比值 q 为 30，则其被测量值也就是测量结果应为 30 mm。计量单位越小，比值就越大。计量单位的选择取决于被测几何量所要求的测量精度，精度要求越高，计量单位就应选得越小。

显然，对任一被测对象进行测量，首先要确立计量单位；其次要有与被测对象相适应的测量方法，并且测量结果还需要达到所要求的测量精度，因此，一个完整的几何量测量过程应包括：被测对象、计量单位、测量方法和测量精度四个要素。

(1)被测对象：本课程研究的被测对象主要指零件的几何量，包括长度、角度、几何形状、相互位置以及表面结构参数等。

(2)计量单位：指用于度量被测量量值的标准量，是指国家的法定计量单位。我国于 1984 年 2 月 27 日正式公布了中华人民共和国法定计量单位，确定米制为我国的基本计量制度。我国法定计量单位中，几何量中长度的基本单位是米(m)，其他常用单位有毫米(mm)和微米(μm)。在机械零件制造中，常用的长度计量单位是毫米(mm)；在几何量精密测量中，常用的长度计量单位是微米(μm)；在超精密测量中，常用的长度计量单位是纳米(nm)。1 mm = 10^{-3} m，1 μm = 10^{-3} mm，1 nm = 10^{-3} μm。几何量中角

度的单位为弧度(rad)、微弧度(μrad)及度(°)、分(′)、秒(″)。度、分、秒的关系采用 60 等分制，即 $1°=60′$，$1′=60″$，$1 μrad=10^{-6} rad$，$1°=0.017\,453\,3 rad$。

(3)测量方法：指测量时所采用的测量器具、测量原理以及检测条件的总和。对几何量的测量而言，则是根据被测零件的特点(如材料硬度、外形尺寸、重量、批量大小等)和被测对象的精度要求以及与其他参数的关系来拟订测量方案、选择计量器具和规定测量条件。

(4)测量精度：指测量结果与真值的一致程度。任何测量过程都不可避免会产生测量误差。因此，任何测量结果都是一个表示真值的近似值。精度和误差是两个相互对应的概念。测量误差的大小反映测量精度的高低。精度高，说明测量结果更接近真值，测量误差更小；反之，精度低，说明测量结果远离真值，测量误差大。不知测量精度的测量是毫无意义的测量。

2. 测量任务

在机械制造中，技术测量是研究空间位置、形状和大小等几何量的测量工作的。测量就是为确定量值进行的一组操作。例如，将被测量值与法定计量单位的标准量值进行比较，从而确定被测量值的一组操作。检验是为确定被测量值是否达到预期要求所进行的测量。

技术测量的任务是：

(1)确定统一的计量单位、测量基准，以及严格的传递系统，以确保"标准单位"能准确地传递到每个使用单位中。

(2)正确选用测量器具，拟订合理的测量方案，以便准确地测量被测量的量值。

(3)分析测量误差，正确处理测量数据，提高测量精度。

(4)研制新的测量器具和测量方法，不断满足生产发展对技术测量的新要求。

▶ 任务 2　计量器具

计量器具是计量仪器(量仪)和计量工具(量具)的总称。在几何量测量器具术语中，对量具的定义为：以固定形态实现或提供给定量的一个或多个已知量值的器具。对量仪的定义为：将被测量值转换成直接观测或等效信息的计量器具。

一般情况下，量具没有传动放大系统，结构简单。如量块、线纹尺、多面棱体、量规等；而量仪具有传动放大系统，结构比较复杂。如各种比较仪、投影仪、测长仪等。

1. 计量器具的分类

计量器具按结构特点分为量具、量规、量仪和测量装置 4 类。

(1)量具。以固定形式复现量值的计量器具。又可分为单值量具(如量块)和多值量具(如线纹尺)。量具的特点是一般没有放大装置。

(2)量规。没有刻度的专用计量器具，用来检验工件实际尺寸和形位误差的综合结果。量规只能判断工件是否合格，而不能获得被测几何量的具体数值，如光滑极限量规和螺纹量规等。

(3)量仪。能将被测量转换成可直接观测的指示值或等效信息的计量器具。其特点是一般都有指示放大系统。

(4)测量装置。是指为确定被测量所必需的测量装置和辅助设备总称。它能够测量较多的几何参数和较复杂的工件。

2. 计量器具的度量指标

(1)分度间距(刻度间距):指计量器具的刻度标尺或度盘上两相邻刻线中心之间的距离,一般为 1～2.5 mm。

(2)分度值(刻度值):指计量器具的刻度尺或度盘上相邻两刻线所代表的量值之差。例如,千分尺的微分套筒上相邻两刻线所代表的量值之差为 0.01 mm,即分度值为 0.01 mm。一般说,分度值越小,计量器具的精度越高。

(3)示值范围:指计量器具所显示或指示的最小值到最大值的范围。如光学比较仪的示值范围为±0.1 mm。

(4)测量范围:指在允许的误差内,计量器具所能测出的最小值到最大值的范围。如光学比较仪的测量范围为 0～0.1 mm。测量范围也是使测量器具的误差在规定范围内的被测量值范围。标尺范围、分度值、示值、测量范围比较如图 2-1 所示。

(5)示值误差:指计量器具上的示值与被测量真值的代数差。

(6)灵敏度 s:指计量器具对被测量变化的反应能力。若被测量变化为 x,所引起的计量器具相应变化 L,则灵敏度 $s=L/x$。

(7)修正值:为了消除系统误差而用代数法加到未修正的测量结果上的值,它等于示值误差的相反数。

(8)示值变动性:在测量条件不作任何改变的情况下,对同一被测量进行多次重复读数(一般 2～10 次),其示值的最大差异。

(9)测量力:测量过程中计量器具与被测工件之间的接触力。

(10)稳定度:在测量条件一定的情况下,计量器具的性能随时间保持不变的能力。

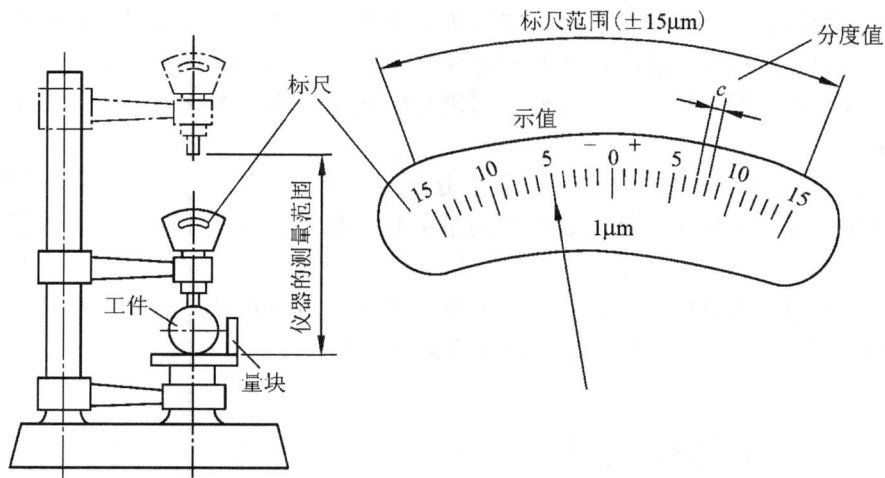

图 2-1　标尺范围、分度值、示值、测量范围比较

3. 测量方法分类

(1)按实测量是否是被测量分类。

①直接测量:指直接从计量器具获得被测量的量值的测量方法。

②间接测量：指先测量出与被测量有已知函数关系的量，然后通过函数关系算出被测量的测量方法。

（2）按实测量是否是被测量的整个量值分类。

①绝对测量：能由计量器具读数装置上读出被测量的整个量值的测量方法，如游标卡尺、千分尺测量轴径。

②相对测量：指计量器具的示值仅表示被测量对已知标准量的偏差，而被测量的量值为计量器具的示值与标准量的代数和的测量方法。一般来说，相对测量的测量精度比绝对测量的精度高。

（3）按测量时，计量器具的测头与被测表面之间是否有机械作用的测量力分类。

①接触测量：仪器的测量头与零件被测表面直接接触，并有机械作用的测量力存在，如游标卡尺、千分尺。

②非接触测量：仪器的传感部分与零件的被测表面间不接触，没有机械的测量力存在，如光切显微镜测量表面粗糙度。

（4）按同时被测量的多少分类。

①单项测量：单个的彼此没有联系的测量工件的单项参数，测量螺纹的螺距、中径和牙形半角。

②综合测量：同时测量工件上的几个有关参数，综合地判断工件是否合格。其目的在于保证被测工件在规定的极限轮廓内，已达到互换性的要求。如花键塞规检验花键孔、用齿轮动态整体误差测量仪器、测量齿轮。

单项测量便于工艺分析，但综合测量效率比单项测量高，综合测量反映结果比较符合工件的实际工作情况。

（5）按被测量是否在加工过程中分类。

①在线测量：零件在加工过程中或在机床上进行的测量。此时测量的结果直接用来控制零件的加工过程，或决定是否继续加工。它能及时防止与减少废品。

②离线测量：零件加工完后在检验站进行的测量。此时测量的结果仅限于发现并剔除废品。

（6）按被测量在加工过程中所处的状态分类。

①静态测量：测量时，被测表面与测量头相对静止。例如，用千分尺测量零件的直径。

②动态测量：测量时，被测表面与测量头之间有相对运动，它能反映被测参数的变化过程。例如，用激光丝杠动态检查仪测量丝杠等。

▶ 任务3　测量器具选用

测量器具的选择应综合考虑以下几方面的因素：

（1）测量精度：所选的测量器具的精度指标必须满足被测对象的精度要求，才能保证测量的准确度。被测对象的精度要求主要由其公差的大小来体现。公差值越大，对测量的精度要求就越低；公差越小，对测量的精度要求就越高。一般情况下，所选测量器具的测量不确定度只能占被测零件尺寸公差的 1/10～1/3，精度低时取 1/10，精度高时取 1/3。

（2）测量成本：在保证测量准确度的前提下，应考虑测量器具的价格、使用寿命、检定修理时间、对操作人员技术熟练程度的要求等，选用价格较低、操作方便、维护保养容易、操作培训费用少的测量器具，尽量降低测量成本。

（3）被测件的结构特点及检测数量：所选测量器具的测量范围必须大于被测尺寸。对硬度低、材质软、刚性差的零件，一般选用非接触测量，如用光学投影放大、气动、光电等原理的测量器具进行测量。

▶ 任务 4　常用量具

零件是否符合图纸规定的公差要求，要用测量工具进行测量，这些测量工具简称量具。

2.4.1　常用量具的名称、规格和用途

由于零件的形状和精度要求不同，因此要选用不同的量具，现将常用量具的结构、性能、使用方法和注意事项介绍如下。

常用量具

1. 钢尺

钢尺是用薄钢皮制成的。它的长度有 150 mm、300 mm、500 mm 和 1 000 mm 等几种，常用的是 150 mm 钢尺（如图 2-2 所示）。

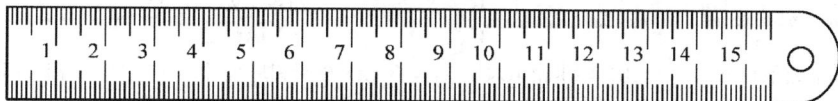

图 2-2　钢尺

钢尺用于直接测量零件的长度和直径尺寸，可以准确地读出毫米数，比 1 mm 小的数值，只能估计来获得，使用方法如图 2-3 所示，读数时，眼睛要对正尺面刻度，不得斜视，以提高读数精度，用完后要擦干净存放好。

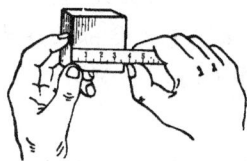

（a）用钢尺测量零件宽度　　　（b）从第十条刻线起的测量方法

图 2-3　钢尺的使用方法

2. 卡钳

卡钳是一种间接量具，从卡钳上是看不出尺寸的，使用时必须与钢尺或其他刻线量具合用。

卡钳分外卡钳和内卡钳 2 种（如图 2-4 所示），分别用于测量外尺寸和内尺寸，卡钳测量的尺寸可用图 2-5 所示的方法取得，测量工件的方法如图 2-6 所示，调整普通卡钳尺寸时，应敲钳口的两侧面，不得敲击钳口；测量工件时，卡钳要放正，不可用力压

卡钳，只要感觉到钳口与被测表面接触即可，工件转动时，不可用卡钳测量。

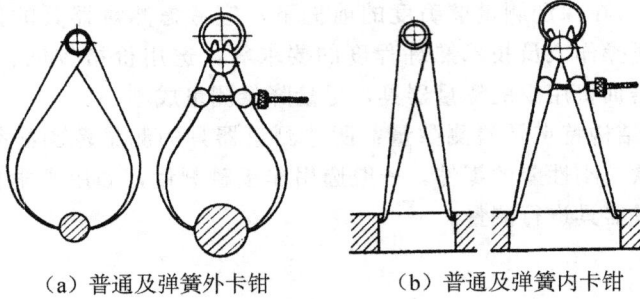

（a）普通及弹簧外卡钳　　　　　（b）普通及弹簧内卡钳

图 2-4　卡钳

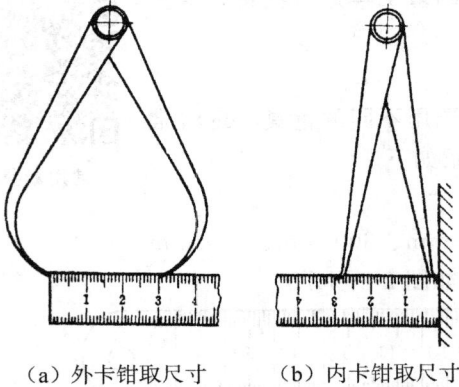

（a）外卡钳取尺寸　　（b）内卡钳取尺寸　　　　（a）外卡钳取尺寸　　（b）内卡钳取尺寸

图 2-5　卡钳取尺寸的方法　　　　　　　　**图 2-6　用卡钳测量工件**

3. 刀口尺

刀口尺是样板平尺中的一种，因它有圆弧半径为 0.1~0.2 mm 的棱边（如图 2-7 所示），故可用漏光法或痕迹法检验直线度和平面度。

在检验时，刀口尺的测量棱边紧靠工件表面，然后观察漏光缝隙大小（如图 2-8 所示），判断工件表面是否平直，在明亮而均匀的光源照射下，全部接触表面能透过均匀而微弱的蓝色光线时，被测表面就很平直，检验平面度时，还应沿对角线方向检验（如图 2-9 所示）。

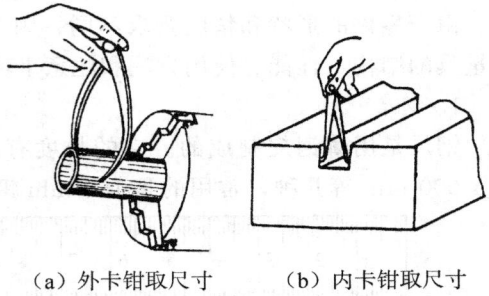

图 2-7　刀口尺

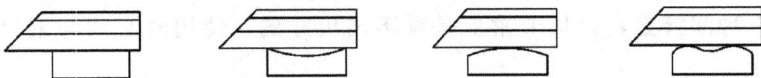

图 2-8　用刀口尺检验直线度

图 2-9 从各个方向检验工件平面度

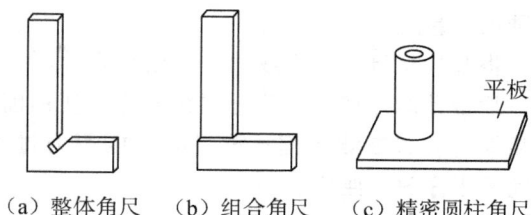

（a）整体角尺   （b）组合角尺   （c）精密圆柱角尺

图 2-10 角尺

4. 角尺

角尺有 2 根互成 90°钢尺边，它可以制成整体型或组合型 2 种形式，也有制成精密圆柱形的，这时必须与平板配合使用［如图 2-10（c）所示］，用来测量外角度。角尺检验零件外角度时，使用角尺的内边；检验零件内角度时，使用角尺的外边（如图 2-11 所示）。当角尺一边贴住零件基准表面时，应轻轻压住，然后使角尺的另一边与零件被测表面接触，根据漏光的缝隙判断零件相互垂直面的直角精度，角尺的放置位置不能歪斜（如图 2-12 所示），否则测量不准确。

（a）检验外角度   （b）检验内角度

图 2-11 用角尺检验工件

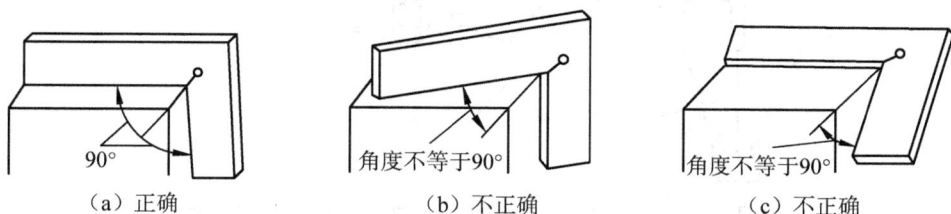

（a）正确   （b）不正确   （c）不正确

图 2-12 角尺的放置位置

5. 厚薄规

厚薄规又叫塞尺，用于检验 2 个接触面之间的间隙大小，厚薄规有 2 个平行的测量平面（如图 2-13 所示），其长度有 50 mm、100 mm、200 mm 等几种，测量片厚度为 0.03～0.1 mm 时，中间每片相隔为 0.01 mm；测量片厚度为 0.1～1 mm 时，中间每片相隔为 0.05 mm。

使用时，根据零件尺寸的需要，可用一片或数片重叠在一起塞入间隙内，如用 0.03 mm 能塞入，0.04 mm 不能塞入，说明间隙在 0.03～0.04 mm，所以厚薄规是一种极限量规。

将塞片从匣内取出或放进及组合塞片时，要用厚片带动薄片移动，防止损坏薄片；使用前要清洁厚薄规和被测表面；测量时不能用力过大，用完擦干净放入匣内。

6. 游标卡尺

游标卡尺是一种精度比较高的量具，它可以直接测量出工件的外径、内径、长度、宽度、孔距和孔深等尺寸。

(1)游标卡尺的结构。

图 2-13　厚薄规

游标卡尺是由主尺 6 和游标 8(如图 2-14 所示)等零件组成的，在主尺 6 上刻有每格 1 mm 的刻度，游标(副尺)8 上也刻有刻度，5 是微动装置架，当尺框 3 需要移动较大的距离时，应松开螺钉 4，推动尺框即可；如果要使尺框做微动调节，则要将右螺钉拧紧，左螺钉松开，用手指转动微调螺母 7，通过螺杆移动尺框，使其得到需要的位置或尺寸，然后把左螺钉拧紧。图示卡尺的下量爪 9 的内侧面用于测量外尺寸，外侧面用于测量内尺寸，上量爪 2 的测量面较窄，用于测量孔距或测量狭窄表面，有些卡尺的尺框带测深尺，用于测量深度尺寸。

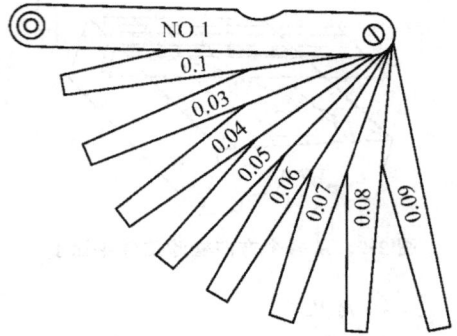

游标卡尺的使用

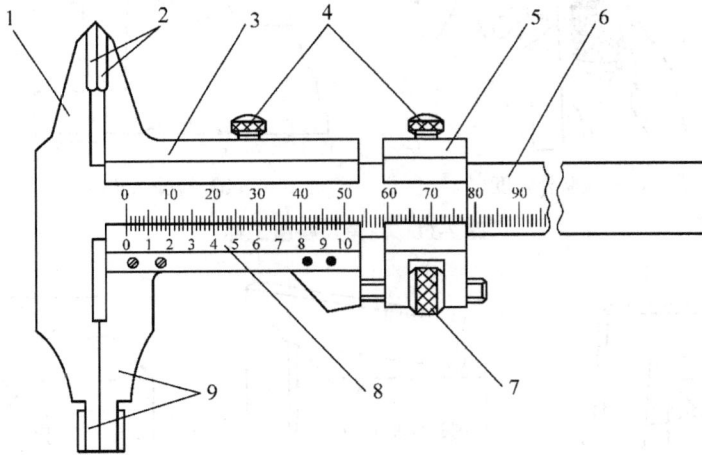

1—尺身；2—上量爪；3—尺框；4—螺钉；5—微动装置架；
6—主尺；7—微调螺母；8—游标(副尺)；9—下量爪

图 2-14　游标卡尺

(2)游标卡尺的刻线原理和读数方法。

游标卡尺的读数机构是由主尺和游标的刻线距离相互配合而构成的，当尺框上的活动量爪与尺身 1 左端的固定量爪贴合时，游标上的"0"刻线对准主尺上的"0"刻线，这时量爪间的距离为零(如图 2-14 所示)，测量时尺框向右移动到某一位置，固定量爪和活动量爪之间的距离就是测量尺寸，该尺寸的整毫米数，可在游标零线左边的主尺刻线上读出，而比 1 mm 小的数，可借游标读数机构来读出，游标卡尺能够读(测)出的最小尺寸，叫游标读数值，游标卡尺的读数值有 0.1 mm、0.05 mm 和 0.02 mm 三种，其刻线原理和读数方法见表 2-1。

表 2-1　游标卡尺的刻度线原理及读数方法

数值	刻线原理	读数方法及示例
1	主尺 1 格=1 mm 副尺 1 格=0.9 mm，共 10 格 主、副尺每格之差=1-0.9=0.1(mm) 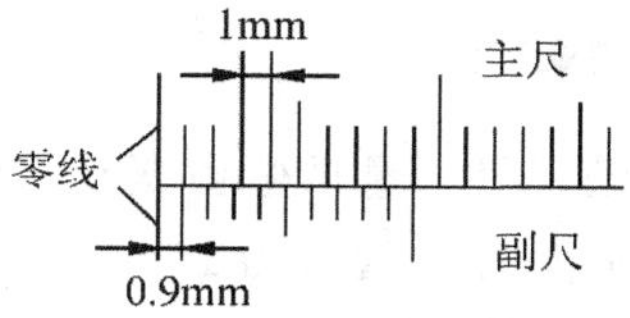 	读数=副尺 0 位指示的主尺整数+读数值×副尺与主尺重合线数 示例： 读数=90+0.1×4=90.4(mm) 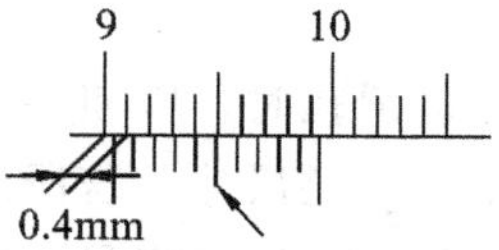
2	主尺 1 格=1 mm 副尺 1 格=0.95 mm，共 20 格 主、副尺每格之差=1-0.95=0.05(mm) 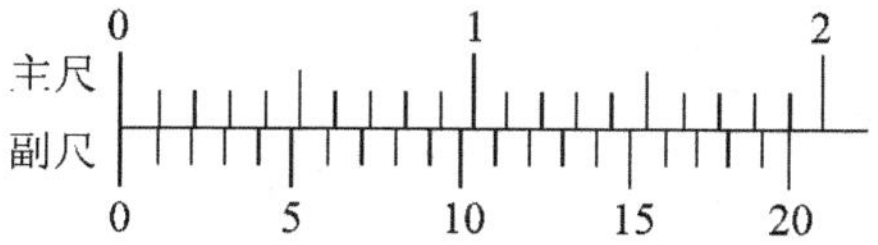 	读数=副尺 0 位指示的主尺整数+读数值×副尺与主尺重合线数 示例： 读数=30+0.05×12=30.60(mm) 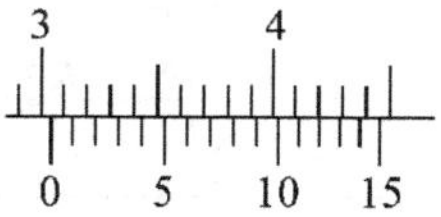
3	主尺 1 格=1 mm 副尺 1 格=0.098 mm，共 50 格 主、副尺每格之差=1-0.98=0.02(mm) 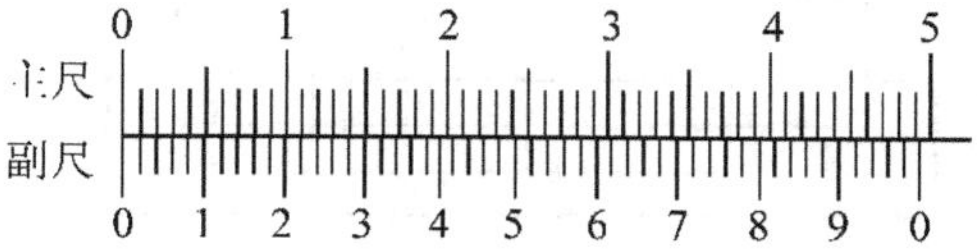 	读数=副尺 0 位指示的主尺整数+读数值×副尺与主尺重合线数 示例： 读数=22+0.02×8=22.16(mm) 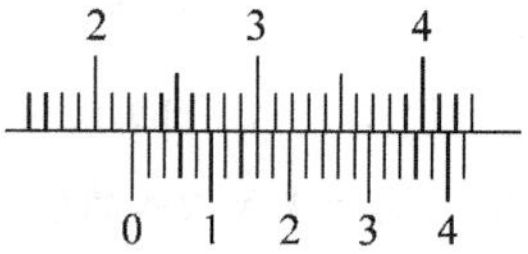

(3)游标卡尺的使用方法。

①测量前应擦干净卡尺，检查零位是否对准，零位对准就是当卡尺 2 个量爪紧密贴合(无明显间隙)时，游标和主尺的零线正好对准，否则应送到量具检修部门校准。

②测量时，先擦净工件表面，然后将量爪张开，使尺寸 L 略大于(测量外尺寸 d 时)或略小于(测量内尺寸 D 时)被测尺寸(如图 2-15 所示)，卡尺自由卡进工件后，先使固定量爪贴紧一个被测表面，再慢慢移动活动量爪，使其轻轻地接触另一被测表面。如卡尺带有微调装置，就应转动微调螺母，使量爪接触被测表面。

③在测量中，量爪与被测表面不要卡得太紧或太松，测量力的大小要适当，并且要使量爪与被测尺寸的方向一致，不得放斜，否则都会使测量尺寸不准确。由图 2-16 可知，尺寸 a 和 b 是不相等的。

游标卡尺

（a）测量外尺寸　　　　　　　　　（b）测量内尺寸

图 2-15　用游标卡尺测量工件

④在测量圆孔时，应使一个量爪接触孔壁不动，另一量爪微微摆动，取其最大值，以量得真正的直径尺寸，若所用游标卡尺二量爪宽度为 b（通常为 10 mm），则用它测量内尺寸时，其实际尺寸应是读出的尺寸再加上 b，在图 2-17 中，c 是读数尺寸，L 是实际尺寸。

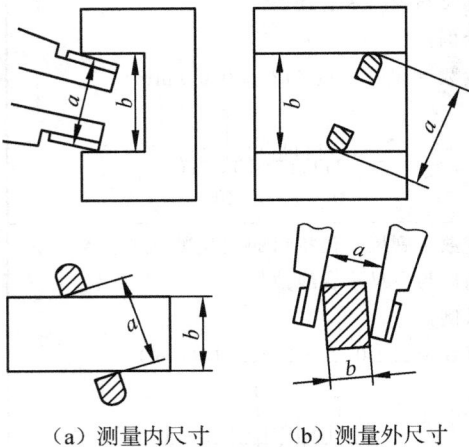

（a）测量内尺寸　　　　（b）测量外尺寸

图 2-16　游标卡尺放斜的情况

图 2-17　测量实际内尺寸的情况

⑤在读数时，刻线应在两眼的视线中间，且视线应垂直于卡尺表面，否则会造成读数误差，如果需要从工件上取下卡尺进行读数，则应将卡尺沿着被测表面轻轻地拔出来，不可歪斜，以防量爪变形或移动位置而造成读数误差。

7. 高度游标卡尺

高度游标卡尺（如图 2-18 所示）可以用来测量高度等尺寸，还可用来精密画线，所以又叫游标画线卡，它的结构特点是用质量较大的底座代替卡尺的固定量爪，在活动尺框的横臂上，可根据需要安装不同形式的量爪。

用高度游标卡尺测量工件必须在平板上进行，当量爪的测量面与底座的底平面都接触到平板平面时，主尺和游标零线相互对准；测量高度时，量爪测量面距底平面的高度，就是被测量尺寸，其读数方法与游标卡尺相同，测量凹面时，如采用量爪的上测量面，则要加上量爪本身的高度尺寸，画线也必须在平板上进行，还应将测量爪换成画线爪，先调整好画线高度，再进行画线。

8. 百分尺

百分尺是应用螺旋传动原理制成的一种精密量具，故又称螺旋测微器。百分尺按用途分为外径百分尺、内径百分尺、测深百分尺和螺纹百分尺等几种，其结构和读数原理基本相同。

(1)外径百分尺的结构：外径百分尺简称百分尺，它由尺架、测微装置、制动销和测力装置等组成，图 2-19 是测量范围为 0～25 mm 的百分尺。

尺架 1 是弓形的，在两端通孔中，分别装入固定测砧 2 和螺纹轴套 4，两侧面覆盖着绝热板 12，以防止手的热量影响测量精度。

测微装置主要由测微螺杆 3、固定套管 5 和微分筒 6 等零件组成。3 的左端的圆柱面与螺纹轴套 4 左部的孔配合，3 中部的螺纹与 4 右端的开槽螺母构成螺旋传动，螺距为 0.5 mm。转动螺母 7 可调整螺纹的配合间隙，3 的右端的圆锥面与弹簧套 8 的锥孔配合，弹簧套的外圆表面与微分筒 6 配合，测力装置 10 左端的螺钉可将 3、8 和 6 紧固在一起，旋转测力装置，可使 3 和 6 转动，同时做轴向移动。

微分筒 6 上刻有微分刻度，固定套管 5 上刻有主尺刻度，它们之间可以产生相对转动，以便调整零位。

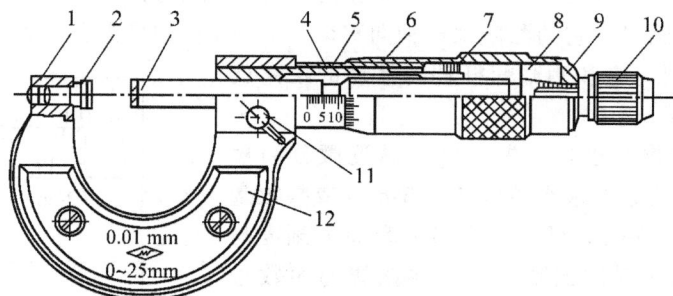

1—底座；2—尺身；3—紧固螺钉；4—尺框；
5—微动装置；6—画线爪；7—量爪
图 2-18　高度游标卡尺

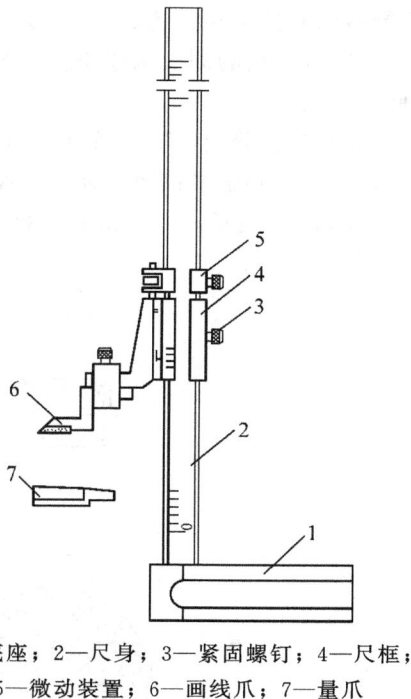

1—尺架；2—固定测砧；3—测微螺杆；4—螺纹轴套；5—固定套管；6—微分筒；
7—螺母；8—弹簧套；9—外套；10—测力装置；11—制动销；12—绝热板
图 2-19　百分尺的结构

制动销 11 上制有偏心缺口，可把测微螺杆 3 固定在一定位置上。

测力装置的结构如图 2-20 所示，棘轮 4 和转帽 5 靠端面键连接，棘轮 3 可压缩弹簧 2 在小轴 1 上移动，但不能与小轴 1 相对转动，小轴 1 和棘轮 3 也由端面键连接，转动转帽 5 时，通过棘轮 4、3 将运动传给小轴 1，从而带动测微螺杆 3（如图 2-19 所示）一起转动，当测量力达到或超过弹簧力后，棘轮 4、3 之间就打滑，转帽的运动就不能传给测微螺杆，随之发出"嘎嘎"的弹跳声，螺钉6是限制转帽位置的。

（2）百分尺的刻线原理和读数方法：百分尺是利用固定套管和微分筒相互配合进行刻线和读数的。

在固定套管上，有一条纵向刻线，刻线的下（或上）方有刻度（每隔 5 mm 刻出一数字），它表示整毫米读数；纵向刻线的上（或下）方也有刻度，上方与下方刻线的位置相错 0.5 mm，表示出 0.5 mm 读数。

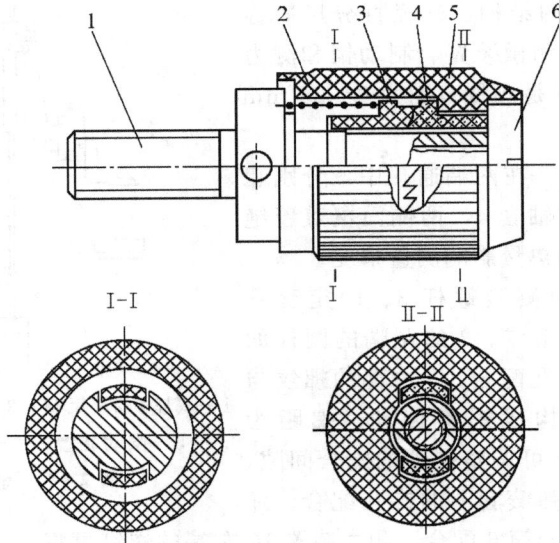

1—小轴；2—压缩弹簧；3—棘轮；4—棘轮；5—转帽；6—螺钉

图 2-20　百分尺的测力装置

在微分筒左端的外锥面上，有 50 等分的刻度。由于测微螺杆的螺距是 0.5 mm，所以微分筒转一圈时，它随测微螺杆轴向移动 0.5 mm；如果微分筒仅转过一个圆周刻度，即 1/50 圈时，它和测微螺杆轴向移动的距离就是 0.5/50＝0.01 mm。

百分尺的读数方法是：先找出最靠近微分筒棱边左侧的刻度，读数的最小单位是 0.5 mm 或整数毫米，切勿读错 0.5 mm，然后找出微分套筒上刻度与固定套管纵向刻线对准的那条线，将该线的序数号与 0.01 mm 相乘，即得小于 0.5 mm 的读数，最后把以上 2 个读数相加，就得读数总值，图 2-21 是百分尺的读数实例。

（3）百分尺的使用方法。

①使用前要检查零位，把百分尺的 2 个测量面擦干净，转动测力装置，使测量面正常接触（对测量范围大于 25mm 的百分尺，测量面间要放入标准量棒），这时微分刻度的零线应与固定套管的纵向刻线重合，微分筒棱边应与固定套管上的零线对准。

17.2mm

15.13mm

13.63mm

图 2-21　百分尺的读数实例

②测量前，要擦净被测表面，不允许用百分尺测量粗糙表面。

③测量时，应转动测力装置，使百分尺的测量面与被测表面接触，当听到"嘎嘎"声音后，就要停止转动，进行读数，不允许用力旋转微分筒，或把百分尺的尺寸定好后卡入工件。

④需要取下百分尺进行读数时，应先用制动销将测微螺杆锁紧，然后轻轻取下。

⑤为了提高测量精度，允许轻轻地晃动百分尺或被测工件，以保证被测表面与百分尺的测量面接触良好，还可以在被测表面上的不同位置或方向上进行多次反复测量，取其算术平均值作为测量结果。

9. 百分表

百分表是利用机械传动机构，把测头的直线移动转变为指针的旋转运动而进行测量和读数的一种量仪，主要用于找正工件的安装位置，检验表面形状和相互位置精度，以及对零件的尺寸进行相对测量等。

(1)百分表的结构：图 2-22 是百分表的结构示意图，测杆 2 装在套筒 3 和 4 中，可以上下移动，但不能转动，测杆下端装有测头 1，上端用螺纹与挡帽 5 相连，测量时提拉挡帽，把测杆抬起。

导杆 15 和测杆 2 连接，一端伸入导向槽中，防止测杆转动；拉力弹簧 16 的一端挂在导杆上，另一端与表体 6 相连，它是控制测量力的。

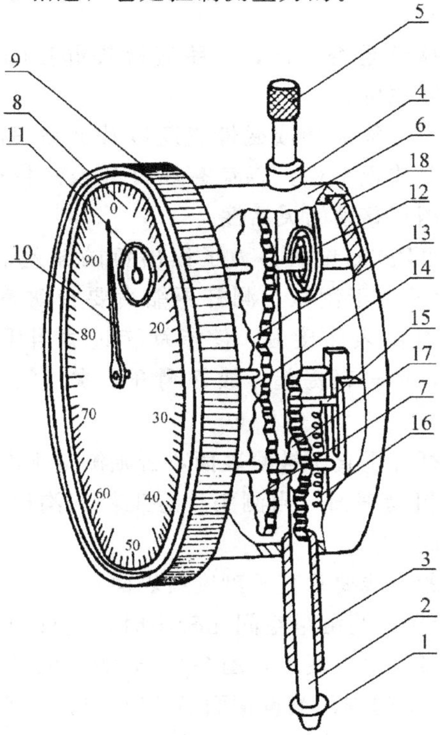

1—测头；2—测杆；3—套筒；4—套筒；5—挡帽；6—表体；7—大齿轮；8—刻表盘；
9—滚花表圈；10—长指针；11—短指针；12—盘形弹簧(游丝)；13—齿轮；
14—小齿轮；15—导杆；16—拉力弹簧；17—小齿轮；18—后盖

图 2-22　百分表的结构示意图

测杆 2 的中部制有齿条，与小齿轮 17 啮合；在小齿轮 17 的轴上，装有大齿轮 7，大齿轮 7 与小齿轮 14 啮合，在齿轮 14 的轴上装有百分表长指针 10，与小齿轮 14 啮合的还有齿轮 13，齿轮 13 的轴上装有百分表短指针 11 和盘形弹簧（游丝）12，盘形弹簧另一端与表体 6 相连，以保证轮齿始终在同一齿侧面啮合，以提高测量精度，表体左端装有滚花表圈 9，刻表盘 8 装在表圈中，表体右端装有后盖 18。

（2）百分表的刻线原理和读数方法：由于测杆 2 中部齿条的节距是 0.625 mm，故当它移动 10 mm 时，刚好走过 10/0.625＝16 个齿，这时与齿条啮合的小齿轮 17（齿数 $z=16$）正好转一圈，大齿轮 7（齿数 $z=100$）也随着转了一圈，即转过 100 个齿，而小齿轮 14（齿数 $z=10$）就转过 100/10＝10 圈，所以长指针也跟着转 10 圈，如果测杆移动 1 mm，则长指针就转一圈；在长指针指示的刻度盘上，均匀地刻有 100 个刻度，所以长指针转过一个刻度，测杆就移动 1/100＝0.01 mm。

当小齿轮 14 转 10 圈时，齿轮 13（$z=100$）正好转一圈，短指针也转一圈，在短指针指示的刻度盘上刻有 10 个等分圆周线，这样短指针每转一格，就表明长指针转了一圈，即测杆移动了 1 mm。

百分表的测量范围有 0～3 mm、0～5 mm 和 0～10 mm 三种。

百分表的读数方法是：先读短指针转过的刻度数，即毫米整数，再读长指针转过的刻度数，即毫米小数；最后将 2 个读数相加，即得测杆移动的数值。

（3）百分表的使用方法。

①使用前，检查测杆移动是否灵活，用手轻轻提起挡帽，测杆不应有卡涩现象，每次放松后，指针都能返回原位。

②使用前，把百分表、万能表架或磁性表座以及被测表面擦干净，然后把百分表牢靠地装到表架上，一定要放置平稳，以免摔坏百分表；装夹百分表时，不要用力过大，以免套筒变形而影响测杆移动的灵活性。

③用百分表作相对（比较）测量时，为了读出负的偏差值，测量前应先使测杆有 0.3～1 mm 的压缩量，为了便于读数，测杆压缩后要转动表盘，将长指针调到零位。具体做法是：先使测头与被测表面接触，使指针转过适当压缩量，然后把表紧固住，转动表盘使指针对准零线，再轻轻提起、放松测杆几次，如指零位置稳定，即可开始测量。

④安装百分表时，测杆应垂直于被测表面，否则测量不准确。

⑤不要用百分表测量粗糙表面，当测头接近工件的沟槽处时，要提起挡帽，越过沟槽后，再放下挡帽继续测量。

⑥读数时，观看指针的视线要垂直于刻度盘表面。

（4）杠杆百分尺及其应用：当测量空间比较小时，用百分表测量常常有困难，这时用体积比较小的杠杆百分表就很方便了，图 2-23（a）所示的是用杠杆百分表测量孔和外圆的同轴度，图 2-23（b）所示的则是测量槽面 A 和 B 与底面平面平行度。

杠杆百分表又叫靠表，示意图如图 2-24 所示，杠杆百分表通过端部的圆柱柄夹紧在表架上，其内部传动如图 2-24 所示，测杆 1 的摆动，通过杠杆 2 使扇形齿轮 3 摆动，带动齿轮 4 和指针 5 一同旋转，当测杆 1 的测量头摆动 0.01 mm 时，指针正好转一小格，即读数值为 0.01 mm，杠杆百分表的测量范围为 ±0.4 mm。

（a）测量同轴度　　　　　　　（b）测量平行度

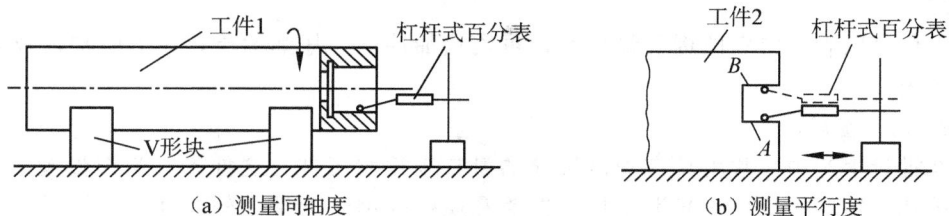

图 2-23　杠杆百分表测量示例

1—测杆；2—杠杆；3—扇形齿轮；4—齿轮；5—指针；
6—轴；7—固定柄；8—表壳；9—刻度盘

图 2-24　杠杆百分表

2.4.2　特殊加工用的量具

1. 量块

量块又叫法规，它是制造极精确的钢块，按精度等级分级，量块是长度计量的标准，用来调整、校正、检验测量仪表或量具，也可用来调整精密机床或检验精密工件。

量块为长方形体，每块都有 2 个精确的平行面，叫测量面，2 个平行面的距离，叫量块的尺寸，量块一般做成一套，装在特制的木盒内（如图 2-25 所示）。

使用量块时，组成量块组的块数越多，量块组的误差也就越大；组合量块时，为了减少误差，块数越少越好，组成量块组的块数，最好不多于 4 块。

组合量块时要特别小心，否则不仅量块贴合不牢，也会使量块很快磨损，遭受损坏。组合前，先用脱脂棉擦净防护油，再用汽油清洗，清洗后用清洁的亚麻布擦干，组合时，使 2 块量块的测量面从一个角上接触，用手指把一块压在另一块上，使之移动，直到测量面全部接触为止，用同样的方法将 2 块已贴合的量块压在第 3 块上进行贴合，以此方法贴合第 4 块量块，贴合顺序为先贴小尺寸的，后贴大

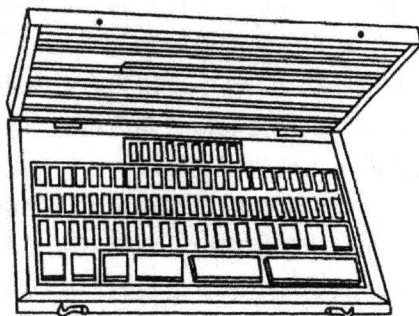

图 2-25　量块

尺寸的。

工作完以后，应立即拆开量块组，再用汽油冲洗，仔细擦干，涂上防护油放在盒中格子内。

2. 光滑量规

在批量生产中，常用具有固定尺寸的量具来检验工件，这种量具叫作量规。测量光滑的孔或轴用的量规叫光滑量规，光滑量规根据用于测量内外尺寸的不同，分卡规和塞规2种。

（1）卡规：用来测量圆柱形、长方形和多边形等工件的尺寸，卡规应用最多的形式如图2-26所示。

在测量时，如果卡规的通端能通过工件，而止端不能通过工件，则表示工件合格；如果卡规的通端能通过工件，而止端也能通过工件，则表示工件尺寸太小，已成废品；如果通端和止端都不能通过工件，则表示工件尺寸太大，不合格，必须返工。

（2）塞规：是用来测量工件的孔、槽等内尺寸的，它也做成最大极限尺寸和最小极限尺寸2种；它的最小极限尺寸一端叫作通端，最大极限尺寸一端叫作止端；常用的塞规形式如图2-27所示，塞规的两头各有一个圆柱体，长圆柱体一端为通端，短圆柱体一端为止端，检查工件时，合格的工件应当能通过通端而不能通过止端。

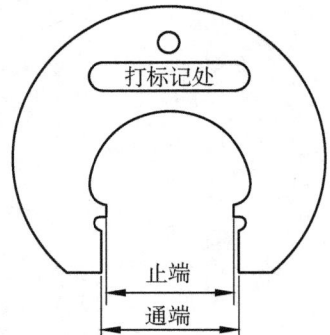

图 2-26 卡规

图 2-27 塞规

量规为精密量具，使用时应注意以下事项。

①用卡规检查工件时，应将卡规垂直于工件的中心线，轻轻使它靠自重下落进行测量，不得强加压力使其通过，否则造成量规变形与磨损。

②塞规的通端要顺着被测孔的中心轴线放入，不得倾斜，否则量规与工件容易发生卡住现象，同样不得用强力把塞规塞入，造成难以取出和不必要的磨损。

③不得用量规检查表面粗糙和不清洁的工件，以免量规和工件表面之间造成擦伤，或造成不正确的测量结果。

④使用量规时，不得用手接触量规的测量面，以防量规的测量面生锈。

⑤在测量过程中，塞规不能长时间放入被测孔中，以免因工件温度的降低而卡紧塞规，从工件上取下量规时，应缓慢拿下，不要强晃硬拔。

⑥使用量规时，不得使工件、工具与量规发生磕碰现象。

⑦量规用完后，应用清洁软布擦干净，涂上无腐蚀性的防护油，放在盒内，储存在干燥的地方。

3．水平仪

水平仪用来检验平面对水平或垂直位置的偏差，例如，检查零件平面的平直度、机床导轨，安装机器时也需要用水平仪检查。

普通水平仪有长方形和正方形 2 种（如图 2-28 所示），由框架和弧形玻璃管组成，框架的测量面上制有 V 形槽，以便放在圆柱形表面上，玻璃管表面有刻度线，管内装有乙醚或乙醇，同时管内有一个气泡，这个气泡由于密度关系，始终停在玻璃管的最高点。如果水平仪在水平位置，气泡就处于玻璃管的中间，如果水平仪倾斜一个角度，气泡就偏离中间一定位置，根据移动距离，就可知道平面的水平度。

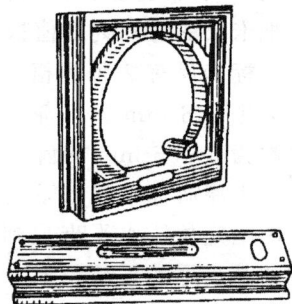

图 2-28　水平仪

4．正弦规

正弦规又叫正弦尺，它是利用三角法测量角度的一种量具，正弦规的测量结果，还需用直角三角形的正弦函数来计算角度。

正弦规由精确的钢质长方体和 2 个精密圆柱组成（如图 2-29 所示），2 个圆柱的直径相同，2 个圆柱体的中心距做得精确，一般有 100 mm 和 200 mm 两种，中心连线要与长方体平面严格平行。

图 2-29　正弦规

用正弦规测量工件，应在平地板上进行，圆柱的一端用量块组垫高，正弦规测量工件的方法如图 2-30 所示，用千分表检验，当工件表面与平板平行后，可根据量块组的高度尺寸和正弦规的中心距，用下式计算：

$$\sin 2\alpha = h/L$$

式中　2α——工件锥角（°）；

　　　h——量块高度（mm）；

　　　L——正弦规的中心距（mm）。

正弦规为精密量具，使用时应注意下列事项。

①正弦规不得测量表面不清洁的、表面粗糙而硬度高的、带磁性的工件。

②正弦规不准在平板上滑动，必须移动时，用手拿起放下，避免磨损圆柱。

③使用正弦规时，应轻取轻放，防止磕碰、擦伤现象。

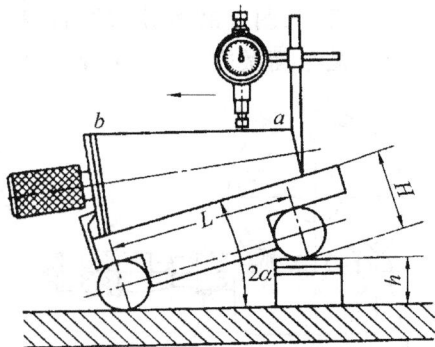

图 2-30　正弦规测量工件的方法

④用完后，需用航空汽油洗净，再用清洁干布擦干，涂防护油，装在盒内，清洗和涂油时，正弦规不得与手接触，以防手上的汗腐蚀。

⑤正弦规应存放在无腐蚀性气体、干燥、通风良好的地方。

⑥为了保持正弦规精度，应进行定期检查，长期存放的正弦规，应每 3 个月做一次检查；更换防护油，以免生锈。

5. 齿厚游标卡尺

齿厚游标卡尺（如图 2-31 所示），是用来测量直齿、斜齿圆柱齿轮固定弦齿厚的量具，它由两把互相垂直的游标卡尺组成。两把卡尺的游标刻度值都是 0.02 mm。这类游标卡尺有 2 种规格：一种用来测量模数为 1～18 mm 的齿轮；另一种用来测量模数为 5～36 mm 的齿轮。

齿厚游标卡尺的垂直卡尺是用来在齿顶圆上定位，水平卡尺则是用来测量该部位的弦齿厚的，测量时，先确定固定弦到齿顶的高度 h_x，把垂直尺调到 h_x 处的高度，并用游标的紧固螺钉把它固定住，然后把它的端面靠在齿顶上，右手移动水平卡尺游标，当活动卡脚快接近被测齿的侧面时，拧紧辅助游标螺钉，慢慢转动微动螺母，使卡脚轻轻地与齿的侧面接触，这时从水平尺上读得的数，就是固定弦齿厚

图 2-31　齿厚游标卡尺

S。由于齿厚游标卡尺的卡脚与齿轮齿侧面的接触面较窄，容易磨损，齿顶圆误差也比较大，这些都影响到测量精度，所以一般只用于测量精度要求不高的齿轮。

6. 公法线千分尺

公法线千分尺是用来测量外啮合直齿和斜齿圆柱齿轮的公法线长度的量具。公法线千分尺（如图 2-32 所示）的结构和读数方法，与普通千分尺基本相同，所不同的只是把 2 个测量面做成 2 个相互平行的圆盘。测量齿轮公法线时，先计算跨测齿数 n，n 可从有关表中查到，如果模数大于 1 mm 时，则公法线的长度值，根据齿轮齿数 z，在表中查出公法线长度后，乘被测齿轮的模数，即得该齿轮的公法线长度（理论值）；将测得的实际值与理论值相比较，就得出公法线长度偏差。

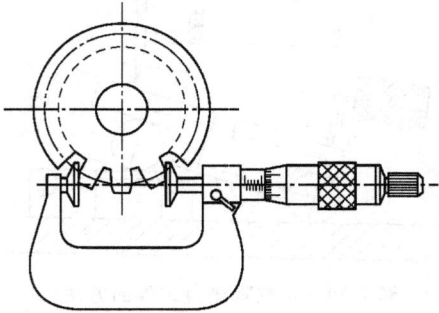

图 2-32　公法线千分尺

在测量时，把公法线千分尺调到比被测尺寸略大，然后把 2 个盘形卡脚插到被测齿轮的齿槽中，旋动棘轮，使 2 个盘形卡脚的测量面与齿的侧面相切，当棘轮发出"咔咔"的响声时，即可进行读数，取得公法线实际长度。

7. 万能角度尺

万能角度尺是用来测量各种角度的。它的种类很多，万能角度尺（如图 2-33 所示）应用最广，扇形板 1 上具有角度的刻线，与基尺 2 固定在一起，游标 3 和楔形铁块 4 可沿扇形板移动；铁块 4 上以卡块 5 装夹角尺 6；角尺上以卡块装夹直尺 7。

游标上的刻度，是把 29°的角度分为 30 等份，每格为 29°/30′，主尺刻度与游标尺

刻度每格相差：

$$1°-29°/30=1°/30=2'　（读数值）$$

万能角度尺的读数方法与游标卡尺的读数方法相同。

使用万能角度尺前，应先将基尺、角尺、直尺各工作面擦干净，然后把基尺与直尺合拢，看游标 0 线是否与主尺的 0 线对齐，0 位对正后，才能进行测量。

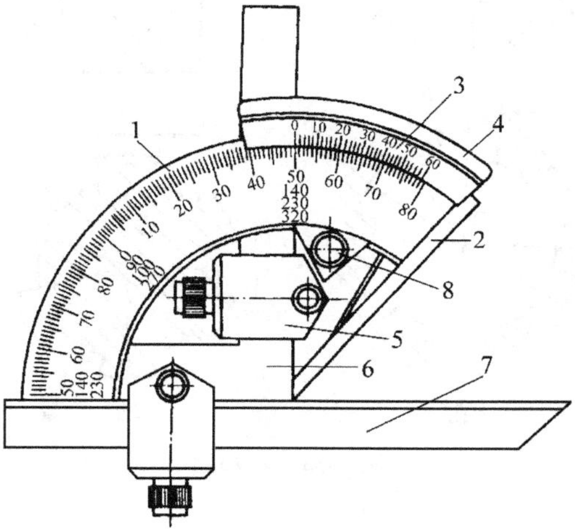

1—扇形板；2—基尺；3—游标；4—楔形铁块；
5—卡块；6—角尺；7—直尺；8—止动器

图 2-33　万能角度尺

▶ 任务 5　极限尺寸

2.5.1　基本术语和定义

1. 孔

孔主要指工件圆柱形成的内表面，也包括其他由单一尺寸确定的非圆柱形的内表面部分（由两平行平面或切面形成的包容面）。

2. 轴

轴主要指工件的圆柱形外表面，也包括其他由单一尺寸确定的非圆柱外表面部分（由两平行平面或切面形成的被包容面）。

从工艺上看，随着工件表面材料的去除，孔的尺寸不断加大，轴的尺寸不断减小，而且在测量方法上，孔与轴的尺寸也有所不同。

在公差与配合标准中，孔是包容面，轴是被包容面，孔与轴都是由单一的主要尺寸构成，如圆柱形的直径、轴的键槽宽和键的键宽等，如图 2-34 所示。

孔和轴具有广泛的含义，不仅表示通常的概念，即圆柱体的内、外表面，而且也表示由两平行平面或切面形成的包容面、被包容面。由此可见，除孔、轴以外，类似键连接的公差与配合也可直接应用公差与符合国家标准。

极限尺寸

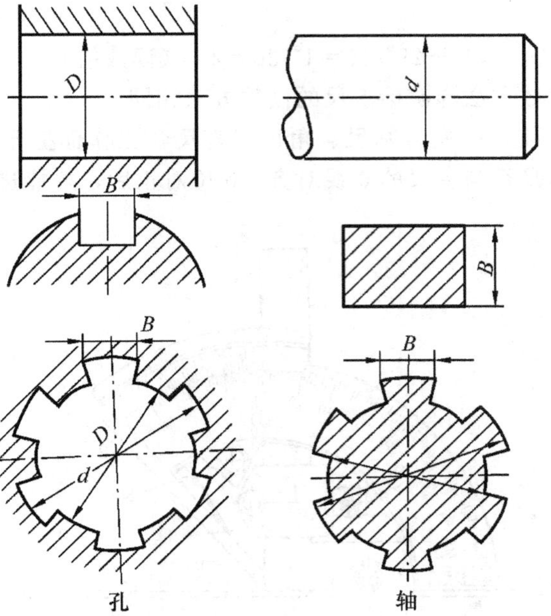

图 2-34　孔和轴

3．尺寸

尺寸是用特定单位表示长度值的数字。一般是指两点之间的距离，如直径、宽度、高度和中心距等。

在机械制造中一般常用毫米（mm）作为特定单位。在书写或标注尺寸时，通常只写数字，不写单位。

4．基本尺寸（D、d）

孔用 D 表示，轴用 d 表示。它是由设计者根据零件的使用要求，通过强度和刚度等的计算及结构设计，经过圆整而给出的尺寸。基本尺寸一般采用标准值。基本尺寸的标准化可以缩减定值刀具、量具、夹具的规格和数量。图样上标注的尺寸通常均为基本尺寸。

5．实际尺寸（D_a、d_a）

实际尺寸是通过测量所得的尺寸（D_a、d_a）。但由于加工误差的存在，即使在同一零件上，测量的部位不同、方向不同，其实际尺寸也往往不相等，况且测量时还存在着测量误差，所以实际尺寸并非真值。

6．极限尺寸

极限尺寸是指允许尺寸变化的两个极限值。其中较大的一个称为最大极限尺寸，较小的一个称为最小极限尺寸。孔和轴的最大极限尺寸分别用 D_{max} 和 d_{max} 表示，最小极限尺寸分别用 D_{min} 和 d_{min} 表示。极限尺寸是在设计中确定基本尺寸的同时，考虑加工经济性并满足某种使用要求而确定的，如图 2-35 所示。

7．作用尺寸

孔的作用尺寸（D_{fe}）即在配合面全长上，与实际孔内接的最大理想轴的尺寸，如图 2-36（a）所示。

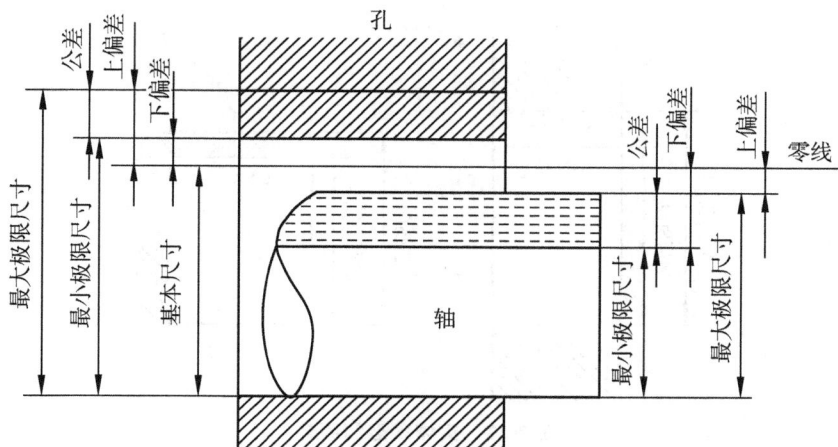

图 2-35　公差与配合示意图

轴的作用尺寸(d_{fe})即在配合面全长上,与实际轴外接的最小理想孔的尺寸,如图 2-36(b)所示。

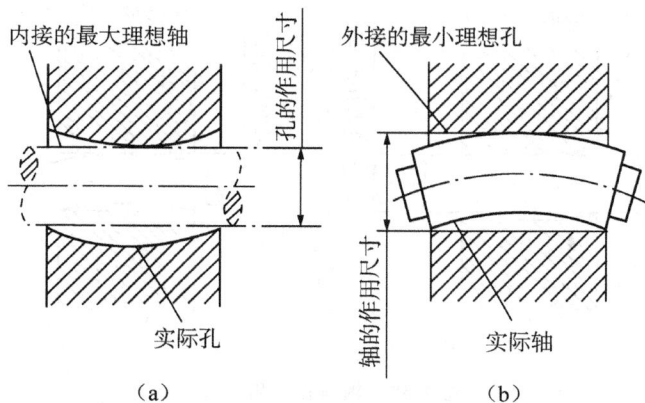

（a）　　　　　　　　　　　　（b）

图 2-36　孔或轴的作用尺寸

2.5.2　极限尺寸判断原则及有关的术语定义

孔与轴相配合,除尺寸大小外,还存在着形状误差的影响。为了保证孔与轴的配合性质,必须正确判断零件尺寸的合格性。因此,提出了极限尺寸判断原则。

1. 最大实体状态(简称 MMC)和最大实体尺寸(简称 MMS)

孔或轴具有允许的材料量为最多时的状态,称为最大实体状态。在此状态下的极限尺寸称为最大实体尺寸,它是孔的最小极限尺寸和轴的最大极限尺寸的统称(如图 2-37 所示)。

2. 最小实体状态(简称 LMC)和最小实体尺寸(简称 LMS)

孔与轴具有允许的材料量为最少时的状态,称为最小实体状态。在此状态下的极限尺寸称为最小实体尺寸,它是孔的最大极限尺寸和轴的最小极限尺寸的统称,如图 2-37 所示。

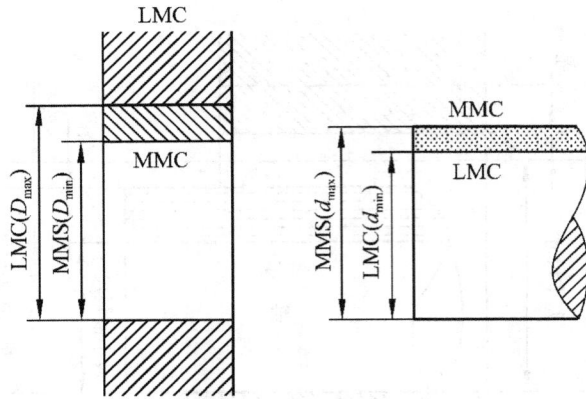

图 2-37　实体状态和实体

3. 作用尺寸

在配合面的全长上,与实际孔内接的最大理想轴的尺寸称为孔的作用尺寸,与实际轴外接的最小理想孔的尺寸称为轴的作用尺寸,如图 2-38 所示。

图 2-38　轴与孔作用尺寸

4. 极限尺寸的判断原则(泰勒原则)

作用尺寸和实际尺寸反映了工件完工后的实际状态和大小,极限尺寸或实体尺寸为设计时规定的允许工件尺寸变化的极限值。国家标准规定了极限尺寸判断原则,即泰勒原则。

泰勒原则是设计极限量规的依据,用这种极限量规检验零件,基本可以保证零件公差与配合要求。但是,在极限量规的实际应用中,由于量规制造和使用方面的原因,要求量规形状完全符合泰勒原则是有困难的。因此,国家标准规定:允许在被测零件的形状误差不影响配合性质的条件下,可以使用偏离泰勒原则的量规。

孔或轴的作用尺寸不允许超越最大实体尺寸,任何位置上实际尺寸不允许超越最小实体尺寸。即对于孔,其作用尺寸应不小于最小极限尺寸,实际尺寸应不大于最大极限尺寸;对于轴,其作用尺寸应不大于最大极限尺寸,实际尺寸应不小于最小极限尺寸。其尺寸应符合如下原则。

对于孔:$D_f \geqslant D_{min}$;$D_a \leqslant D_{max}$

对于轴：$d_f \leqslant d_{max}$；$d_a \geqslant d_{min}$

▶ 任务 6　极限量规

光滑极限量规是一种没有刻度的专用检验工具，用光滑极限量规检验零件时，只能判别零件是否在规定的验收范围内，而不能测出零件实际尺寸和形位误差的数值。

2.6.1　光滑极限量规检验孔和轴

光滑极限量规是一种没有刻线的专用量具，不能确定工件的实际尺寸，只能确定工件尺寸是否处于规定的极限尺寸范围内。因量规结构简单，制造容易，使用方便，因此广泛应用于成批、大量生产中。检验时，只要量规的通规能通过被检验工件，止规不能通过，该工件尺寸即为合格。

1. 量规的外形结构与功能

光滑极限量规是一种无刻度的专用定值量具。检验孔用的量规称为塞规，多为圆柱形，有通端与止端之分，成对使用，如图 2-39（a）所示。检验轴用的量规称为环规或卡规，形式较多，多以片状卡规为常见，也是通端与止端成对使用，如图 2-39（b）所示。

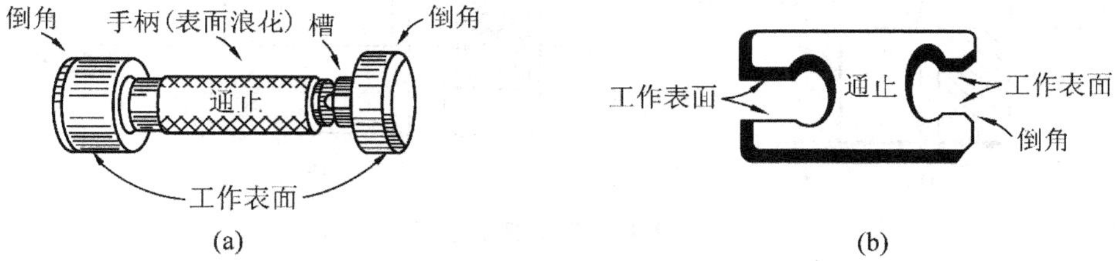

图 2-39　量规的结构示意图

2. 量规的分类

量规按用途分为三类：

（1）工作量规。

工作量规是工人在生产过程中检验工件用的量规，它的通规和止规分别用代号 T 和 Z 表示。

（2）验收量规。

验收量规是检验部门或用户验收产品时使用的量规。工厂检验工件时，工人应使用新的或磨损较少的工作量规"通规"；检验部门应使用与加工工人用的量规型式相同但已磨损较多的通规。

（3）校对量规。

用于检验轴用工作量规的量规称为校对量规。由于孔用工作量规使用通用计量器具检验方便，所以不需要校对量规。轴用校对量规有以下几种：

①校通—通量规（TT）。检验轴用工作量规通规的校对量规。校对时，应该通过，否则通规不合格。

②校止—通量规（ZT）。检验轴用工作量规止规的校对量规。校对时，应该通过，否则止规不合格。

③校通—损量规（TS）。检验轴用工作量规通规是否达到磨损极限的校对量规。校对时，不通过轴用工作量规（通规），否则该通规已到或者超过磨损极限，不应该再使用。

3. 量规的检验

量规的形状与被检验工件的形状相反，其中检验孔的量规称为塞规，它由通规和止规组成，通规是按孔的最小极限尺寸设计的，作用是防止孔的作用尺寸小于其最小极限尺寸；止规是按孔的最大极限尺寸设计的，作用是防止孔的实际尺寸大于其最大极限尺寸，如图 2-40(a) 所示。检验轴的量规称为卡规，它的通规是按轴的最大极限尺寸设计的，其作用是防止轴的作用尺寸大于其最大极限尺寸；止规是按照轴的最小极限尺寸设计的，其作用是防止轴的实际尺寸小于其最小极限尺寸，如图 2-40(b) 所示。

量规测量灯泡
的互换性

用量规检验零件时，只有通规通过，止规不通过，被测件才合格。

图 2-40　光滑极限量规

4. 极限尺寸判断原则对量规的要求

(1) 极限尺寸判断原则。

GB/T 1957—2006《光滑极限量规》中规定了极限尺寸判断原则的内容：

①孔或轴的实际轮廓不允许超过最大实体边界。

②孔或轴任何部位的实际尺寸不允许超过最小实体极限。即不论实际轮廓还是任一局部实际尺寸，均应位于给定公差带内。

极限尺寸判断原则为综合检验孔、轴尺寸的合格性提供了理论基础，光滑极限量规就是由此而设计出来的：通规根据第一条设计，体现最大实体边界（其尺寸为最大实体极限），控制孔、轴实际轮廓；止规根据第二条设计，体现最小实体极限，控制实际尺寸。

(2) 极限尺寸判断原则对量规的要求。

极限尺寸判断原则是设计和使用光滑极限量规的理论依据。它对量规的要求是，通规测量面是与被检验孔或轴形状相对应的完整表面（即全形量规），其尺寸应为被检孔、轴的最大实体极限，其长度应等于被检孔、轴的配合长度；止规的测量面是两点状的（即非全形量规），其尺寸应为被检孔、轴的最小实体极限。

2.6.2　光滑极限量规检验使用的注意事项

1. 使用前要注意

要检查量规上的标记是否与被检验工件图样上标注的标记相符；量规检定合格才

能使用；量规需成对使用；使用前检查外观质量，工作面不得有锈迹、毛刺和划痕等缺陷。

　　2. 使用中要注意

　　使量规与被测量的工件放在一起平衡温度，使两者的温度相同后再进行测量；注意操作方法，减少测量力的影响。

　　3. 正确或错误使用卡规示例（如图 2-41 所示）

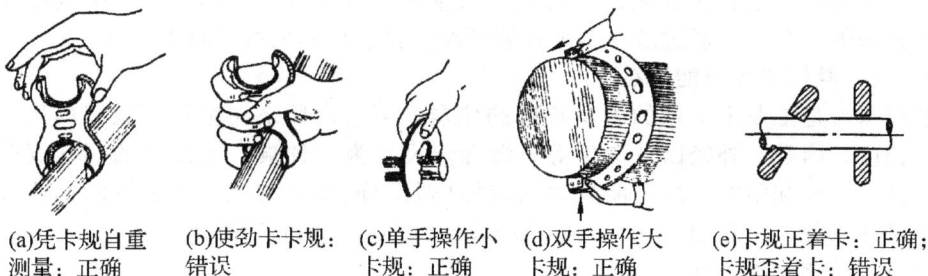

(a)凭卡规自重测量：正确　(b)使劲卡卡规：错误　(c)单手操作小卡规：正确　(d)双手操作大卡规：正确　(e)卡规正着卡：正确；卡规歪着卡：错误

图 2-41　正确或错误使用卡规示例

　　4. 正确或错误使用塞规示例（如图 2-42 所示）

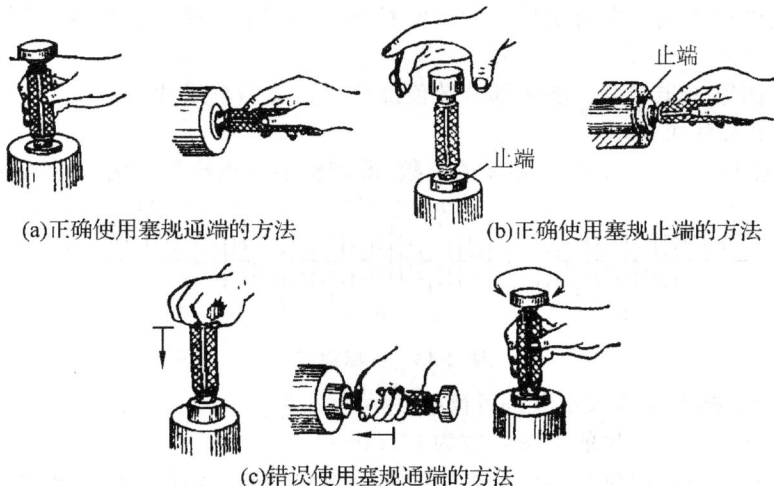

(a)正确使用塞规通端的方法　　　　(b)正确使用塞规止端的方法

(c)错误使用塞规通端的方法

图 2-42　正确或错误使用塞规示例

　　5. 量规检验结果的标准检验

　　为了防止质量检验人员或用户代表与生产工人在检验同一件产品时尺寸稍有差异而发生矛盾，生产工人应该使用新的或者磨损较少的通规；检验部门或用户代表应该使用与生产工人相同型式、且已磨损较多而没有报废的通规。

　　使用符合 GB/T 1957—2006《光滑极限量规》标准的量规检验工件时，如对检验结果有争议，应该使用下述尺寸的量规进行标准检验：通规应等于或接近工件的最大实体尺寸；止规应等于或接近工件的最小实体尺寸。

任务7 工程技术应用案例

要努力建设一支爱党报国、敬业奉献、具有突出技术创新能力、善于解决复杂工程问题的工程师队伍。科技是第一生产力、人才是第一资源、创新是第一动力。要把技能人才作为第一资源来对待，特别是要将高技能人才纳入高层次人才进行统一部署。工程训练就是着力培养大学生的工程观、质量观、系统观，游标卡尺是机电维修及钳工技能必备的工量具，通过游标卡尺技能训练，旨在培养大批卓越工程师。

2.7.1 游标卡尺技能训练

游标卡尺是工业上常用的测量长度的仪器，可直接用来测量精度较高的工件，如工件的长度、内径、外径以及深度等。游标卡尺作为一种被广泛使用的高精度测量工具，它是由主尺和附在主尺上能滑动的游标（副尺）两部分构成。如果按游标能够读出的最小尺寸来分，常见的有 0.1 mm、0.05 mm、0.02 mm 三种。

1. 游标卡尺读数技能

一般游标卡尺读数步骤，可分三步：

(1)根据副尺零线以左的主尺上的最近刻度读出整毫米数（即副尺 0 线指示的主尺整毫米数）；

(2)根据副尺零线以右与主尺上的刻度对准的刻线数，乘上游标能够读出的最小尺寸(0.1 mm、0.05 mm、0.02 mm)；

(3)将上面第一步和第二步两部分数值加起来，即为总尺寸。

2. 游标卡尺技能训练

技能训练 1：请读出下图中游标的读数（此游标最小读出尺寸为 0.02 mm）。

图 2-43 游标刻度

解：根据游标卡尺读数步骤进行读数：

(1)副尺 0 线所对主尺的整毫米数为 55 mm；

(2)副尺 0 线右侧的第 5 条线与主尺的一条刻线对齐，副尺 0 线后的第 5 条线表示：0.02 mm×5＝0.10 mm；

(3)该游标卡尺最终读数为：55 mm＋0.1 mm＝55.10 mm。

技能训练 2：请你利用游标卡尺利用以上读数步骤测量你身边某一圆柱形工件的内径、外径与高度。

2.7.2 百分尺技能训练

百分尺是利用螺旋原理制成的精确度很高的量具，精确度达 0.01 毫米，测量比较灵活，目前车间里被大量使用，很多机械加工车间常用的有外径百分尺，内径百分尺，深度百分尺等。

1. 百分尺读数技能

一般百分尺读数步骤可分为三步：

(1)读出固定套筒上与活动套管端面对齐的刻线尺寸，特别注意读数时应细心，不要错读 0.5 mm；

（2）读出活动套管圆周上与固定套筒的水平基准线（中线）对齐的刻线数值，乘 0.01 mm 便是活动套管上的尺寸；

（3）将上述两部分尺寸相加，就是百分尺上测得的尺寸。

2. 百分尺技能训练

技能训练 1：请按照百分尺读数步骤读出下图中的尺寸。

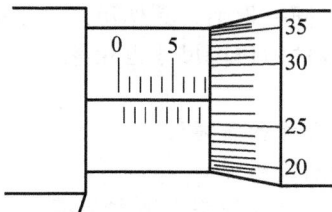

图 2-44　百分尺测量刻度值

解：根据百分尺读数步骤进行读数：

（1）固定套筒上与活动套管端面对齐的刻线尺寸 8 mm；

（2）活动套管圆周上与固定套筒的水平基准线（中线）对齐的刻线数值为 27，表示：$0.01 \times 27 = 0.27$ mm；

（3）该百分尺最终读数为：8 mm + 0.27 mm = 8.27 mm。

技能训练 2：请利用百分尺读数步骤读出图 2-45 中的尺寸。

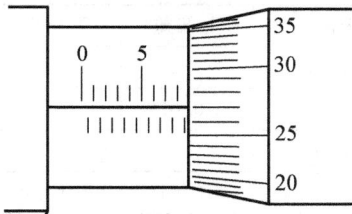

图 2-45　百分尺测量刻度值

解：本百分尺读数为 8.77 mm。

3. 使用外径百分尺注意事项

（1）微分筒和测力装置在转动时不能过分用力；

（2）当转动微分筒带动活动测头接近被测工件时，一定要改用测力装置旋转接触被测工件，不能直接旋转微分筒测量工件；

（3）当活动测头与固定测头卡住被测工件或锁住锁紧装置时，不能强行转动微分筒；

（4）测量时，应手握隔热装置，尽量减少手和百分尺金属部分接触；

（5）使用完毕，应用布擦干净，在固定测头和活动测头的测量面间留出空隙，放入盒中，如长期不使用可在测量面上涂上防锈油，置于干燥处。

习题 2

2-1：判断题

1. 实效尺寸是作用尺寸中的一个极限值。　　　　　　　　　　　　　　（　　）

2. 按最大实体原则给出的形位公差可与该要素的尺寸变动量相互补偿。（　　）

3. 最大实体原则是控制作用尺寸不超出实效边界的公差原则。　　　　（　　）

4. 作用尺寸能综合反映被测要素的尺寸误差和形位误差在配合中的作用。　　（　　　）

5. 对于孔关联作用尺寸小于同要素的作用尺寸；对轴则相反。　　（　　　）

6. 最大实体状态是孔、轴具有允许的材料量为最少的状态。　　（　　　）

7. 实效尺寸与作用尺寸都是尺寸和形位公差的综合反映。　　（　　　）

8. 同一批零件的作用尺寸和实效尺寸都是一个变量。　　（　　　）

9. 对于孔、轴，实效尺寸都等于最大实体尺寸与形位公差之和。　　（　　　）

10. 按同一公差要求加工的同一批轴，其作用尺寸不完全相同。　　（　　　）

11. 实际尺寸相等的两个零件的作用尺寸也相等。　　（　　　）

2-2：简答题

1. 什么叫基本尺寸、实际尺寸和极限尺寸？

2. 什么叫尺寸偏差、极限偏差？

3. 什么叫尺寸公差？为什么尺寸公差必须大于零？

4. 什么是标准公差？用什么符号表示？

5. 公差数值的大小与什么有关？标准公差等级相同，公差数值是否相同？

6. 什么叫基本偏差？用什么来表示？孔、轴各有多少基本偏差？

7. 标准公差与基本偏差及公差带有什么关系？

2-3：综合题

1. 计算出题表 2-1 中空格处的数值，并按规定填写在表中。

题表 2-1

基本尺寸	最大极限尺寸	最小极限尺寸	上偏差	下偏差	公　差	尺寸标准
孔 φ12	12.050	12.032				
轴 φ60			+0.072		0.019	
孔 φ30		29.959			0.021	
轴 φ80			−0.010	−0.056		
孔 φ50				−0.034	0.039	
孔 φ40					0.053	$\phi40^{+0.042}_{-0.011}$
轴 φ70	69.970				0.074	

2. 对下列各组配合，已知表中的数值，用计算法和公差带图法，计算题表 2-2 空格中的数值，并填入表中。

题表 2-2

基本尺寸	孔			轴			X_{max} 或 Y_{min}	X_{min} 或 Y_{max}	X_{av} 或 Y_{av}	T_f
	ES	EI	T_h	es	ei	T_s				
φ50		0				0.039				0.078
φ25			0.021		0			−0.048	−0.031	
φ65		0				0.019		−0.039	−0.0145	
φ80			0.046		0		+0.035		+0.033	
φ60		0	0.030			0.120	+0.238	+0.088		

3. 有轴 $\phi30h7$ 和孔 $\phi100E10$，试确定验收极限和选择计量器具。

2-4：选择题

1. 实际尺寸是具体零件上_____尺寸的测得值。

　　A. 某一位置的　　　　B. 整个表面的　　　　C. 部分表面的

2. 作用尺寸是存在于_____，某一实际轴或孔的作用尺寸是唯一的。

　　A. 实际轴或孔上的理想参数　　　　B. 理想轴或孔上的实际参数

　　C. 实际轴或孔上的实际参数　　　　D. 理想轴或孔上的理想参数

3. 在计算标准公差值时，各尺寸段内所有基本尺寸的计算值是用各尺寸段的_____作为该段内所有基本尺寸来计算值的。

　　A. 首尾两个尺寸的几何平均值

　　B. 所有尺寸的算术平均值

　　C. 所有尺寸的几何平均值

　　D. 首尾两个尺寸的算术平均值

4. 设置基本偏差的目的是将_____加以标准化，以满足各种配合性质的需要。

　　A. 公差带相对于零线的位置　　　　B. 公差带的大小

　　C. 各种配合

5. 基本尺寸是设计给定的尺寸，因此说基本尺寸是_____尺寸。

　　A. 最理想　　　　B. 不是最理想　　　　C. 不能肯定

6. 实际尺寸是测量所得尺寸，实际尺寸不是零件的真值，是由于_____引起的。

　　A. 测量误差　　　B. 加工误差　　　C. 安装误差　　　D. 设计误差

7. 测量实际尺寸时，测量的截面不同，测出的实际尺寸也变动，是由于_____引起的。

　　A. 尺寸误差　　　B. 形状误差　　　C. 安装误差　　　D. 设计误差

8. 极限尺寸是允许尺寸变动的两个界限值，因此说极限尺寸是用来控制_____的。

　　A. 实际尺寸　　　B. 基本尺寸　　　C. 作用尺寸

9. 公差带的大小由_____来决定。

　　A. 基本偏差　　　B. 标准公差　　　C. 极限偏差　　　D. 配合公差

实验一：用立式光学比较仪测量光滑极限塞规

1. 量仪名称及规格

量仪名称_____。　　　　标尺分度值_____。

量仪测量范围_____。　　　标尺示值范围_____。

2. 被测工件

被测件名称_____。

被测表面的基本尺寸及上、下偏差_____mm。

3. 调整量仪示值零位所使用量块组中各块量块的尺寸_____mm。

4. 测量数据及其处理

测量部位简图	截面	方向	量仪示值/μm	实际尺寸/mm

5. 合格性判断

实验二：用立式测长仪测量光滑极限塞规

1. 量仪名称及规格

量仪名称 _____。   标尺分度值 _____。

量仪测量范围 _____。   标尺示值范围 _____。

2. 被测工件

被测件名称 _____。

被测表面的基本尺寸及上、下偏差 _____ mm。

3. 测量数据及其处理

测量部位简图	截面	方向	读取的实际尺寸/mm

4. 合格性判断

大国工匠　大国成就

JIER 智能化生冲压生产线生产

项目 3　尺寸测量

　　光滑圆柱体结合是机械产品最广泛采用的一种结合形式，通常指孔与轴的结合。为使加工后的孔与轴能满足互换性要求，必须在结构设计中统一其基本尺寸，在尺寸精度设计中采用公差与配合标准。因此，圆柱体结合的公差与配合标准是一项最基本、最重要的标准。首先要掌握有关尺寸、偏差、公差及配合的基本概念。

▶ 任务 1　光滑孔、轴尺寸公差与配合基本术语及定义

3.1.1　有关偏差和公差的术语及定义

1. 尺寸偏差（简称偏差）

尺寸偏差为某一尺寸减去其基本尺寸所得的代数差。偏差分为：

（1）实际偏差。实际尺寸减去其基本尺寸所得的代数差，依据定义表示如下：

公差与偏差

　　孔：$E_a = D_a - D$

　　轴：$e_a = d_a - d$

（2）极限偏差。极限尺寸减去其基本尺寸所得的代数差。其中最大极限尺寸与基本尺寸之差称为上偏差（ES、es），最小极限尺寸与基本尺寸之差称为下偏差（EI、ei），极限和配合示意图如图 3-1 所示。上下偏差统称为极限偏差。依据定义，孔、轴极限偏差表示如下。

　　孔：$ES = D_{max} - D$

　　　　$EI = D_{min} - D$

　　轴：$es = d_{max} - d$

　　　　$ei = d_{min} - d$

公差与配合

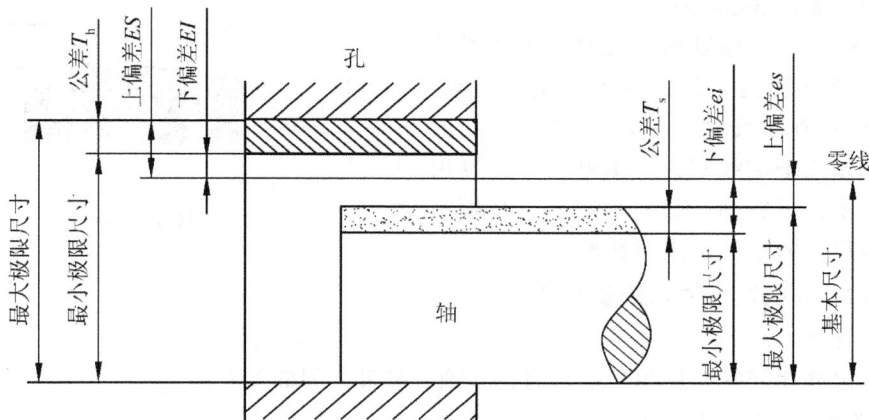

图 3-1　极限和配合示意图

应该注意，偏差为代数值，可能为正值、负值或零。极限偏差用于控制实际偏差。完工后零件尺寸的合格条件常用偏差关系式表示如下。

孔合格的条件：$EI \leqslant E_a \leqslant ES$

轴合格的条件：$ei \leqslant e_a \leqslant es$

2. 尺寸公差（简称公差）

尺寸公差是指允许尺寸的变动量，或者是上偏差与下偏差代数差的绝对值。其关系式表示如下。

孔：$T_h = |D_{max} - D_{min}| = |ES - EI|$

轴：$T_s = |d_{max} - d_{min}| = |es - ei|$

3. 公差与偏差之间的区别和联系

公差与偏差是两种不同的概念。公差大小决定了允许尺寸变动范围的大小。若公差值大，则允许尺寸变动范围大，因而要求加工精度低；相反，若公差值小，则允许尺寸变动范围小，因而要求加工精度高。

极限偏差表示每个零件尺寸允许变动的极限值，是判断零件尺寸是否合格的依据。从作用上看，公差影响配合的精度；极限偏差用于控制实际偏差，影响配合的松紧程度。

4. 尺寸公差带与公差带图

（1）尺寸公差带。在公差带图中，由代表上极限偏差和下极限偏差或上极限尺寸和下极限尺寸的两条直线所限定的一个区域称为尺寸公差带，简称公差带。它是由公差大小和其相对零线的位置，如基本偏差来确定，如图 3-2 所示。

公差带图

（2）零线。为确定极限偏差的一条基准线，是偏差的起始线即零偏差线，零线上方表示正偏差；零线下方表示负偏差，如图 3-2 所示。

（3）尺寸公差带图。由于公差及偏差的数值比尺寸数值小得太多，不便用同一比例表示，故采用公差与配合图解，这种图简称公差带图，如图 3-2 所示。

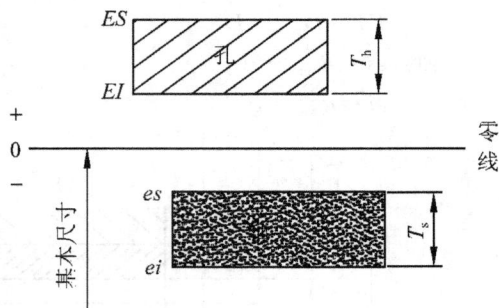

公差带图中，用以确定偏差起始位置的一条基准直线称为零线，即零偏差。通常，零线也代表公称尺寸。正偏差位于零线上方，负偏差位于零线下方。偏差的单位可用微米或毫米，但在同一公差带图中，必须统一。公差尺寸的单位一律用毫米。

图 3-2　尺寸公差带图

3.1.2　有关配合的术语及定义

1. 配合

公称尺寸相同的并且相互结合的孔和轴公差带之间的关系。

2. 间隙（X）或过盈（Y）

在轴与孔的配合中，孔的尺寸减去轴的尺寸所得的代数差，当差值为正时称为间隙，用 X 表示；当差值为负时称为过盈，用 Y 表示。

3. 配合的种类

按孔与轴公差带之间的相对位置关系，配合分为三大类。

(1)间隙配合。具有间隙(包括最小间隙等于零)的配合，孔的公差带完全在轴公差带之上这种配合称为间隙配合。此时，孔的公差带在轴的公差带之上，如图 3-3 所示。

最大间隙：$X_{max} = D_{max} - d_{min} = ES - ei$；最小间隙：$X_{min} = D_{min} - d_{max} = EI - es$，如图 3-4 所示。

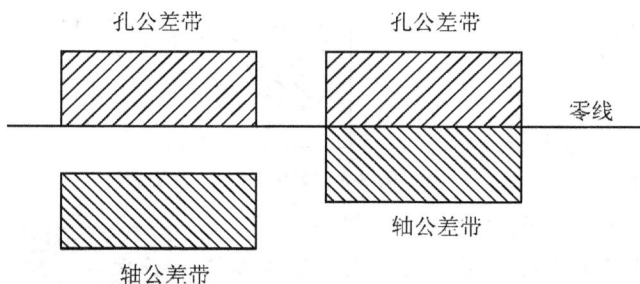

图 3-3　间隙配合的示意图

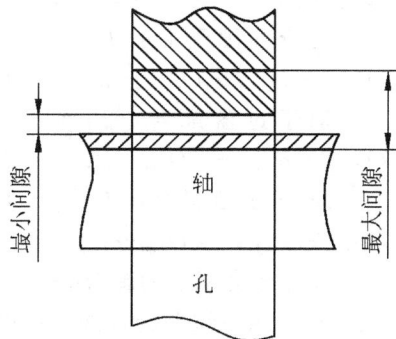

图 3-4　最大最小间隙配合

(2)过盈配合。具有过盈(包括最小过盈等于零)的配合即轴的公差带完全位于孔的公差带之上这种配合称为过盈配合。此时，孔的公差带完全在轴的公差带之下，如图 3-5 所示。

最大过盈：$Y_{max} = D_{min} - d_{max} = EI - es$；最小过盈：$Y_{min} = D_{max} - d_{min} = ES - ei$，如图 3-6 所示。

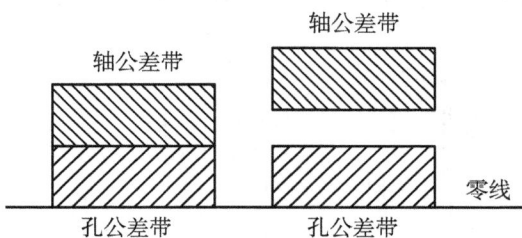

图 3-5　过盈配合示意图

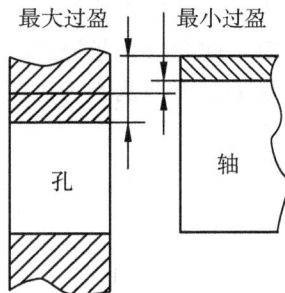

图 3-6　最大最小过盈配合

(3)过渡配合。可能具有间隙或过盈的配合，孔的公差带与轴的公差带有重叠的部分这种配合称为过渡配合。此时，孔的公差带与轴的公差带相互交叠，如图 3-7 所示。

最大间隙：$X_{max} = D_{max} - d_{min} = ES - ei$；最大过盈：$Y_{max} = D_{min} - d_{max} = EI - es$，如图 3-8 所示。

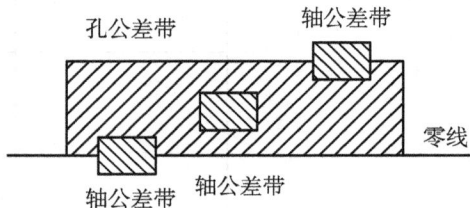

图 3-7　过渡配合示意图

4．配合公差

（1）配合公差。是指允许间隙或过盈的变动量。它表明配合松紧程度的变化范围。配合公差用 T_f 表示，是一个没有符号的绝对值。配合公差的大小为配合最松状态时的极限间隙（或极限过盈）与配合最紧状态时的极限间隙（或极限过盈）代数差的绝对值，公式如下。

对于间隙配合：$T_f = \mid X_{max} - X_{min} \mid = (D_{max} - d_{min}) - (D_{min} - d_{max}) = T_h + T_s$

对于过盈配合：$T_f = \mid Y_{min} - Y_{max} \mid = (D_{max} - d_{min}) - (D_{min} - d_{max}) = T_h + T_s$

对于过渡配合：$T_f = \mid X_{max} - Y_{max} \mid = (D_{max} - d_{min}) - (D_{min} - d_{max}) = T_h + T_s$

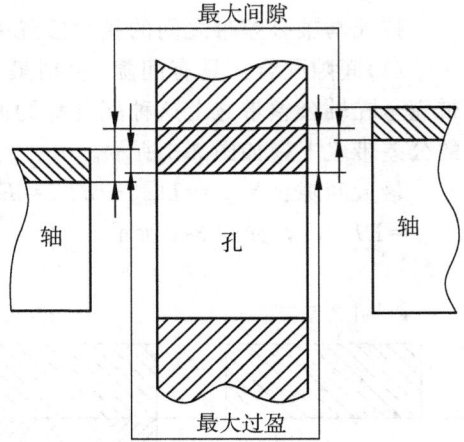

图 3-8　最大最小过渡配合

可见各类配合的配合公差均为孔公差与轴公差之和，即 $T_f = T_h + T_s$。这一结论说明配合件的装配精度与零件的加工精度有关，若要提高装配精度，则应减小零件的公差，即需要提高零件的加工精度。

配合公差

（2）配合公差带图。当基本尺寸一定时，配合公差的大小反映了配合精度的高低，而孔公差和轴公差则表示孔、轴的加工精度。上式说明配合件配合精度取决于零件的加工精度，若要提高配合精度，使配合后间隙或过盈的变化范围减小，则应减小零件的公差，即需要提高零件的加工精度。

配合公差的特性也可用如图 3-9 所示的配合公差带图来表示。在图 3-9 中，零线以上的纵坐标为正值，代表间隙；零线以下的纵坐标为负值，代表过盈；符号 II 代表配合公差带。配合公差带完全处在零线以上为间隙配合；完全处在零线以下为过盈配合；跨在零线上、下两侧则为过渡配合。

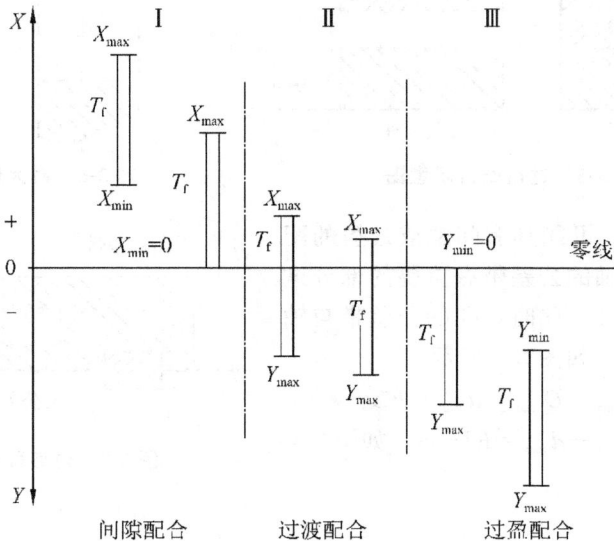

图 3-9　配合公差带图

配合公差带的大小取决于配合公差的大小，配合公差带相对于零线的位置取决于极限间隙或极限过盈的大小。前者表示配合精度，后者表示配合的松紧。

【例 3-1】 若已知某配合的基本尺寸为 $\phi 60$ mm，配合公差 $T_f = 49$ μm，最大间隙 $X_{max} = 19$ μm，孔的公差 $T_h = 30$ μm，轴的下偏差 $ei = +11$ μm，试画出该配合的尺寸公差带图与配合公差带图，并说明配合类别。

【解】 (1)求孔与轴的极限偏差。

因为 $T_f = T_h + T_s$，

所以 $T_s = T_f - T_h = 49 - 30 = 19$ μm

$es = T_s + ei = 19 + 11 = 30$ μm

因为 $X_{max} = ES - ei$，

所以 $ES = X_{max} + ei = 19 + 11 = 30$ μm

$EI = ES - T_h = (+30) - 30 = 0$ μm

因为 $ES > ei$ 且 $EI < es$，所以此配合为过渡配合。

(2)求最大过盈。

因为 $T_f = X_{max} - Y_{max}$

所以 $Y_{max} = X_{max} - T_f = 19 - 49 = -30$ μm

(3)画出尺寸公差带图和配合公差带图(如图 3-10 所示)。

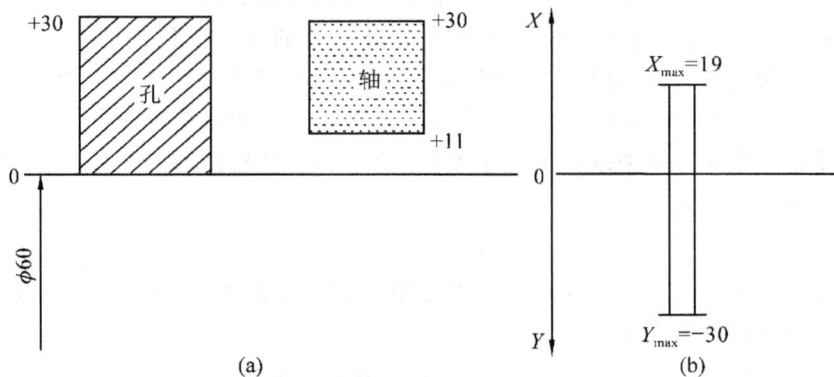

图 3-10 尺寸公差与配合公差带图

任务 2 国标中规定的常用公差与配合

按照国家标准规定的标准公差和基本偏差系列，可将任一基本偏差与任一标准公差组合，从而得到大小与位置不同的大量公差带。在常用尺寸段内，孔公差带有 $20 \times 27 + 3 = 543$ 种(J 仅保留 6～8 级)，轴公差带有 $20 \times 27 + 4 = 544$ 种(仅保留 5～8 级)，这些公差带又可组成近 30 万种配合。如果不加以限制，任意选用这些公差与配合，将不利于生产。为了减少零件、定值刀具、量具等工艺装备的品种及规格，国家标准对所选用的公差与配合作了必要限制。

3.2.1 标准公差系列

1. 公差等级

公差等级是确定尺寸精确程度的等级。GB/T 1800.1—2009《产品几何技术规范(GPS)极限与配合》将标准公差分为 20 个公差等级,用 IT 和阿拉伯数字组成的代号表示,按顺序为 IT01,IT0,IT1~IT18,等级依次降低,标准公差值依次增大。

2. 标准公差值

公差值计算时分三段进行。

(1)IT5~IT18 的公差值。

当基本尺寸小于等于 500 mm 时,公差值的计算式为

$$IT = ai(I)$$

式中   IT——标准公差;

a——公差等级系数;

i 和 I——基本尺寸小于 500 mm 和在 500~3 150 mm 范围内的公差单位。

公差等级系数 a:在基本尺寸一定的情况下,公差等级系数 a 的大小反映了加工的难易程度,为了使公差值标准化,除了 IT5 的公差等级系数 $a=7$ 以外,从 IT6~IT18 公差等级系数 a 采取了 R5 优先数系,即

公比 $q^5 = \sqrt[5]{10} \approx 1.6$ 的等比数列,每隔 5 项公差数值增加至 10 倍。

公差单位(i, I)。公差单位是用于确定标准公差的基本单位,是制定标准公差数值的基础。由大量的试验与统计分析得知,公差单位是基本尺寸 D 的函数。

当基本尺寸小于 500 mm 时,公差单位 i 与加工误差和测量误差有关,而加工误差与基本尺寸近似成立方根关系;测量误差(主要是温度变化引起的)与基本尺寸近似呈线性关系,其计算式为

$$i = 0.45 \sqrt[3]{D} + 0.001D$$

前项反映了加工误差的影响,是主要影响因素,而后项用于补偿由温度不稳定和量规变形等引起的测量误差。

当基本尺寸在 500~3 150 mm 范围内时,由于基本尺寸的增大,测量误差成为主要影响,而测量误差与基本尺寸近似呈线性关系,其计算式为

$$I = 0.004D + 2.1$$

前项为测量误差,后项常数 2.1 为尺寸间的衔接关系常数。

(2)高精度 IT01、IT0、IT1,公差值比较小,主要考虑测量误差的影响,其公差计算采用线性关系式:$IT = A + BD$,D 为基本尺寸,常数 A 与系数 B 均采用优先数系的派生系列 R10/2。

(3)IT2~IT4,其公差值是在 IT1 与 IT5 之间按等比级数插入,即 $IT2 = IT1 \times q$,$IT3 = IT1 \times q^2 \cdots$其公比为

$$q = \left(\frac{IT5}{IT1} \right)^{\frac{1}{4}}$$

基本尺寸小于等于 500 mm 时,标准公差的计算式见表 3-1。基本尺寸在 500~3 150 mm 范围内时,公差值可按式 $T = aI$ 计算,方法与基本尺寸不大于 500 mm 时相同。

尺寸分段：根据表 3-1 所列的标准公差的计算式可知，有一个基本尺寸就应该有一个相应的公差值。生产实践中的基本尺寸很多，这样就形成了一个庞大的公差数值表，给设计和生产带来很大的困难。实践证明，公差等级相同而基本尺寸相近的公差数值差别不大。因此，为简化公差数值表格，便于使用，GB/T 1800.1—2009 将不大于 500 mm 的基本尺寸分成 13 个尺寸段，这样的尺寸段叫主段落。但考虑到某些配合（如过盈配合）对尺寸变化很敏感，故在一个主段落中的一段又分成 2~3 个中间段落，以供确定基本偏差时使用。基本尺寸分段见表 3-2。

表 3-1　尺寸≤500 mm 的标准公差计算式

公差等级	IT01		IT0		IT1		IT2	IT3	IT4
公差值	0.3+0.008D		0.5+0.012D		0.8+0.020D		$IT1\left(\frac{IT5}{IT1}\right)^{\frac{1}{4}}$	$IT1\left(\frac{IT5}{IT1}\right)^{\frac{1}{3}}$	$IT1\left(\frac{IT5}{IT1}\right)^{\frac{3}{4}}$

公差等级	IT5	IT6	IT7	IT8	IT9	IT10	IT11	IT12	IT13	IT14	IT15	IT16	IT17	IT18
公差值	7i	10i	16i	25i	40i	64i	100i	160i	250i	400i	640i	1 000i	1 600i	2 500i

表 3-2　基本尺寸≤500 mm 的尺寸分段

主段落		中间段落		主段落		中间段落		主段落		中间段落	
大于	至	大于	至	大于	至	大于	至	大于	至	大于	至
—	3			30	50	30	40	180	250	180	200
						40	50			200	225
3	6									225	250
				50	80	50	65	250	315	250	280
6	10					65	80			280	315
10	18	10	14	80	120	80	100	315	400	315	355
		14	18			100	120			355	400
18	30	18	24	120	180	120	140	400	500	400	450
		24	30			140	160			450	500
						160	180				

在标准公差以及以后的基本偏差的计算公式中，基本尺寸 D 一律以所属尺寸分段（>(D_1~D_n)）内的首尾两个尺寸的几何平均值 $D_j[D_j=(D_1D_n)^{1/2}]$ 代入进行计算。

这样，一个尺寸段内只有一个公差数值，极大地简化了公差表格（对于尺寸不大于 3 mm 的尺寸段 $D_j=\sqrt{1\times3}$）。

在基本尺寸和公差数值已定的情况下，按标准公差计算公式计算出相应的公差值，并按国家标准的有关规定对尾数圆整，最后编出标准公差数值表（见表 3-3），以供设计时查用。

表 3-3　标准公差数值表

基本尺寸 /mm		公 差 等 级																			
		IT01	IT0	IT1	IT2	IT3	IT4	IT5	IT6	IT7	IT8	IT9	IT10	IT11	IT12	IT13	IT14	IT15	IT16	IT17	IT18
大于	至	/μm													/mm						
	3	0.3	0.5	0.8	1.2	2	3	4	6	10	14	25	40	60	0.10	0.14	0.25	0.40	0.60	1.0	1.4
3	6	0.4	0.6	1	1.5	2.5	4	5	8	12	18	30	48	75	0.12	0.18	0.30	0.48	0.75	1.2	1.8
6	10	0.4	0.6	1	1.5	2.5	4	6	9	15	22	36	58	90	0.15	0.22	0.36	0.58	0.90	1.5	2.2
10	18	0.5	0.8	1.2	2	3	5	8	11	18	27	43	70	110	0.18	0.27	0.43	0.70	1.10	1.8	2.7
18	30	0.6	1	1.5	2.5	4	6	9	13	21	33	52	84	130	0.21	0.33	0.52	0.84	1.30	2.1	3.3
30	50	0.6	1	1.5	2.5	4	7	11	16	25	39	62	100	160	0.25	0.39	0.62	1.00	1.60	2.5	3.9
50	80	0.8	1.2	2	3	5	8	13	19	30	46	74	120	190	0.30	0.46	0.74	1.20	1.90	3.0	4.6
80	120	1	1.5	2.5	4	6	10	15	22	35	54	87	140	220	0.35	0.54	0.87	1.40	2.20	3.5	5.4
120	180	1.2	2	3.5	5	8	12	18	25	40	63	100	160	250	0.40	0.63	1.00	1.60	2.50	4.0	6.3
180	250	2	3	4.5	7	10	14	20	29	46	72	115	185	290	0.46	0.72	1.15	1.85	2.90	4.6	7.2
250	315	2.5	4	6	8	12	16	23	32	52	81	130	210	320	0.52	0.81	1.30	2.10	3.20	5.2	8.1
315	400	3	5	7	9	13	18	25	36	57	89	140	230	360	0.57	0.89	1.40	2.30	3.60	5.7	8.9
400	500	4	6	8	10	15	20	27	40	63	97	155	250	400	0.63	0.97	1.55	2.50	4.00	6.3	9.7

【例 3-2】　某轴的基本尺寸为 $\phi25$ mm，求 IT6 的标准公差数值。

【解】　$\phi25$ mm 在大于 18～30 mm 的尺寸段内，该尺寸段首、尾两个尺寸的几何平均值为

$$d = \sqrt{18 \times 30} \approx 23.238 \text{(mm)}$$

由轴的标准公差计算公式和表 3-1 可得

$$i = 0.45 \sqrt[3]{D(d)} + 0.001D(d) = 0.45\sqrt[3]{d} + 0.001d = 0.45\sqrt[3]{23.238} + 0.001 \times 23.238$$

$$\approx 1.307$$

$$IT6 = 10i = 10 \times 1.307 \approx 13 (\mu m)$$

按上述方法即可得到标准公差数值表中 IT5～IT18 级各个公差数值，如表 3-3 所示。

3.2.2　基本偏差系列

如前所述，基本偏差是公差带的位置要素。为了满足各种不同配合的需要，必须将轴和孔的公差带位置标准化。

1. 基本偏差的种类及其代号

标准对轴和孔各规定了 28 个公差带位置，分别由 28 个基本偏差来确定。

基本偏差代号用拉丁字母表示。小写代表轴，大写代表孔。在 26 个拉丁字母中去掉

基本偏差系列

5 个容易混淆的字母 I (i)、L (l)、O (o)、Q (q)、W (w)，再增加 7 个双写字母 CD (cd)、EF (ef)、FG (fg)、JS (js)、ZA (za)、ZB (zb)、ZC (zc)，作为 28 种基本偏差代号。

28 种基本偏差代号代表轴、孔各有 28 种公差带位置，构成了基本偏差系列，如图 3-11 所示。

图 3-11 是基本偏差系列图，它表示基本尺寸相同的 28 种轴、孔基本偏差相对零线的位置。图中画的是"开口"公差带，这是因为基本偏差只表示公差带的位置，而不表示公差带的大小。图中只画出公差带基本偏差的偏差线，另一极限偏差线则由公差等级决定。

由图 3-11 可看出，轴、孔的各基本偏差图形是基本对称的，它们的性质和规律见表 3-4。

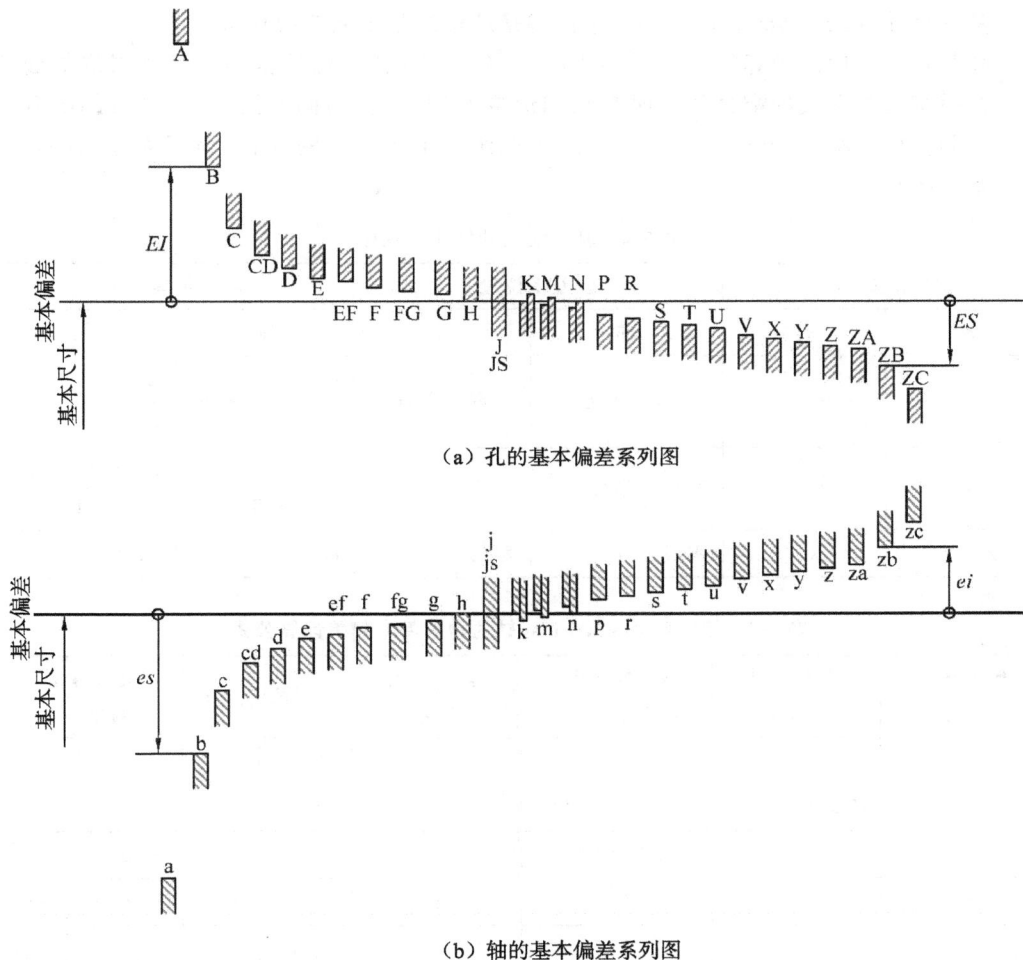

（a）孔的基本偏差系列图

（b）轴的基本偏差系列图

图 3-11　轴和孔的基本偏差系列图及其特征

2．基本偏差数值

（1）轴的基本偏差数值。

轴的基本偏差是以基孔制配合为基础的，依据各种配合要求，从生产实践经验和有关统计分析的结果整理出一系列轴的基本偏差计算公式(见有关国家标准),表 3-5 列出基本尺寸≤500 mm 的常用基本偏差计算公式,表中的 d 是基本尺寸段的几何平均值。经计算后圆整得出轴的基本偏差数值,见表 3-6。

因此,可根据基本尺寸、轴的基本偏差代号和公差等级查表 3-6 获得轴的基本偏差数值。注意:需明确该轴的基本偏差是上偏差还是下偏差。

另一个极限偏差数值(上偏差或下偏差)按照轴的极限偏差与标准公差之间的关系求得。

如 $\phi30k6$,该轴的基本偏差数值为:$ei = +0.002$;该轴的标准公差(查表 3-4)IT$=0.013$,则另一个极限偏差为:$es = +0.015$。

(2)孔的基本偏差数值。

基本尺寸≤500 mm 时,孔的基本偏差是从轴的基本偏差换算得来的。

孔与轴基本偏差换算的原则是:用同一字母表示孔和轴的基本偏差所组成的公差带,按照基孔制形成的配合和按照基轴制形成的配合(称为同名配合),两者的配合性质应相同。如:$\phi30H9/d9$ 与 $\phi30D9/h9$ 为两组基准制不同的配合(前者为基孔制,后者为基轴制)。

表 3-4　基本偏差的性质与规律

基本偏差代号		公差带位置		基本偏差性质	
轴	孔	轴	孔	轴	孔
a~g	A~G	零线下方	零线上方	$es = -$	$EI = +$
h	H			$es = 0$	$EI = 0$
js	JS	对称于零线两侧		$es = +IT/2$ $ei = -IT/2$	$ES = +IT/2$ $EI = -IT/2$
k~zc	K~ZC	零线上方	零线下方	$ei = +$	$ES = -$

表 3-5　基本尺寸≤500 mm 轴的常用基本偏差计算公式

基本偏差代号	适用范围/mm	基本偏差上偏差 $es/\mu m$	基本偏差代号	适用范围/mm	基本偏差下偏差 $ei/\mu m$
C	$d \leqslant 40$	$-52d^{0.2}$	k	IT4~IT7	$+0.6\sqrt[3]{d}$
	$d > 40$	$-(95+0.8d)$		≥IT8	0
F		$-5.5d^{0.41}$	n		$+5d^{0.34}$
G		$-2.5d^{0.34}$	p		$+IT7+(0\sim5)$
H		0	s	$d \leqslant 50$	$+IT8+(1\sim4)$
Js		$\pm\dfrac{IT}{2}$		$d > 50$	$+IT7+0.4d$

表 3-6　基本尺寸≤500 mm 轴的基本偏差数值表

基本偏差		上偏差 es/μm											js	下偏差 ei/μm				
		a	b	c	cd	d	e	ef	f	fg	g	h		j			k	
基本尺寸/mm		公差等级																
大于	至	所有级												5、6	7	8	4~7	≤3、>7
	3	−270	−140	−60	−34	−20	−14	−10	−6	−4	−2	0		−2	−4	−6	0	0
3	6	−270	−140	−70	−46	−30	−20	−14	−10	−6	−4	0		−2	−4		+1	0
6	10	−280	−150	−80	−56	−40	−25	−18	−13	−8	−5	0		−2	−5		+1	0
10	14	−290	−150	−95		−50	−32		−16		−6	0		−3	−6		+1	0
14	18																	
18	24	−300	−160	−110		−65	−40		−20		−7	0	上偏差或下偏差等于±IT/2	−4	−8		+2	0
24	30																	
30	40	−310	−170	−120		−80	−50		−25		−9	0		−5	−10		+2	0
40	50	−320	−180	−130														
50	65	−340	−190	−140		−100	−60		−30		−10	0		−7	−12		+2	0
65	80	−360	−200	−150														
80	100	−380	−220	−170		−120	−72		−36		−12	0		−9	−15		+3	0
100	120	−410	−240	−180														
120	140	−460	−260	−200		−145	−85		−43		−14	0		−11	−18		+3	0
140	160	−520	−280	−210														
160	180	−580	−310	−230														
180	200	−660	−340	−240		−170	−100		−50		−15	0		−13	−21		+4	0
200	225	−740	−380	−260														
225	250	−820	−420	−280														
250	280	−920	−480	−300		−190	−110		−56		−17	0		−16	−26		+4	0
280	315	−1 050	−540	−330														
315	355	−1 200	−600	−360		−210	−125		−62		−18	0		−18	−28		+4	0
355	400	−1 350	−680	−400														
400	450	−1 500	−760	−440		−230	−135		−68		−20	0		−20	−32		+5	0
450	500	−1 650	−840	−480														

续表

基本偏差	下偏差 ei													
	m	n	p	r	s	t	u	v	x	y	z	za	zb	zc
基本尺寸 /mm	公差等级													
大于　至	所有级													
3	+2	+4	+6	+10	+14		+18		+20		+26	+32	+40	+60
3　6	+4	+8	+12	+15	+19		+23		+28		+35	+42	+50	+80
6　10	+6	+10	+15	+19	+23		+28		+34		+42	+52	+67	+97
10　14	+7	+12	+18	+23	+28		+33		+40		+50	+64	+90	+130
14　18								+39	+45		+60	+77	+108	+150
18　24	+8	+15	+22	+28	+35		+41	+47	+54	+63	+73	+98	+136	+188
24　30						+41	+48	+55	+64	+75	+88	+118	+160	+218
30　40	+9	+17	+26	+34	+43	+48	+60	+68	+80	+94	+112	+148	+200	+274
40　50						+54	+70	+81	+97	+114	+136	+180	+242	+325
50　65	+11	+20	+32	+41	+53	+66	+87	+102	+122	+144	+172	+226	+300	+405
65　80				+43	+59	+75	+102	+120	+146	+174	+210	+274	+360	+480
80　100	+13	+23	+37	+51	+71	+91	+124	+146	+178	+214	+258	+335	+445	+585
100　120				+54	+79	+104	+144	+172	+210	+254	+310	+400	+525	+690
120　140				+63	+92	+122	+170	+202	+248	+300	+365	+470	+620	+800
140　160	+15	+27	+43	+65	+100	+134	+190	+228	+280	+340	+415	+535	+700	+900
160　180				+68	+108	+146	+210	+252	+310	+380	+465	+600	+780	+1 000
180　200				+77	+122	+166	+236	+284	+350	+425	+520	+670	+880	+1 150
200　225	+17	+31	+50	+80	+130	+180	+258	+310	+385	+470	+575	+740	+960	+1 250
225　250				+84	+140	+196	+284	+340	+425	+520	+640	+820	+1 050	+1 350
250　280	+20	+34	+56	+94	+158	+218	+315	+385	+475	+580	+710	+920	+1 200	+1 550
280　315				+98	+170	+240	+350	+425	+525	+650	+790	+1 000	+1 300	+1 700
315　355	+21	+37	+62	+108	+190	+268	+390	+475	+590	+730	+900	+1 150	+1 500	+1 900
355　400				+114	+208	+294	+435	+530	+660	+820	+1 000	+1 300	+1 650	+2 100
400　450	+23	+40	+68	+126	+232	+330	+490	+595	+740	+920	+1 100	+1 450	+1 850	+2 400
450　500				+132	+252	+360	+540	+660	+820	+1 000	+1 250	+1 600	+2 100	+2 600

注：① 基本尺寸小于或等于 1mm 时，基本偏差 a 和 b 均不采用。

② js 的数值：对公差等级为 IT7～IT11，若标准公差 IT(μm) 为奇数，则 js$=\pm(IT-1)/2$。

它们的配合件的基本偏差字母相同，同是 $D(d)$，故它们为同名配合。同理：$\phi50H7/p6$ 与 $\phi50P7/h6$ 为同名配合。同名配合，它们的配合性质相同。即 $\phi30H9/d9$ 与 $\phi30D9/h9$ 的配合性质相同。也就是说：$\phi30\ H9/d9$ 的极限间隙与 $\phi30\ D9/h9$ 的极限间隙相等。$\phi50\ H7/p6$ 与 $\phi50\ P7/h6$ 配合性质相同，它们的极限过盈相等。

基于上述原则，在孔的基本偏差换算时，需按以下两种规则进行计算。

① 通用规则。

用同一字母表示的孔、轴的基本偏差数值的绝对值相等，符号相反。孔的基本偏差与轴的基本偏差相对于零线对称分布，即呈"倒影"关系。

孔的基本偏差与轴的基本偏差之间的换算关系见表 3-7。

表 3-7　通用规则的孔的基本偏差与轴的基本偏差之间的换算关系

孔的基本偏差代号	孔的公差等级	孔的基本偏差与轴的基本偏差的换算关系
A～H	所有等级	$EI=-es$
J～N	低于 8 级	$ES=-ei$
P～ZC	低于 7 级	

分析孔的基本偏差与轴的基本偏差之间的关系：

以间隙配合为例，基准孔与配合轴（a～h）组成基孔制间隙配合。因为，基准孔的基本偏差 $EI=0$，所以，其最小间隙为

$$X_{min}=EI-es=0-es=-es$$

当基准轴与配合孔（A～H）组成基轴制间隙配合时，基准轴的基本偏差 $es=0$，所以，其最小间隙为

$$X_{min}=EI-es=EI-0=EI$$

当两种基准制间隙配合的最小间隙相同时，则

$$EI=-es$$

若为过盈配合，则是由基准孔与配合轴（p～zc）组成基孔制过盈配合或由基准轴与配合孔（P～ZC）组成基轴制过盈配合。当孔的公差等级低于 7 时，组成配合的孔公差等级与轴相同（称为同级配合），其配合的最小过盈为

在基孔制中　　　$Y_{min}=ES-ei=(+ITh)-ei$

式中　ITD——孔公差。

在基轴制中　　　$Y_{min}=ES-ei=ES-(-ITs)=ES+ITs$

式中　ITd——轴公差。

当两种基准制过盈配合的最小过盈相同时，则

$$ES+ITs=(+ITh)-ei$$

又因为是同级配合，所以，ITh=ITs，得 $ES=-ei$。

过渡配合也可采用同样的方法证明表 3-7 中的关系。

【例 3-3】　求 $\phi30D9$ 的基本偏差数值。

【解】　查孔的基本偏差数值表 3-8 可得：$\phi30D9$ 的基本偏差 $EI=+0.065$。再查表 3-3 IT=0.052 mm。

表 3-8 基本尺寸≤500 mm 孔的基本偏差数值(摘自 GB/T 1800.3—2008)

基本尺寸/mm 大于	至	A	B	C	CD	D	E	EF	F	FG	G	H	JS	J 6	J 7	J 8	K ≤8	K >8	M ≤8	M >8	N ≤8	N >8
		\>下偏差 EI/μm												\>上偏差 ES/μm								
		所有公差等级											公差	等 级								
	3	+270	+140	+60	+34	+20	+14	+10	+6	+4	+2	0	上偏差或下偏差等于 ±$\frac{IT}{2}$	+2	+4	+6	0	0	-2	-2	-4	-4
3	6	+270	+140	+70	+46	+30	+20	+14	+10	+6	+4	0		+5	+6	+10	-1+Δ		-4+Δ	-4	-8+Δ	0
6	10	+280	+150	+80	+56	+40	+25	+18	+13	+8	+5	0		+5	+8	+12	-1+Δ		-6+Δ	-6	-10+Δ	0
10	14	+290	+150	+95		+50	+32		+16		+6	0		+6	+10	+15	-1+Δ		-7+Δ	-7	-12+Δ	0
14	18	+290	+150	+95		+50	+32		+16		+6	0		+6	+10	+15	-1+Δ		-7+Δ	-7	-12+Δ	0
18	24	+300	+160	+110		+65	+40		+20		+7	0		+8	+12	+20	-2+Δ		-8+Δ	-8	-15+Δ	0
24	30	+300	+160	+110		+65	+40		+20		+7	0		+8	+12	+20	-2+Δ		-8+Δ	-8	-15+Δ	0
30	40	+310	+170	+120		+80	+50		+25		+9	0		+10	+14	+24	-2+Δ		-9+Δ	-9	-17+Δ	0
40	50	+320	+180	+130		+80	+50		+25		+9	0		+10	+14	+24	-2+Δ		-9+Δ	-9	-17+Δ	0
50	65	+340	+190	+140		+100	+60		+30		+10	0		+13	+18	+28	-2+Δ		-11+Δ	-11	-20+Δ	0
65	80	+360	+200	+150		+100	+60		+30		+10	0		+13	+18	+28	-2+Δ		-11+Δ	-11	-20+Δ	0

续表

基本尺寸/mm 大于	至	下偏差 EI/μm（所有公差等级） A	B	C	CD	D	E	EF	F	FG	G	H	JS	上偏差 ES/μm J(等级) 6	7	8	K ≤8	K >8	M ≤8	M >8	N ≤8	N >8
80	100	+380	+220	+170		+120	+72		+36		+12	0		+16	+22	+34	-3+Δ		-13+Δ	-13	-23+Δ	0
100	120	+410	+240	+180																		
120	140	+460	+260	+200		+145	+85		+43		+14	0		+18	+26	+41	-3+Δ		-15+Δ	-15	-27+Δ	0
140	160	+520	+280	+210																		
160	180	+580	+310	+230																		
180	200	+660	+340	+240		+170	+100		+50		+15	0		+22	+30	+47	-4+Δ		-17+Δ	-17	-31+Δ	0
200	225	+740	+380	+260																		
225	250	+820	+420	+280																		
250	280	+920	+480	+300		+190	+110		+56		+17	0		+25	+36	+55	-4+Δ		-20+Δ	-20	-34+Δ	0
280	315	+1 050	+540	+330																		
315	355	+1 200	+600	+360		+210	+125		+62		+18	0		+29	+39	+60	-4+Δ		-21+Δ	-21	-37+Δ	0
355	400	+1 350	+680	+400																		
400	450	+1 500	+760	+440		+230	+135		+68		+20	0		+33	+43	+66	-5+Δ		-23+Δ	-23	-40+Δ	0
450	500	+1 650	+840	+480																		

JS：上偏差或下偏差等于 $\pm\dfrac{\text{IT}}{2}$

续表

基本尺寸/mm 大于	至	P	R	S	T	U	V	X	Y	Z	ZA	ZB	ZC	Δ/μm 3	4	5	6	7	8
—	3	−6	−10	−14		−18		−20		−26	−32	−40	−60				0		
3	6	−12	−15	−19		−23		−28		−35	−42	−50	−80	1	1.5	1	3	4	6
6	10	−15	−19	−23		−28		−34		−42	−52	−67	−97	1	1.5	2	3	6	7
10	14	−18	−23	−28		−33		−40		−50	−64	−90	−130	1	2	3	3	7	9
14	18	−18	−23	−28		−33	−39	−45		−60	−77	−108	−150	1	2	3	3	7	9
18	24	−22	−28	−35		−41	−47	−54	−63	−73	−98	−136	−188	1.5	2	3	4	8	12
24	30	−22	−28	−35	−41	−48	−55	−64	−75	−88	−118	−160	−218	1.5	2	3	4	8	12
30	40	−26	−34	−43	−48	−60	−68	−80	−94	−112	−148	−200	−274	1.5	3	4	5	9	14
40	50	−26	−34	−43	−54	−70	−81	−97	−114	−136	−180	−242	−325	1.5	3	4	5	9	14
50	65	−32	−41	−53	−66	−87	−102	−122	−144	−172	−226	−300	−405	2	3	5	6	11	16
65	80	−32	−43	−59	−75	−102	−120	−146	−174	−210	−274	−360	−480	2	3	5	6	11	16
80	100	−37	−51	−71	−91	−124	−146	−178	−214	−258	−335	−445	−585	2	4	5	7	13	19
100	120	−37	−54	−79	−104	−144	−172	−210	−254	−310	−400	−525	−690	2	4	5	7	13	19
120	140	−43	−63	−92	−122	−170	−202	−248	−300	−365	−470	−620	−800	3	4	6	7	15	23
140	160	−43	−65	−100	−134	−190	−228	−280	−340	−415	−535	−700	−900	3	4	6	7	15	23
160	180	−43	−68	−108	−146	−210	−252	−310	−380	−465	−600	−780	−1000	3	4	6	7	15	23
180	200	−50	−77	−122	−166	−236	−284	−350	−425	−520	−670	−880	−1150	3	4	6	9	17	26
200	225	−50	−80	−130	−180	−258	−310	−385	−470	−575	−740	−960	−1250	3	4	6	9	17	26
225	250	−50	−84	−140	−196	−284	−340	−425	−520	−640	−820	−1050	−1350	3	4	6	9	17	26
250	280	−56	−94	−158	−218	−315	−385	−475	−580	−710	−920	−1200	−1550	4	4	7	9	20	29
280	315	−56	−98	−170	−240	−350	−425	−525	−650	−790	−1000	−1300	−1700	4	4	7	9	20	29
315	355	−62	−108	−190	−268	−390	−475	−590	−730	−900	−1150	−1500	−1900	4	5	7	11	21	32
355	400	−62	−114	−208	−294	−435	−530	−660	−820	−1000	−1300	−1650	−2100	4	5	7	11	21	32
400	450	−68	−126	−232	−330	−490	−595	−740	−920	−1100	−1450	−1850	−2400	5	5	7	13	23	34
450	500	−68	−132	−252	−360	−540	−660	−820	−1000	−1250	−1600	−2100	−2600	5	5	7	13	23	34

上偏差 ES/μm，公差等级 ≤7 及 >7，P到ZC。在大于7级的相应数值上增加一个Δ值。

注：①基本尺寸在1 mm以下时，各公差等级的基本偏差为A和B以及大于IT8级的基本偏差为N均不采用。
②标准公差≤IT8级的K、M、N及≤IT7的P~ZC的基本偏差中的Δ值从续表的右侧选取。
例：大于18~30 mm的P7，因为P8的ES'=−22 μm，而P7的Δ=8 μm，因此ES=ES'+Δ=−14 μm。
③JS的数值：对IT7~IT11，若标准公差IT(μm)为奇数，则JS=±(IT−1)/2。
④特殊情况，当基本尺寸大于250~315 mm时，M6的ES等于−9(代替−11)μm。

②特殊规则。

用同一字母表示孔、轴的基本偏差时，孔的基本偏差 ES 和轴的基本偏差 ei 符号相反，而数值的绝对值相差一个 Δ 值，见表 3-9。

表 3-9　特殊规则的孔的基本偏差与轴的基本偏差之间的换算关系

孔的基本偏差代号	孔的公差等级	孔的基本偏差与轴的基本偏差的关系
J～N	不低于 8 级	$ES = -ei + \Delta$
P～ZC	不低于 7 级	

表 3-9 中的 $\Delta = \mathrm{IT}n - \mathrm{IT}n-1$。式中，$\mathrm{IT}n$ 为某一级孔的标准公差；$\mathrm{IT}n-1$ 为比某一级孔高一级的轴的标准公差。

例如，$\phi 50\mathrm{H}7/\mathrm{p}6$ 与 $\phi 50\mathrm{P}7/\mathrm{h}6$ 是基准制不同的同名配合，且孔与轴组成异级配合。通过查表获得：$\phi 50\mathrm{p}6$ 的基本偏差为 $ei = +0.026$，标准公差 $\mathrm{IT}6 = 0.016$。$\phi 50\mathrm{P}7$ 的标准公差 $\mathrm{IT}7 = 0.025$，$\Delta = \mathrm{IT}n - \mathrm{IT}n-1 = \mathrm{IT}7 - \mathrm{IT}6 = 0.025 - 0.016 = 0.009$，$\phi 50\mathrm{P}7$ 的基本偏差为

$$ES = -ei + \Delta = -(+0.026) + 0.009 = -0.017$$

通过查表，可证明上述特殊规则的孔的基本偏差与轴的基本偏差之间的关系。查表 3-10，$\phi 50\mathrm{P}7$ 的基本偏差为：基本偏差代号 P，公差等级低于 7 级，其基本偏差 $ES = -0.026$。$\phi 50\mathrm{P}7$ 的基本偏差 $ES = -0.026 + \Delta$，$\Delta = 0.009$，所以 $\phi 50\mathrm{P}7$ 的基本偏差为

$$ES = -0.026 + 0.009 = -0.017$$

另外，可通过保证"同名配合——配合性质不变"来证明孔的基本偏差与轴的基本偏差关系式。

仍以"$\phi 50\mathrm{H}7/\mathrm{p}6$ 与 $\phi 50\mathrm{P}7/\mathrm{h}6$"同名配合为例。

$\phi 50\mathrm{p}6$ 的基本偏差　　$ei = +0.026$

$\phi 50\mathrm{H}7/\mathrm{p}6$ 的最小过盈　$Y_{\min} = ES - ei = +\mathrm{IT}7 - ei$

$\phi 50\mathrm{P}7/\mathrm{h}6$ 的最小过盈　$Y_{\min} = ES - (-\mathrm{IT}6) = ES + \mathrm{IT}6$

当两种不同的基准制过盈配合的最小过盈相同时，则

$$ES + \mathrm{IT}6 = +\mathrm{IT}7 - ei$$
$$ES = -ei + (\mathrm{IT}7 - \mathrm{IT}6) = -ei + \Delta$$

3.2.3　公差带系列

1. 公差带代号

轴或孔公差带由公差带大小和公差带相对零线的位置构成。由于公差带相对零线的位置由基本偏差确定，公差带的大小由公差等级确定，因此，公差带代号由基本偏差代号和公差等级数字表示。例如，H8、F7、J7、P7、U7 等为孔的公差带代号；h7、g6、r6、p6、s7 等为轴的公差带代号。

$\phi 50\mathrm{J}7$ 可解释为基本尺寸为 $\phi 50\mathrm{mm}$（狭义孔），基本偏差代号为 J，公差等级为 7 级的孔公差带。

10h9 可解释为基本尺寸为 10 mm（广义轴）基准轴，基本偏差代号为 h，公差等级

为 9 级的轴公差带。

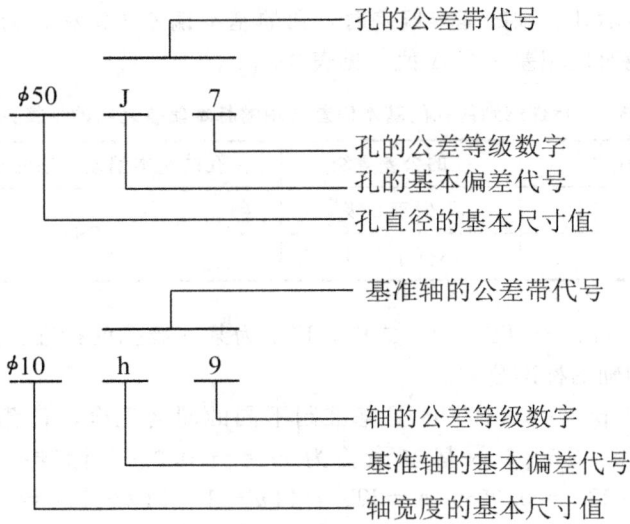

2. 尺寸公差带代号在零件图中的标注形式

尺寸公差标注形式有两种：一是注公差尺寸的表示；二是未注公差尺寸的表示（如图 3-12 所示）。

尺寸公差带代号在零件图中的标注形式是以注公差尺寸的表示形式。可根据实际要求按下列 3 种形式标注。

(1)标注基本尺寸和极限偏差值。如 $\phi65^{+0.021}_{+0.002}$，此种标注一般适用在单件或小批量生产的产品零件图样上，应用较为广泛，如图 3-12 (a)所示。

(2)标注基本尺寸、公差带代号和极限偏差值。如 $\phi65k6(^{+0.021}_{+0.002})$，此种标注一般适用在中、小批量生产的产品零件图样上，如图 3-12(b)所示。

(3)标注基本尺寸和公差带代号。如 $\phi65k6$，此种标注适用在大批量生产的产品零件图样上，如图 3-12(c)所示。

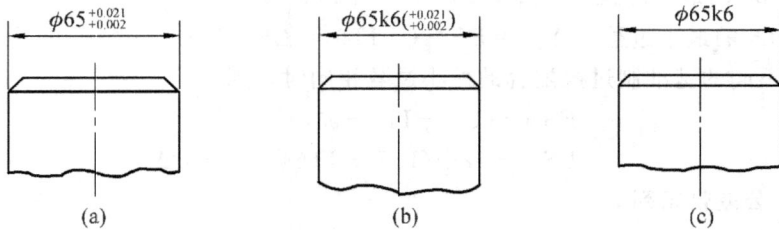

(a)   (b)   (c)

图 3-12 公差尺寸标注形式

3. 国家标准推荐选用的尺寸公差带

根据国家标准规定的 20 个等级的标准公差和轴、孔各 28 种基本偏差代号，从理论上讲，可组成 560 种公差带。但是实际上有许多种公差带在生产上几乎不用，如 A01、ZA18 等。而且，公差带种类过多，将使公差带表格过于庞大而不便使用，生产中需要配备相应的刀具和量具，这显然不经济。为了减少定值刀具、量具和工艺装备的数量和规格，国家标准对公差带种数加以限制。

国家标准推荐了孔和轴的一般、常用和优先选用的公差带。

（1）轴公差带。

国家标准推荐的一般、常用和优先选用的轴公差带共有 116 种，见表 3-10。其中方框内（除括号外）为常用公差带，有 46 种；括号内的为优先选用的公差带，有 13 种。

表 3-10 基本尺寸≤500 mm 一般、常用和优先轴公差带

a	b	c	d	e	f	g	h	j	js	k	m	n	p	r	s	t	u	v	x	y	z
							h1		js1												
							h2		js2												
							h3		js3												
						g4	h4		js4	k4	m4	n4	p4	r4	s4						
					f5	g5	h5	j5	js5	k5	m5	n5	p5	r5	s5	t5	u5	v5	x5		
				e6	f6	(g6)	(h6)	j6	js6	(k6)	m6	(n6)	(p6)	r6	(s6)	t6	(u6)	v6	x6	y6	z6
			d7	e7	(f7)	g7	(h7)	j7	js7	k7	m7	n7	p7	r7	s7	t7	u7	v7	x7	y7	z7
		c8	d8	e8	f8	g8	h8		js8	k8	m8	n8	p8	r8	s8	t8	u8	v8	x8	y8	z8
a9	b9	c9	(d9)	e9	f9		(h9)		js9												
a10	b10	c10	d10	e10			h10		js10												
a11	b11	(c11)	d11				(h11)		js11												
a12	b12	c12					h12		js12												
a13	b13						h13		js13												

（2）孔公差带。

同样，国家标准推荐的一般、常用和优先选用的孔公差带共 105 种，见表 3-11。

表 3-11 基本尺寸≤500 mm 一般、常用优先孔公差带

A	B	C	D	E	F	G	H	J	JS	K	M	N	P	R	S	T	U	V	X	Y	Z
							H1		JS1												
							H2		JS2												
							H3		JS3												
							H4		JS4	K4	M4										
						G5	H5		JS5	K5	M5	N5	P5	R5	S5						
					F6	G6	H6	J6	JS6	K6	M6	N6	P6	R6	S6	T6	U6	V6	X6	Y6	Z6
			D7	E7	F7	(G7)	(H7)	J7	JS7	(K7)	M7	(N7)	(P7)	R7	(S7)	T7	(U7)	V7	X7	Y7	Z7
		C8	D8	E8	(F8)	G8	(H8)	J8	JS8	K8	M8	N8	P8	R8	S8	T8	U8	V8	X8	Y8	Z8
A9	B9	C9	(D9)	E9	F9		(H9)		JS9			N9	P9								
A10	B10	C10	D10	E10			H10		JS10												
A11	B11	(C11)	D11				(H11)		JS11												
A12	B12	C12					H12		JS12												
							H13		JS13												

其中，方框内（除括号外）为常用公差带，有 31 种；括号内的为优先选用的公差带，有 13 种。选用公差带时，应按优先、常用、一般公差带的顺序选取。若一般公差

带中也没有满足要求的公差带，则按 GB/T 1800.1—2009《产品几何技术规范(GPS)极限与配合》中规定的标准公差和基本偏差组成的公差带来选取，还可考虑用延伸和插入的方法来确定新的公差带。

3.2.4 配合制

配合制是由同一种极限制的轴和孔的公差带组成配合的一种制度。

国家标准规定了两种配合制：基孔配合制和基轴配合制。

1. 基孔配合制

基孔配合制指基本偏差为一定的孔公差带，与不同基本偏差的轴公差带形成各种配合的一种制度，简称基孔制。

在基孔制配合中，孔为基准孔，其基本偏差(下偏差)为零，基准孔的基本偏差代号为 H，如图 3-13(a)所示。

2. 基轴配合制

基轴配合制指基本偏差为一定的轴公差带，与不同基本偏差的孔公差带形成各种配合的一种制度，简称基轴制。

在基轴制配合中，轴为基准轴，其基本偏差(上偏差)为零，基准轴的基本偏差代号为 h，如图 3-13 (b)所示。

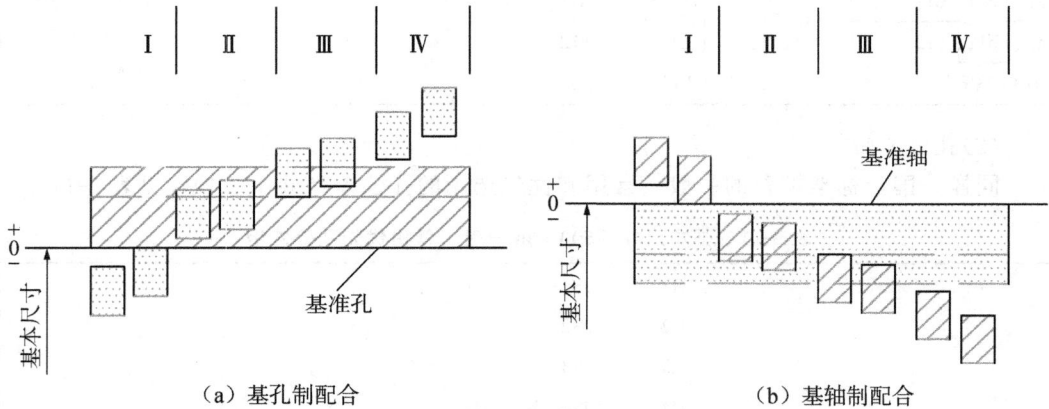

图 3-13 基孔制配合和基轴制配合

3. 配合系列

1)配合代号

标准规定，用孔和轴的公差带代号以分数形式组成配合代号。其中，分子为孔的公差带代号，分母为轴的公差带代号，如：$\phi30H7/g6$ 或 $\phi30$。若配合的孔或轴中有一个是标准件，如图中轴承内圈内径与轴 $\phi55k6$ 配合，因为轴承是标准部件，故配合代号为 $\phi55k6$，即在装配图上，仅标注配合件的公差带代号，如图 3-14 所示。

$\phi30$ 可解释为：基本尺寸为 $\phi30mm$，基孔制，由孔公差带 H7 与轴公差带 g6 组成间隙配合。

P0 级轴承内圈内径与 $\phi55k6$ 配合，可解释为：以标准件——轴承内圈内径(孔)为基准，与轴公差带 $\phi55k6$ 组成过盈配合。

62

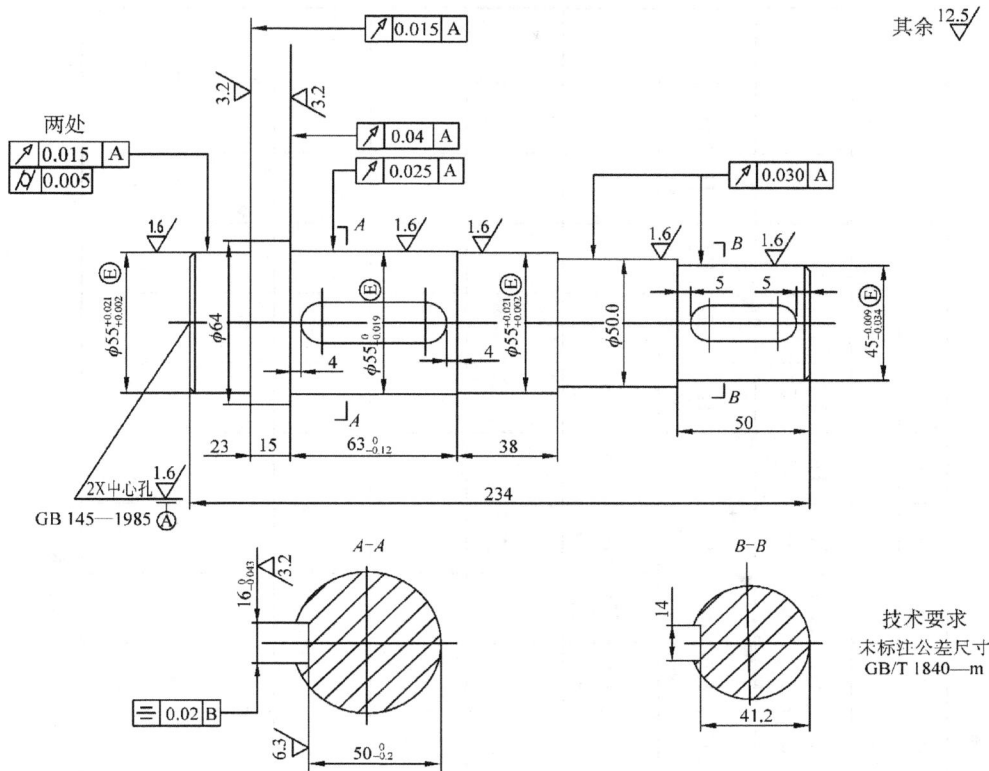

图 3-14　减速器的输出轴零件示意图

2）配合代号在装配图上的标注形式

如图 3-15 所示。标注时可根据实际情况，选择其中之一的形式标注，其中图 3-15(b)所示的形式的标注应用最广泛。

图 3-15　配合的标注方法

3）国家标准推荐选用的配合

（1）基孔制的优先和常用配合。GB/T 1800.1—2009《产品几何技术规范（GPS）极限与配合》规定基孔制常用配合 46 种，优先配合 13 种。

（2）基轴制的优先和常用配合。GB/T 1800.1—2009《产品几何技术规范（GPS）极限与配合》规定基轴制常用配合 35 种，优先配合 13 种。详见表 3-12 和表 3-13。

表 3-12 基孔制优先、常用配合

间隙配合（a～h）　过渡配合（js～n）　过盈配合（p～z）

基准孔	a	b	c	d	e	f	g	h	js	k	m	n	p	r	s	t	u	v	x	y	z
H6						H6/f5	H6/g5	H6/h5	H6/js5	H6/k5	H6/m5	H6/n5	H6/p5	H6/r5	H6/s5	H6/t5					
H7						H7/f6	▼H7/g6	▼H7/h6	H7/js6	▼H7/k6	H7/m6	▼H7/n6	▼H7/p6	H7/r6	▼H7/s6	H7/t6	▼H7/u6	H7/v6	H7/x6	H7/y6	H7/z6
H8				H8/d8	H8/e7 H8/e8	▼H8/f7 H8/f8	H8/g7	▼H8/h7 H8/h8	H8/js7	H8/k7	H8/m7	H8/n7	H8/p7	H8/r7	H8/s7	H8/t7	H8/u7				
H9			H9/c9	H9/d9	H9/e9	H9/f9		▼H9/h9													
H10			H10/c10	H10/d10				H10/h10													
H11	H11/a11	H11/b11	▼H11/c11	H11/d11				▼H11/h11													
H12		H12/b12						H12/h12													

注：① H6/n5、H7/p6 在基本尺寸小于或等于 3mm 和 H8/r7 在小于或等于 100mm 时，为过渡配合。
② 标注▼的配合为优先配合。

表 3-13　基轴制优先、常用配合

基准轴	轴																				
	A	B	C	D	E	F	G	H	JS	K	M	N	P	R	S	T	U	V	X	Y	Z
	间隙配合								过渡配合				过盈配合								
h5						$\frac{F6}{h5}$	$\frac{G6}{h5}$	$\frac{H6}{h5}$	$\frac{JS6}{h5}$	$\frac{K6}{h5}$	$\frac{M6}{h5}$	$\frac{N6}{h5}$	$\frac{P6}{h5}$	$\frac{R6}{h5}$	$\frac{S6}{h5}$	$\frac{T6}{h5}$					
h6						$\frac{F7}{h6}$	▲$\frac{G7}{h6}$	▲$\frac{H7}{h6}$	$\frac{JS7}{h6}$	▲$\frac{K7}{h6}$	$\frac{M7}{h6}$	▲$\frac{N7}{h6}$	▲$\frac{P7}{h6}$	$\frac{R7}{h6}$	▲$\frac{S7}{h6}$	$\frac{T7}{h6}$	▲$\frac{U7}{h6}$				
h7					$\frac{E8}{h7}$	▲$\frac{F8}{h7}$		▲$\frac{H8}{h7}$	$\frac{JS8}{h7}$	$\frac{K8}{h7}$	$\frac{M8}{h7}$	$\frac{N8}{h7}$									
h8				$\frac{D8}{h8}$	$\frac{E8}{h8}$	$\frac{F8}{h8}$		$\frac{H8}{h8}$													
h9				▲$\frac{D9}{h9}$	$\frac{E9}{h9}$	$\frac{F9}{h9}$		▲$\frac{H9}{h9}$													
h10				$\frac{D10}{h10}$				$\frac{H10}{h10}$													
h11	$\frac{A11}{h11}$	$\frac{B11}{h11}$	▲$\frac{C11}{h11}$	$\frac{D11}{h11}$				▲$\frac{H11}{h11}$													
h12		$\frac{B12}{h12}$						$\frac{H12}{h12}$													

注：标注 ▲ 的配合为优先配合。

3.2.5　一般公差——未标注公差的线性和角度尺寸的公差

国家标准 GB/T 1800.1—2009《产品几何技术规范(GPS)极限与配合》应用于线性尺寸(例如：外尺寸、内尺寸、阶梯尺寸、直径、半径、距离、倒圆半径和倒角高度)、角度尺寸(包括通常不注出角度值的角度尺寸如直角 90°)和机加工组装件的线性及角度尺寸等。

当零件上的某尺寸采用一般公差时，在零件的图样上，此尺寸只标注基本尺寸，不注出其极限偏差，而是在图样的技术要求中作出说明。如图 3-14(输出轴的零件图)中尺寸 15 mm 和 63 mm 等标注和图中"技术要求"所示。

1. 一般公差的概念

一般公差是指在车间一般加工条件下可以保证的公差，是机床设备在正常维护操作情况下，能达到的经济加工精度。采用一般公差时，在该尺寸后不标注极限偏差或其他代号，所以也称未标注公差。

GB/T 1800.1—2009《产品几何技术规范(GPS)极限与配合》对线性尺寸的一般公差规定了 4 个公差等级：精密级、中等级、粗糙级和最粗级，分别用字母 f、m、c 和 v 表示，而对尺寸也采用了大的分段，具体数值见表 3-14。这 4 个公差等级相当于 IT12、IT14、IT16 和 IT17。

表 3-14　线性尺寸的极限偏差数值

公差等级	尺寸分段/mm							
	0.5~3	>3~6	>6~30	>30~120	>120~400	>400~1 000	>1 000~2 000	>2 000~4 000
精密级(f)	±0.05	±0.05	±0.1	±0.15	±0.2	±0.3	±0.5	
中等级(m)	±0.1	±0.1	±0.2	±0.3	±0.5	±0.8	±1.2	±2
粗糙级(c)	±0.2	±0.3	±0.5	±0.8	±1.2	±2	±3	±4
最粗级(v)		±0.5	±1	±1.5	±2.5	±4	±6	±8

应用一般公差可简化制图，使图样清晰易读；节省图样设计时间，只要熟悉和应用一般公差的有关规定，可不必逐一考虑其公差值；突出了图样上注出公差的尺寸，这些尺寸大多是重要的且需要控制的尺寸，以便在加工和检验时引起重视；由于明确了图样上要素的一般公差要求，便于供需双方达成加工和销售合同协议，交货时也可避免不必要的争议。

2. 一般公差的公差等级和极限偏差

由表 3-14 可见，不论孔和轴还是长度尺寸，其极限偏差的数值都采用对称分布的公差带，因而与旧国标相比，使用更方便，概念更清晰，数值更合理。标准同时也对倒圆半径与倒角高度尺寸的极限偏差的数值作了规定，见表 3-15。

当采用一般公差时，在图样上只注基本尺寸，不注极限偏差，而应在图样的技术要求或有关技术文件中，用标准号和公差等级代号做出总的表示。例如，当选用中等级 m 时则表示为 GB/T 1800.1—m。

一般公差主要用于精度较低的非配合尺寸。当零件的功能要求允许一个公差大的公差，而该公差比一般公差更经济时，如装配所钻盲孔的深度，则在基本尺寸后直接注出具体的极限偏差数值。一般公差的线性尺寸通常可以不检验。

表 3-15　倒圆半径和倒角高度尺寸的极限偏差数值

公差等级	基本尺寸分段/mm			
	0.5～3	＞3～6	＞6～30	＞30
精密级(f)	±0.2	±0.5	±1	±2
中等级(m)				
粗糙级(c)	±0.4	±1	±2	±4
最粗级(v)				

一般公差适用于金属切削加工以及一般冲压加工的尺寸。对于非金属材料和其他工艺方法加工的尺寸也可参照使用。

▶ 任务 3　常用尺寸段公差与配合选用

尺寸公差与配合的选择是机械设计与制造中的一个重要环节，它是在基本尺寸已经确定的情况下进行的尺寸精度设计。公差与配合的选择是否恰当，对产品的性能、质量、互换性及经济性有着重要的影响。内容包括选择基准制、公差等级和配合种类3方面。选择的原则是在满足使用要求的前提下能获得最佳的经济效益。

3.3.1　基准制的选用

1. 优先选用基孔制

中等尺寸精度较高的孔的加工和检验常采用钻头、铰刀和量具等定值刀具和量具，孔的公差带位置固定，可减少刀具、量具的规格，有利于生产和降低成本，故一般情况下，应优先采用基孔制。

2. 基轴制的选用

1)用冷拉钢制圆柱型材制作光轴作为基准轴

这一类圆柱型材的规格已标准化，尺寸公差等级一般为IT7～IT9。它作为基准轴，轴径可以免去外圆的切削加工，只要按照不同的配合性质来加工孔，可实现技术与经济的最佳效果。

2)轴为标准件或标准部件(如键、销、轴承等)

如图 3-14 中的轴承外圈外径与箱座孔的配合 φ100J7、输出轴上键与输出轴上的键槽的配合 16 N9/h8 和键与齿轮毂槽的配合 16Js9/h8 均采用基轴配合制。

3)"一轴多孔"，而且构成的多处配合的松紧程度适用不同的场合

所谓"一轴多孔"指一轴与两个或两个以上的孔组成配合；如图 3-16(a)所示的内燃机中活塞销与活塞孔及连杆套孔的配合，它们组成 3 处两种性质的配合；如图 3-16(b)所示采用基孔配合制，轴为阶梯轴，且两头大中间小，既不便加工，也不便装配。显然，这种情况选择基孔配合制是不合理的，如图 3-16(c)所示采用基轴配合制，简化了加工和装配工艺。所以，采用基轴配合制是适宜的。

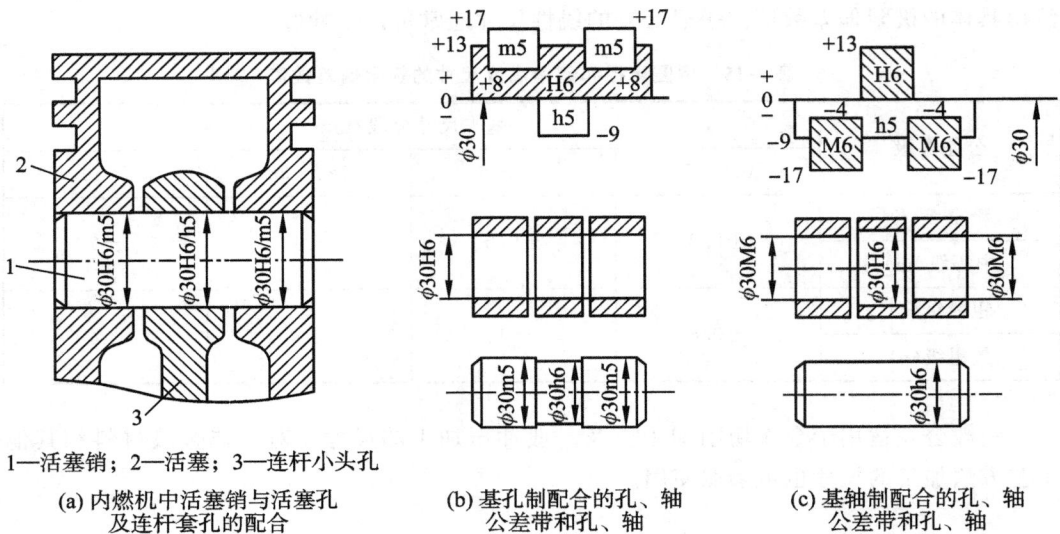

1—活塞销；2—活塞；3—连杆小头孔

(a) 内燃机中活塞销与活塞孔
及连杆套孔的配合

(b) 基孔制配合的孔、轴
公差带和孔、轴

(c) 基轴制配合的孔、轴
公差带和孔、轴

图 3-16　一轴多孔且配合性质不同场合应用基轴制的选择示例

3. 非基准制应用的场合

国家标准规定：为了满足配合的特殊需要，允许采用非基准制配合，即采用任一孔、轴公差带（基本偏差代号非 H 的孔或 h 的轴）组成的配合。

在图 3-14 中，输出轴 9 与轴套 13 的配合为 $\phi 55D9/k6$，箱座孔与端盖凸缘的配合为 $\phi 100J7/f9$，两者均为非基准制配合。

目前，在各种机械设备及产品中，大多数采用基孔配合制，少数采用基轴配合制，非基准制配合仅在个别特殊情况下应用。

3.3.2　尺寸公差等级的选择

尺寸公差等级的选择是一项重要且困难的工作。因为公差等级的高低直接影响到机械产品的使用性能和加工的经济性。公差等级过低，产品质量达不到要求；公差等级过高，将使制造成本增加，也不利于提高综合经济效益。因此，应正确合理地选择公差等级。

1. 公差等级的选择原则

在满足使用性能的前提下，尽量选取较低的公差等级。

所谓"较低的公差等级"是指：假如 IT7 级以上（含 IT7）的公差等级均能满足使用性能要求，那么，选择 IT7 级为宜。它既保证使用性能，又可获得最佳的经济效益。

2. 公差等级的选择方法

1）类比法。即经验法，所谓类比法，就是参考经过实践证明合理的类似产品的公差等级，将所设计的机械（机构、产品）的使用性能、工作条件、加工工艺装备等情况与之进行比较，从而确定合理的公差等级。对初学者来说，多采用类比法，此法主要是通过查阅有关的参考资料、手册，并进行分析比较后确定公差等级。类比法多用于一般要求的配合。

2）计算法。所谓计算法是指根据一定的理论和计算公式计算后，再根据《极限与配合》的标准确定合理的公差等级。即根据工作条件和使用性能要求确定配合部位的间隙或过盈允许的界限，然后通过计算法确定相配合的孔、轴的公差等级。计算法多用于重要的配合。

3. 采用类比法确定公差等级应考虑的几个问题

1）了解各个公差等级的应用范围。公差等级的应用范围见表 3-16。

表 3-16　公差等级的应用范围

应用		公差等级（IT）																		
		01	0	1	2	3	4	5	6	7	8	9	10	11	12	13	14	15	16	17	18
量块		—	—	—																	
量规	高精度				—	—	—														
	低精度							—	—	—											
孔与轴配合	特别精密 轴					—	—														
	特别精密 孔						—	—													
	精密配合 轴							—	—												
	精密配合 孔								—	—											
	中等精度 轴									—	—	—									
	中等精度 孔										—	—	—								
	低精度													—	—	—					
非配合尺寸															—	—	—	—	—	—	—
原材料公差										—	—	—	—	—	—	—				

2）熟悉各种工艺方法的加工精度。公差等级的应用范围、公差等级与加工方法的关系见表 3-17。

根据加工方法选择公差等级，在保证质量的前提下，选择较低的公差等级。

3）轴和孔的工艺等价性。基本尺寸不大于 500 mm 时，高精度（≤IT8）孔比相同精度的轴难加工，为使相配的孔与轴加工难易程度相当，即具有工艺等价性，一般推荐孔的公差等级比轴的公差等级低一级；通常 6、7、8 级的孔分别与 5、6、7 级的轴配合。低精度（>IT8）的孔和轴采用同级配合。

4）配合精度要求不高时，允许孔、轴公差等级相差 2～3 级，以降低加工成本。如图 3-14 中，$\phi 100 \mathrm{J7/f9}$、$\phi 55 \mathrm{D9/k6}$。

5）协调与相配零（部）件的精度关系。例如，与滚动轴承配合的轴或孔的公差等级应与滚动轴承的公差等级相匹配。又如，带孔的齿轮，其孔的公差等级是按照齿轮的精度等级(查表 3-17)选取的；而与齿轮孔相配合的轴的公差等级应与齿轮孔的公差等级相匹配，如图 3-14 中 $\phi 56H7/h6$。

表 3-17　各种加工方法可能达到的公差等级

加工方法	公差等级（IT）																			
	01	0	1	2	3	4	5	6	7	8	9	10	11	12	13	14	15	16	17	18
研磨	──	──	──	──	──	──														
珩磨						──	──	──	──											
圆磨							──	──	──	──										
平磨							──	──	──	──										
金刚石车							──	──	──											
金刚石镗							──	──	──											
拉削								──	──	──	──									
铰孔								──	──	──	──	──								
车									──	──	──	──	──							
镗									──	──	──	──	──							
铣										──	──	──	──							
刨、插												──	──							
钻孔												──	──	──						
滚压、挤压												──	──							
冲压												──	──	──						
压铸													──	──	──					
粉末冶金成形								──	──	──										
粉末冶金烧结									──	──	──									
砂型铸造、气割																		──	──	──
锻造																	──	──		

3.3.3　配合的选择

配合的选择主要是根据配合部位的工作条件和功能要求，确定配合的松紧程度，然后选择适当的配合，即确定配合代号。

1. 配合的选择方法

配合的选择方法有类比法、计算法和试验法 3 种。

1)类比法。同公差等级的选择相似，大多通过查表将所设计的配合部位的工作条件和功能要求与相同或相似的工作条件或功能要求的配合部位进行分析比较，对已成功的配合做适当的调整，从而确定配合代号。此种选择方法主要应用在一般、常见的配合中。

2)计算法。计算法主要用于两种情况：一是用于保证与滑动轴承的间隙配合，当要求保证液体摩擦时，可以根据滑动摩擦理论计算允许的最小间隙，从而选定适当的配合；二是完全依靠装配过盈传递负荷的过盈配合，可以根据传递负荷的大小计算允许的最小过盈，再根据孔、轴材料的弹性极限计算允许的最大过盈，从而选定适当的配合。

3)试验法。试验法主要用于新产品和特别重要配合的选择。这些部位的配合选择，需要进行专门的模拟试验，以确定工作条件要求的最佳间隙或过盈及其允许变动的范围，然后，确定配合性质。这种方法只要实验设计合理、数据可靠，选用的结果比较理想，但成本较高。

2. 配合选择的任务

当基准配合制和孔、轴公差等级确定之后，配合选择的任务是：确定非基准件（基孔配合制中的轴或基轴配合制中的孔）的基本偏差代号。

3. 配合选择的步骤

采用类比法选择配合时，可以按照下列步骤选择。

1)确定配合的大致类别。根据配合部位的功能要求，确定配合的类别。功能要求及对应的配合类别见表 3-18，可按表中的情况选择。

表 3-18　功能要求及对应的配合类别

无相对运动	要传递转矩	要精确同轴	永久结合	过盈配合
			可拆结合	过渡配合或基本偏差为 H(h)[1] 的间隙配合加紧固件[2]
		不要精确同轴		间隙配合加紧固件
	不需要传递转矩			过渡配合或轻的过盈配合
有相对运动	只有移动			基本偏差为 H(h)、G(g) 等间隙配合
	转动或转动和移动形成的复合运动			基本偏差为 A～F(a～f) 等间隙配合

注：①指非基准件的基本偏差代号；
②紧固件指键、销钉和螺钉等。

2)根据配合部位具体的功能要求，通过查表，比照配合的应用实例，参考各种配合的性能特征（见表 3-19～表 3-21），选择较合适的配合。即确定非基准件的基本偏差代号。

表 3-19　各种间隙配合的性能特征

基本偏差代号	a、b（A、B）	c（C）	d（D）	e（E）	f（F）	g（G）	h（H）
间隙大小	特大间隙	很大间隙	大间隙	中等间隙	小间隙	较小间隙	很小间隙 $X_{min}=0$
配合松紧程度	松 ———————————————————————————→ 紧						

基本偏差代号	a、b（A、B）	c（C）	d（D）	e（E）	f（F）	g（G）	h（H）
定心要求	无对中、定心要求					略有定心功能	有一定定心功能
摩擦类型	紊流液体摩擦		层流液体摩擦				半液体摩擦
润滑性能	差————————————————好————好————————————————————差						
相对运动速度		慢速转动	高速转动		中速转动	低速转动或移动（或手动移动）	

表 3-20　各种过渡配合的性能特征

基本偏差	js（JS）	k（K）	m（M）	n(N)
间隙或过盈量	过盈率很小稍有平均间隙	过盈率中等平均间隙（过盈）接近零	过盈率较大平均过盈较小	过盈率大平均过盈稍大
定心要求	可达较好的定心精度	可达较高的定心精度	可达精密的定心精度	可达很精密的定心精度
装配和拆卸性能	木槌装配拆卸方便	木槌装配拆卸比较方便	最大过盈时需要相当的压入力可以拆卸	用锤或压力机装配、拆卸困难

表 3-21　各种过盈配合的性能特征

基本偏差	p、r（P、R）	s、t（S、T）	u、v（U、V）	x、y、z（X、Y、Z）
过盈量	较小与小的过盈	中等与大的过盈	很大的过盈	特大过盈
传递扭矩的大小	加紧固件传递一定的扭矩与轴向力，属轻型过盈配合；不加紧固件可用于准确定心，仅传递小扭矩，需轴向定位部位	不加紧固件传递较小的扭矩与轴向力，属中型过盈配合	不加紧固件可传递大的扭矩与动荷载，属重型过盈配合	需传递特大扭矩和动荷载，属特重型过盈配合
装配和拆卸性能	装配时使用吨位小的压力机，用于需要拆卸的配合中	用于很少拆卸的配合中	用于不拆卸（永久结合）的配合	

注：①p(P)与r(R)在特殊情况下可能为过渡配合，如当基本尺寸小于 3 mm 时，H7/p6 为过渡配合，当基本尺寸小于 100 mm 时，H8/r7 为过渡配合。

②x(X)、y(Y)、z(Z)一般不推荐，选用时需经试验后可应用。

4.各类配合的选择

各类配合的选择主要依据配合部位的功能要求、各类配合的性能特征选择松紧合适的配合。

1)间隙配合的选择

间隙配合主要应用的场合:孔、轴之间有相对运动和需要拆卸的无相对运动的配合部位。

由表 3-12 和表 3-13 可知:基孔制的间隙配合,轴的基本偏差代号为 a~h;基轴制的间隙配合,孔的基本偏差代号为 A~H。间隙配合的性能特征见表 3-19。

2)过渡配合的选择

过渡配合主要应用的场合:孔与轴之间有定心要求,而且需要拆卸的静联接(即无相对运动)的配合部位。

由表 3-12 和表 3-13 可知:基孔制的过渡配合,轴的基本偏差代号为 js~m(n、p);基轴制的过渡配合,孔的基本偏差代号为 JS~M(N)。过渡配合的性能特征见表 3-20。

3)过盈配合的选择

过盈配合主要应用的场合:孔与轴之间需要传递扭矩的静联接(即无相对运动)的配合部位。

由表 3-12 和表 3-13 可知:基孔制的过盈配合,轴的基本偏差代号为(n、p)r~zc;基轴制的过盈配合,孔的基本偏差代号为(N)P~ZC。过盈配合的性能特征见表 3-21。

根据不同的具体工作情况对所选择的间隙量和过盈量进行修正,见表 3-22。

表 3-22   不同的工作情况对选择间隙量和过盈量修正表

具体工作情况		间隙量	过盈量	具体工作情况		间隙量	过盈量
工作温度	孔高于轴时	减小	增大	生产类型	单件小批量	增大	减小
	轴高于孔时	增大	减小		大批大量	减小	
表面粗糙度较粗		减小	增大	材料的线膨胀系数	孔大于轴	减小	增大
配合面形位误差较大		增大	减小		孔小于轴	增大	减小
润滑油黏度较大		增大		两支承距离较大或多支承		增大	
经常拆卸			减小	工作中有冲击		减小	增大
旋转速度较高		增大	增大	有轴向运动		增大	
定心精度或配合精度较高		减小	增大	配合长度较大		增大	减小

各类配合的选择,应尽量选用优先、常用配合。优先配合选用说明可参见表 3-23。

表 3-23   优先配合选用说明

优先配合		说 明
基孔制	基轴制	
H11/c11	C11/h11	间隙非常大,用于很松的、转动很慢的动配合,要求大公差与大间隙的外露组件,要求装配方便、很松的配合
H9/d9	D9/h9	间隙很大的自由转动配合,用于非主要配合,或有大的温度变化、高转速或有大的轴颈压力的配合部位

续表

优先配合		说　　明
基孔制	基轴制	
H8/f7	F8/h7	间隙不大的转动配合，用于中等转速与中等轴颈压力的精确转动，也用于装配较容易的中等精度的定位配合
H7/g6	G7/h6	间隙很小的滑动配合，用于不希望自由转动，但可自由移动和滑动并且有精密定位要求的配合部位；也可用于要求明确的定位配合
H7/h6、H8/h7、H9/h9、H11/h11		均为间隙定位配合，零件可自由拆装，而工作时一般相对静止不动。在最大实体条件下的间隙为零；在最小实体条件下的间隙由公差等级及形状精度决定
H7/k6	K7/h6	过渡配合，用于精密定位
H7/n6	N7/h6	过渡配合，允许有较大过盈的更精密定位
H7/p6	P7/h6	过盈定位配合，即轻型过盈配合，用于定位精度高的配合部位，能以最好的定位精度达到部件的刚性及对中的性能要求。而对内孔承受压力无特殊要求，不依靠配合的紧固性传递摩擦负荷
H7/s6	S7/h6	中等压入配合，适用于一般钢件，或用于薄壁件的冷缩配合，用于铸铁件可得到最紧的配合
H7/u6	U7/h6	压入配合，适用于可以承受高压力的零件或不宜承受大压入力的冷缩配合

▶ 任务4　公差与配合的应用

1. 典型应用实例一

有些结构要求采用基轴制：如图 3-17 所示，为活塞销和活塞及连杆的连接。活塞

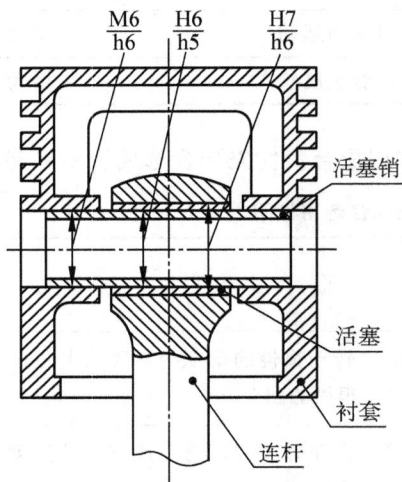

图 3-17　活塞销和活塞及连杆的连接

活塞连杆机构

活塞连杆机构基轴制配合

销和两活塞销孔得配合，要求能相对滑动，所以配合得要松些，图中采用了 H6/h5 的配合。活塞销和两活塞孔的配合要求紧些，图中采用 M6/h5 配合。这样的结构采用基轴制合适，但如用基孔制，则活塞的尺寸将如图中所示，中间一段的直径要稍小些，这样加工起来很不方便。另外，装配时阶梯形活塞销大端通过连杆小头孔时，会使连杆孔划伤。

2.典型应用实例二(间隙配合实例)

图 3-18 所示为管道法兰连接的配合。法兰 1 的凹槽和法兰 2 的凸缘内径起定位作用，故选用小间隙配合 H12/h12；凹槽和凸缘内径的配合，凹槽和凸缘内径的同轴度误差，应具有大间隙，故选用 H12/b12。

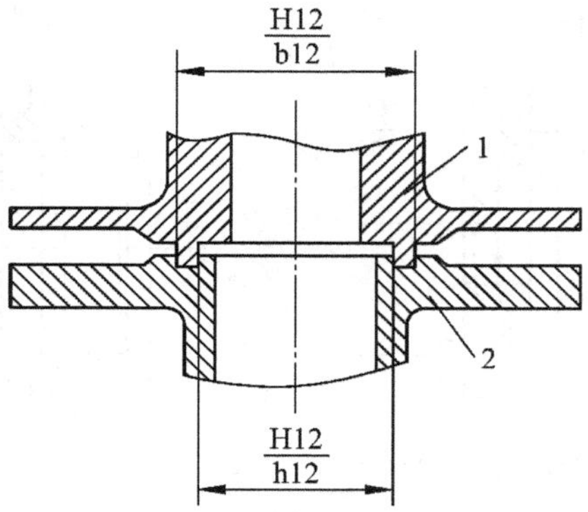

图 3-18　管道法兰连接的配合

3.典型应用实例三(过渡配合实例)

如图 3-19 所示，在轴承内、外圈的配合其平均间隙接近零时，主要用于定位配合，并由于工作性质的需要，而需有少量的过盈用以消除振动等。这种配合工作时一般不需拆卸，装配也还方便，常用在齿轮、皮带轮和轴的配合中，传递扭矩时要靠键等连接件。K 及 j 和 js 还常用于滚动轴承内、外圈的配合如图 3-19 所示。

js、k、m，这几种基本偏差主要用于定心而又定期拆卸的定位配合。例如，机床中交换齿轮与轴的配合。精密滚动轴承内圈与轴的配合，常用 js；齿轮与轴的配合常采用 k；凸轮与分配轴的配合，要求精密定位，则采用 m。

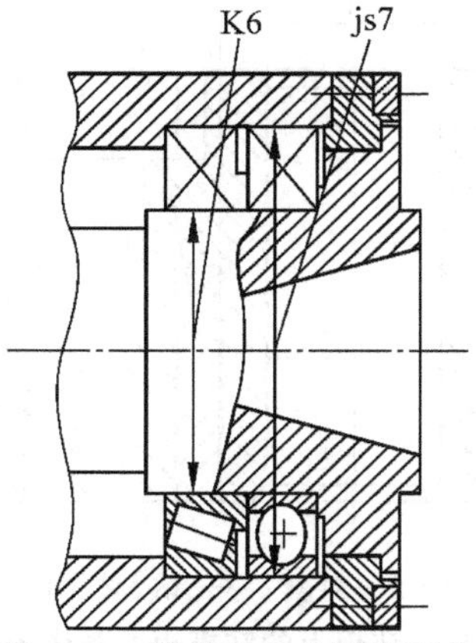

图 3-19　轴承内、外圈的配合

4. 典型应用实例四(过盈配合实例)

图 3-20 所示为常用零件结构的过盈配合。

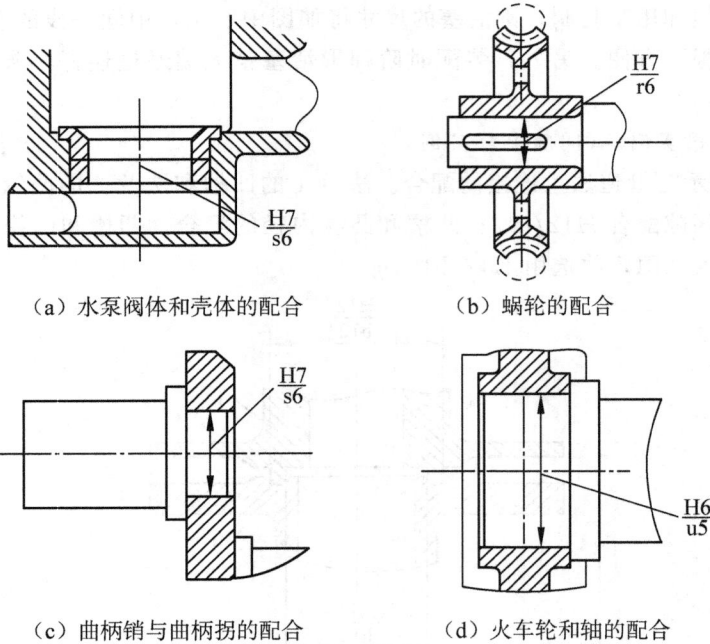

（a）水泵阀体和壳体的配合 （b）蜗轮的配合

（c）曲柄销与曲柄拐的配合 （d）火车轮和轴的配合

图 3-20　过盈配合示例图

5. 典型应用实例五

图 3-21 所示为钻模的一部分。钻模板 4 上有衬套 2，快换钻套 1 在工作中要求能迅速更换，当快换钻套 1 以其铣成的缺边对正钻套螺钉 3 后可以直接装入衬套 2 的孔中，再顺时针旋转一个角度，钻套螺钉 3 的下端面就盖住钻套 1 的另一缺面。这样钻削时，钻套 1 便不会因为切削排出产生的摩擦力而使其退出衬套 2 的孔外，当钻孔后更换钻套 1 时，可将钻套 1 逆时针旋转一个角度后直接取下，换上另一个孔径不同的快换钻套而不必将钻套螺钉 3 取下。

1—快换钻套；2—衬套；3—钻套螺钉；4—钻模板

图 3-21　钻模上的钻模板、衬套与钻套

如图 3-21 所示钻模，现需加工工件上的 $\phi 12$ mm 孔时，试选择如图衬套 2 与钻模板 4 的公差配合、钻孔时快换钻套 1 与衬套 2 以及内孔与钻头的公差配合。

1)基准制的选择：对衬套 2 与钻模板 4 的配合以及钻套 1 与衬套 2 的配合，因为结构无特殊要求，按国家标准规定，应优先选用基孔制。

2)对钻头与钻套 1 内孔的配合，因钻头属于标准刀具，可以视为标准件，故与钻套 1 的内孔配合应该采用基轴制。

公差等级的选择参见表 3-16，钻模夹具各元件的连接，可以按照用于配合尺寸的 IT5～IT8 级选用。

参见表 3-12，重要的配合尺寸，对轴可以选择 IT6，对孔可以选择 IT7。本例中钻模板 4 的孔、衬套 2 的孔、钻套 1 的孔统一按照 IT7 选用。而衬套 2 的外圆、钻套 1 的外圆则按照 JT6 选用。

3)配合种类的选择：衬套 2 与钻模板 4 的配合，要求连接牢靠，在轻微冲击和负荷下不用连接件也不会发生松动，即使衬套内孔磨损了，需要更换时拆卸的次数也不多。因此选择平均过盈率大的过渡配合 n，本例配合选为 $\phi 25 H7/n6$。

钻套 1 与衬套 2 的配合，经常用手更换，故需要一定间隙保证更换迅速，但是因为又要求有准确的定心，间隙不能过大，为此精密手动移动的配合选定为 g，本例中选为 $\phi 18 H7/g6$。

至于钻套 1 内孔，因要引导旋转着的刀具进给，既要保证一定的导向精度，又要防止间隙过小而被卡住。根据表 3-18 选取的配合为 F，本例选为 $\phi 12 F7$。

必须指出：对与钻套 1 配合的衬套 2 内孔，根据上面分析本应该选择 $\phi 18 H7/g6$，考虑到 GB 2263—1991《机床夹具零件及部件钻套用衬套》，为了统一钻套内孔与衬套内孔的公差带，规定了统一选用 F7，以利于制造。所以，在衬套 2 内孔公差带为 F7 的前提下，选用相当于 H7/g6 类配合的 F7/k6 非基准制配合。具体对比如图 3-22 所示，由图可见，两者的极限间隙基本相同。

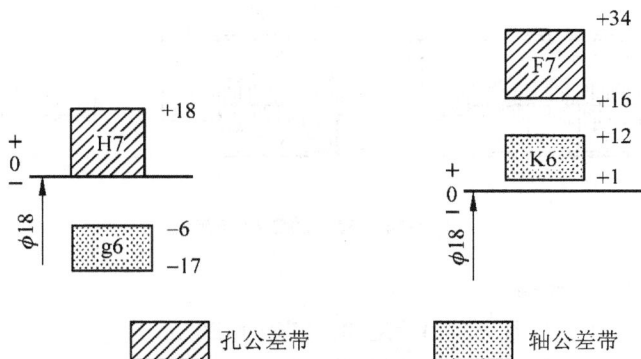

图 3-22　公差带图

任务5 工程技术应用案例

通过工程技术训练一定会涌现出不少青年能工巧匠，给我国的科技发展带来热情与活力，贡献更为年轻的力量。精密测量技术与测量仪器广泛应用于载人航天、探月探火、深海深地探测、超级计算机、卫星导航、量子信息、核电技术、新能源技术、大飞机制造、生物医药等领域，只有不断守正创新，才能在各方面取得重大成果，进入创新型国家行列。

3.5.1 准备工具和量具

1. 认识游标卡尺的结构

游标卡尺的各部件及功用如图 3-23 所示。

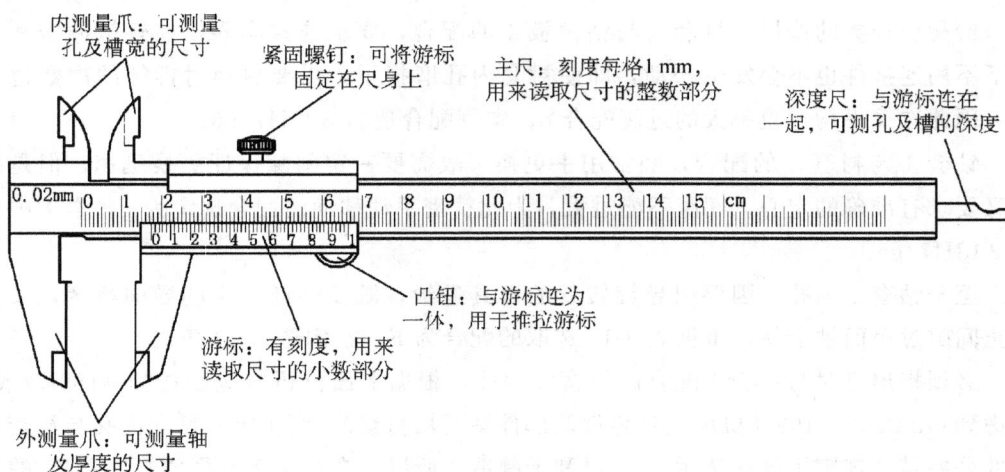

图 3-23 游标卡尺

常用的游标卡尺有 0.02 mm、0.05 mm、0.10 mm 三种，主尺和游标分别如图 3-24 所示。

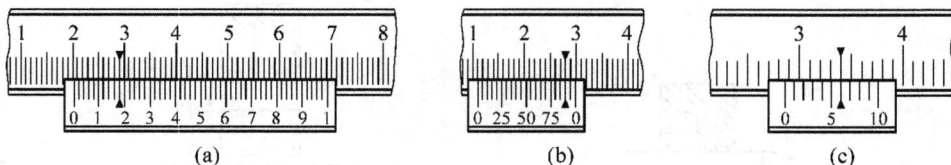

(a)　　　　　　　(b)　　　　　　　(c)

图 3-24 常用的游标卡尺

2. 读取游标卡尺的示值

(1)读主尺：如图 3-25 所示，主尺上的"2"表示 20 mm。

(2)读游标：如图 3-25 所示，游标上的"1"表示 0.1 mm。

(3)计算尺寸数值：如图 3-25 所示，游标上的 4 个小格表示 0.08 mm。

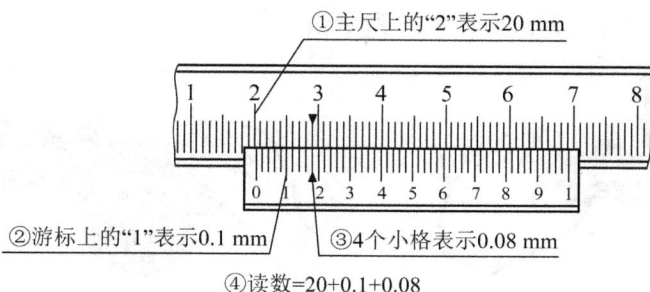

①主尺上的"2"表示20 mm
②游标上的"1"表示0.1 mm
③4个小格表示0.08 mm
④读数=20+0.1+0.08

图 3-25 读取游标卡尺的示值

3. 选择游标卡尺的规格

一般选择分度值为 0.02 mm，测量范围 0～150 mm 的游标卡尺，如图 3-26 所示。

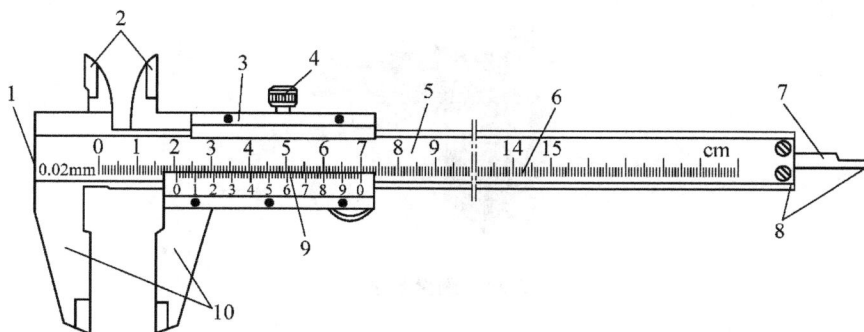

1—尺身端面；2—刀口内量爪；3—尺框；4—紧固螺钉；5—尺身；6—主标尺；
7—深度测量杆；8—深度测量面；9—游标尺；10—外量爪

图 3-26 游标卡尺

4. 用游标卡尺测量轴套的尺寸

1)测量前准备工作

(1)游标卡尺用软布擦净。

(2)拉动游标，检查滑动是否灵活，有无卡死，紧固螺钉能否正常使用。

(3)合拢两个量爪，检查量爪间是否透光，检验游标零线与尺身零线是否对齐。

(4)擦净被测工件表面油污、灰尘等。

2)测量方法

(1)测量时，右手握尺身，左手使工件位于测量爪间。

(2)右手大拇指推动游标使测量爪与被测表面贴紧。

(3)用游标上方的紧固螺钉锁紧游标。

(4)读取游标卡尺示值。

3)测量轴套

(1)测量内孔尺寸，方法如图 3-27 所示。

①卡爪张开尺寸应小于工件尺寸，拉动游标靠近工件内表面。

②推力要适中。

③量爪应过工件中心。

（2）测量外径尺寸，方法如图 3-28 所示。

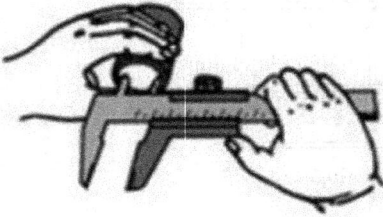

图 3-27　测量内孔尺寸

图 3-28　测量外径尺寸

（3）测量长度尺寸，工件应摆正，让量爪与被测表面充分接触。方法如图 3-29 所示。

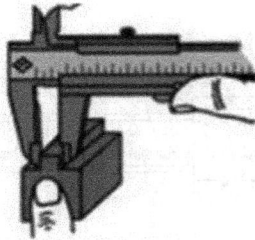

图 3-29　测量长度尺寸

5．保养游标卡尺

（1）量爪合拢，以免深度尺露在外边，产生变形或折断。

（2）测量结束后把卡尺平放，以免引起尺身弯曲变形。

（3）卡尺使用完毕，擦净并放置在专用盒内。如果长时间不用，要涂油保存，防止弄脏或生锈 。

6．其他游标卡尺

（1）双面游标卡尺，如图 3-30 所示。

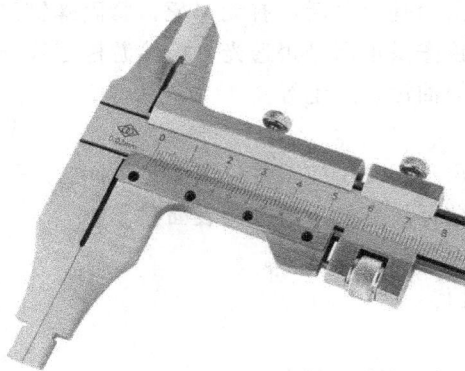

图 3-30　双面游标卡尺

（2）电子数显游标卡尺，如图 3-31 所示。

图 3-31　电子数显游标卡尺

（3）带表游标卡尺，如图 3-32 所示。

图 3-32　带表游标卡尺

（4）游标深度尺，如图 3-33 所示。

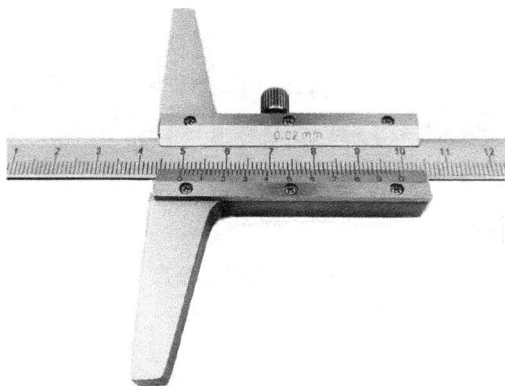

图 3-33　游标深度尺

3.5.2　用百分尺检测工件

1. 目标

（1）了解百分尺的结构。

（2）掌握百分尺的读数方法。

（3）培养使用百分尺测量工件的能力。

（4）了解使用百分尺的注意事项。

2. 认识百分尺

（1）外径百分尺如图 3-34 所示。

用千分尺检测工件

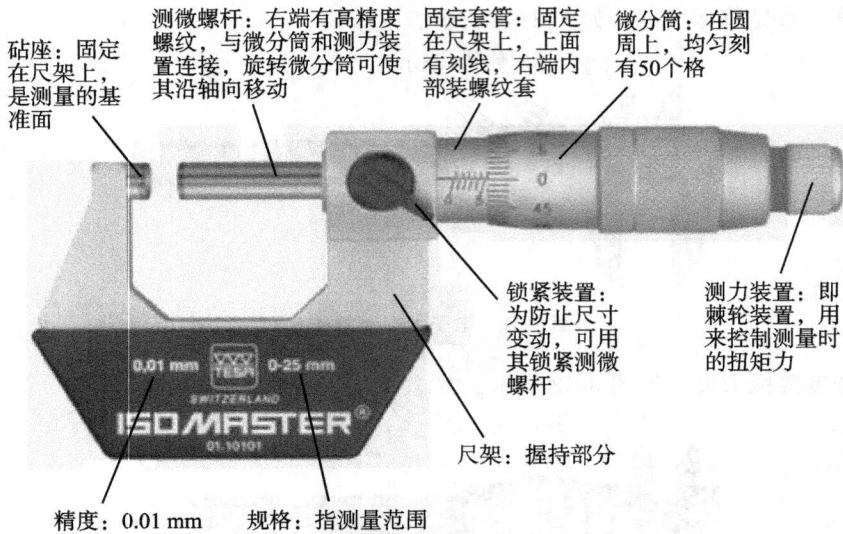

砧座：固定
在尺架上，
是测量的基
准面

测微螺杆：右端有高精度
螺纹，与微分筒和测力装
置连接，旋转微分筒可使
其沿轴向移动

固定套管：固定
在尺架上，上面
有刻线，右端内
部装螺纹套

微分筒：在圆
周上，均匀刻
有50个格

锁紧装置：
为防止尺寸
变动，可用
其锁紧测微
螺杆

测力装置：即
棘轮装置，用
来控制测量时
的扭矩力

尺架：握持部分

精度：0.01 mm   规格：指测量范围

图 3-34   外径百分尺

(2)内径百分尺如图 3-35 所示。

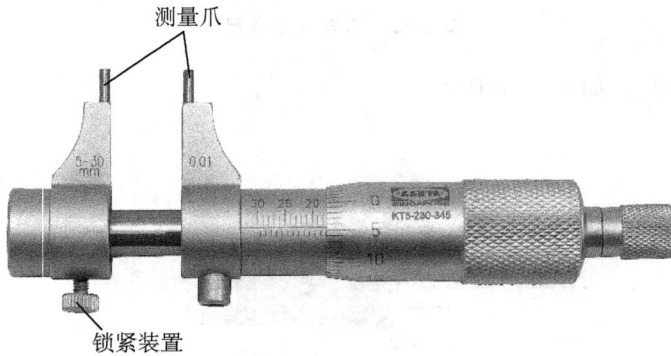

测量爪

锁紧装置

图 3-35   内径百分尺

3. 读取百分尺上的尺寸

按图 3-36 来读取百分尺上的尺寸。

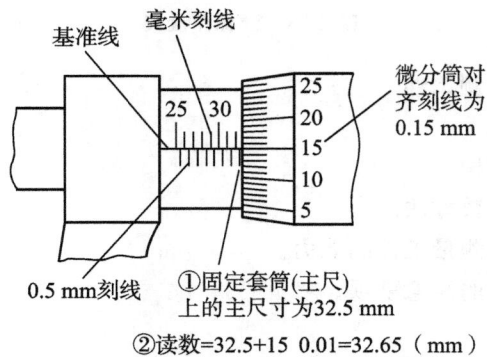

基准线

毫米刻线

微分筒对
齐刻线为
0.15 mm

0.5 mm刻线

①固定套筒(主尺)
上的主尺寸为32.5 mm

②读数=32.5+15 0.01=32.65（mm）

图 3-36   读取百分尺上的尺寸

4. 选择百分尺

一般常用的百分尺有 0～25 mm 和 25～50 mm 外径百分尺，5～30 mm 内径百分尺三种。按零件的测量尺寸来选取。

5. 将外径百分尺校零

按图 3-37 分别将 0～25 mm 和 25～50 mm 外径百分尺校零。

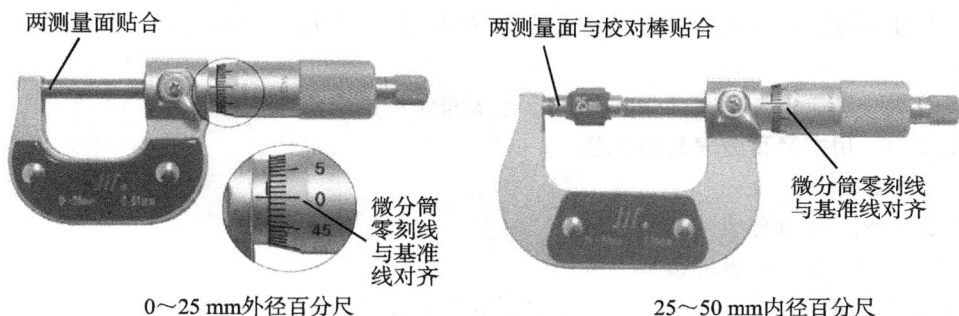

两测量面贴合　　　　　　　　　　两测量面与校对棒贴合

微分筒零刻线与基准线对齐

微分筒零刻线与基准线对齐

0～25 mm 外径百分尺　　　　　　　25～50 mm 内径百分尺

图 3-37　将外径百分尺校零

6. 用百分尺测量零件尺寸

1)测量 $\phi40(0/-0.025)$

双手测量法：如图 3-38 所示，左手握百分尺，右手转动微分筒，使测微螺杆靠近零件；用右手转动测力装置，保证恒定的测量力。测量时，必须保证测微螺杆的轴心线与零件的轴心线相交，且与零件的轴心线垂直。

图 3-38　双手测量法

2)测量 $\phi25(0.02/-0.041)$

单手测量法：如图 3-39 所示，左手拿零件，右手握百分尺，并同时转动微分筒。此法用于较小零件或较小尺寸的测量。测量时，施加在微分筒上的转矩要适当。

7. 用百分尺测量零件尺寸注意事项

(1)百分尺是一种精密量具，只适用于精度较高零件的测量，严禁测量表面粗糙的毛坯零件。

(2)测量前必须把百分尺及工件的测量面擦拭干净。

(3)测量时，测微螺杆缓慢接触工件，直至棘轮发出 2～3 下"咔咔"的响声后，方可进

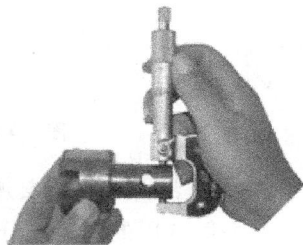

图 3-39　单手测量法

行读数 。

（4）单手测量，旋转力要适当。

（5）读取数值时，尽量在零件上直接读取，但要使视线与刻线表面保持垂直。当离开零件读数时，必须锁紧测微螺杆。

（6）不能将百分尺与工具或零件混放。

（7）使用完毕，应擦净百分尺，放置在专用盒内。若长时间不用，应涂油保存以防生锈。

（8）百分尺应定期送交计量部门进行计量和保养，严禁擅自拆卸。

3.5.3 用内径百分表检测孔径

1. 任务目标

（1）了解内径百分表的结构。

（2）学会内径百分表的读数方法。

（3）掌握用外径百分尺校对内径百分表零位的方法。

（4）掌握内径百分表的测量方法，用内径百分表检测轴套的孔径。

2. 认识百分表

百分表如图 3-40 所示，百分表分度值 0.01 mm。大指针转一圈，小指针转一格（mm）。毫米数值小指针转过格数读得，毫米小数值大指针指示位置读得，指针停在两条刻线之间时，进行估读，读出小数第三位，即微米（μm）。

3. 认识内径百分表

内径百分表如图 3-41 所示，它是由百分表、锁紧装置、手柄、测量杆、定位护桥、活动测头和可换测头等组成。

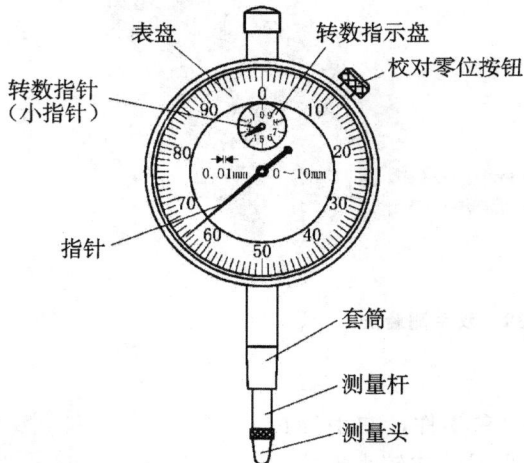

图 3-40 百分表

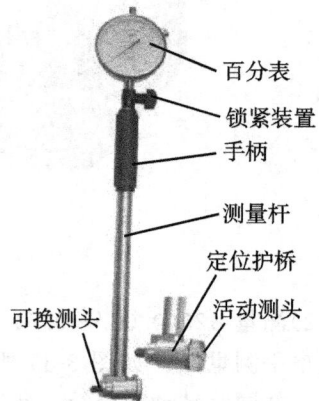

图 3-41 内径百分表

4. 选择内径百分表规格

一般常用的内径百分表的测量范围 18～35 mm，精度为 0.01 mm。

5. 安装与调整内径百分表

安装与调整内径百分表的步骤是：先插装，再预压，然后锁紧，具体步骤如图 3-42 所示，再安装可换测头。

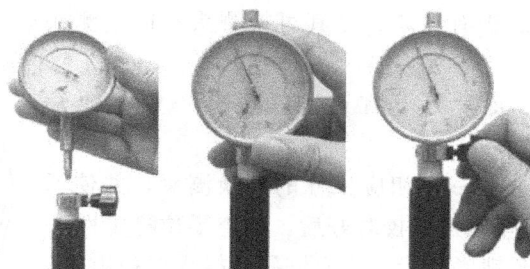

步骤一：插装　　步骤二：预压　　步骤三：锁紧

图 3-42　安装与调整内径百分表

6. 校正内径百分表的零位

（1）外径百分尺调到 32 mm，调整时，应从 31 mm 加到 32 mm，并用手推着测微螺杆。

（2）内径百分表两测头放在外径百分尺两测砧间，使其表盘上的零刻线与指针重合，即校对零位，如图 3-43 所示。

7. 测量孔径

（1）压入测头。如图 3-44 所示压入内径百分表的测头。

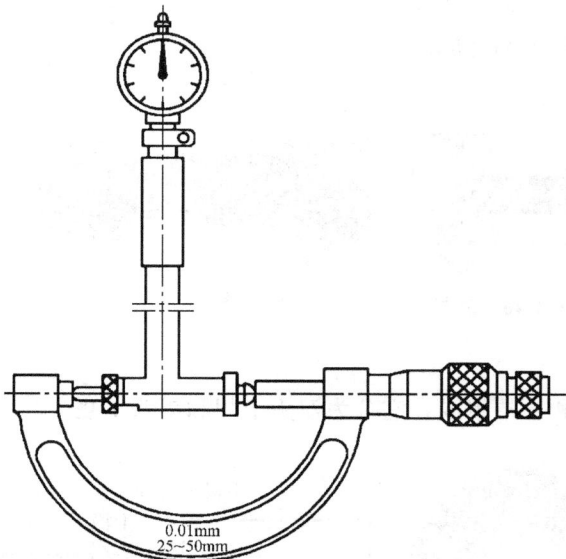

图 3-43　校正内径百分表的零位

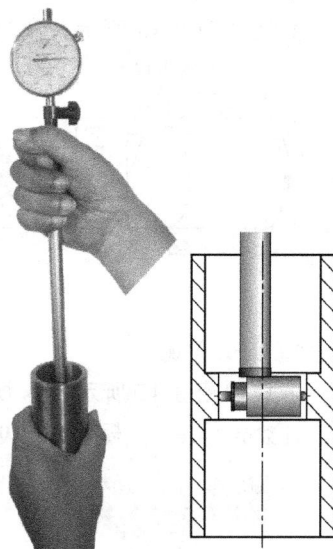

图 3-44　压入测头

（2）测量数值。旋转内径百分表的杆件，内径百分表的指针会左右旋转，再判断是否合格。

当表针指在"零"位时，被测内径恰好为 32 mm；当表针未达到"零"位时，被测尺寸大于 32 mm，百分表读数为正；当表针超过"零"位时，被测尺寸小于 32 mm，百分表的读数应为负。如图 3-45 所示，则所测量的尺寸如下：

$$32+(-0.27)=31.73(mm)$$

8. 使用内径百分表的注意事项

（1）使用前，检查是否有缺陷，尤其可换测头和固定测头的球面部分。

（2）装百分表时，夹紧力不宜过大，且有一定预压缩量（1 mm）。

（3）校对零位时，选取一个相应尺寸的可换测头，并使活动测头在活动范围的中间位置，校对好后，检查零位稳定性。

（4）装卸时，先松开锁紧装置，不允许硬性插入或拔出。

（5）使用完毕，百分表和可换测头取下擦净，并涂油防锈，放入专用盒内保存。

（6）如果使用中发现问题，不允许继续使用和自行拆卸修理，应送计量部门检修。

3.5.4 用光滑极限量规检验工件

1. 学习目标

（1）了解塞规和卡规的结构和工作原理。

（2）掌握塞规和卡规的使用方法，了解其使用注意事项。

（3）能用塞规和卡规检验零件。

2. 认识塞规

塞规如图 3-46 所示，塞规由通端和止端组成。

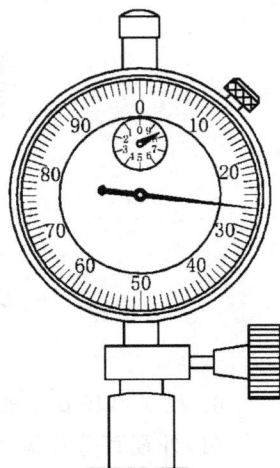

图 3-45 测量读数

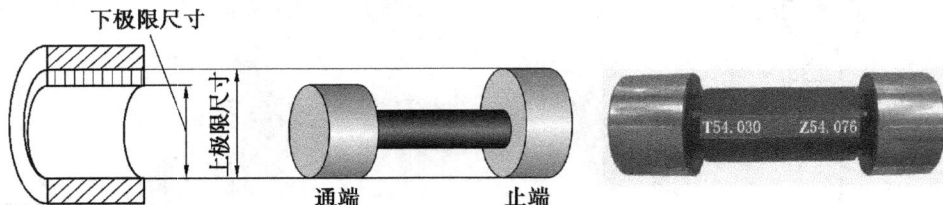

图 3-46 塞规

3. 认识卡规

卡规如图 3-47 所示，卡规由通端和止端组成，它分为双头卡规和单头卡规。

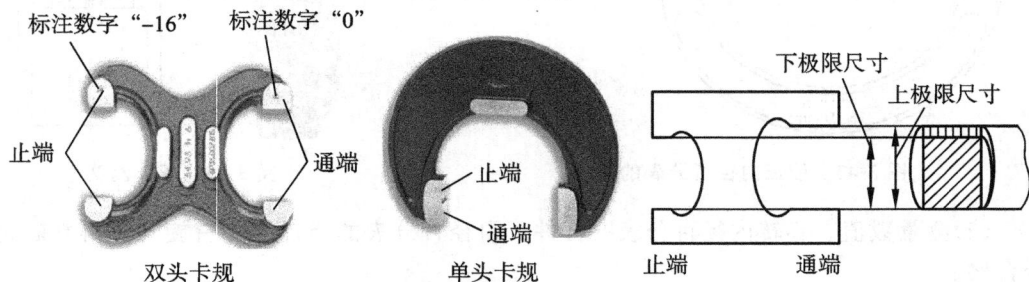

图 3-47 卡规

4. 测量前的准备

（1）测量前，检查所用光滑极限量规与图纸上公称尺寸、公差是否相符。

（2）检查光滑极限量规测量面有无毛刺、划伤、锈蚀等缺陷。

（3）检查被测零件的表面有无毛刺、棱角等缺陷。

（4）用清洁的细棉纱或软布，擦净光滑极限量规的工作表面，允许在工作表面涂薄油，减少磨损。

（5）辨别通端、止端。

5. 用塞规检验孔径

（1）保证塞规轴线与被测零件孔轴线同轴，以适当接触力接触，通端可自由进入孔内。

（2）止端只允许顶端倒角部分放入孔边，而不能全部塞入。方法如图 3-48 所示。

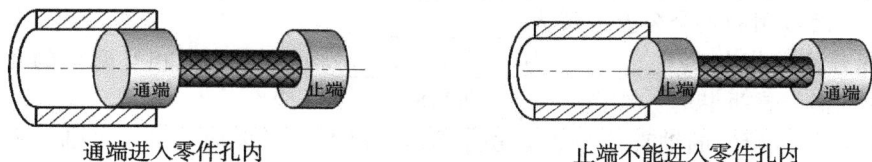

图 3-48　用塞规检验孔径

（3）塞规不可倾斜塞入孔中，不可强推、强压，通端不能在孔内转动。

（4）通端在孔整个长度上检验，止端只需在孔两头检验即可。

6. 用卡规检验外圆柱面直径

（1）轻握卡规，卡规测量面与被测轴颈轴线平行。通端可在零件上滑过，止端只与被测零件接触。方法如图 3-49 所示。

（2）在多个不同截面、不同位置检验，沿轴和围绕轴不少于 4 个位置上进行检验。

（3）不可用力将卡规压在工件表面上。

（4）卡规测量面不得歪斜。

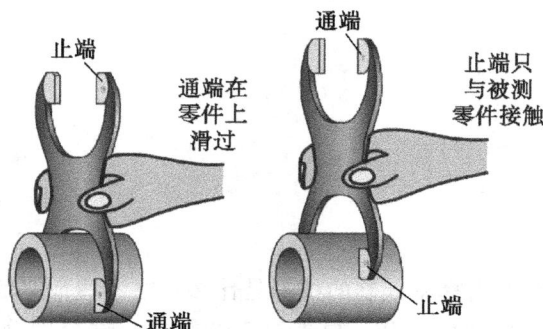

图 3-49　用卡规检验外圆柱面直径

习题 3

3-1：判断题

1. 一般来说，零件的实际尺寸越接近基本尺寸越好。　　　　　　　　　（　　）

2. 公差通常为正，在个别情况下也可能为负或零。　　　　　　　　　　（　　）

3. 孔和轴的加工精度越高，则其配合精度也越高。　　　　　　　　　　（　　）

4. 过渡配合的孔、轴配合，由于有些可能得到过盈，因此过渡配合可能是间隙配

合，也可能是过盈配合。 （　　）

3-2：填空题

1. 国家标准规定的基本偏差孔、轴各有_____个，其中 H 为_____的基本偏差代号，其基本偏差为_____，且偏差值为_____；h 为_____的基本偏差代号，其基本偏差为_____，且偏差值为_____。

2. 国家标准规定有_____和_____两种配合制度，一般优先选用_____，以减少_____，降低成本。

3. 国家标准规定的标准公差有_____级，其中最高级为_____，最低级为_____，而常用的配合公差等级为_____。

4. 配合种类分为_____、_____、_____三大类，当相互配合的孔、轴有相对运动或需经常拆装时，应选_____配合。

3-3： 图样上给定的轴直径为 $\phi45n6(^{+0.033}_{+0.017})$。根据此要求加工了一批轴，实测后得其中最大直径（即最大实际尺寸）为 $\phi45.033$ mm，最小直径（即最小实际尺寸）为 $\phi45.000$ mm。问加工后的这批轴是否全部合格（若不全部合格，写出不合格零件的尺寸范围）？为什么？这批轴的尺寸公差是多少？

3-4： 已知下列孔、轴配合。要求：

(1)分别计算下列 3 对配合的最大与最小间隙或过盈及配合公差。

(2)分别画出公差带图，并说明它们的配合类别。

①孔：$\phi20^{+0.033}_{0}$　　　　轴：$\phi20^{-0.065}_{-0.098}$

②孔：$\phi35^{+0.007}_{-0.018}$　　　　轴：$\phi35^{0}_{-0.016}$

③孔：$\phi55^{+0.030}_{0}$　　　　轴：$\phi55^{+0.060}_{+0.041}$

3-5： 下列配合中，分别属于哪种基准制的配合和哪类配合，并确定孔和轴的极限盈、隙。

1)$\phi50\dfrac{H8}{f7}$

2)$\phi180\dfrac{H7}{u6}$

3)$\phi100\dfrac{H7}{k6}$

3-6： 什么是基准制？选择基准制的根据是什么？在哪些情况下采用基轴制？

3-7： 有下列三组孔与轴相配合，根据给定的数值，试分别确定它们的公差等级，并选用适当的配合。

(1)配合的基本尺寸＝25 mm，X_{max}＝＋0.086 mm，X_{min}＝＋0.020 mm。

(2)配合的基本尺寸＝40 mm，Y_{max}＝－0.076 mm，Y_{min}＝－0.035 mm。

(3)配合的基本尺寸＝60 mm，Y_{max}＝－0.032 mm，X_{max}＝＋0.046 mm。

3-8：综合题

1. 更正下列标注的错误：

(1)$\phi80^{-0.021}_{-0.009}$　　　　(2)$30^{-0.039}_{9}$　　　　(3)$\phi60^{\frac{f7}{H8}}$

(4)$\phi80^{\frac{F8}{D6}}$　　　　(5)$\phi50^{\frac{8H}{7f}}$

2. 某孔、轴配合，基本尺寸为 $\phi50$ mm，孔公差为 IT8，轴公差为 IT7，已知孔的上偏差为 $+0.039$ mm，要求配合的最小间隙是 $+0.009$ mm，试确定孔、轴的尺寸标准。

3. 若已知某孔轴配合的基本尺寸为 $\phi30$ mm，最大间隙 $X_{max}=+23$ μm，最大过盈 $Y_{max}=-10$ μm，孔的尺寸公差 $T_h=20$ μm，轴的上偏差 $es=0$，试确定孔、轴的尺寸标准。

4. 某孔、轴配合，已知轴的尺寸为 $\phi10h8$，$X_{max}=+0.007$ mm，$Y_{max}=-0.037$ mm，试计算孔的尺寸标准，并说明该配合是什么基准制，什么配合类别。

5. 已知基本尺寸为 $\phi30$ mm，基孔制的孔轴同级配合，$T_f=0.066$ mm，$Y_{max}=-0.081$ mm，求孔、轴的上、下偏差。

6. 已知题表 3-1 中的配合，试将查表和计算结果填入表中。

题表 3-1

公差带	基本偏差	标准公差	极限盈隙	配合公差	配合类别
$\phi80S7$					
$\phi80h6$					

7. 计算出题表 3-2 中空格中的数值，并按规定填写在表中。

题表 3-2

基本尺寸	孔			轴			X_{max} 或 Y_{min}	X_{min} 或 Y_{max}	T_f
	ES	EI	T_h	es	ei	T_s			
$\phi25$		0				0.052	+0.074		0.104

8. 计算出题表 3-3 中空格中的数值，并按规定填写在表中。

题表 3-3

基本尺寸	孔			轴			X_{max} 或 Y_{min}	X_{min} 或 Y_{max}	T_f
	ES	EI	T_h	es	ei	T_s			
$\phi30$		+0.065			-0.013		+0.099	+0.065	

9. 某孔、轴配合，基本尺寸为 35 mm，孔公差为 IT8，轴公差为 IT7，已知轴的下偏差为 -0.025 mm，要求配合的最小过盈是 -0.001 mm，试写出该配合的公差带代号。

10. 某孔、轴配合，基本尺寸为 $\phi30$ mm，孔的公差带代号为 N8，已知 $X_{max}=+0.049$ mm，$Y_{max}=-0.016$ mm，试确定轴的公差带代号。

3-9：单选题

1. 用内径百分表可测量孔的（　　）。

A. 尺寸误差和位置误差   B. 尺寸误差和形状误差

C. 尺寸误差、形状误差和位置误差   D. 形状误差和位置误差。

2. 内径百分表采用的是(　　　)测量法。

A. 间接　　　　　　　B. 比较　　　　　　　C. 直接

3. 内径百分表主要用于(　　　)。

A. 测量孔径和孔的形状误差,如圆度、圆柱度等;

B. 校正零件或夹具的安装位置,检验零件的形状和相互位置的精度;

C. 两者都可以。

4. 内径百分表的示值误差一般为(　　　)。

A. ±0.01 mm　　B. ±0.02 mm　　C. ±0.015 mm　　D. ±0.05 mm。

5. 下列不是内径百分表检定工具的是(　　　)。

A. 粗糙度比较样块　　　　　　　　B. 钢板尺

C. 专用环规　　　　　　　　　　　D. 测力装置

6. 内径百分表不能测量(　　　)。

A. 孔径　　　　　　B. 孔的圆度　　　　C. 内孔的圆柱度　　　D. 垂直度

7. 下列哪个属于内径百分表的规格(　　　)。

A. 18～35　　　　B. 0～25　　　　　C. 0～50　　　　　D. 140～230

8. 内径百分表的功用是度量(　　　)。

A. 外径　　　　　　B. 内径　　　　　　C. 外槽径　　　　　D. 槽深

9. 下面不能用内径百分表测量的是(　　　)。

A. 平面度　　　　　B. 园跳动　　　　　C. 间隙　　　　　　D. 长度

10. 内径百分表用来测量(　　　)。

A. 外圆柱　　　　　B. 圆柱孔　　　　　C. 外表面

11. 以下哪个是内径百分表的结构?(　　　)

A. 测微螺杆　　　　B. 微分筒　　　　　C. 活动测头　　　　D. 固定套筒

12. 从内径百分表上读出的数值是(　　　)。

A. 上极限偏差　　　B. 实际偏差　　　　C. 误差　　　　　　D. 下极限偏差

13. 用内径百分表测量汽缸磨损量时,应使内径百分表的测量杆与汽缸轴线(　　　)。

A. 垂直　　　　　　B. 平行　　　　　　C. 倾斜　　　　　　D. 成45°角

3-10：多选题

1. 内径百分表测量时,判断正确的是(　　　)。

A. 表针顺时针方向离开零位,则表示被测孔径大于千分尺设定值

B. 表针顺时针方向离开零位,则表示被测孔径小于千分尺设定值

C. 表针逆时针方向离开零位,则表示被测孔径大于千分尺设定值

D. 表针逆时针方向离开零位,则表示被测孔径小于千分尺设定值

2. 用内径百分表测量孔径属于(　　　)。

A. 直接测量　　　B. 单项测量　　　　C. 综合测量　　　　D. 间接测量

3. 内径百分表的用途有(　　　)。

A. 测量孔径　　　B. 测量槽宽　　　　C. 测量圆度　　　　D. 测量圆柱度

4. 下列哪几项不是内径百分表的测量精度(　　　)。

A. 0.01 mm 　　B. 0.1 mm 　　C. 1 mm 　　D. 10 mm

5. 用内径百分表测量孔径不是(　　)测量。

A. 综合 　　B. 单项 　　C. 绝对 　　D. 相对

6. 下面能用内径百分表测量的是(　　)。

A. 平面度 　　B. 园跳动 　　C. 间隙 　　D. 长度

实验：用内径指示表测量孔径

1. 量仪名称及规格

量仪名称_____。　指示表分度值_____。

量仪测量范围_____。

2. 被测工件

被测孔的基本尺寸及上、下偏差_____mm。

3. 调整量仪示值零位所使用量块组各块量块的尺寸_____mm。

4. 测量结果

测量部位简图	截面	方向	量仪示值/μm	实际尺寸/mm

5. 合格性判断

大国工匠　大国成就

创新与创业劳动者之歌

项目 4 角度测量

▶ 任务 1 常用角度量具及使用

4.1.1 直角尺

直角尺又称 90°角尺，实际使用中也称弯尺、靠尺。直角尺用来检验直角和画垂直线，加工时还用来找正工件与夹具的位置，装配零件、安装设备时又用来检验零件和部件间的相互垂直位置。它具有结构简单、使用方便等特点。

常用角度量具及使用

常用的直角尺有平直角尺和宽座直角尺两种，如图 4-1 所示，直角尺长边两面有的有刀口(精密的)，有的无刀口(普通的)。

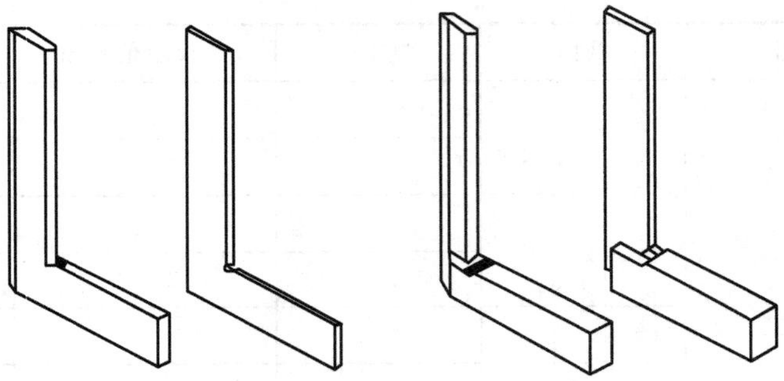

（a）平直角尺　　　　　（b）宽座直角尺

图 4-1 直角尺

直角尺使用时一般以短边紧贴基准面，然后观察零件被测面与直角长边之间光隙的大小和位置，来判断零件的表面是否垂直或向哪边倾斜，也可用塞尺(厚薄规)量出间隙的数值。有刀口的直角尺对光隙很敏感，可以分辨出 0.01 mm 的光隙。

1. 直角尺的使用

使用直角尺测量工件时，可将工件按图 4-2 所示的方法放置于平板上，然后将直角尺的基面在平板上慢慢移动，使测量边靠紧工件的测量部位，避免直角尺的任何部位与被测件碰撞。观察工件与直角尺测量面的光隙大小，判断被测角相对于 90°的偏差。如果最大光隙在测量面的顶端，如图 4-2(a)所示，说明被测角小于 90°；如果最大光隙在测量面的底端，如图 4-2(b)所示，说明被测角大于 90°；如果光隙均匀分布或无光透过，如图 4-2(c)所示，说明被测角等于 90°。

图 4-3(a)所示为用直角尺测量工件的外角，图 4-3(a)为直角尺测量工件。不论是测量内角还是外角，测量时都应先将直角尺的基面与工件上的基面完全贴合，然后观察直角尺的测量面与工件之间的光隙位置和大小，从而判断被测角相对于 90°的偏差。图 4-4 所示为用宽座直角尺校正工件垂直或水平位置的方法。

（a）被测角小于90°　（b）被测角大于90°　（c）被测角等于90°

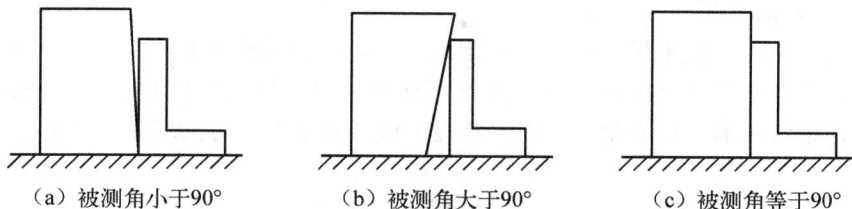

图 4-2　直角尺的使用方法之一

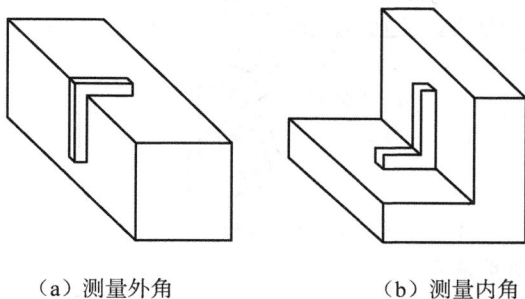

（a）测量外角　（b）测量内角

图 4-3　直角尺的使用方法之二

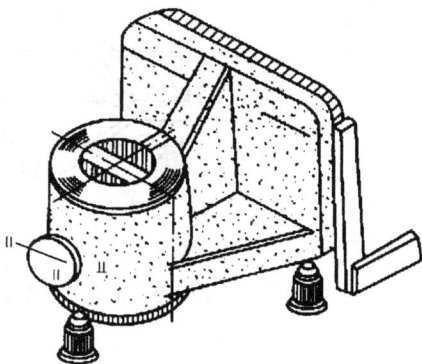

图 4-4　用宽座直角尺校正工件

2. 使用直角尺的注意事项

（1）使用前应先清除工件棱边的毛刺，并将工件测量位置和直角尺擦干净。

（2）使用时，要避免直角尺的尖端边缘与工件表面相碰，以防把工件或直角尺碰伤。

（3）测量中应注意直角尺的安放位置。图 4-5 所示为直角尺测量工件时安放方法正误比较。

（4）在使用和放置工作边比较长的直角尺时，应注意防止工作边的弯曲和变形，搬动时不许提长边，应一手托短边，一手扶长边。用完后不能把直角尺倒放。

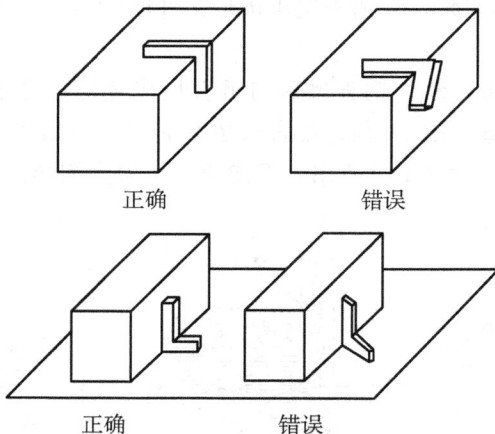

正确　错误

正确　错误

图 4-5　直角尺测量工件时安放方法的正误比较

4.1.2　万能角尺

万能角尺又称组合角尺，如图 4-6 所示，主要用于测量一般的角度、长度、深度、水平度以及在圆形工件上定中心等。又称万能钢角尺、万能角度尺、组合角尺。它由钢直尺、活动量角器、中心角规、固定角规组成。其钢直尺的长度为 300 mm。

1—钢直尺；2—活动量角器；3—中心角规；4—固定角规

图 4-6　万能角尺

1. 钢直尺

钢直尺是万能角尺的主件，又称主尺。使用时与其他附件配合。钢直尺的正面刻有尺寸线，背面有一条长槽，用来安装其他附件，附件可在它上面滑移或在任意位置固定。

2. 活动量角器

活动量角器上有一可转动的刻度盘，上面有 0°～180°刻度，当中有水准器。把这个量角器装上钢直尺以后，可量出 0°～180°范围内的任意角度。扳成需要角度后，用螺钉紧固。

3. 中心角规

中心角规有两条相交成直角的尺边，可当做固定角尺使用。当中心角尺装上钢直尺后，尺边与钢直尺成 45°角，可用来定出圆形工件的中心。

4. 固定角规

同定角规有一条长边，装上钢直尺后与钢直尺成直角，可当做固定角尺或深度尺用。另一条斜尺边与钢直尺成 45°角。在长尺边旁插有一根划针，可在画线时使用。此外还有一个水准器，可当做水平仪使用。万能角尺应用实例如图 4-7 所示。

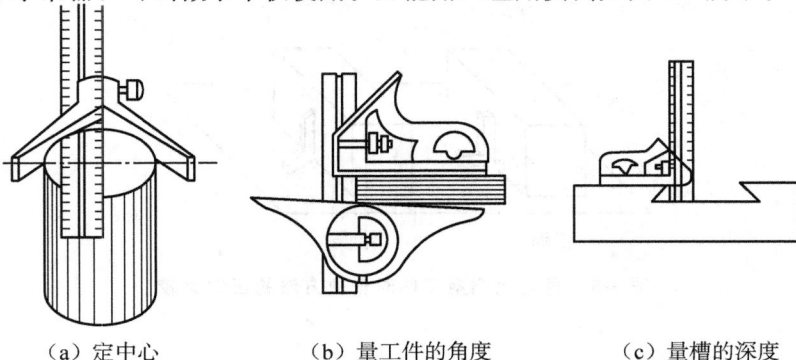

（a）定中心　　　　（b）量工件的角度　　　　（c）量槽的深度

图 4-7　万能角尺使用方法

4.1.3　万能角度尺

万能角度尺又被称为角度规、游标角度尺和万能量角器,它是利用游标读数原理来直接测量工件角或进行画线的一种角度量具。其结构如图 4-8 所示。

万能角度尺适用于机械加工中的内、外角度测量,可测 0°~320° 外角及 40°~130° 内角。

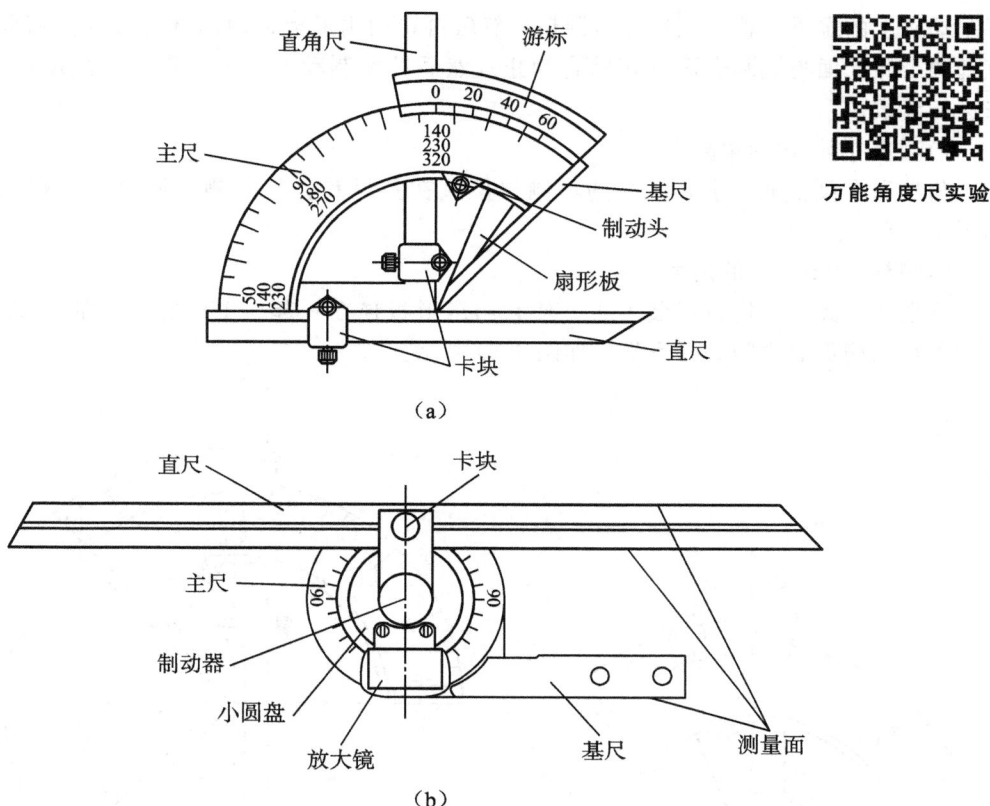

万能角度尺实验

（a）

（b）

图 4-8　万能角度尺的结构

1. 原理

万能角度尺是用来测量工件内、外角度的量具,其读数机构是根据游标原理制成的。主尺刻线每格为 1°。游标的刻线是取主尺的 29° 等分为 30 格,因此游标刻线每格为 29°/30,即主尺与游标一格的差值为 2′,也就是说万能角度尺读数准确度为 2′。其读数方法与游标卡尺完全相同。

2. 结构说明

测量时应先校准零位,万能角度尺的零位,是当角尺与直尺均装上,而角尺的底边及基尺与直尺无间隙接触,此时主尺与游标的"0"线对准。调整好零位后,通过改变基尺、角尺、直尺的相互位置可测试 0°~320° 范围内的任意角。

应用万能角度尺测量工件时,要根据所测角度适当组合量尺。

万能角度尺的结构:它由尺身、90° 角尺、游标、制动器、基尺、直尺、卡块等组成。

万能角度尺的测量范围：游标万能角度尺有Ⅰ型［如图 4-8（a）所示］、Ⅱ型［如图 4-8(b)所示]两种类型，其测量范围分别为 0°～320°和 0°～360°。

3. 万能角度尺的使用方法

测量时，根据产品被测部位的情况，先调整好角尺或直尺的位置，用卡块上的螺钉把它们紧固住，再来调整基尺测量面与其他有关测量面之间的夹角。这时，要先松开制动头上的螺母，移动主尺做粗调整，然后再转动扇形板背面的微动装置做细调整，直到两个测量面与被测表面密切贴合为止。然后拧紧制动器上的螺母，把角度尺取下来进行读数。

1)测量 0°～50°的角度

角尺和直尺全都装上，产品的被测部位放在基尺和直尺的测量面之间进行测量，如图 4-9 所示。

2)测量 50°～140°的角度

可把角尺卸掉，把直尺装上去，使它与扇形板连在一起。工件的被测部位放在基尺和直尺的测量面之间进行测量，如图 4-10 所示。

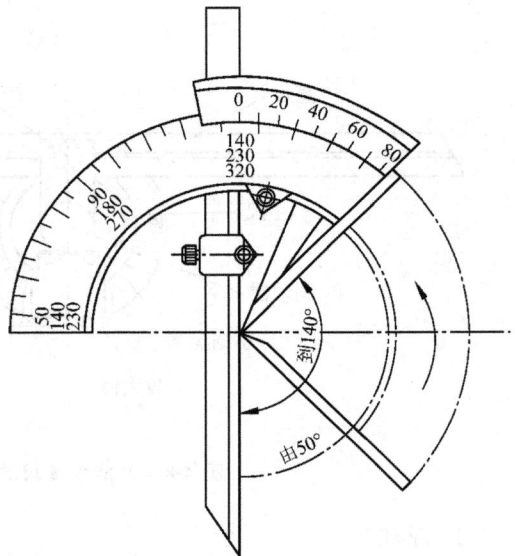

图 4-9　测量 0°～50°的角度　　　　图 4-10　测量 50°～140°的角度(一)

也可以不拆下角尺，只把直尺和卡块卸掉，再把角尺拉到下边来，直到角尺短边与长边的交线和基尺的尖棱对齐为止。把工件的被测部位放在基尺和角尺短边的测量面之间进行测量，如图 4-11 所示。

3)测量 140°～230°的角度

把直尺和卡块卸掉，只装角尺，但要把角尺推上去，直到角尺短边与长边的交线和基尺的尖棱对齐为止。把工件的被测部位放在基尺和角尺短边的测量面之间进行测量，如图 4-12 所示。

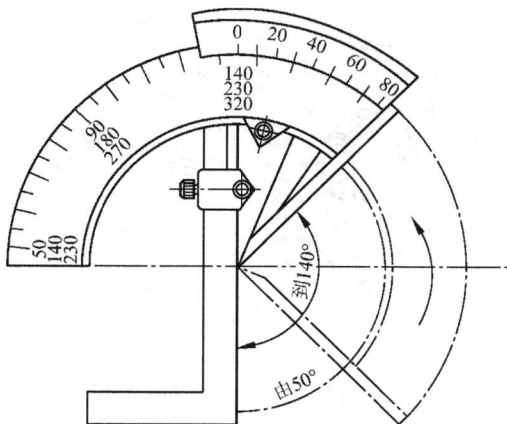

图 4-11　测量 50°～140°的角度(二)

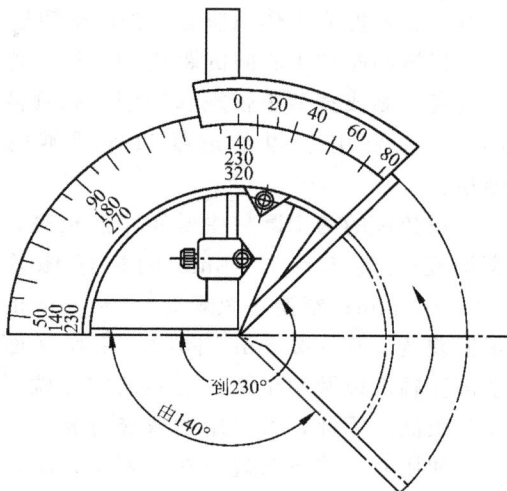

图 4-12　测量 140°～230°的角度

4)测量 230°～320°的角度

把角尺、直尺和卡块全部卸掉,只留下扇形板和主尺(带基尺)。把产品的被测部位放在基尺和扇形板测量面之间进行测量,如图 4-13 所示。

4. 万能角度尺的读数方法

先读出游标零线前的角度是多少度,再从游标上读出角度"分"的数值,两者相加就是被测零件的角度数值。在万能角度上,基尺是固定在尺座上的,角尺是用卡块固定在扇形板上,可移动尺是用卡块固定在角尺上。若把角尺拆下,也可把直尺固定在扇形

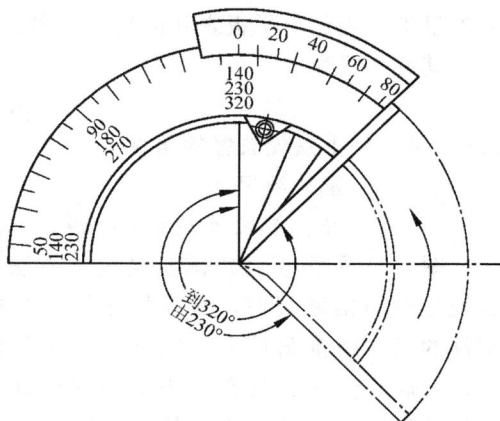

图 4-13　测量 230°～320°的角度

板上。由于角尺和直尺可以移动和拆换,使万能角度尺可以测量 0°～320°的任何角度。

万能角度尺的尺座上,基本角度的刻线只有 0°～90°,如果测量的零件角度大于90°,则在读数时,应加上一个基数(90°、180°、270°)。

当零件角度为:＞90°～180°,被测角度＝90°＋量角尺读数;

当零件角度为:＞180°～270°,被测角度＝180°＋量角尺读数;

当零件角度为:＞270°～320°,被测角度＝270°＋量角尺读数。

用万能角度尺测量零件角度时,应使基尺与零件角度的母线方向一致,且零件应与量角尺的两个测量面的全部长度上接触良好,以免产生测量误差。

4.1.4　正弦规

正弦规是测量角度、锥度的常用量具,一般测量小于 45°的角度。

正弦规的结构简单,如图 4-14 所示,是由制造精度很高的主体和两个圆柱体组成的。为便于被检工件在正弦规的主体平面上定位和定向,装有侧挡板和后挡板。正弦规各表面不应有裂纹和锈迹,工作面上不应有刻痕、划伤、毛刺等影响外观和使用的

缺陷。各零件非工作面应有保护性防锈层。

根据两圆柱中心间的距离和主体工作平面宽度，制成宽型正弦规和窄型正弦规两种形式，主要用于测量角度和外圆锥的圆锥角。

正弦规的两个圆柱中心距精度很高，如宽型正弦规 $L = 100$ mm 的极限偏差为 $+0.003$ mm；窄型正弦规 $L = 100$ mm 的极限偏差为 $+0.002$ mm。同时，工作平面的平面度精度以及两个圆柱之间的相互位置精度都很高，因此，可以用做精密测量。

使用时，将正弦规放在平板上，圆柱之一与平板接触，圆柱之二用量块组支撑，使

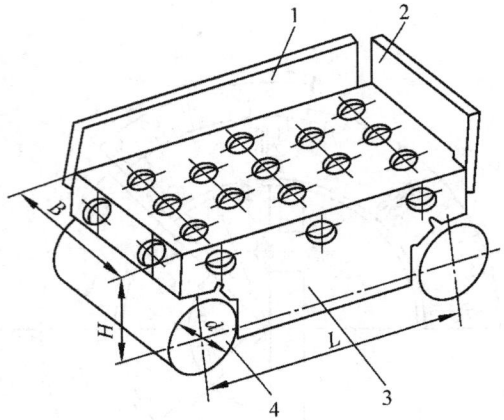

1、2—挡板；3—主体；4—圆柱

图 4-14　正弦规的外形结构

正弦规的工作平面与平板间组成一角度。用千分表检查工件与平板之间的平行度误差，或测量工件表面与平板之间的尺寸距离，以获得合格的角度或尺寸。

其关系式为

$$\sin \alpha = h / L$$

式中　α——正弦规放置的角度；

　　　h——量块组尺寸；

　　　L——正弦规两圆柱的中心距。

图 4-15 是用正弦规测量锥角的方法。用正弦规检验圆锥塞规时，首先根据被检验的圆锥塞规的基本圆锥角按 $h = L \sin \alpha$ 算出量块组尺寸，然后将量块组放在平板上与正弦规圆柱之一相接触，此时正弦规主体工作平面相对于平板倾斜 α 角。放上圆锥塞规后，用千分表分别测量被检圆锥塞规上。a、b 两点，如果被测角正好等于锥角，则指针在 a、b 两点指示值相同。如 a、b 两点指示值不相同，则表明存在圆锥角偏差。可由 a、b 两点读数之差对 a、b 两点间距 L（可用直尺量得）之比值来计算锥度偏差 ΔC，即

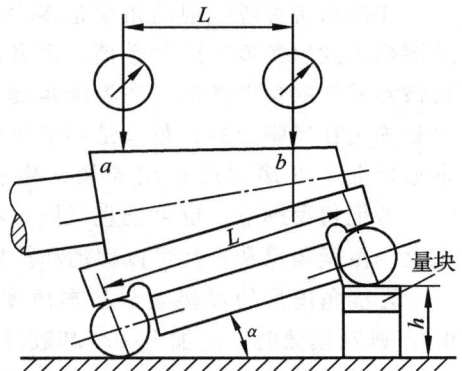

图 4-15　用正弦规测量锥角的方法

$$\Delta C = h / L$$

锥度偏差乘弧度对秒的换算系数后，可求得圆锥角偏差 $\Delta\alpha$，即

$$\Delta\alpha = 2\Delta C \times 10^5$$

式中　$\Delta\alpha$——圆锥角偏差（″）。

4.1.5 水平仪

1. 水平仪的用途

水平仪是测量被测平面相对水平面微小倾角的一种计量器具，在机械制造中，常用来检测工件表面或设备安装的水平情况。如检测机床、仪器的底座、工作台面及机床导轨等的水平情况，还可以用水平仪检测导轨、平尺、平板等的直线度和平面度误差，以及测量两工作面的平行度和工作面相对于水平面的垂直度误差等。

2. 水平仪的分类

水平仪按其工作原理可分为水准式水平仪和电子水平仪两类。水准式水平仪又有条式水平仪、框式水平仪和合像水平仪 3 种。水准式水平仪目前使用最为广泛，以下仅介绍水准式水平仪。

水准式水平仪的主要工作部分是管状水准器，它是一个密封的玻璃管，其内表面的纵剖面是一曲率半径很大的圆弧面。管内装有精馏乙醚或精馏乙醇，但未注满，形成一个气泡。玻璃管的外表面刻有刻度，不管水准器的位置处于何种状态，气泡总是趋向于玻璃管圆弧面的最高位置。当水准器处于水平位置时，气泡位于中央。水准器相对于水平面倾斜时，气泡就偏向高的一侧，倾斜程度可以从玻璃管外表面上的刻度读出，如图 4-16 所示，经过简单的换算，就可得到被测表面相对水平面的倾斜度和倾斜角。

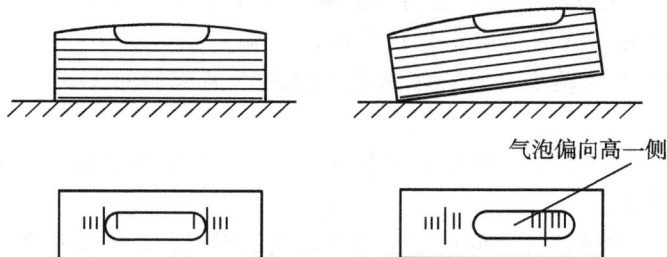

气泡偏向高一侧

图 4-16 水准式水平仪

3. 水准式水平仪的结构和规格

1）条式水平仪

条式水平仪的外形如图 4-17 所示。它由主体、盖板、水准器和调零装置组成。在测量面上刻有 V 形槽，以便放在圆柱形的被测表面上测量。图 4-17(a)中的水平仪的调零装置在一端，而图 4-17(b)中的调零装置在水平仪的上表面，因而使用更为方便。条式水平仪工作面的长度有 200 mm 和 300 mm 两种。

2）框式水平仪

框式水平仪的外形如图 4-18 所示。它由横水准器、主体把手、主水准器、盖板和调零装置组成。它与条式水平仪的不同之处在于：条式水平仪的主体为一条形，而框式水平仪的主体为一框形。框式水平仪除有安装水准器的下测量面外，还有一个与下测量面垂直的测量向，因此框式水平仪不仅能测量工件的水平表面，还可用它的测量面与工件的被测表面相靠，检测其对水平面的垂直度。框式水平仪的框架规格有 150 mm×150 mm、200 mm×200 mm、250 mm×250 mm、300 mm×300 mm 4 种，其中 200 mm×200 mm 最为常用。

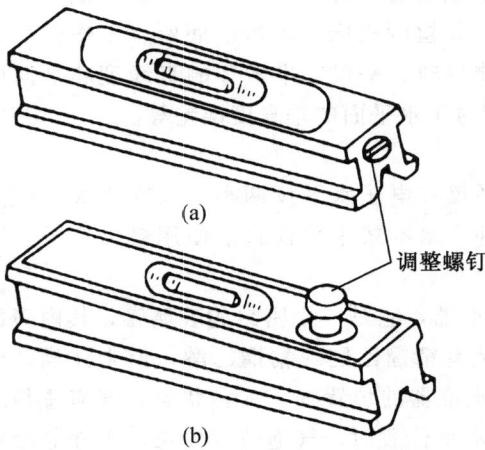

图 4-17　条式水平仪

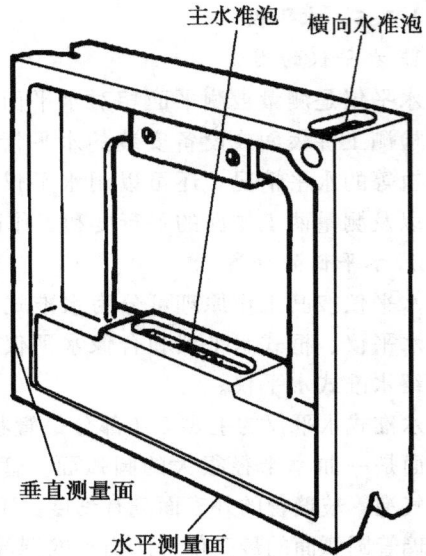

图 4-18　框式水平仪

（1）工作原理：气泡水平仪的玻璃的玻璃管内壁是一个刻有一定曲率半径的曲面，当水平仪发生倾斜时，气泡就向水平仪升高的一端移动，水准泡内壁曲率半径越大，分辨率越高，曲率半径越小，分辨率越低，因此水准泡的曲率半径决定了该产品的精度。

（2）产品用途：水平仪主要用于检验各种机床和工件的平面度、平直度、垂直度及设备安装的水平性等。

（3）产品规格：水平仪按不同用途制造成框式水平仪、条式水平仪两种形式。

（4）仪器结构：水平仪主要由体身，水准泡系统及调整机构组成。体身可测量基面，水准泡用做读数反映出体身测量基面的真实数据，调整机构用做调整水平仪，采用 M5×0.5 细螺纹和多齿弹簧圈，确保零位的稳定性和可调性。

（5）使用方法：测量时使水平仪工作面紧贴被测表面，待气泡静止后可读数。水平仪的分度值是主水准泡的气泡移动一个刻度所产生的倾斜比，以 1 m 为基准长的倾斜高与底边的比表示，如需测量长度为 L 的实际倾斜值则可通过下式进行计算：

实际倾斜值＝标称分度值×L×偏差格数

例如，标称分度值为 0.02 mm/m，$L=200$ mm，偏差格数为 2 格，则：实际倾斜值为 0.02/1 000×200×2＝0.008（mm）。为避免由于水平仪零位不准而引起的测量误差，因此在使用前必须对水平仪的零位进行检查或调整。水平仪零位检查和调整方法：将被检水平仪放在已调到大致水平位置的平板上（或机床导轨上），紧靠定位块，待气泡稳定后以气泡的一端读数为 a_1，然后按水平方向调转 180°，准确地放在原位置，按照第一次读数的一边记下气泡另一端的读数为 a_2，两次读数差的一半则为：零位误差＝$(a_1-a_2)/2$ 格。如果零位误差已超过许可范围，则需告诉零位机构。另一种方法不需精调零位，也可找出相对零位点，将水平仪放在平面上，等气泡稳定后，读右端读数为 a_1，将水平仪按水平方向调转 180°，准确地放在第一次位置上，待气泡稳定后，

再读右端读数为 a_2，两次读数差的位置为相对零位点；以相对零位点为基准，方可测量水平仪，如图所示相对零位点为基准线向右边过1.5格。对于非规定调整的螺钉、螺母不得随意拧动。

(6)注意事项：

①温度变化会使测量产生误差，检验或使用时必须与热源和风源隔绝，如果使用环境湿度与保存环境湿度不同，则需在使用环境中稳定3小时后方可使用。

②测量时必须待气泡完全静止后方可读数。

③水平仪使用完毕，必须将工作面擦拭干净，涂防锈油，存放在清洁、干燥处保存。

3)合像水平仪

合像水平仪用于精密机械制造中，其最大特点是使用范围广、测量精度较高、读数方便、准确，主要应用于测量平面和圆柱面水平的倾斜度，以及机床与光学机械仪器的导轨或机座等的平面度、直线度和设备安装位置的正确度等。

合像水平仪的工作原理是：利用光学零件将气泡像复合放大，带动杠杆机构转动，以提高读数的灵敏度，并利用棱镜复合法，提高读数的分辨能力。

水准器主要起指零作用。当水准器不在水平位置时，气泡A、B两半不对齐，当水准器在水平位置时，气泡A、B两半就对齐，如图4-19所示。

合像水平仪的测试方法：整个水平仪在水平位置时，则A、B两半圆弧气泡处在不重合状态下，此时可通过调节测微旋钮(旋钮上沿圆周刻有100等分小格)，转动测微螺杆(螺距为0.5 mm)，经杠杆进行调整，使A、B两半圆弧气泡重合。在旋钮的刻度盘上读出细读数，每格示值为0.01 mm/1 000 mm；在标尺指针的刻线位置上，通过放大镜读出粗读数，每小格示值为0.5 mm/1 000 mm。如指针偏转2格，旋钮上读出16格，则它的总读数为1.16 mm/1 000 mm。

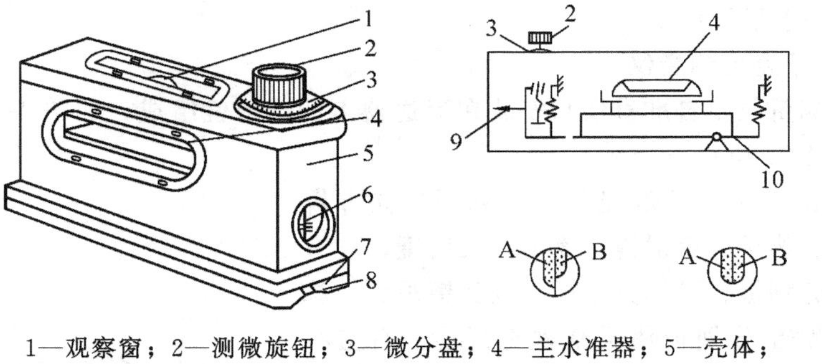

1—观察窗；2—测微旋钮；3—微分盘；4—主水准器；5—壳体；
6—毫米/米刻度；7—底面工作面；8—V形工作面；9—指针；10—杠杆

图4-19 合像水平仪结构

4. 水准式水平仪的使用注意事项

(1)使用前工作面要清洗干净。

(2)湿度变化对仪器中的水准器位置影响很大，必须隔离热源。

(3)测量时旋转度盘要平稳，必须等两气泡像完全符合后方可读数。

5. 导轨直线度计算实例

用精度为 0.02 mm/1 000 mm 的水平仪测量长 1 600 mm 的导轨在铅垂平面内的直线度误差。水平仪垫铁长度为 200 mm，分 8 段测量。用绝对读数法，每段读数依次为：+1，+1，+2，0，−1，−1，0，−0.5，试计算导轨在铅垂平面内的直线度误差值。

(1)画出导轨直线度误差曲线图，如图 4-20 所示。

(2)由图 4-20 可见，最大误差在导轨长为 600 mm 处，曲线右端点坐标值为 1.5 格，按相似三角形解法，导轨 600 mm 处最大误差值格数为 n。

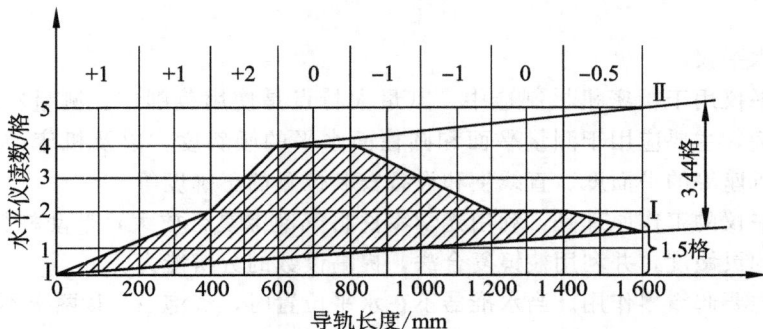

图 4-20　导轨直线度误差曲线

$n=4-(600 \times 1.5)/1\ 600 = 4-0.56 = 3.44$（格）

(3)导轨在铅垂平面内直线度误差值 Δ，即

$\Delta = niL = 3.44 \times 0.02/1\ 000 \times 200 = 0.014$（mm）

式中　n——最大误差值格数；

　　　i——水平仪精度；

　　　L——水平仪长度。

4.1.6　平直度测量仪

平直度测量仪由自准直仪与安装在运送器上的反射镜组成，如图 4-21 所示，其光路系统如图 4-22 所示。

光源发出光束，经滤光片、分划板、立方棱镜、反射镜、物镜、反射镜、物镜、反射镜、立方棱镜、固定分划板、可动分划板，到目镜观察。滤光片把绿色赋予分划板使眼睛视觉舒适。有空心十字线的分划板位于物镜的焦平面上，所以二次经过物镜，成像在固定分划板上。刻有一长单刻线的可动分划板与有刻度尺的固定分划板之间的距离很小，且两个分划面的位置设计在物镜和目镜的焦平面上。从目镜中能清晰地看到空心十字线、长单刻线及刻度尺刻线。两块反射镜构成折叠式光路，增大了物镜的焦距，缩短了仪器的长度。测微目镜部

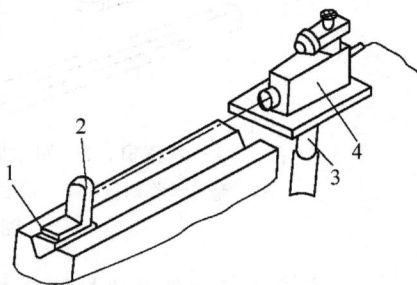

1—运送器；2—反射镜；
3—调节支架；4—自准直仪
图 4-21　平直度检查仪测量 V 形导轨

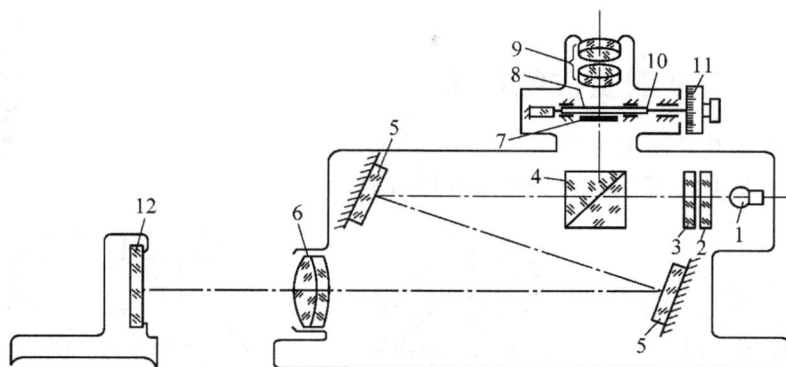

1—光源；2—滤光片；3—分划板；4—立方棱镜；5、12—反射镜；6—物镜；
7—固定分划板；8—可动分划板；9—目镜；10—测微丝杆；11—测微鼓轮

图 4-22　平直度检查仪的光路系统

件(图上的 7、8、9、10、11)能转动 90°，还能用紧固螺钉做 90°的精确定位，则可测量平面反射镜在垂直方向、水平方向的偏转值。测微鼓轮的刻度值 0.001 mm/200 mm，测量范围±0.5 mm，分划板上一格相当于鼓轮上 100 格，最大测量长度 5～6 m。

　　反射镜是反映其坐落平面的高低倾斜。当平面反射镜面与物镜的主光轴垂直时，目镜视场如图 4-23(a)所示。长单刻线与空心十字线对准的同时，还指在同定分划板的"10"刻线上，且测微鼓轮的读数正好为"0"。若反射镜在垂直面内倾斜 α 角，目镜视场如图 4-23(b)所示，转动测微鼓轮，使长单刻线移到空心十字线的中间，读得偏移量 $\Delta_2 = 180$ 格。当反射镜垫铁长 200 mm 时，$A_2 = 180 \times (0.001 \text{ mm}/200 \text{ mm}) \times 200 \text{ mm} = 0.18 \text{ mm}$，即工件与垫铁两端接触点相对于光轴的高度差。

图 4-23　测量视场图

　　用平直度检查仪测量 V 形导轨的直线度误差(见图 4-21)，将自准直仪装在升降调节支架上，把反射镜运送器(其 V 形垫铁有一定的长度、与 V 形导轨配刮研磨)靠近和远离自准直仪(即 V 形导轨的两端)。在这两个位置上，调整自准直仪和左右摆动反射镜，使空心十字线始终出现在目镜视场中。调整好以后，固定自准直仪于调节支架上且不能移动调节支架，固定反射镜于运送器上。开始测量时，将反射镜运送器移至导轨的起始测量位置上，转动测微鼓轮，读得测量值。然后每隔 200 mm 移动反射镜运送器一次，记下读数值，直至测完导轨全长。根据记录，可作图或计算求得导轨的直线度误差。

任务2　角度测量技能训练

1. 用万能角度尺测量角度

图4-24～图4-26是用万能角度尺测量角度。

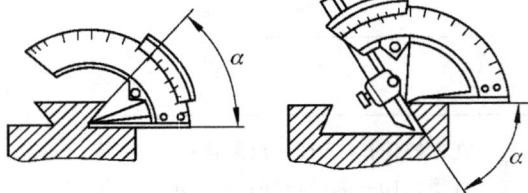

图4-24　万能角度尺测量燕尾角度

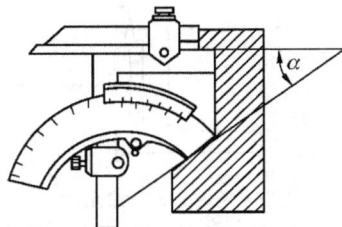

图4-25　万能角度尺测量内角

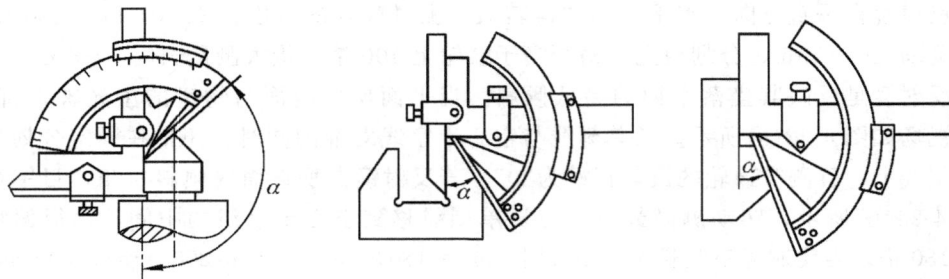

图4-26　万能角度尺测量外角

2. 用正弦规检验角度

图4-27是用正弦规检验角度。

（1）根据被测工件的公称锥角，求出所需量块组的尺寸，按量块组尺寸选出量块，并清洗干净组合成量块组。

（2）擦净平板、正弦规及工件，将工件安放在正弦规上，并将组合好的量块组放在锥体工件小端的正弦规圆柱下面，如图4-27所示。

（3）用千分表在圆锥素线上 a、b 两点处测量（按指示表最大示值读数），由 a、b 两点读数之差对 a、b 两点间距 L（可用直尺量得）之比值来计算锥度偏差：

$$\Delta C = h/L$$

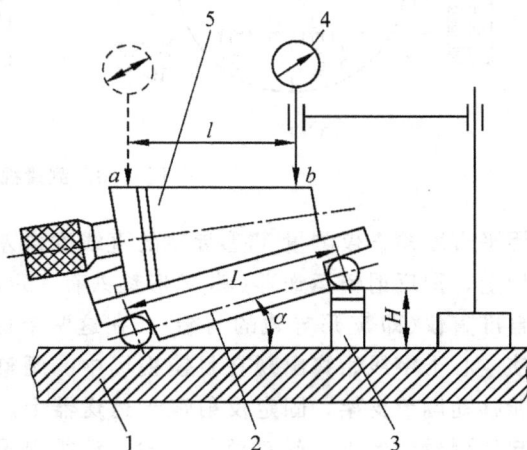

1—平板；2—正弦规；3—量块；4—指示表；5—被测工件
图4-27　用正弦规检验角度

锥度偏差乘弧度对秒的换算系数后，即可求得圆锥角偏差：

$$\Delta\alpha = 2\Delta C \times 105$$

其中，$\Delta\alpha$ 的单位为($''$)。

(4)将工件转过90°重复上述测量，以两次测得锥角误差绝对值最大者作为工件的锥角误差。

(5)将量仪、工件、工具等擦洗干净，整理好现场。

任务 3　圆锥体测量技能训练

4.3.1　锥度量规检验法

锥度和角度的相对量法是指用锥度或角度的定值量具与被测的锥度和角度相比较，用涂色法或光隙法估计被测锥度或角度的偏差。

在成批生产中常用圆锥量规检验圆锥工件的锥度和基面距偏差。圆锥量规分为圆锥塞规和套规，图 4-28(a)是用不带扁尾的圆锥量规检验，图 4-28(b)是用带扁尾的圆锥量规检验。

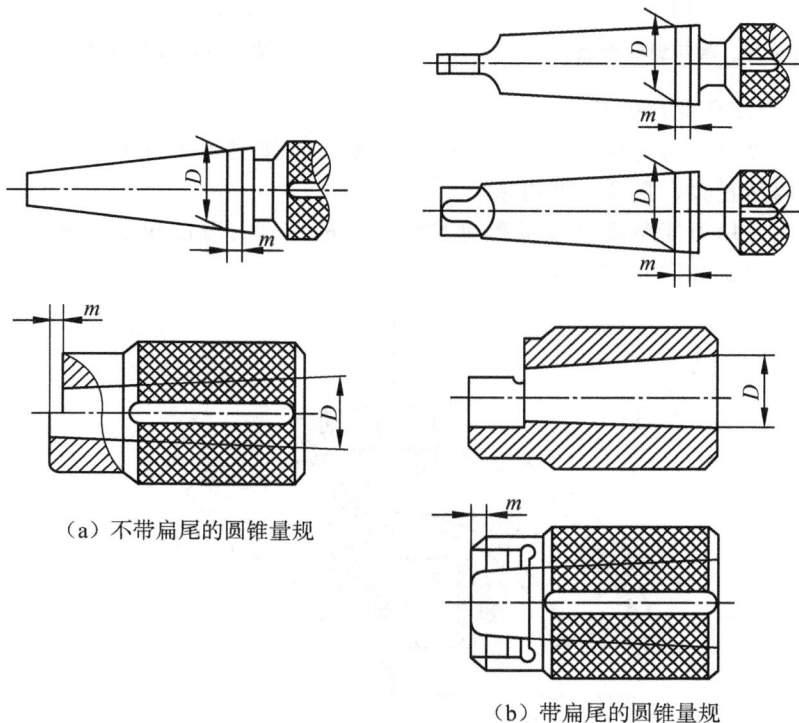

(a) 不带扁尾的圆锥量规

(b) 带扁尾的圆锥量规

图 4-28　圆锥量规

如前所述，圆锥工件的直径偏差和角度偏差都将影响基面距变化。因此，用圆锥量规检验圆锥工件时，是按照圆锥量规相对于被检验的圆锥工件端面的轴向移动(基面距偏差)来判断是否合格，为此在圆锥量规的大端或小端刻有两条相距为 m 的刻线或距离为 m 值的小台阶，如图 4-29 所示，而 m 值等于圆锥工件的基面距公差。

由于圆锥配合时，通常锥角公差有更高要求，所以当用圆锥量规检验时，首先以单项检验锥度，采用涂色法，即在圆锥量规上沿素线方向薄薄涂上二三条显示剂(红丹或蓝油)，然后轻轻地和被检工件对严，转动 1/3～1/2 转，取出圆锥量规，根据显示剂接触面积的位置和大小来判断锥角的误差。用圆锥塞规检验内圆锥时，若只有大端被擦去，则表示内圆锥的锥角小了，若小端被擦去，则说明内圆锥的锥角大了，若均匀地被擦去，表示被检验的内圆锥锥角是正确的。其次，再用圆锥量规按基面距偏差做综合检验，如图 4-29 所示。被检验工件的最大圆锥直径若处于圆锥塞规两条刻线之间，表示被检验工件合格。

除圆锥量规外，对于外圆锥还可以用锥度样板(如图 4-30 所示)检验，合格的外圆锥最小圆锥直径应处在样板上两条刻线之间，锥度的正确性利用光隙判断。

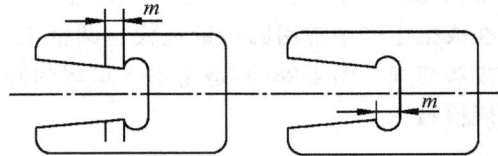

图 4-29　圆锥量规检验　　　　　　　图 4-30　锥度样板

4.3.2　锥度角度尺检验法

锥度和角度的绝对量法是指用分度量具、量仪直接测量工件的角度，被测角度的具体数值可以从量具、量仪上读出来。

生产车间常用万能角度尺直接测量被测工件的角度。万能角度尺的类型很多，其使用最广泛的方法如图 4-31 所示。

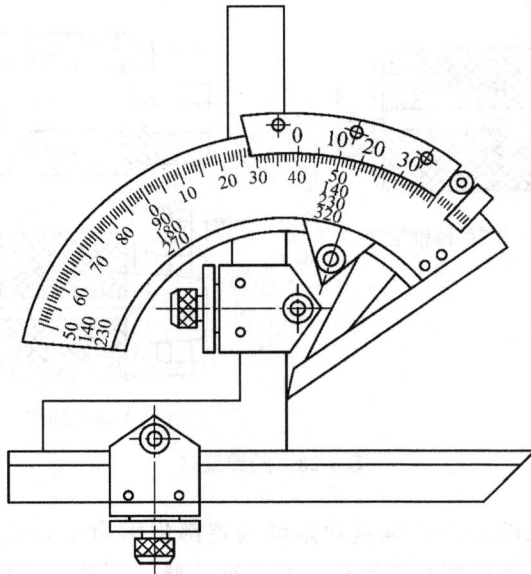

图 4-31　万能角度尺

万能角度尺的游标读数值为 $2'$，其测量范围为 $0° \sim 320°$。利用基尺、角尺、直尺的不同组合，可以测量 $0° \sim 320°$ 内的任意角度，如图 4-32 所示。

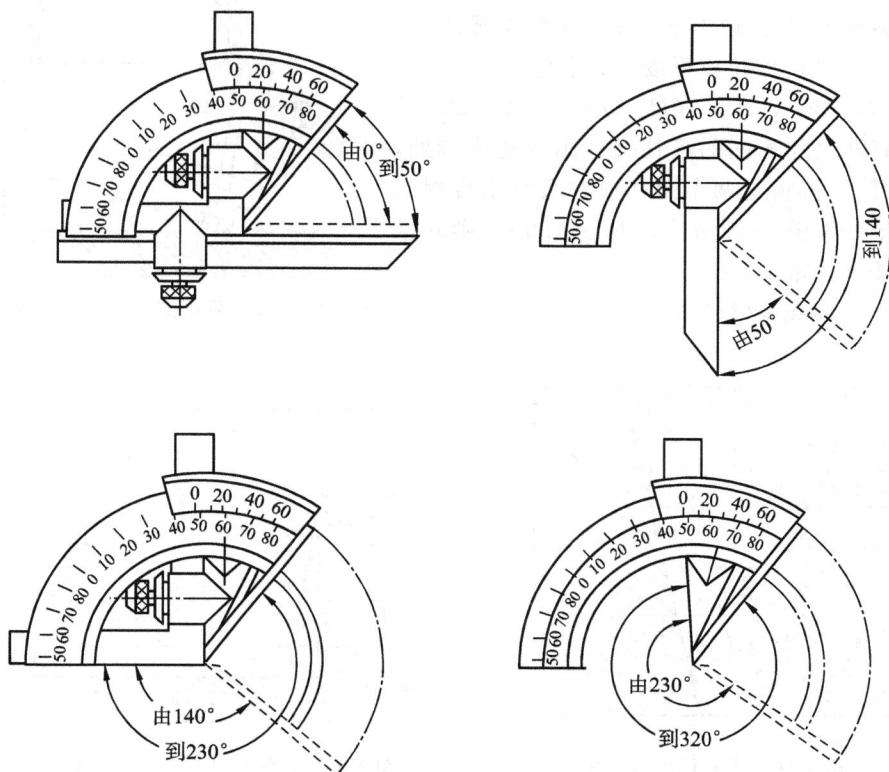

图 4-32　万能角度尺的各种组合

4.3.3　锥度正弦规检验法

锥度和角度的间接量法是指用正弦规、钢球、圆柱量规等测量器具，测量与被测工件的锥度或角度有一定函数关系的线值尺寸，然后通过函数关系计算出被测工件的锥度值或角度值。

机床、工具中广泛采用的特殊用途圆锥，常用正弦规检验其锥度或角度偏差。在缺少正弦规的场合，可用钢球或圆柱量规测量圆锥角。

用正弦规检验圆锥塞规时（如图 4-33 所示），首先根据被检验的圆锥塞规的基本圆锥角按 $h = \sin \alpha L$ 算出量块组尺寸，然后将量块组放在平板上与正弦规圆柱之一相接触，此时正弦规主体工作平面相对于平板倾斜 α 角。放上圆锥塞规后，用千分表分别测量被测圆锥塞规上 a、b 两点，由 a、b 两点读数之差 h 与 a、b 两点间距离 L（可用直尺量得）之比值即为锥度偏差，即

$$\Delta C = h/L$$

锥度偏差乘弧度对秒的换算系数，即可求得圆锥角偏差 $\Delta \alpha$，即

$$\Delta \alpha = 2 \Delta C \times 105$$

4.3.4　用钢球和圆柱测量锥角

用精密钢球和精密量柱（滚柱）也可以间接测量圆锥角。图 4-34 所示为用两球测内

锥角的示例。

已知大、小球的直径分别为 D_0 和 d_0，测量时，先将小球放入测出 H 值，再将大球放入，测出 h 值，则内锥角值可按下式求得

$$\sin\alpha = (D_0/2 - d_0/2)/\{(H-h) + d_0/2 - D_0/2\}$$

先将两尺寸相同的滚柱夹在圆锥的小端处，测得 m 值，再将这两个滚柱放在尺寸组合相同的量块上，如图 4-35 所示，测量 M 值，则外锥角值可按下式求得

$$\tan\alpha/2 = (M-m)/2h$$

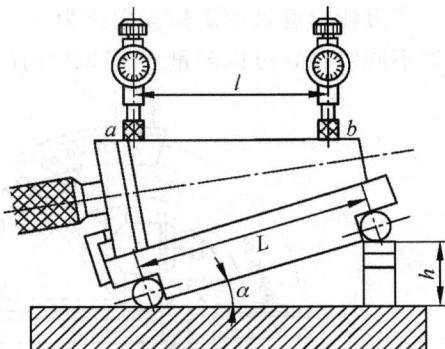

图 4-33 用正弦规检验圆锥塞规

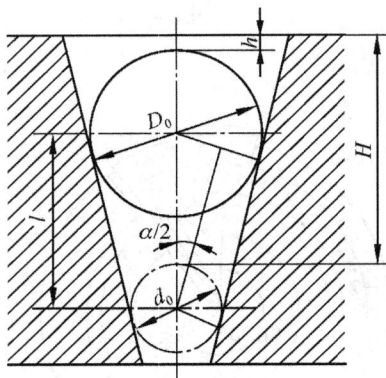

图 4-34 用两球测内锥角

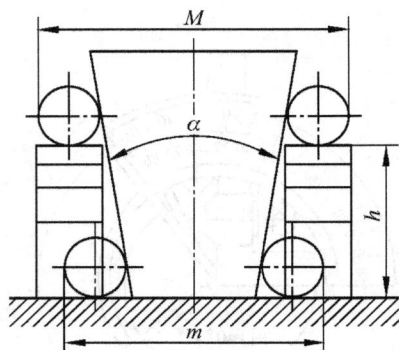

图 4-35 用滚柱和量块组测外圆锥

任务 4 工程技术应用案例

4.4.1 万能角尺技能训练

万能角度尺又被称为角度规，主要用来测量工件内、外角度。它是利用游标读数原理来直接测量工件角或进行划线的一种角度量具，主尺刻线每格为 1°，万能角尺精确度常见的有 2′、5′，其读数方法与游标卡尺完全相同。

1. 万能角尺读数技能

使用万能角尺测量时应先校准零位，万能角尺的零位，是当角尺与直尺均装上，而角尺的底边及基尺与直尺无间隙接触，此时主尺与游标的"0"线对准。调整好零位后，通过改变基尺、角尺、直尺的相互位置可测量 0～320° 的任意角。

一般万能角尺读数步骤如下。

(1)从尺身上读出游标零刻度线指示的角度的"度"的数值；

(2)游标上刻线与尺身上刻线对齐的位置，读出角度"分"的数值；

(3)将上面第一步和第二步两部分数值加起来，即为被测角度的数值。

如果测量的零件角度大于 90°，则在读数上再加上一个基数：

当零件角度为 90°～180°，被测角度的数值＝90°＋万能角尺读数；

当零件角度为 180°～270°，被测角度的数值＝180°＋万能角尺读数；

当零件角度为 270°～320°，被测角度的数值＝270°＋万能角尺读数。

2. 万能角尺技能训练

技能训练：请按照万能角尺读数步骤读出图 4-36 中的角度（0°～90°）。

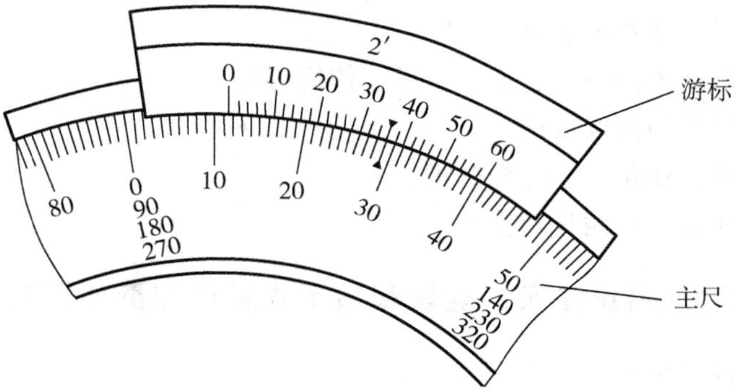

图 4-36　万能角尺数值

解：由图可知本万能角尺的分度值为 $2'$，根据万能角尺读数步骤进行读数：

(1)游标零刻度线指示的角度的"度"的数值为 11°；

(2)游标上刻线与尺身上刻线对齐的位置，读出角度"分"的数值为 $36'$；

(3)将第一步和第二步两部分值加起来，被测角度值为 $11°36'$。

4.4.2　正弦规技能训练

正弦规是利用三角法测量角度的一种精密量具，一般用来测量带有锥度或角度的零件。正弦规是铣削加工中精度较高的常用角量具，常用于检测零件、找正工件和夹具倾斜的位置精度，应用正弦规和量块组可测量零件的倾斜角度，如圆锥的锥角、斜面与基准面的夹角等；应用正弦规和量块组可找正工件或夹具的加工工具，以保证工件或夹具的基础面(轴线)与进给方向倾斜所需要的角度，加工出符合图样要求的斜面(槽、孔)等。

1. 正弦规使用技能

正弦规的基本使用步骤如下。

(1)准备工具：正弦规、被测工件、千分表；

(2)安装工件；

(3)将组合量块放在正弦规下，记下组合量块尺寸 H 数值；

(4)用千分尺在工件 A 点处测量，将千分表的数值调整到零位；

(5)用千分表在 B 点处测量，读出数值，计算出 A 点与 B 点之间距离 L；

(6)根据公式计算出锥角误差，在直角三角形中，$\sin\alpha = H/L$，式中 H 为量块组尺寸，按被测角度的公称角度算得。

2. 正弦规技能训练

技能训练：用正弦规中心距 $L = 200$ mm，在一个圆柱下垫入的量块高度 $H = 10.06$ mm 时，百分表在零件全长的读数相同，计算此时的圆锥角。

解：$\sin\alpha = H/L = 10.06/200 = 0.0503$

查正弦函数表得 $\alpha = 2°53'$，即实际圆锥角为 $2°53'$。

习题 4

简答题

1. 简述直角尺的类型和使用方法。

2. 使用直角尺的注意事项有哪些?

3. 简述万能角度尺的结构、工作原理、使用方法。

4. 万能角度尺是如何读数的?

5. 简述水平仪的作用、用途和分类。

6. 如何用万能角度尺测量角度?

实验:用正弦尺、量块和指示式量仪测量外圆锥角

1. 指示式量仪名称及规格

量仪名称 _____。 标尺分度值 _____。

量仪测量范围 _____。 标尺示值范围 _____。

2. 正弦尺规格

正弦尺两圆柱的中心距 $L =$ _____ mm。

3. 被测工件

被测件名称 _____。

被测圆锥的公称圆锥角 α 及其极限偏差 _____。

4. 调整正弦尺位置所用的量块组

量块组尺寸 h 的计算公式:$h = L \sin \alpha$。

各块量块的尺寸 _____ mm。

5. 测量数据及其处理

测量值与 计算值	M_A /μm	M_B /μm	$M_A - M_B$ /μm	A、B 两点间 距离 l/mm	$\Delta\alpha$ 的计算值 /(″)
第一次测量					
第二次测量					
第三次测量					
被测圆锥角实际偏差的计算公式:$\Delta\alpha = 206 \dfrac{M_A - M_B}{l}$ (″)					

6. 合格性判断

大国工匠　大国成就

在这新一轮的科技革命和产业革命背景下，我国针对制造业提出了加快实施"中国制造 2025"的战略举措，鼓励和支持地方探索实体经济尤其是制造业转型升级的新路径、新模式，作为世界制造大国，必须坚持把发展经济的着力点放在实体经济上，推进新型工业化，加快建设制造强国、质量强国、航天强国、交通强国、网络强国、数字中国。要实施产业基础再造工程和重大技术装备攻关工程，支持专精特新企业发展，推动制造业高端化、智能化、绿色化发展。

德国工业 4.0 与中国智能制造 2025 规划提出

项目 5　现代测量仪器

▶ 任务 1　现代测量仪器

在几何量检测中,集电子技术、新型光源、电子计算机等高新科技为一体的现代化检测仪器应用最多的是万能测量仪器和三坐标测量机。

5.1.1　万能测长仪

万能测长仪是由精密机械、光学系统和电气部分结合起来的长度测量仪器,既可用来对零件的外形尺寸进行直接测量和比较测量,也可以使用仪器的附件进行各种特殊测量工作。

1. 主要技术参数

(1)分度值:0.001 mm。

(2)测量范围包括以下几个方面:

①直接测量:0～100 mm;

②外尺寸测量:0～500 mm;

③内尺寸测量:10～200 mm;

④电子眼装置测量:1～20 mm;

⑤外螺纹中径测量:0～180 mm;

⑥内螺纹中径测量:10～200 mm。

(3)仪器误差包括以下方面:

①测外部尺寸:$\pm\left(1.5+\dfrac{L}{100}\right)\mu m$。

②测内部尺寸:$\pm\left(2+\dfrac{L}{100}\right)\mu m$。

式中,L 为被测长度(mm),当使用毫米刻度尺的修正表时,可不计 $\dfrac{L}{100}$ 项。

2. 仪器结构

JD15 万能测长仪结构如图 5-1 所示,卧式万能测长仪主要由底座、万能工作台、测量座、手轮、尾座和测量设备附件等部件组成。

底座的头部和尾部分别安装着测量座和尾座,它们可在导轨沿测量轴线方向移动,在底部安装着万能工作台,通过底座尾部的平衡装置,可使工作台连同被测零件一起轻松地移动。平衡装置是通过尾座下方的手柄使弹簧产生不同的伸长和拉力,再通过杠杆机构和工作台升降机构连接,使与工作台的重量相平衡。

万能工作台可有 5 个自由度的运动。中间手轮调整其升降运动,范围为 0～105 mm,并可在刻度盘上读出;旋转前端微分筒可使工作台产生 0～25 mm 的横向移动;扳动侧面两手轮使工作台具有 ±3° 的倾斜运动或使工作台绕其垂直轴线旋转 ±4°;在测量轴线上工作台移动 ±5 mm。

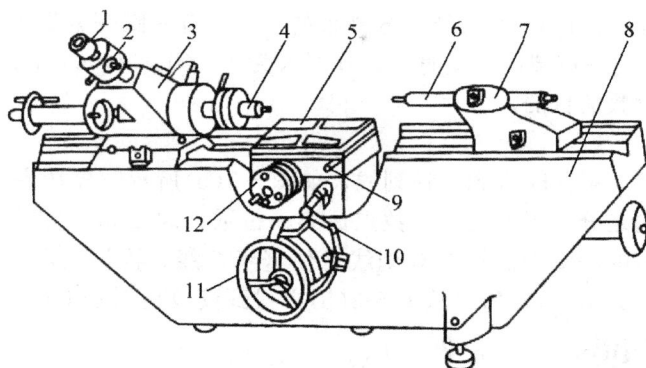

1—读数目镜；2—读数同转手轮；3—测量座；4—测量轴；5—工作台；6—后座测轴；
7—后座；8—底座；9—工作台水平回转手柄；10—工作台垂直摆动手柄；
11—工作台升降手轮；12—工作台横向移动手轮

图 5-1　JD15 万能测长仪结构

测量座是测量过程中感应尺寸变化并进行凑数的重要部件，主要由测杆、读数显微镜、照明装置及微动装置组成。它可以通过滑座在底座床面的导轨上滑动，并能用手轮在任何位置固定。测量座的壳体由内六角螺钉与滑座紧固成一体。

尾座被放在底座右侧的导轨面上，它可以用手柄固定在任意位置上，旋转其后面的手轮时可使尾座测头做轴向微动。测头上可以装置各种测帽，同时通过螺钉调节，可使其测帽平面与测座上的测帽平面平行。

测量附件主要包括内尺寸测量附件、内螺纹测量附件和电子眼装置 3 类。

3. 测量原理

万能测长仪是按照阿贝原则设计制造的，即被测尺寸线在毫米刻度尺轴线的延长线上，如图 5-2 所示。刻度尺与测量轴一起移动，读数采用平面螺旋线原理。

4. JD15 万能测长仪读数

1）读数原理

在测量过程中，镶有一条精密毫米刻度尺（如图 5-2 所示）中的测量轴，随着被测尺寸的大小在被测工件内做相应的滑动。当测量头接触被测部分后，测量轴就停止滑动，测微目镜的光学系统如图 5-3(a) 所示。在目镜中可以观察到毫米数值，但还需细分读数，以满足精密测量的要求。测微目镜中有一个固定分划板，它的上面刻有 10 个相等的刻度间距，毫米刻度尺的一个间距成像在它上面时恰与这 10 个间距总长相等，故其分度值为 0.1 mm。

1—读数显微镜；2—测量轴；3—精密毫米刻度尺；
4—测量头；5—被测工件；6—尾座

图 5-2　万能测长仪测量原理图

在它的附近，还有一块通过手轮可以旋转的平面螺旋线可转动分划板，上面刻有 10 圈平面螺旋双刻线，螺旋双刻线的螺距恰与固定分划板上的刻度间距相等，其分度值也为 0.1 mm。在可转动分划板的中央，有一圈等分为 100 格的圆周刻度，当可转动分划板转动一格圆周分度时，其分度值为 $1 \times (0.1/100)$ mm $= 0.001$ mm，这样就可达到细分读数的目的。

2）读数方法

从目镜中观察，可同时看到三种刻线，如图 5-3(b)所示，先读毫米数（7 mm），然后按毫米刻线在同定分划板上读出小数点后第一位数（0.4 mm），再转动手轮，使靠近零点几毫米刻度值的一圈平面螺旋双刻线夹住毫米刻线，再从指示线对准的圆周刻度上读得微米数（0.051 mm），所以以从图 5-3(b)中得到读数是 7.451 mm。

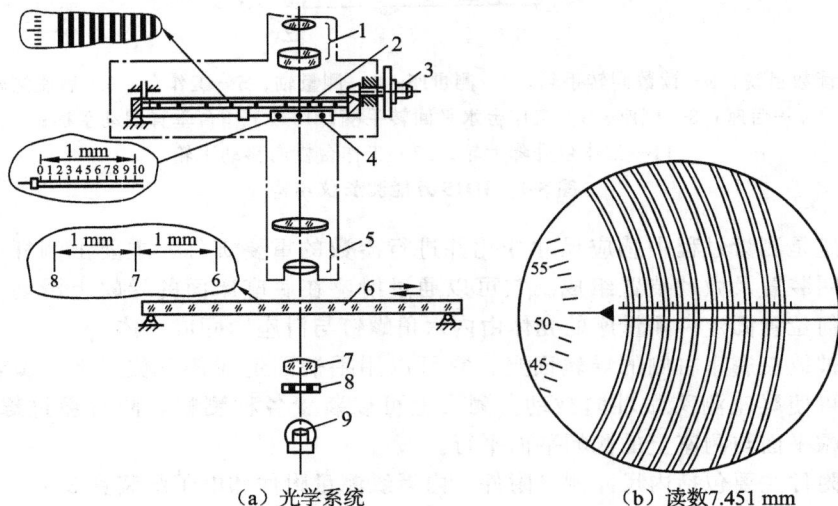

（a）光学系统　　　　　　　　　　（b）读数7.451 mm

1—目镜；2—可转动分划板；3—手轮；4—固定分划板；5—物镜；

6—毫米刻线尺；7—聚光镜；8—滤色片；9—光源

图 5-3　JD15 万能测长仪测量读数原理

5.JD15 万能测长仪测量

（1）按被测孔径组合量块，用量块组调整仪器零位或用仪器所带的标准环调零。

（2）将被测工件安装在工作台上，并用压板固定。需要说明的是，在圆柱体的测定中（无论是外圆柱面或是内孔），必须使测量轴线穿过该曲面的中心，并垂直于圆柱体的轴线。为了满足这一条件，在被测件固定于工作台上后，就要利用万能测长仪的工作台各个可能的运动条件，通过寻找"读数转折点"，将工件调整到符合阿贝原则的正确位置上。孔径测量如图 5-4 所示。转动工作台升降手轮，调整工作台的高度，使测轴上的测头位于孔内适当的位置，再慢慢旋转工作台横向移动手轮，同时观察目镜中刻度尺的变化，以读数最大值为转折点，在此处将工作台横向固定。最后再调整工作台垂直摆动手柄，以读数最小值为转折点，在此处将工作台纵向偏摆固定，方可正式读数，如图 5-5 所示。此时，测量轴线穿过被测件的曲面中心，且与圆柱体的轴线垂直。

（3）松开测量轴固定螺钉，按上述方法调整工作台，使工件处于正确位置，从读数显微镜中凑数。

万能测长仪
使用方法

图 5-4　孔径测量示意图

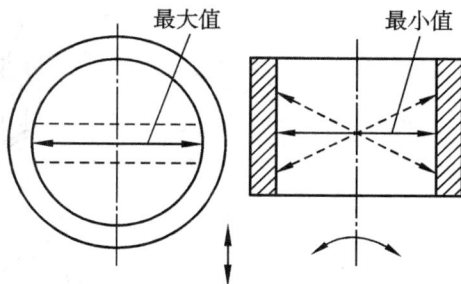

图 5-5　找回转点示意图

(4)重复上述步骤(3),记录每次测量结果。

(5)进行等精度多次测量的人工数据处理,并判断被测孔径的合格性。也可事先编制程序,将工件公差与测得值输入计算机,由计算机进行数据处理,并将合格性判断打印或在屏幕上显示出来。

(6)填写测量报告。

5.1.2　三坐标测量机

1. 三坐标测量机的组成及工作原理

三坐标测量机分为主机、测头和电气系统三大部分,如图 5-6 所示。

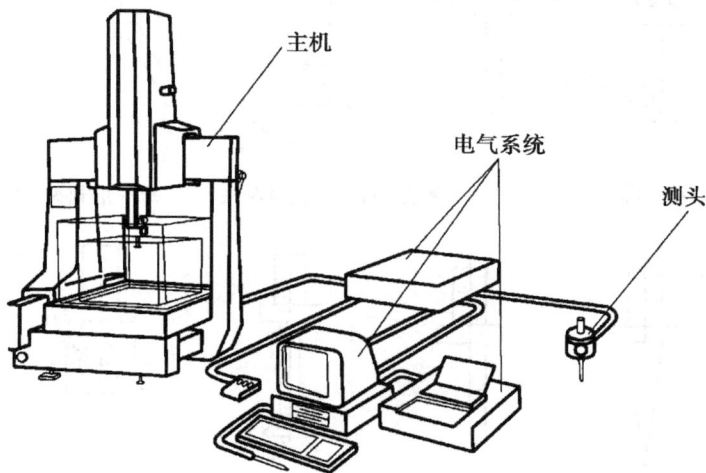

三坐标测量机
构造

图 5-6　三坐标测量机的组成

主机包括机座、立柱、悬臂(桥框或龙门架)、导轨及驱动装置、标尺系统、平衡部件、工作台及附件等部分,如图 5-7 所示。其中,标尺系统尤为重要,它决定测量机的精度,常用的有线纹尺、精密链杠、感应同步器、光栅尺、磁尺、激光等系统。

测头即传感器,是三坐标测量机的主要组成部分。测头的种类很多,常见的有机械接触式测头(硬测头,不多用),如图 5-8 所示;电气接触式测头(软测头,普遍采用),如图 5-9 所示;光学测头;电视扫描头及激光测头等。测头主要由测头、加长杆、探头、探针及探头自动更换架等组成,整个系统如图 5-10 所示。

1—底座部件；2—导轨；3—工作台部件；4—左立柱；5—滑架外罩部件；
6—滑架部件；7—z 轴部件；8—横梁；9—右立柱；10—上机支承部件

图 5-7　三坐标测量机主机

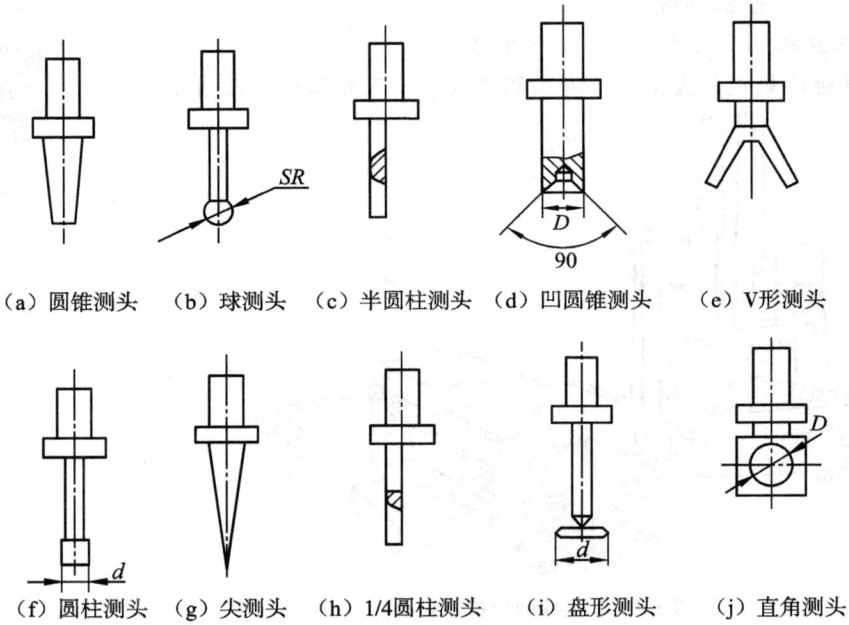

（a）圆锥测头　（b）球测头　（c）半圆柱测头　（d）凹圆锥测头　（e）V 形测头

（f）圆柱测头　（g）尖测头　（h）1/4 圆柱测头　（i）盘形测头　（j）直角测头

图 5-8　机械接触式测头

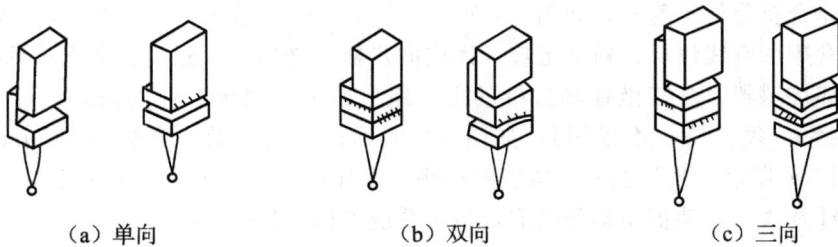

（a）单向　　　　（b）双向　　　　（c）三向

图 5-9　电气接触式测头

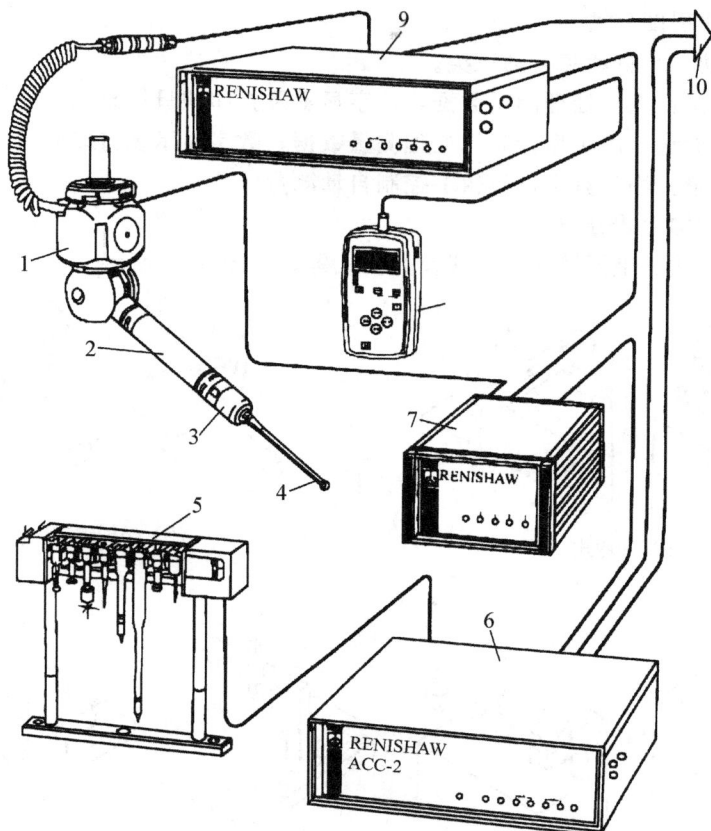

1—电动测头；2—加长杆；3—探头；4—探针；5—探头自动更换架；6—探头自动更换控制器；
7—接口电路箱；8—测头驱动控制单元；9—测头控制器；10—接至 CMM 主计算机

图 5-10　电动测头系统

2. 三坐标测量机的特点及应用

三坐标测量机是 20 世纪 60 年代后期发展起来的高效率精密测量仪器，它操作方便，测量精度高并稳定，且测量范围较大。三坐标测量机在机械制造、仪器制造、电子工业、航空航天和国防工业等各部门得到广泛的应用，特别适用于测量箱体零件、模具、精密铸件、电子线路板、汽车外壳、发动机零件、凸轮以及飞机形体等带有空间曲面的零件，并已成为数控加工中不可缺少的一部分。

电子电气系统包括电子计算机软件、测量机软件、显示器、打印机、绘图机等。其主要任务是控制测量机自动测量、进行数据处理，并把测量结果进行显示、打印、绘图及编制出加工程序等。

由三坐标测量机的组成部分及功能可知，三坐标测量机通过 x、y、z 三个相互垂直的坐标导轨的相对移动或转动，用测量头对固定在工作台上的被测件进行定点采样或扫描，经计算机进行数据处理，得出测量结果，并将测量结果显示，打印出来，或绘出轮廓图样及编制出加工程序。

3. 三坐标测量机的分类

三坐标测量机的型号规格很多，而且还在不断地发展中，按不同方式可分为以下几类：

1)按自动化程度分类

可分为手动、半自动和自动三类。

(1)手动测量：人工处理测量数据，数字显示及打印测量结果。

(2)半自动测量：用小型计算机处理测量数据，数字显示及打印测量结果。

(3)自动测量：用计算机进行数字控制自动测量。

2)按主机结构形式分类

可分为悬臂式、坐标镗式、桥式及龙门式等，如图 5-11 所示。

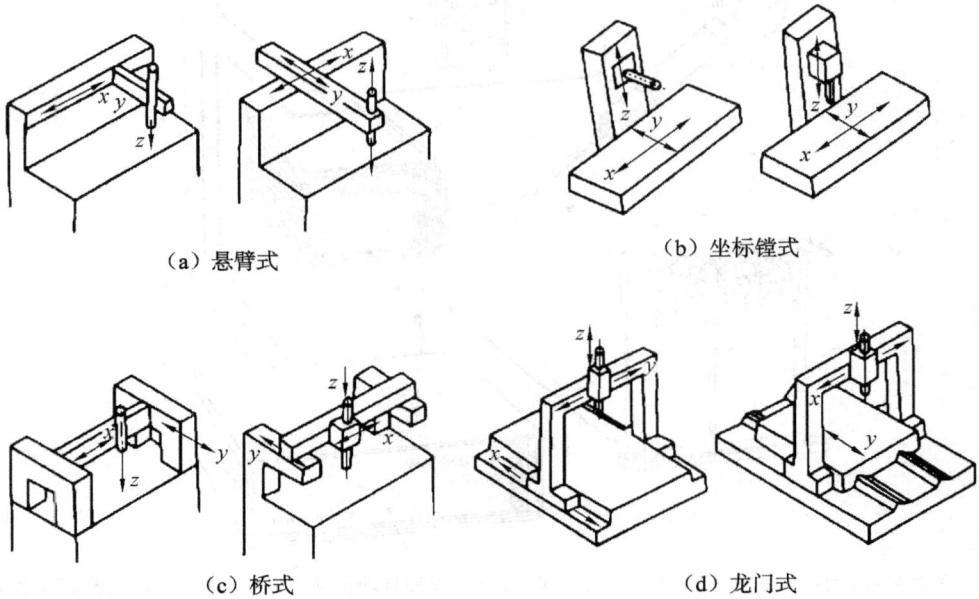

（a）悬臂式　　　　　　　　（b）坐标镗式

（c）桥式　　　　　　　　（d）龙门式

图 5-11　三坐标测量机的结构形式

3)按测量范围分类

可分为小型、中型和大型。

(1)小型测量机用于测量小型模具、刀具、工具、集成线路板等，测量范围小于 600 mm(z 坐标)。

(2)中型测量机用于测量箱体、模具等零件，测量范围为 600～2 000 mm。

(3)大型测量机用于测量汽车、船舶、飞机外壳等大型零件，测量范围大于 2 000 mm。

4)按测量精度分类

可分为低精度、中精度及高精度。

(1)低精度测量机(画线型)用于画线。

(2)中精度测量机(生产型)用于生产场所进行零件测量。

(3)高精度测量机(计量型)用于计量室进行精密测量。

4. 测头的选择及校准

在三坐标测量机上进行测量之前，必须先选择测头和校对测头。

1)探针的选择

应根据零件被测量项目的多少、零件的几何形状和结构选择探针直径的大小和探针数量，对于复杂零件，还应考虑多个探针组合使用。为了保证测量精度，应限制探针组合的长度和质量，一般情况下，三维探头的探针组合长度不应超过 300 mm，质量不超过 600 g；触发式探头的组合长度不超过 200 mm，质量不超过 300 g。使用时应参阅随机相关说明资料。

2）探针的校准

一般情况下，被测件需要在不同方向和位置上，用多个探针进行测量。计算机应事先知道每个探针的直径和它们之间的相互位置关系，以便获得正确的测量结果。

测量机的校准是用各个测头分别去测量一个已知直径的标准球，如图 5-12 所示，调用测头校验子程序，计算机便可计算出各测头的实际球径和相互位置尺寸，并将这些数据储存在计算机内作为以后测量时补偿测头的直径值。校准时，可按以下步骤进行：

（1）将选择好的探针进行组装，并正确地安装在测头上。

（2）选择适当的测量力，一般为 0.2 N。

（3）安装校准球，并加以清洁。

（4）把探针数据清零。

（5）确定标准球的位置。

（6）定义参考探针。

（7）定义探测模式。

（8）校准各探针。

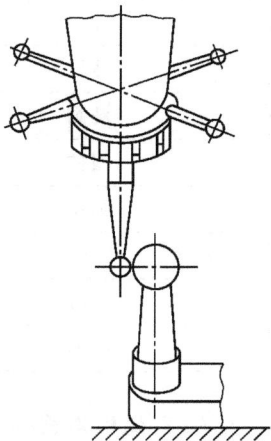

图 5-12　测头校准示意图

（9）检查校准结果。精密测量时，校准结果的标准偏差应小于机器分辨率的 2 倍；一般测量时，应小于机器分辨率的 10 倍。

5．建立坐标系

三坐标测量机本身有一个坐标系，称为机器坐标系。将零件划定在工作台上，零件的设计基准与机器坐标系存在一定的位移和偏斜。根据零件的设计基准建立一个零件坐标系，以此确定零件和机器坐标系之间在方向上和位置上的转换关系，为测量数据转换提供资料。在选择基准时，一般应遵守以下几项原则：

（1）测绘零件时，应根据产品的装配、作用关系确定测量基准。

（2）进行工艺分析时，测量基准应和工艺基准一致。

（3）进行工序检测或设备调整时，测量基准应和工艺基准一致。

（4）在成品质量验收时，测量基准应和设计基准一致。

6．确定测量点数

在三坐标测量机上测量几何要素，是通过先测量实际基准要素和实际被测要素上的一些点，然后通过计算来评定实际被测要素相对于基准或基准体系的定向、定位误差的。

在理论上，实际要素上的测量点数可以是无限的。但是，计算机计算的速度和存储空间是有限的，而且有限测点也能较精确地反映实际要素的状况，达到测量要求。因此，在坐标测量中，一般将每个要素的测点上限定为 100 点（扫描除外）。

不同的要素所需要的测点数目是不同的，它与要素的种类和所选择的数学模型有关。各要素类型的最少测量点数和建议测量点数可参考表 5-1 来确定。

表 5-1　各要素类型的最少测量点数和建议测量点数

要素类型	建议测量点数	最少测量点数
点	1	1
线	3	2
平面	4	3
圆	4	3
弧	4	3
椭圆	6	5
圆柱	6	5
圆锥	6	6
球	5	4
曲线	10	8
曲面	25	12

7. 三坐标测量机的使用

三坐标测量机的型号、规格很多，所使用的测量软件也不尽相同，甚至可使用自行设计的软件，所以操作步骤及方法不统一，在此仅对一种三坐标测量机的操作要点介绍如下。

（1）打开气源。

三坐标测量机演示

（2）打开电脑，单击"窗口"进入三坐标测量机程序桌面。

（3）选择被测要素形状：单击(F1 ～ F12)，如图 5-13 所示，按图中路线进行测量。机器会自动提示取测试点数，可按表 5-1 选取点数。

（4）测量两点之间的距离时，应先分别对它们的形态进行测量，然后进行比较。如测量平面与圆柱的中心位置之间的距离，应先分别测量平面和圆柱体，再进行比较。

（5）在"Features"表对比中，应写明谁与谁比较，要素形态为：

平面用 A 表示，圆用 C 表示等。写上测量编号，然后单击"OK"即可。比较结果显示在屏幕左侧。

（6）菜单后退：按"Esc"键，一般按两下。

（7）消除数据：按"File-clear Mini Repot"。

任务2　精密仪器的维护保养

5.2.1　三坐标测量机的维护保养知识

精密仪器的维护保养

三坐标测量机作为一种精密的测量仪器，如果维护及保养做得及时，就能延长机器的使用寿命，并使精度得到保障、故障率降低。为使大家更好地掌握和用好测量机，现列出测量机简单的维护及保养规程。

圆形	点	直线	平面	圆锥	圆柱	球体	曲面	坐标		两种比较
F1	F2	F3	F4	F5	F6	F7	F8	F9	F10 F11	F12

单击　　　　　单击　单击　　　　单击　　　　　　　　　　　　　单击

F3　　　　　F1　F1　　　　F1　　　　　屏幕右侧图示　　　　　F6

F1　　根据屏幕的提示，取测试点数。

Features

Features1 ☐
Features2 ☐

[Help]　[Cancel]　[OK]

Feature Number ☐

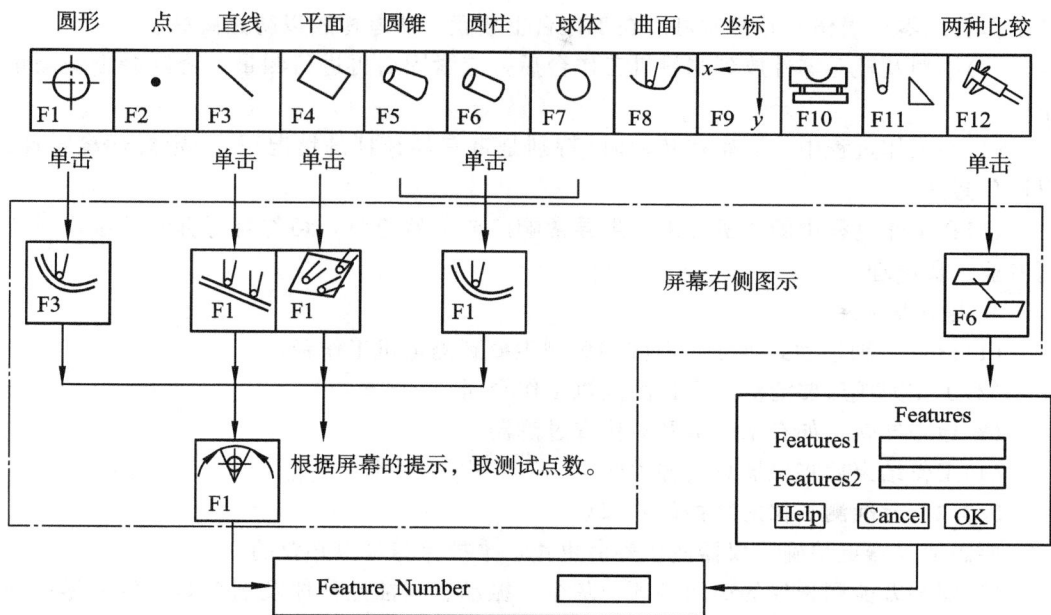

图 5-13　三坐标测量机程序桌面

1. 开机前的准备

(1)三坐标测量机对环境要求比较严格，应按合同要求严格控制温度及湿度。

(2)三坐标测量机使用气浮轴承，理论上是永不磨损结构，但是如果气源不干净，有油、水或杂质，就会造成气浮轴承阻塞，严重时会造成气浮轴承和气浮导轨划伤，后果严重。所以每天要检查机床气源，放水放油。定期清洗过滤器及油水分离器。还应注意机床气源前级空气来源，(空气压缩机或集中供气的储气罐)也要定期检查。

(3)三坐标测量机的导轨加工精度很高，与空气轴承的间隙很小，如果导轨上面有灰尘或其他杂质，就容易造成气浮轴承和导轨划伤。所以每次开机前应清洁机器的导轨，金属导轨用航空汽油擦拭(120 号或 180 号汽油)，花岗岩导轨用无水乙醇擦拭。

(4)切记在保养过程中不能给任何导轨上任何性质的油脂。

(5)定期给光杆、丝杆、齿条上少量防锈油。

(6)在长时间没有使用三坐标测量机时，在开机前应做好准备工作：控制室内的温度和湿度(24 小时以上)，在南方湿润的环境中还应该定期把电控柜打开，使电路板也得到充分的干燥，避免电控系统由于受潮后突然加电后损坏。然后检查气源、电源是否正常。

(7)开机前检查电源，如有条件应配置稳压电源，定期检查接地，接地电阻小于 4 Ω。

2. 工作过程中

(1)被测零件在放到三坐标测量机工作台上检测之前，应先清洗去毛刺，防止在加工完成后零件表面残留的冷却液及加工残留物影响测量机的测量精度及测尖使用寿命。

(2)被测零件在测量之前应在室内恒温，如果温度相差过大就会影响测量精度。

(3)大型及重型零件在放置到工作台上的过程中应轻放，以避免造成剧烈碰撞，致使工作台或零件损伤。必要时可以在工作台上放置一块厚橡胶以防止碰撞。

(4)小型及轻型零件放到测量机工作台后,应紧固后再进行测量,否则会影响测量精度。

(5)在工作过程中,测座在转动时(特别是带有加长杆的情况下)一定要远离零件,以避免碰撞。

(6)在工作过程中测量机如果发生异常响声或突然应急,切勿自行拆卸及维修,应请专业人员修理。

3.操作结束后

(1)请将 z 轴移动到下方,但应避免测尖撞到测量机工作台。

(2)工作完成后要清洁三坐标测量机工作台面。

(3)检查导轨,如有水印请及时检查过滤器。

(4)工作结束后将机器总气源关闭。

5.2.2 万能测长仪的维护保养知识

要想使仪器更精确,仪器使用寿命更长,维护保养是很必要的。

(1)安装万能测长仪的房间必须与灰尘、振动、腐蚀性气体及潮气等产生地尽可能地远离。室内必须有恒温装置,以维持室内(20±3)℃。相对湿度应不超过60%,否则光学零件容易发霉。仪器也不能置于暖气水管等热源附近。

(2)凡每次使用完毕后,必须在工作台、测帽以及其他附属设备的表面用汽油清洗,最后涂上无酸凡士林。

(3)如有必要清洗光学零件表面时,可先用清洁、脱脂的软细毛笔拭去灰尘,然后用软细布(经过脱脂及清洗的)或脱脂棉花蘸上乙醇(30%)和乙醚(70%)的混合剂轻拭不洁之处。

(4)仪器在不使用时,附件应放在附件箱中或干燥缸中。仪器本体则应用防尘罩将其遮盖起来。

任务3 工程技术应用案例

大国工匠全心为国铸剑。尽管在工业化时代,很多零件都可以自动化生产,但有的军工产品零件精度在数控机床达不到的情况下,仍然需要钳工用手工打磨,所以必须培养与训练"工匠精神",也必须加快建设国家战略人才力量,努力培养造就更多大师、战略科学家、一流科技领军人才和创新团队、青年科技人才、卓越工程师、大国工匠、高技能人才。培养大国工匠精神,要有严谨的工作作风,对于所做的事情规范态度虔诚一丝不苟,不浮躁不投机取巧,能够抵挡住外界的诱惑,坚持标准,耐得住寂寞。在科技飞速发展的时代,工作能够做到专注是非常不容易的事情,因为外界各种各样的诱惑太多,专注是比较难的一件事,而专注正是成为工匠精神中最为平凡也最为重要的一项品质。

5.3.1 万能测长仪技能训练

万能测长仪是按照阿贝原则设计制造的,被测工件是在标准件(玻璃尺)的延长线上,因此能保证仪器的高精度测量。万能测长仪是一种由精密机械、光学系统和电气部分相结合起来的长度计量仪器，它除可用来对零件的外形尺寸直接测量和比较测量之外，还可以使用仪器的附件进行各种特殊测定工作，该仪器具有一定的万能性，是计量室中基本的长度计量仪器之一，其测量范围为 0～500 mm，使用范围包括：外尺寸的测定、内存的测定、螺纹中径的测定。

万能测长仪如何使用。

(1)测帽的选择及调整。测帽选择的原则是测量时被测件与测帽的接触面必须使其最小，即近于点和线。因此，在测量平面物体时，需采用球面测帽；测量圆柱形物体(或球形物体)时，则应采用刃形测帽(或平面测帽)。

(2)起始值的对正。在开始测量之前，必须对读数显微镜中的示值进行一次对正，一次对正的数值可以是任意值，也可以是 0.0000 值，任意值作为起始值的优点是可以很快的对正，而不必移动测座及尾座，但是在最后确定被测尺寸时，还要进行一次计算。如果起始值为 0.0000，则在读数显微镜中所表示的示值，就是被测件的尺寸；在以任意值作为起始值时，最好选用一个整数毫米数值。

(3)被测件的安放。被测件的位置是否正确，是直接影响测量结果的因素。

(4)读数显微镜中的示值。

5.3.2　三坐标测量机技能训练

三坐标测量机是指在一个六面体的空间范围内，能够表现几何形状、长度及圆周分度等测量能力的仪器，又称为三坐标测量仪或三坐标量床。三坐标测量机又可定义为"一种具有可做三个方向移动的探测器，可在三个相互垂直的导轨上移动，此探测器以接触或非接触等方式传递信号，三个轴的位移测量系统(如光栅尺)经数据处理器或计算机等计算出工件的各点(x，y，z)及各项功能测量的仪器"。三坐标测量机的测量功能应包括尺寸精度、定位精度、几何精度及轮廓精度等。三坐标测量机可实现单轴的精密传动，采用高性能数据采集系统，应用于产品设计、模具装备、齿轮测量、叶片测量、机械制造、工装夹具、汽模配件、电子电器等精密测量中。

技能训练：三坐标测量机如何使用。

(1)选择测头与校对测头；

(2)建立坐标系，包括机器坐标系与零件坐标系，以及弄清楚这两个坐标系在方向与位置上的转换关系；

(3)确定测量点数；

(4)按照三坐标测量机操作说明开始测量。

习题 5

简答题

1.简述万能测长仪的结构和作用。

2.JD15 万能测长仪是如何读数的？

3.JD15 万能测长仪测量是如何操作的？

4.简述三坐标测量机的组成及工作原理。

5.三坐标测量机在进行测量之前，是如何选择测头和校对测头的？

6.三坐标测量机在开机前是如何准备的？

7. 三坐标测量机是如何确定测量点数的？

8. 三坐标测量机是如何维护和保养的？

实验：用卧式测长仪测量光滑极限卡规

1. 量仪名称及规格

量仪名称 _____。 量仪分辨力 _____。

量仪测量范围 _____。 量仪示值范围 _____。

2. 被测工件

被测件名称 _____。

两被测表面间距离（或被测孔直径）的基本尺寸及上、下偏差 _____ mm。

3. 标准环规孔径

实际尺寸 D _____ mm。

4. 测量数据及其处理

测量时读取的标准环规孔径示值 a_1 _____ mm。

两被测表面间距离的实际尺寸 D_a 的计算公式：当 $D_a > D$ 时，$D_a = D + (a_2 - a_1)$；当 $D_a < D$ 时，$D_a = D - (a_1 - a_2)$；式中，a_2 为测量两被测表面间距离的实际尺寸时读取的示值（mm）。

测量部位简图	部位	示值 a_2 /mm	实际尺寸 D_a /mm

5. 合格性判断

大国工匠　大国成就

方文墨打磨飞鲨零件的 80 后

项目 6   表面粗糙度的测量

▶ 任务 1   概述

为了研究零件的表面结构，引进轮廓的概念，平面与表面相交所得的轮廓线，称为表面轮廓。通常用垂直于零件实际表面的平面与该零件实际表面相交所得到的轮廓作为评估对象，它称为实际轮廓，如图 6-1 所示，是一条轮廓曲线。

加工零件实际表面轮廓

图 6-1   表面轮廓

6.1.1   表面粗糙度的概念

表面粗糙度是一种微观几何形状误差，也称为微观不平度。

表面不平度通常按照表面轮廓误差曲线相邻两波峰或两波谷之间的距离（波距）的大小划分为三类误差：表面粗糙度、表面波度和表面宏观几何形状误差。波距小于 1 mm 的属于表面粗糙度（微观几何形状误差），波距在 1~10 mm 的属于表面波度（中间几何形状误差），波距大于10 mm 的属于形状误差（宏观几何形状误差），如图 6-2 所示。

表面粗糙度概念

如图 6-2(a)所示为某工件表面实际轮廓误差曲线，将这一段轮廓误差曲线按波距的大小分解为三部分的误差曲线，分别如图 6-2(b)、图 6-2(c)和图 6-2(d)所示。

6.1.2   表面粗糙度对零件使用性能的影响

表面粗糙度对机械零件的使用性能和寿命都有很大的影响，尤其是对在高温、高压和高速条件下工作的机械零件影响更大，其影响主要表现在以下几个方面。

1. 对摩擦和磨损的影响

具有微观几何形状误差的两个表面只能在轮廓的峰顶发生接触，如图 6-3 所示 。

2. 对配合性能的影响

对于间隙配合，相对运动的表面因其粗糙不平而迅速磨损，致使间隙增大；对于过盈配合，表面轮廓峰顶在装配时容易被挤平，使实际有效过盈量减小，致使连接强度降低。

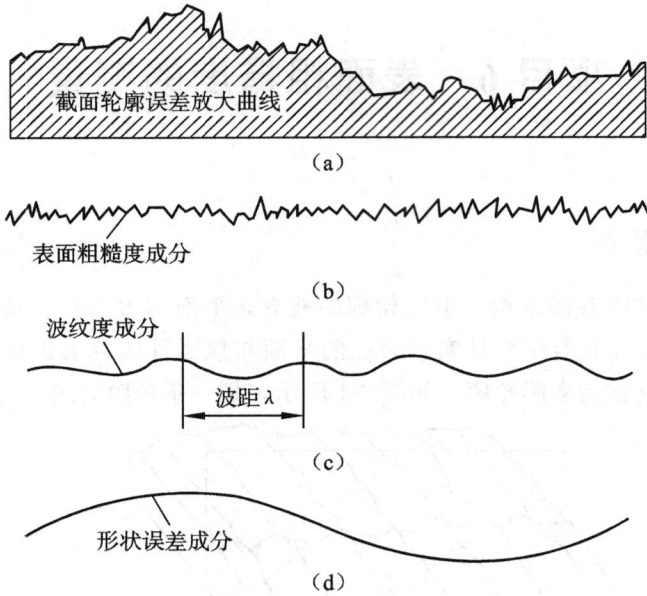

图 6-2　零件表面的几何形状误差

3. 对抗腐蚀性的影响

粗糙的表面，易使腐蚀性物质存积在表面的微观凹谷处，并渗入到金属内部，如图 6-4 所示。

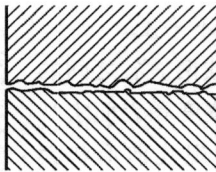

图 6-3　实际表面接触情况　　　　图 6-4　表面粗糙度对抗腐蚀性的影响

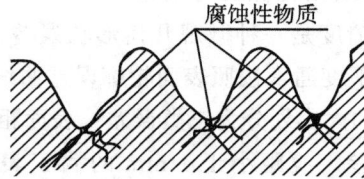

4. 对疲劳强度的影响

零件表面越粗糙，凹痕就越深。当零件承受交变荷载时，对应力集中很敏感，使疲劳强度降低，导致零件表面产生裂纹而损坏。

5. 对接触刚度的影响

接触刚度影响零件的工作精度和抗震性。这是由于表面粗糙度使表面间只有一部分面积接触。一般情况下，实际接触面积只有公称接触面积的百分之几。因此，表面越粗糙受力后局部变形越大，接触刚度也越低。

6. 对结合面密封性的影响

粗糙的表面结合时，两表面只在局部点上接触，中间有缝隙，影响密封性。因此，降低表面粗糙度，可提高其密封性。

7. 对零件其他性能的影响

表面粗糙度对零件其他性能，如对测量精度、流体流动的阻力及零件外形的美观等都有很大的影响。

任务 2　表面粗糙度的评定

经加工获得的零件表面的粗糙度是否满足使用要求，需要进行测量和评定。本节将介绍表面粗糙度的术语及定义和表面粗糙度的评定参数。

6.2.1　基本术语和定义

测量和评定表面粗糙度时，国家标准已规定了取样长度、评定长度、中线和评定参数，测量截面方向一般垂直于表面主要加工痕迹的方向。

1. 取样长度

取样长度是指在轮廓总的走向上量取的用于测量或评定表面粗糙度所规定的一段基准线长度。规定和选择取样长度是为了限制和减弱其他的截面轮廓形状误差，尤其是表面波纹对表面粗糙度测量结果的影响。表面越粗糙，取样长度应越大，取样长度范围内至少包含五个以上的轮廓峰和谷，如图 6-5 所示。国家规定的取样长度见表 6-1。

表 6-1　取样长度和评定长度的数值

$Ra/\mu m$	$Rz/\mu m$	L_r/mm	L_n/mm
$>(0.006)\sim0.02$	$>(0.025)\sim0.1$	0.08	0.4
$>0.02\sim0.1$	$>0.1\sim0.5$	0.25	1.25
$>0.1\sim2$	$>0.5\sim10$	0.8	4
$>2\sim10$	$>10\sim50$	2.5	12.5
$>10\sim80$	$>50\sim200$	8	40

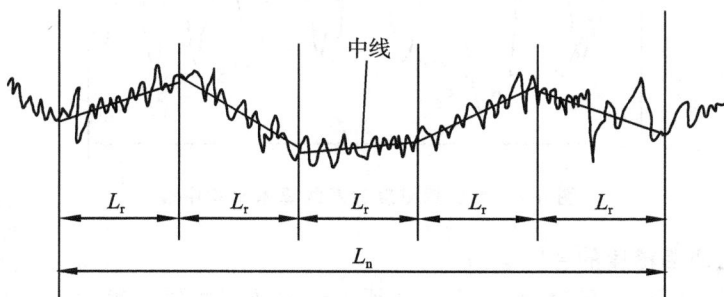

图 6-5　取样长度和评定长度

2. 评定长度 L_n

评定长度是指评定轮廓表面粗糙度所必需的一段长度，它可以包括一个或几个取样长度，如图 6-5 所示。由于被测表面上各处的表面粗糙度不一定很均匀，在一个取样上往往不能合理反映被测量表面的粗糙度，所以需要在几个取样长度上分别测量，取其平均值作为测量结果。取标准评定长度 $L_n = 5L_r$。若被测表面比较均匀，可选 $L_n < 5L_r$；若均匀性差，可选 $L_n > 5L_r$。国家规定的评定长度数值如图 6-5 所示。

3. 轮廓中线

轮廓中线是评定表面粗糙度参数值大小的一条参考线。轮廓中线与工件表面几何轮廓的走向一致。轮廓中线有两种确定方法。

1)轮廓的最小二乘中线

轮廓的最小二乘中线(m)是根据实际轮廓，用最小二乘法确定的划分轮廓的基准线，即在取样长度内，使被测轮廓上各点至一条假想线的距离的平方和为最小，即 $\int_0^l y^2 \mathrm{d}x = \min$，这条假想线就是最小二乘中线，轮廓中线如图 6-6 所示。

2)轮廓的算术平均中线

在取样长度内，由一条假想线将实际轮廓分成上下两个部分，且使上部分面积之和等于下部分面积之和，即 $\sum_{i=1}^{n} F_i = \sum_{i=1}^{m} S_i$ ，这条假想的线就是轮廓的算术平均中线，如图 6-7 所示。

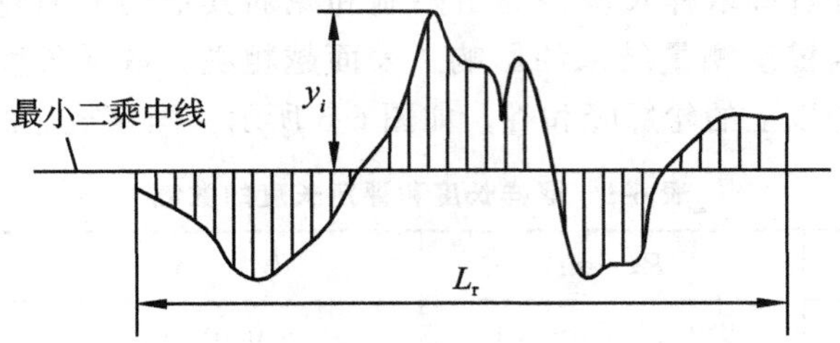

图 6-6　表面粗糙度轮廓的最小二乘中线

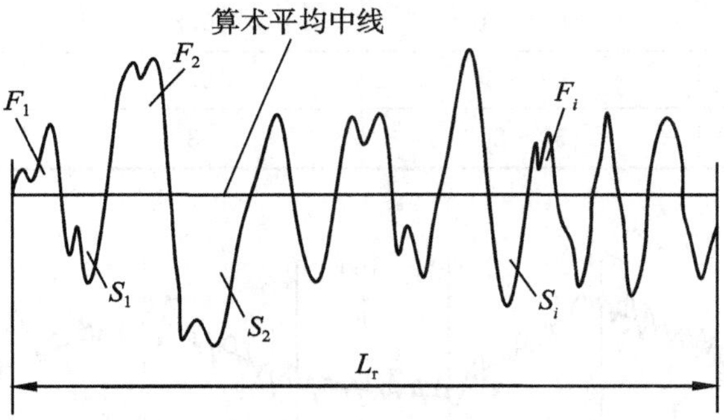

图 6-7　表面粗糙度轮廓的算术平均中线

6.2.2　表面粗糙度的评定参数

为了定量地评定表面粗糙度轮廓，必须用参数及其数值来表示表面粗糙度轮廓特征，而在评定时，通常采用以下的幅度参数、间距参数和形状特征参数评定。

表面粗糙度标注

1. 幅度参数

(1)轮廓算术平均偏差(Ra)：指在取样长度 L_r 内(如图 6-8 所示)，被评定轮廓上各点至中线的纵坐标值 $y(x)$的绝对值的算术平均值，用符号 Ra 表示。用公式表示为

$$Ra = \frac{1}{n}\sum_{i=1}^{n} |y_i|$$

式中　Ra——轮廓算术平均偏差(μm)；

y_i——第 i 个轮廓偏差(μm)。

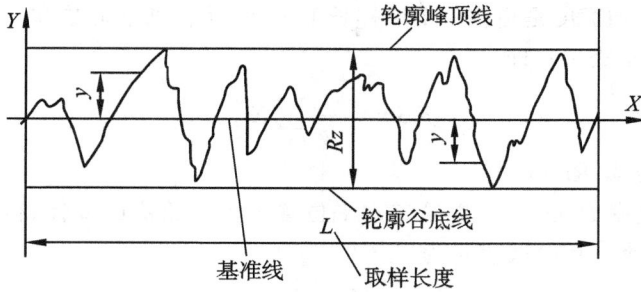

图 6-8　轮廓算术平均偏差 Ra 的确定

（2）轮廓最大高度（Rz）。

即在取样长度内，轮廓峰顶线与轮廓谷底线之间的距离称为轮廓最大高度。如图 6-9 所示，在一个取样长度范围内，最大轮廓峰高 Rp 与最大轮廓谷深 Rv 之和称之为轮廓最大高度，用符号 Rz 表示，即 $Rz＝Rp＋Rv$。

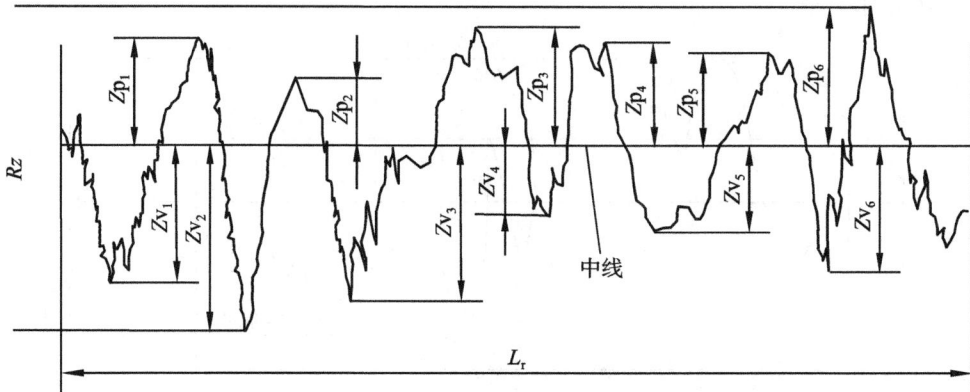

图 6-9　表面粗糙度轮廓的最大高度 Rz 的确定

2. 轮廓的间距参数——轮廓单元的平均宽度（RSm）

参见图 6-10，一个轮廓峰与相邻的轮廓谷的组合叫做轮廓单元，在一个取样长度 L_r 范围内，中线与各个轮廓单元相交线段的长度叫作轮廓单元的宽度，用符号 X_{si} 表示。

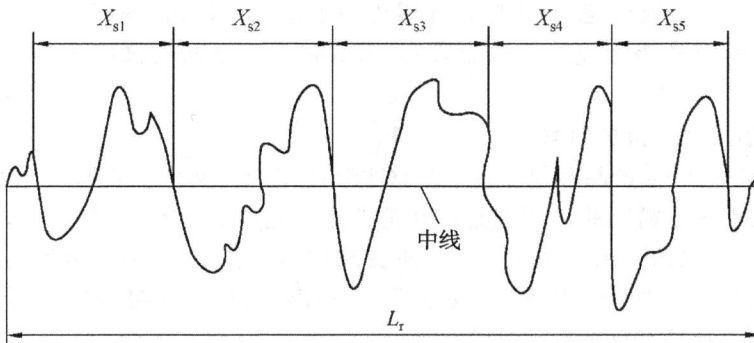

图 6-10　轮廓单元宽度

轮廓单元的平均宽度是指在一个取样长度 L_r 范围内所有轮廓单元的宽度 X_{si} 的平均值，用符号 RSm 表示，即

$$RSm = \frac{1}{m}\sum_{i=1}^{m} X_{si}$$

3. 形状特征参数 $Rmr(c)$

轮廓支承长度率 $Rmr(c)$：在给定水平位置 c 上，轮廓的实体材料长度 $ML(c)$ 与评定长度 L_n 的比率，用公式表示为

$$Rmr(c) = \frac{ML(c)}{L_n} = \frac{1}{L_n}\sum_{i=1}^{n} b_i$$

轮廓的实体材料长度 $ML(c)$，是指评定长度内，一平行于 x 轴的直线从峰顶线向下移一水平截距 C 时，与轮廓相截所得各段截线长度之和。

$Rmr(c)$ 值是对应于不同水平截距 c 而给出的。水平截距 c 是从峰顶开始计算的，它可用 μ_m 或 Rz 的百分数表示。如图 6-11 所示，给出 $Rmr(c)$ 参数时，必须同时给出轮廓水平截距 c 值。

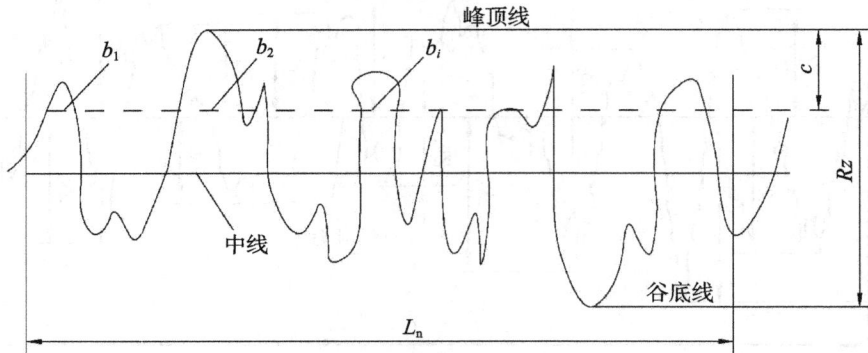

图 6-11 轮廓支承长度率

任务3 表面粗糙度符号、代号及其标注

表面粗糙度的评定参数及其数值确定后，须按 GB/T 131—2006《机械制图 表面粗糙度符号、代号及其注法》的规定，在零件图上正确地标出（图样上所标注的表面粗糙度符号、代号是该表面完工后的要求）。本节将介绍表面粗糙度的符号、代号及其标注。

6.3.1 表面粗糙度的符号

GB/T 131—2006《产品几何技术规范（GPS）技术产品文件中表面结构的表示法》标准规定，有关表面粗糙度的各项规定按功能要求给定，并注在符号中相应的位置。若仅表示需要加工（采用去除材料的方法或不去除材料的方法），但对表面粗糙度的其他规定没有要求时，允许只注表面粗糙度符号。表面粗糙度基本符号的画法如图 6-12 所示。表面粗糙度符号及意义见表 6-2。

表 6-2　表面粗糙度的符号

符　号	意义及说明
 （基本符号）∨ ∨	基本符号，表示表面可用任何方法获得。当不加注有关说明（例如：表面处理、局部热处理状况等）时，仅适用于简化代号标注。基本符号加一短划，表示表面是用去除材料的方法获得的。例如：车、铣、钻、磨、剪切、抛光、腐蚀、电火花加工、气割等
 ⩗	基本符号加一小圆，表示表面是用不去除材料的方法获得的。例如：铸、锻、冲压变形、热轧、冷轧、粉末冶金等或者是用于保持原供应状况的表面（包括保持上道工序的状况）
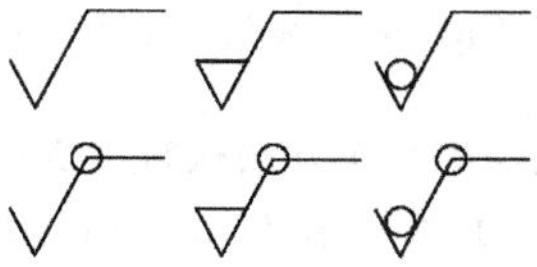 ∨ ∨ ⩗	在上述三个符号的长边上均可加一横线，用于标注有关参数和说明在上述三个符号上均可加一小圆，表示所有表面具有相同的表面粗糙度要求

6.3.2　表面粗糙度的代号

表面粗糙度基本符号如图 6-12 所示。

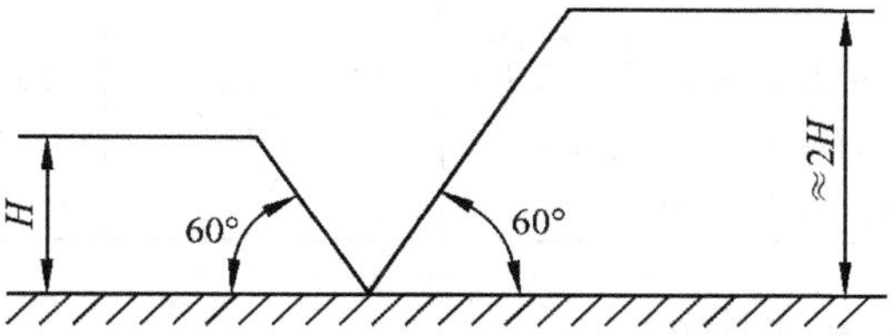

图 6-12　表面粗糙度基本符号

1. 表面粗糙度代号标注位置

在图 6-13 表面粗糙度的代（符）号标注位置，由表面粗糙度符号及其他表面特征要求的标注，组成了表面粗糙度的代号。表面特征各项规定在基本符号中注写的位置如图 6-13 所示。

图中各符号表示：

a——表面粗糙度幅度参数允许值（μm）；

b——加工方法，涂镀或其他表面处理；

c——取样长度（mm）；

d——加工纹理方向符号；

e——加工余量（mm）；

f——粗糙度间距参数值（mm）或支承长度率（%）。

图 6-13　表面粗糙度的代（符）号标注位置

2. 幅度参数的标注

表面粗糙度幅度参数的标注及其意义示例见表 6-3。

当选用幅度参数 Ra 时，只需在代号中标出其参数，参数值前可不标参数代号；当选用 Rz 时，参数代号和参数值均应标出。

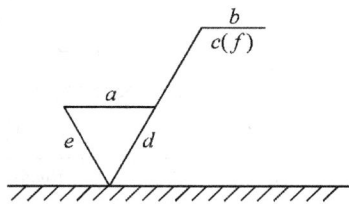

131

表 6-3　表面粗糙度幅度参数标注示例

代　号	意　义	代　号	意　义
3.2	用任何方法获得的表面，Ra 的上限值为 3.2 μm	3.2max	用任何方法获得的表面，Ra 的最大值为 3.2 μm
3.2	用去除材料方法获得的表面，Ra 的上限值为 3.2 μm	3.2max	用去除材料方法获得的表面，Ra 的最大值为 3.2 μm
3.2	用不去除材料方法获得的表面，Ra 的上限值为 3.2 μm	3.2max	用不去除材料方法获得的表面，Ra 的最大值为 3.2 μm
3.2 1.6	用去除材料方法获得的表面，Ra 的上限值为 3.2 μm，Ra 的下限值为 1.6 μm	3.2max 1.6min	用去除材料方法获得的表面，Ra 的最大值为 3.2 μm，Ra 的最小值为 1.6 μm
Rz3.2	用去除材料方法获得的表面，Rz 的上限值为 3.2 μm	Rz3.2max	用任何方法获得的表面，Rz 的最大值为 3.2 μm
Rz3.2 Rz1.6	用去除材料方法获得的表面，Rz 的上限值为 3.2 μm，Rz 的下限值为 1.6 μm	Rz3.2max Rz1.6min	用去除材料方法获得的表面，Rz 的最大值为 3.2 μm，Rz 的最小值为 1.6 μm

3. 间距、形状特征参数的标注

　　轮廓的间距参数、形状特征参数 RSm 或 $Rmr(c)$ 应标注在符号长边的横线下面，数值写在相应代号的后面。图 6-14 给出了附加评定参数的标注示例。其中图 6-14(a)是 RSm 上限值的标注；图 6-14(b)是 RSm 最大值的标注；图 6-14(c)是 $Rmr(c)$ 的标注，$Rmr(c)$ 的下限值为 70%，水平位置 c 在 Rz 的 50% 位置上；图 6-14(d)是 $Rmr(c)$ 最小值的标注。

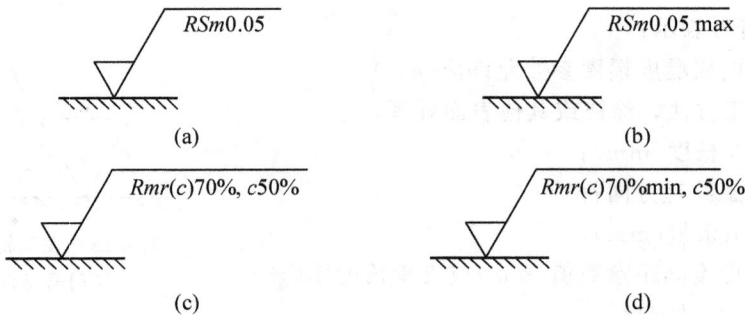

RSm0.05 (a)　　RSm0.05 max (b)

Rmr(c)70%, c50% (c)　　Rmr(c)70%min, c50% (d)

图 6-14　间距、形状特征参数标注示例

4. 表面粗糙度的其他要求的标注

　　如果未按照国家标准推荐值选取取样长度，则非标准的取样长度应标注在符号长边的横线下方，如图 6-15(a)所示，标注取样长度为 2.5 mm。

表面粗糙度参数的"上限值"(或"下限值")和"最大值"(或"最小值")的含义是不同的。"上限值"(或"下限值")表示表面粗糙度参数的所有实测值中允许 16% 测得值超过规定值;"最大值"(或"最小值")表示所有实测值不得超过规定值。

若某表面粗糙度要求由指定的加工方法得到时,可用文字标注在符号长边的横线上面,如图 6-15(b)所示;若需标注加工余量,可在规定之处加注余量值,如图 6-15(c)所示;若需要控制表面加工纹理方向时,可在符号的右边加注加工纹理方向符号,如图 6-15(d)所示。

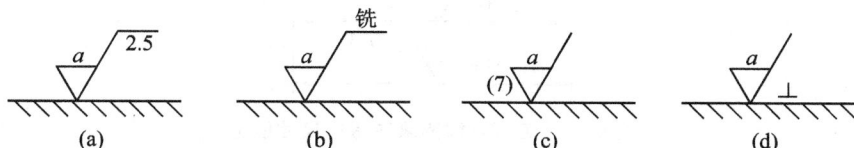

图 6-15　表面粗糙度的其他要求标注

6.3.3　表面粗糙度的标注方法

(1)表面粗糙度符号、代号一般标注在可见轮廓线、尺寸界线、引出线或它们的延长线上。

(2)符号的尖端必须从材料外指向被注表面。

(3)表面粗糙度代号中的数字书写方向必须按机械制图中尺寸标注的规定。

(4)表面结构的注写方向和读取方向要与尺寸的注写和读取方向一致(GB/T 4458.4),如图 6-16 所示。

图 6-16　表面结构要求的注写方向

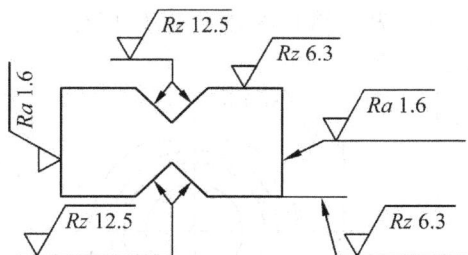

图 6-17　表面结构要求在轮廓线上的注法

(5)表面结构要求可标注在轮廓线上,其符号应从材料外指向并接触表面,如图 6-17 所示。必要时,也可用带箭头或黑点的指引线引出标注,如图 6-18 所示。

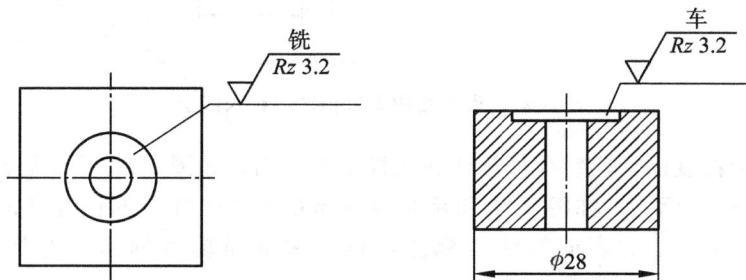

图 6-18　用指引线引出标注表面结构要求

(6)在不致引起误解时，表面结构要求可以注写在给定的尺寸线上，如图 6-19 所示。

图 6-19　表面结构要求注写在尺寸线上

(7)表面结构要求可以标注在形位公差框格上方，如图 6-20 所示。

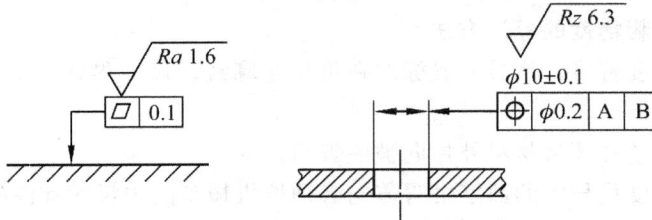

图 6-20　表面结构要求标注在形位公差框格上方

(8)表面结构要求可以直接标注在延长线上，或用带箭头的指引线引出标注如图 6-21 所示。

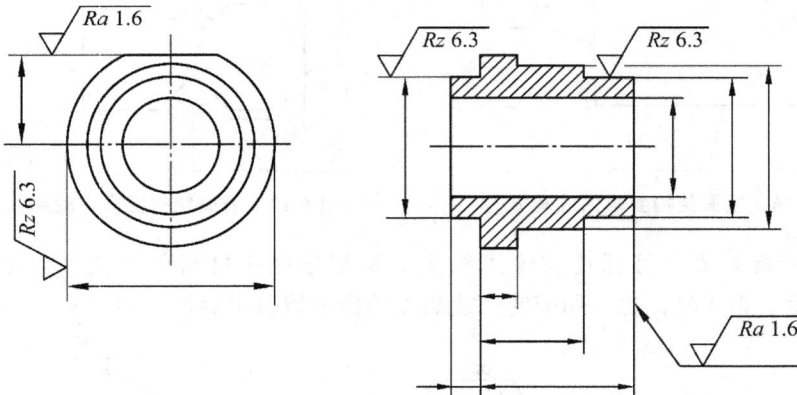

图 6-21　表面结构要求标注在延长线上

(9)表面粗糙度的"其余"代号标注在图样的右上角。如图 6-22 所示是表面粗糙度要求在图样上的标注示例。如图 6-23 所示是表面粗糙度代号在不同位置表面上的标注方法。常见的零件表面的表面粗糙度标注示例及表面粗糙度的简化标注方法示例如图 6-24 所示。

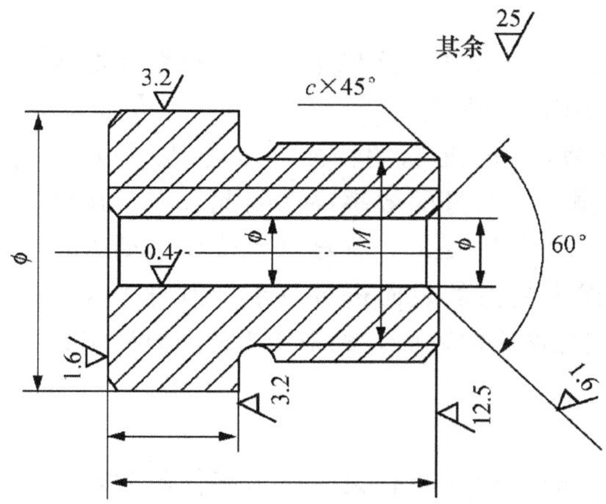

图 6-22 表面粗糙度在图样上的标注示例

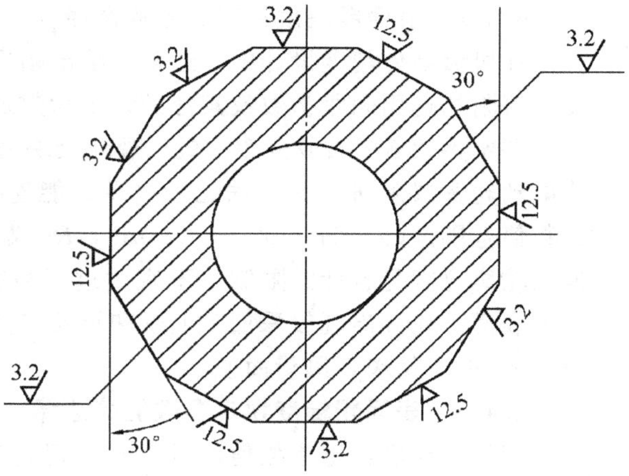

图 6-23 表面粗糙度代号注法

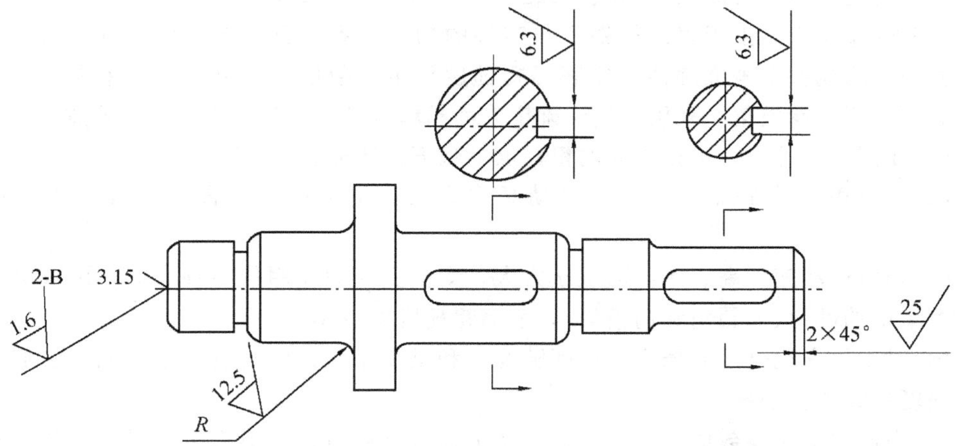

图 6-24 中心孔、圆角、倒角的表面粗糙度代号简化标注

▶ 任务 4 表面粗糙度数值的选择

在机械零件精度设计中，通常只给出幅度参数 Ra 或 Rz 及允许值。表面粗糙度的参数值已经标准化，设计时应按国家标准 GB/T 1031—2009《产品几何技术规范 (GPS)表面结构 轮廓法 表面粗糙度 参数及其数值》规定的参数值系列选取。

表面粗糙度参数值的选用原则是满足功能要求，其次是考虑经济性及工艺性。一般多采用经验统计资料，用类比法来选用。

6.4.1 表面粗糙度技术要求的内容

规定表面粗糙度轮廓的技术要求时，必须给出表面粗糙度轮廓幅度参数及其允许值和测量时的取样长度值这两项基本要求，必要时可规定轮廓其他的评定参数、表面加工纹理方向、加工方法或加工余量等附加要求。如果采用标准取样长度，则在图样上可以省略标注取样长度值。

6.4.2 表面粗糙度评定参数的选择

在机械零件精度设计中，通常只给出幅度参数 Ra 或 Rz 及其允许值，根据功能需要，可附加选用间距参数或其他的评定参数及相应的允许值。

评定参数 Ra 能最全面、最客观地反映表面微观几何形状的特征，而且 Ra 用触针式电动轮廓仪测量，其方法比较简单，能连续测量，测量的效率高。因此，在常用的参数值范围内（Ra 为 $0.025\sim6.3$ μm，Rz 为 $0.100\sim25$ μm），标准推荐优先选用 Ra。但该轮廓仪因受触针的限制，不宜对过于粗糙或太光滑的表面进行测量。但对于被测零件表面不允许出现较深加工痕迹和承受交变应力作用的表面，则采用 Rz 作为评定参数。Rz 概念简单，测量简便。

6.4.3 表面粗糙度评定参数值的选择

表面粗糙度评定参数值的选择，不但与零件的使用性能有关，还与零件的制造及经济性有关。表面粗糙度幅度参数值总的选择原则是在满足零件表面功能要求的前提下，参数的允许值尽可能大，以减小加工难度，降低生产成本。

在实际应用中，由于表面粗糙度与零件的功能关系十分复杂，很难全面而精细地按零件表面功能要求来准确地确定表面粗糙度评定参数值，所以，多采用类比法确定零件表面的评定参数值。采用类比法确定表面粗糙度评定参数值的一般原则如下。

(1)在同一零件上，工作表面的粗糙度参数值应比非工作表面小。

(2)摩擦表面比非摩擦表面、滚动摩擦表面比滑动摩擦表面的表面粗糙度参数值小。

(3)相对运动速度高、单位面积压力大、受交变应力作用的零件表面，以及最易产生应力集中的部位（如圆角和沟槽等），表面粗糙度值应小。

(4)对于要求配合性质稳定的小间隙配合和承受重载荷的过盈配合表面，它们的表面粗糙度参数值应小些。

(5)表面粗糙度参数值应与尺寸公差及形位公差协调。一般来说，尺寸公差和形位公差小的表面，其粗糙度数值也应小，见表6-4。

表 6-4　表面粗糙度参数值与尺寸公差值、形状公差值的一般关系

形状公差 t 约占尺寸公差 T 的百分比 $\dfrac{t}{T}$（%）	表面粗糙度参数值占尺寸公差百分比（%）	
	Ra/T（%）	Rz/T（%）
约60	≤5	≤1.2
约40	≤2.5	≤15
约25	≤1.2	≤7

(6)对于防腐蚀、密封性要求高的表面以及要求外表美观的表面，其粗糙度数值应小些。

此外，还应考虑其他一些特殊因素和要求。表6-5为应用举例，可供参考。

表 6-5　表面粗糙度的表面特征、经济加工方法及应用举例

表面微观特性		$Ra/\mu m$	加工方法	应用举例
粗糙表面	微见刀痕	≤20	粗车、粗刨、粗铣、钻、毛锉、锯断	半成品粗加工过的表面,非配合的加工表面,如轴端面、倒角、钻孔、齿轮及皮带轮侧面、键槽底面和垫圈接触面等
半光表面	微见加工痕迹	≤10	车、刨、铣、镗、钻、粗铰	轴上不安装轴承、齿轮处的非配合表面,紧固件的自由装配表面,轴和孔的退刀槽等
	微见加工痕迹	≤5	车、刨、铣、镗、磨、拉、粗刮、滚压	半精加工表面,箱体、支架、盖面、套筒等和其他零件结合而无配合要求的表面,需要法兰的表面等
	看不清加工痕迹	≤2.5	车、刨、铣、镗、磨、拉、刮、滚压、铣齿	接近于精加工表面,箱体上安装轴承的镗孔表面,齿轮的工作面
光表面	可辨加工痕迹方向	≤1.25	车、镗、磨、拉、刮、精铰、磨齿、滚压	圆柱销、圆锥销,与滚动轴承配合的表面,普通车床导轨面,内、外花键定心表面等
	微辨加工痕迹方向	≤0.63	精铰、精镗、磨、刮、滚压	要求配合性质稳定的配合表面,工作时受交变应力的重要零件,较高精度车床的导轨面
	不可辨加工痕迹方向	≤0.32	精磨、珩磨、研磨、超精加工	精密机床主轴锥孔、顶尖圆锥面,发动机曲轴、齿轮轴工作面,高精度齿轮齿面
极光表面	暗光泽面	≤0.16	精磨、研磨、普通抛光	精密机床主轴颈表面,一般量规工作表面,汽缸套内表面,活塞销表面等
	亮光泽面	≤0.08	超精磨、精抛光、镜面磨削	精密机床主轴颈表面,滚动轴承的滚珠,高压油泵中柱塞和柱塞套配合的表面
	镜状光泽面	≤0.04		
	镜面	≤0.01	镜面磨削、超精研	高精度量仪、量块的工作表面,光学仪器中的金属镜面

▶ 任务 5　表面粗糙度的测量

表面粗糙度的测量

零件完工后,其表面的粗糙度是否满足使用要求,需要进行测量。本节将介绍表面粗糙度测量的基本原则和方法。

6.5.1　测量的基本原则

1. 测量方向的选择

对于表面粗糙度,如未指定测量截面的方向时,则应在高度参数最大值的方向进行测量,一般来说也就是在垂直于表面加工的纹理方向上测量。

2. 表面缺陷的摒弃

表面粗糙度不包括气孔、砂眼、擦伤、划痕等缺陷。

3. 测量部位的选择

在若干有代表性的区段上测量。

6.5.2　测量方法

表面粗糙度的常用检测方法有比较法、轮廓法、光切法、干涉法、印模法等。

1. 用粗糙度样块比较——比较法

用比较法检验表面粗糙度是生产车间常用的方法。它是将被测表面与粗糙度样块进行比较来评定表面粗糙度。比较法可用目测直接判断或借助于放大镜、显微镜比较或凭触觉来判断表面粗糙度。

2. 用电动轮廓仪测量——轮廓法

触针式电动轮廓仪是利用触针直接在被测表面上轻轻划过，从而测出值，测量值的范围一般为 $0.02 \sim 8\ \mu m$。

性能比较完善的电动轮廓仪可以测量 Ra、Rz、Ry、S_m、S、t_p 各参数。

3. 用光切显微镜测量——光切法

光切法是利用光切原理测量表面粗糙度的方法，常采用的仪器是光切显微镜（双管显微镜），该仪器适宜测量车、铣、刨或其他类似加工方法所加工的零件平面或外圆表面。光切法主要用来测量粗糙度参数 Rz 的值，其测量范围为 $0.8 \sim 50\ \mu m$。

如图 6-25 所示，显微镜有两个光管，一个为照明管，另一个为观测管，两管轴线互成 $90°$。在照明管中，由光源发出的光线经过聚光镜、光栏（窄缝）及透镜后，以一定的角度（$45°$）投射到被测表面上，形成窄长光带。通过观测管（管内装有透镜和目镜）进行观察。若被测表面粗糙不平，光带就弯曲。设表面微观不平度的高度为 H，则光带弯曲高度为 $ab = H/\cos 45°$；而从目镜中看到的光带弯曲高度 $a'b' = KH/\cos 45°$（式中，K 为观测管的放大倍数）。

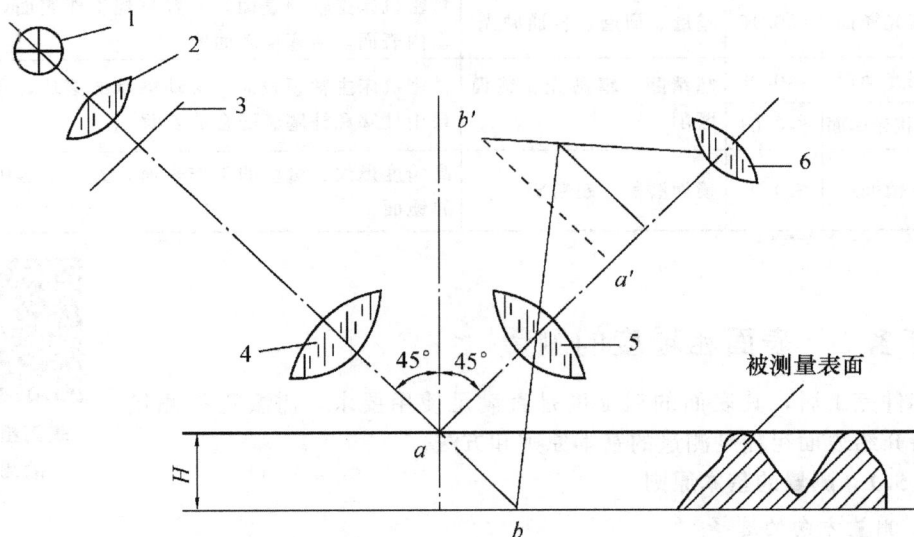

1—光源；2—聚光镜；3—光栏（窄缝）；4、5—透镜；6—目镜

图 6-25　双管显微镜的测量原理

4. 用干涉显微镜测量——干涉法

干涉显微镜是利用光波干涉原理测量表面粗糙度。干涉显微镜主要用来测量两个参数。测量的范围一般为 $0.03 \sim 1\ \mu m$。

5. 对复制印模表面进行测量——印模法

对于大零件的内表面，也有采用印模法进行测量的，即用石蜡、低熔点合金（锡铅等）或其他印模材料等将被测表面印模下来，然后对复制印模表面进行测量。由于印模材料不可能充满谷底，其测量值略有缩小，可查阅有关资料或自行实验得出修正系数，并在计算中加以修正。

6. 针描法

针描法是利用仪器的触针直接在被测表面上轻轻划过，被测表面的微观不平度将使触针做垂直方向的位移，再通过传感器将位移量转换成电量，经信号放大后送入计算机，在显示器上显示出被测表面粗糙度的评定参数值。也可由记录器绘制出被测表面轮廓的误差图形。

按针描法原理设计制造的表面粗糙度测量仪器通常称为轮廓仪。根据转换原理的不同，可以有电感式轮廓仪、电容式轮廓仪和电压式轮廓仪等。轮廓仪可测 Ra、Rz、RSm 及 $Rmr(c)$ 等多个参数。

▶ 任务 6 工程技术应用案例

在我国很多文化遗产的传承人，就是因为把一件事情做得非常精致，所以成为了文化遗产，所以必须坚定历史自信、文化自信，坚持古为今用、推陈出新，把马克思主义思想精髓同中华优秀传统文化精华贯通起来、同人民群众日用而不觉的共同价值观念融通起来，不断赋予科学理论鲜明的中国特色。正所谓工匠精神也有这样一个共同特点就是精益求精，制造是指在当前的技术条件下，能够追求完美，追求极致，精雕细琢，正如一件简单的小事，重复的次数多了，也就成了专家。

表面粗糙度仪
测量工件

6.6.1 手持式表面粗糙度测量仪

1. 概述

TR220 手持式粗糙度测量仪用于生产车间、实验室和计量室的现场测量，可测量多种机加工零件的表面粗糙度，根据选定的测量条件计算相应的参数，能在液晶显示器上清晰地显示出测量参数，测量参数符合国家规范，能精确地测量零件的：Ra、Rq、Rz、Rt、Rp、Rv、Ry、RS、RSm、RSk、$Rz(JIS)$、$R3z$、R_{max}、RPc、Rk、Rpk、Rvk、$Mr1$、$Mr2$ 参数值。是高精度电感传感器测量仪器。

2. 测量原理

测量工件表面粗糙度时，将传感器放在工件被测表面上，由仪器内部的驱动机构带动传感器沿被测表面做等速滑行，传感器通过内置的锐利触针感受被测表面的粗糙度，此时工件被测表面的粗糙度引起触针产生位移，该位移使传感器电感线圈的电感量发生变化，从而在相敏整流器的输出端产生与被测表面粗糙度成比例的模拟信号，该信号经过放大及电平转换之后进入数据采集系统，DSP 芯片将采集的数据进行数字滤波和参数计算，测量结果在液晶显示器上读出，既可以存储，也可以在打印机上输出，还可以与 PC 机进行通信。

3. 标准配置及连接方法

(1)标准配置

①TR220 主机 1 台。

②TS100 标准传感器 1 支。

③电源适配器 1 台。

④可调支架 1 件。

⑤Ra 值标准样板 1 块。

(2)基本连接方法

①传感器装卸。安装时，用手抓住传感器的主体部分，将传感器插入仪器底部的传感器连结套中，然后轻推到底。拆卸时，用手拿住传感器的主体或保护套管的根部，慢慢地向外拉出。传感器的触针是粗糙度测量仪的关键零件，在进行传感器装卸过程中，不要碰及触针，以免影响测量。在安装传感器时，应保持连结可靠。

②电源适配器及电池充电。如图 6-26 所示，当液晶屏上的电池提示符号显示为 ▢ 并出现闪烁，此时电池电压已低，应尽快给仪器充电。充电时，仪器底部的电池开关必须是处于"ON"的位置，再将电源适配器的电源插头插入仪器的电源插座中，然后将电源适配器接到 220 V、50 Hz 的电源插座，开始正常充电。电源适配器的输入电压为交流 220 V，输出为直流 6 V 电压，最大充电电流为 500 mA，最长充电时间 2.5 h 左右。粗糙度测量仪采用锂电池，无记忆效应，可以随时充电，充电时仪器可以正常工作。

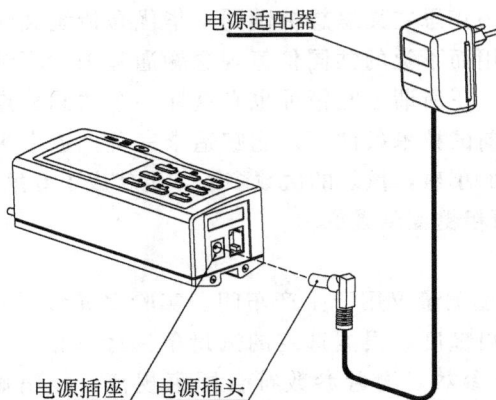

图 6-26　电源适配器连接

6.6.2　手持式表面粗糙度测量仪操作

1. 开机准备

(1)开机

按下电源键后仪器立即开机，液晶显示屏自动显示型号、名称及制造商信息，然后显示当前系统时间，自动进入基本测量状态，液晶显示设定的测量条件，如参数、单位、取样长度、评定长度、量程、滤波器等。首次开机，液晶显示屏所显示的内容为仪器的原始设置，必须根据实际时间自己设定，系统时间设定请参照"时间校正"内容，测量条件的设定为出厂设置，下次开机将显示上次关机时用户所设置的内容和测量数据。开机时，不要按住电源键不放。

(2)测量必备条件检测

①开机检查电池电压是否正常；

②擦净工件被测表面；

③将仪器正确、平稳、可靠地放置在工件被测表面上；如图 6-27 所示。

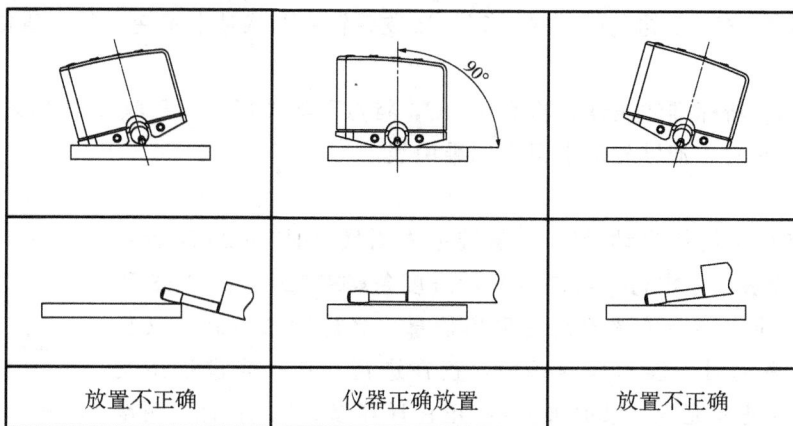

| 放置不正确 | 仪器正确放置 | 放置不正确 |

图 6-27　仪器的正确摆放

④传感器的滑行轨迹必须垂直于工件被测表面的加工纹理方向，如图 6-28 所示。

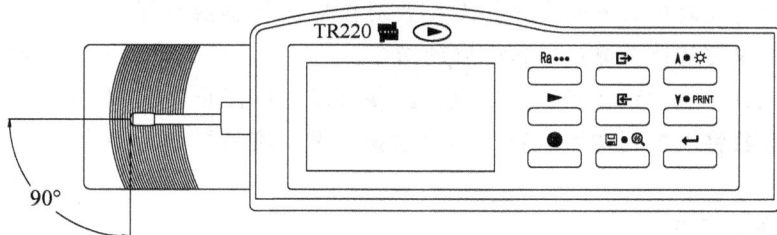

图 6-28　测量方向

（3）零位调整

轻触键盘回车键↵，液晶屏显示出当前触针的相对位置，当触针位置光标在 0 位以下时表示当前触针的位置偏底，在 0 位以上时表示当前触针的位置偏高，这时候应对被测工件或仪器的相对位置做一些调整，以保证触针位置光标在 0 位，获得最佳测量结果。合理巧妙地使用 TR220 仪器的附件如可调支架、测量平台等，将有助于触针位置的调整，使操作方便快捷。

2. 测量条件的选择

测量前应设置好所需要的参数，根据工件具体情况设定取样长度、评定长度、量程、滤波器等参数。其选择原则如下。

(1)取样长度值推荐表如表 6-1 所示。

(2)评定长度的首先选择标准推荐值，$ln=5l$，即评定长度内包含 5 个取样长度。当工件被测表面的尺寸空间小于 7 个取样长度(其中 2 个取样长度用于计算滤波用)时，可以选择 5 个以下的取样长度，但应当注意到，取样长度个数选择得越少，示值的重复性越差。建议量程的选择先从最小量程开始选取，当出现超量程误差时，增大量程。

(3)滤波方式。仪器有 4 种滤波方式。

①RC：传统滤波器，常见于老式模拟仪器上，现在通常用数字滤波实现。特点是滤波后轮廓形状发生畸变，对 Ra 参数值影响不大，对其他参数有不同程度影响。在用

随机样板标定仪器时，还要使用这个滤波方式。其他情况下，不推荐使用。

②PC-RC：对 RC 进行了相位修正，滤波后轮廓形状基本不变。其幅值传输特性与 RC 相同。

③Gauss：新标准滤波器，将取代 RC，特点是滤波后轮廓形状基本不变。

④D-P：只对未滤波轮廓取最小二乘中线。

3. 测量

(1)准备就绪后按启动键▶，系统进入测量（如图 6-29 所示）。传感器在被测表面上滑行，液晶屏显示进度条▦▦▦（如图 6-38 所示），表示当前仪器的传感器正在采集信息。当进度条填满后又复位开始快速变动时，表示采样结束，正在进行滤波。当进度条又一次填满，即滤波完毕，液晶屏显示"正在计算参数"。最后，测量完毕，本次测量的结果显示在液晶屏上。

(2)在测量状态时若意外触动电源键，造成关机，再开机时，仪器的传感器将先复位，此时在操作上不要对仪器的传感器有任何干扰，复位后仪器等待新测量操作的启动指令。

(3)在液晶屏显示"正在测量"时，按键↪可以立即停止当前测量，并且传感器将恢复到初始位置，等待重新测量，液晶屏显示测量值为 0。

4. 测量条件设置

在基本测量状态下，按菜单键↩进入菜单操作状态后，默认选择测量条件设置项，接着按回车键↵进入测量条件设置的子菜单，子菜单里包含 7 个项目：取样长度、评定长度、量程、滤波器、参数、C(RPcμm)设置、C(RPc%)设置。这时如果按滚动键▲●☼、▼●PRINT可进行项目选取和翻页，如果按回车键↵可修改当前所选中项目的值（如图 6-30 所示）。

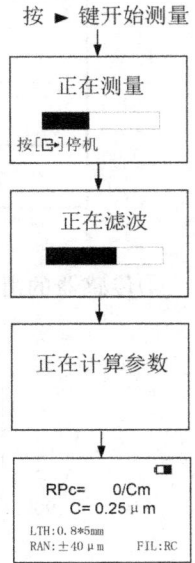

图 6-29 测量过程

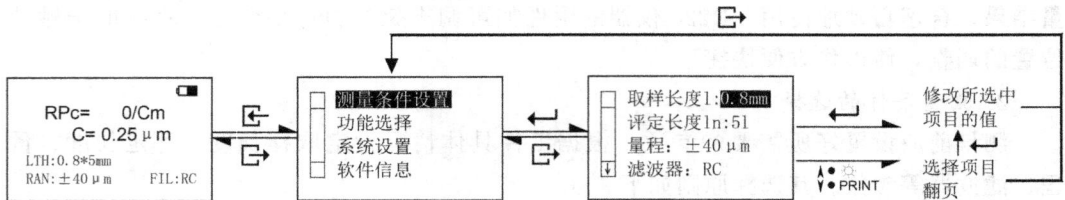

图 6-30 测量条件设置

(1)取样长度的设置

在基本测量状态下，按菜单键↩，再按回车键↵，即进入"测量条件设置"的子菜单，仪器默认选中"取样长度"项，直接再按回车键↵就可以依次循环显示切换各种取样长度值 0.25 mm→0.8 mm→2.5 mm→自动，停到所需的设置值后，可按滚动键▲●☼、▼●PRINT继续进入下一个项目如评定长度等的修改，或者按退出键↪两次就退回到基本测量状态。这时相应液晶屏上显示取样长度已经改变为所设置的值（如图 6-31 所示）。

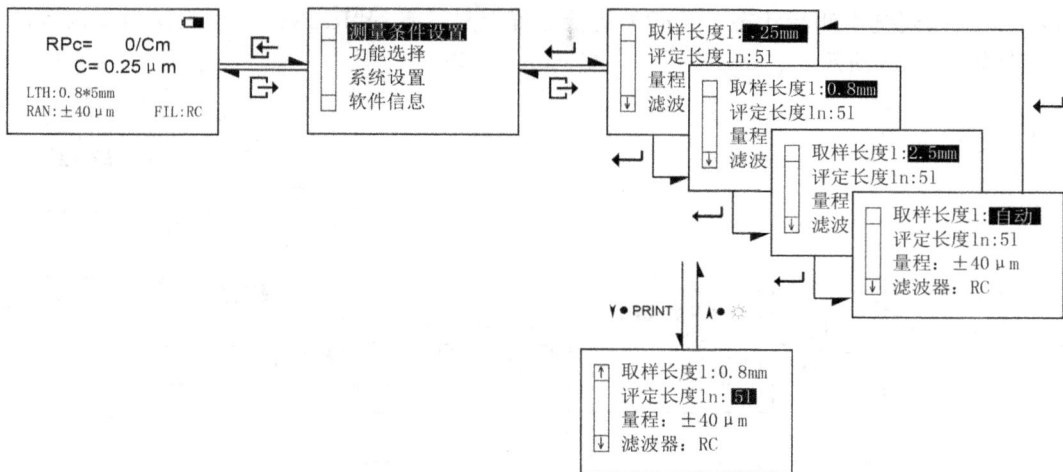

图 6-31　取样长度设置

（2）评定长度的设置

在基本测量状态下，按菜单键，再按回车键，即进入"测量条件设置"的子菜单，此时按滚动键Y●PRINT将光标移到"评定长度"行时，再按回车键就可以依次循环显示切换各种评定长度值 5L→1L→2L→3L→4L，停到所需要的设置值后，可按滚动键▲●☼、Y●PRINT继续进入下一个项目如量程等的修改，或者按退出键两次就退回到基本测量状态。这时相应液晶屏上显示评定长度"LTH:"已经改变为所设置的值（如图 6-32 所示）。

如果当前取样长度设置为自动时，按滚动键Y●PRINT时光标自动跳过评定长度而选中量程，评定长度自动设置为 5 L，此时不能进行评定长度的人工设定。

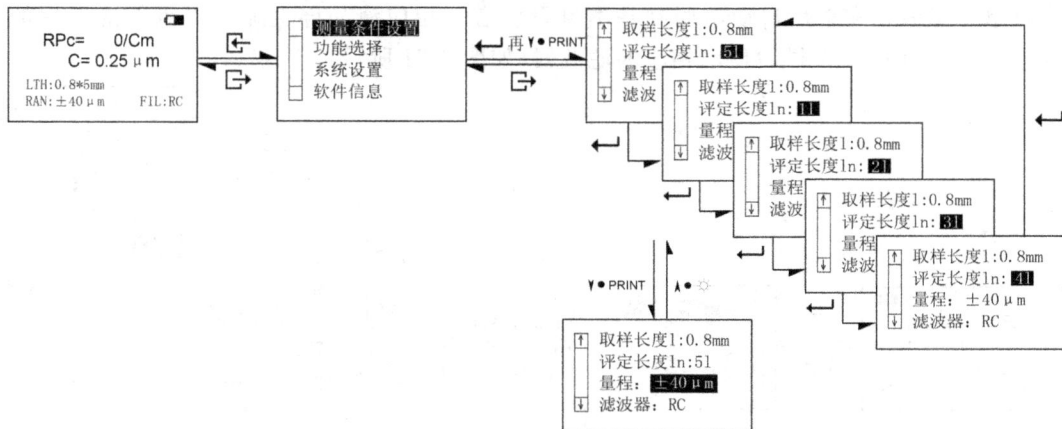

图 6-32　评定长度的设置

（3）量程的设置

在基本测量状态下，按菜单键，再按回车键，即进入"测量条件设置"的子菜单，此时按滚动键Y●PRINT将光标移到"量程"行时，再按回车键就可以依次循环显示切换各种量程值±20 μm→±40 μm→±80 μm→自动，停到所需要的设置值后，可按滚动键▲●☼、Y●PRINT继续进入下一个项目如滤波器等的修改，或者按退出键▶

两次就退回到基本测量状态，这时相应液晶屏上显示量程"RAN:"已经改变为所设置的量程（如图6-33所示）。

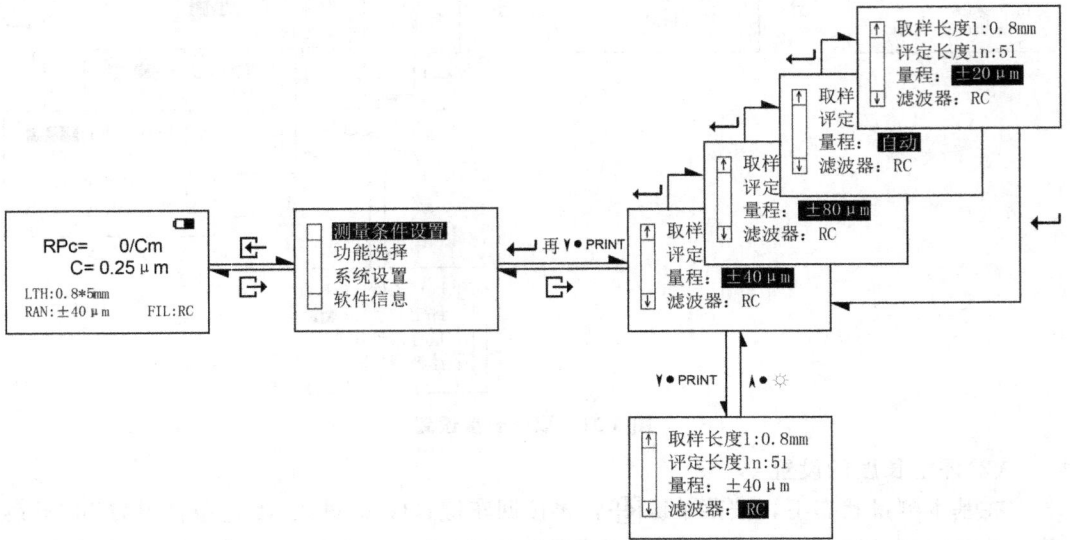

图6-33 量程的设置

（4）滤波器的设置

在基本测量状态下，按菜单键 ◁┤，再按回车键 ↵，即进入"测量条件设置"的子菜单，此时按滚动键 Y●PRINT 将光标移到"滤波器"行时，再按回车键 ↵ 就可以依次循环显示切换各种滤波器 RC→PC－RC→Gauss→D－P，停到所需的滤波器后，按退出键 ├▷ 两次后，液晶屏显示"正在滤波"，表示仪器正根据所选的滤波器对之前所测的值进行重新滤波，完毕后自动退回到基本测量状态，相应液晶屏上显示出重新滤波后的参数值，在"FIL:"字样后显示相应的滤波器（如图6-34所示）。

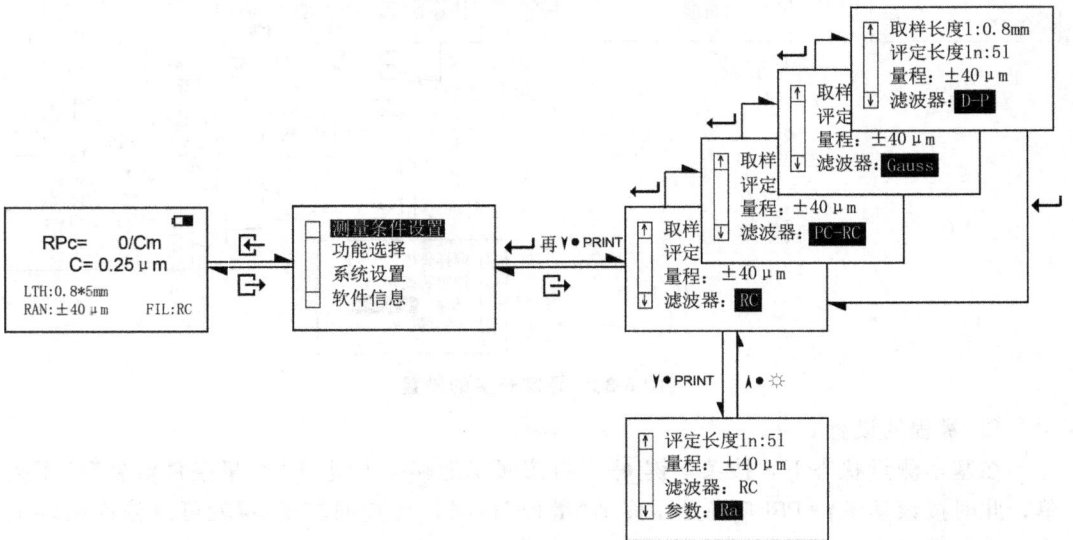

图6-34 滤波器的设置

（5）参数的设置

在基本测量状态下，按菜单键 ◀┤，再按回车键 ◢，即进入"测量条件设置"的子菜单，此时按滚动键 ▼●PRINT 将光标移到"参数的设置"行时，再按回车键 ◢ 就可以依次循环显示切换各种参数 RPc→Rk→Ra→Rz→Ry→Rmax→Rq，停到所需的参数后，可按滚动键 ▲●☼、▼●PRINT 继续进入下一个项目的修改，或者按退出键 ┣▶ 两次就退回到基本测量状态，这时相应液晶屏上显示的参数及值已经改变为所设置的参数及值（如图 6-35 所示）。

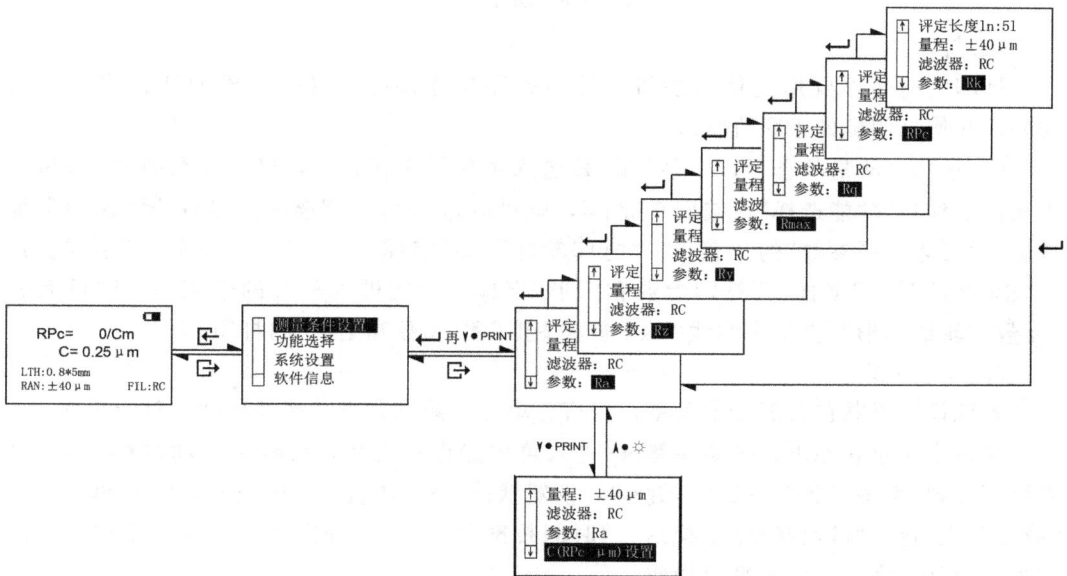

图 6-35　参数的设置

这七个参数为常规需要测量的参数，设置后可以在基本测量状态时直接显示在液晶屏上，与仪器所能够测量的参数是两个概念。本仪器能测量的所有参数共 19 个，要查询每次测量后所有参数的值查阅操作说明书。当参数设置为 Rk 时，退出设置后，基本测量状态的液晶界面与参数设置为其他参数时的界面不同，液晶屏上显示出 Rk 参数组的五个参数值，不显示当前所设置的评定长度、量程、滤波器等。

（6）C（RPcμm 或 RPc%）设置

在基本测量状态下，按菜单键 ◀┤，再按回车键 ◢，即进入"测量条件设置"的子菜单，此时按滚动键 ▼●PRINT 将光标移到"C（RPcμm 或 RPc%）设置"字样时，再按回车键 ◢，进入 C（RPcμm 或 RPc%）设置状态，通过 ▲●☼、▼●PRINT 可以增大或减小当前光标所在位置的数值，通过按回车键 ◢ 可移动光标位置，通过这三个键的配合使用设置好 C 的值，然后按退出键 ┣▶ 三次就退回到基本测量状态。

5. 功能选择

在基本测量状态下，按菜单键 ◀┤ 进入菜单操作状态后，默认选择测量条件设置项，接着按滚动键 ▼●PRINT 将光标下移到功能选择，然后按回车键 ◢ 进入功能选择的子菜单，子菜单里包含五个项目：打印、图形、触针位置、示值校准、统计（PC 机软件），这时如果按滚动键 ▲●☼、▼●PRINT 可进行项目选取和翻页，如果按 ◢ 可修改当前所选中项目的值(如图 6-36 所示)。

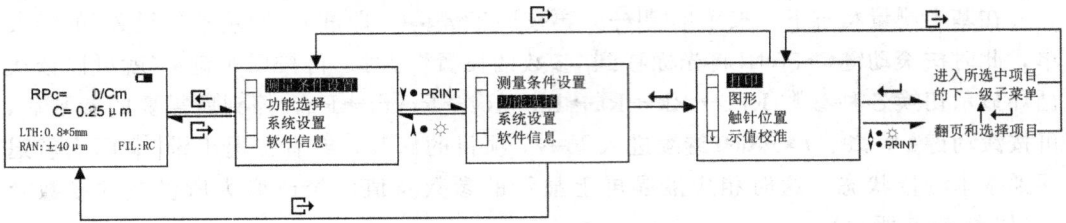

图 6-36　功能选择

(1)打印

打印之前必须要用通信电缆将仪器与打印机连接好,将打印机的波特率设置为 9600,并使打印机处于联机状态。

(2)在基本测量状态下,按菜单键 ⬅ 进入菜单操作状态后,接着按滚动键 Ⅴ ● PRINT 将光标下移到"功能选择",按回车键 ↩,就可以进入"打印"选项。然后按两次回车键 即进入"打印选择参数"的子菜单、"打印轮廓图形"字样、"打印支承率曲线"字样、打 印"Rk 参数图形"字样、"打印参数和图形"字样,分别进入相应的子菜单,即可完成 "参数""轮廓图形""支承率曲线""Rk 参数图形"和"参数和图形"的打印。

6.系统设置

系统设置里共包含五个子菜单:语言、单位、液晶背光、液晶亮度、时间校准。

在基本测量状态下,按菜单键 ⬅ 进入菜单操作状态后,接着按滚动键 Ⅴ ● PRINT 将 光标下移到"系统设置",按回车键 ↩,仪器默认选择"语言"字样,或者选择"单位"行、 "液晶背光"行、"液晶亮度"字样后、"时间校准"字样后,分别进行语言、单位、液晶 背光、液晶亮度、时间校准等操作。

7.与 PC 机通信

与 PC 机通信之前,按操作说明书进行连接,必须使用专用的通信电缆,将仪器与 PC 机的串行接口连接好,并在 PC 机上进入本仪器的专用操作软件 DataView。与 PC 机通信,需使用时代 DataView 专用软件,操作方法请阅读软件使用说明书。

8.关机

当使用完毕,可轻触电源键关机,再次开机时仪器保持关机前的所有设置;当 五分钟之内没有对仪器进行任何操作,仪器将自动关机;再次开机时仪器保持关机前 的所有设置;当长期不使用仪器,可关闭仪器底部的电池开关,再次开机时仪器所有 的设置恢复为原始设置。

习题 6

6-1:判断题

1.确定表面粗糙度时,通常可在三项高度特性参数中选取。　　　　　　　(　　)

2.评定表面粗糙度时必需的一段长度称取样长度,它可以包括几个评定长度。(　　)

3.Rz 参数由于测量点不多,因此在反映微观几何形状高度方面的特性不如 Ra 参 数充分。　　　　　　　　　　　　　　　　　　　　　　　　　　　　　　　(　　)

4.选择表面粗糙度评定参数值应尽量小为好。　　　　　　　　　　　　　(　　)

5. 零件的表面精度越高，通常表面粗糙度参数值相应取得越小。 （　　）

6. 零件的表面粗糙度值越小，则零件的尺寸精度应越高。 （　　）

7. 要求配合精度高的工件，其表面粗糙度数值应大。 （　　）

8. Ry 参数对某些表面上不允许出现较深的加工痕迹和小零件的表面质量有实用意义。 （　　）

9. 双管显微镜可以测量表面粗糙度的 Ra 值。 （　　）

10. 规定取样长度的目的在于限制或减少表面波纹度对表面粗糙度测量结果的影响。 （　　）

11. 取样长度过短不能反映表面粗糙度的真实情况，因此越长越好。 （　　）

12. 算术平均中线是唯一的，而最小二乘中线却可能有多条。 （　　）

13. 表面粗糙度符号的尖端可以从材料的外面或里面指向被注表面。 （　　）

6-2：选择题

1. 评定参数_____更能充分反应被测表面的实际情况。

  A. 轮廓的最大高度   B. 微观不平度十点高度

  C. 轮廓算术平均偏差   D. 轮廓的支承长度率

2. 表面粗糙度的基本评定参数是_____。

  A. S_m B. Ra C. t_p D. S

3. 在评定粗糙度时，通常用_____作为基准线。

  A. l   B. la   C. S   D. m

4. 电动轮廓仪是根据_____原理制成的。

  A. 针描   B. 印模   C. 干涉   D. 光切

5. 车间生产中评定表面粗糙度最常用的方法是_____。

  A. 光切法   B. 针描法   C. 干涉法   D. 比较法

6. 双管显微镜是根据_____原理制成的。

  A. 针描   B. 印模   C. 干涉   D. 光切

7. 表面粗糙度是指_____。

  A. 表面微观的几何形状误差   B. 表面波纹度

  C. 表面宏观的几何形状误差   D. 表面形状误差

8. 表面粗糙度值越小，则零件的_____。

  A. 耐磨性好   B. 传动灵敏性差   C. 加工容易

9. 选择表面粗糙度评定参数值时，下列论述正确的有_____。

  A. 同一零件上工作表面应比非工作表面参数值大

  B. 摩擦表面应比非摩擦表面参数值小

  C. 尺寸精度要求高，参数值应小

10. 下列论述正确的有_____。

  A. 表面粗糙度属于表面微观性质的形状误差

  B. 表面粗糙度属于表面宏观性质的形状误差

  C. 表面粗糙度属于表面波纹度误差

11. 表面粗糙度符号在图样上应标注在_____。

A. 可见轮廓线上　　　B. 符号尖端从材料外指向被注表面　　　C. 虚线上

6-3：填空题

1. 表面粗糙度指_____。

2. 评定长度是指_____，它可以包含几个_____。

3. 测量表面粗糙度时，规定取样长度的目的在于_____。

4. 国家标准中规定表面粗糙度的主要评定参数有_____、_____、_____三项。

5. 双管显微镜主要是测量表面粗糙度的_____值。

实验一：用光切显微镜测量表面粗糙轮廓的最大高度 Rz

1. 量仪名称及规格

量仪名称_____。　　　　　测微鼓轮分度值 i _____ μm/格。

量仪测量范围_____。　　　物镜放大倍数_____。

2. 被测工件

被测表面用粗糙比较样块目测结果_____。

取样长度 L_r_____mm。　　　评定长度 L_n_____mm。

3. 测量数据及其处理

<table>
<tr><td rowspan="11">测
量
记
录
与
计
算</td><td>L_r</td><td colspan="2">L_{r1}</td><td colspan="2">L_{r2}</td><td colspan="2">L_{r3}</td><td colspan="2">L_{r4}</td><td colspan="2">L_{r5}</td></tr>
<tr><td rowspan="2">峰、谷
值/格</td><td>h_{p1}</td><td>h_{v1}</td><td>h_{p2}</td><td>h_{v2}</td><td>h_{p3}</td><td>h_{v3}</td><td>h_{p4}</td><td>h_{v4}</td><td>h_{p5}</td><td>h_{v5}</td></tr>
<tr><td></td><td></td><td></td><td></td><td></td><td></td><td></td><td></td><td></td><td></td></tr>
<tr><td rowspan="5">轮
廓
高
度
/μm</td><td colspan="10">$Rz_1 = i \times (h_{p1} - h_{v1})$</td></tr>
<tr><td colspan="10">$Rz_2 =$</td></tr>
<tr><td colspan="10">$Rz_3 =$</td></tr>
<tr><td colspan="10">$Rz_4 =$</td></tr>
<tr><td colspan="10">$Rz_5 =$</td></tr>
</table>

4. 合格性判断

实验二：用触针式轮廓仪测量表面粗糙度轮廓的算术平均偏差 Ra

1. 量仪名称及规格

量仪名称＿＿＿＿＿＿＿＿＿。

量仪测量范围＿＿＿＿＿＿＿＿＿。

2. 被测工件

被测表面用粗糙比较样块目测结果＿＿＿＿＿＿＿＿＿。

取样长度 L_r＿＿＿＿＿mm。　　评定长度 L_n＿＿＿＿＿mm。

3. 测量结果

4. 合格性判断

大国工匠　大国成就

管延安　深海钳工

项目 7　形位公差与形位误差的测量

机械零件上几何要素的形状和位置精度是一项重要的质量指标，它直接影响零件的使用功能和互换性，正确选择形状和位置公差（形位公差）是机械产品几何量精度设计的重要内容。

在机械加工过程中，由于工件、刀具、机床的变形，相对运动的关系不准确，各种频率的振动以及定位不准确等原因，都会使零件的几何要素的形状和相互位置产生误差（形位误差）。形位误差不仅影响该零件的互换性，而且还影响整个产品的质量，使产品的寿命降低，因此必须对其予以必要、合理的限制，即规定形位公差。

GB/T 1182—2008《产品几何技术规范（GPS）几何公差 形状、方向、位置和跳动公差标注》；GB/T 1184—2008《形状 位置公差和未注公差标准》；GB/T 4249—2018《产品几何技术规范（GPS）基础 概念、原则和规则》；GB/T 16671—2009《产品几何技术规范（GPS）》几何公差 最大实体要求、最小实体要求和可逆要求》；GB/T1958—2017《产品几何量技术规范（GPS）几何量公差检测与验证》；GB/T 17851—2010《产品几何技术规范（GPS）几何公差 基准和基准体系》。

零形位公差

▶ 任务 1　测量齿轮轴零件的形状和位置误差

齿轮轴的形状和位置误差实例如图 7-1 所示。

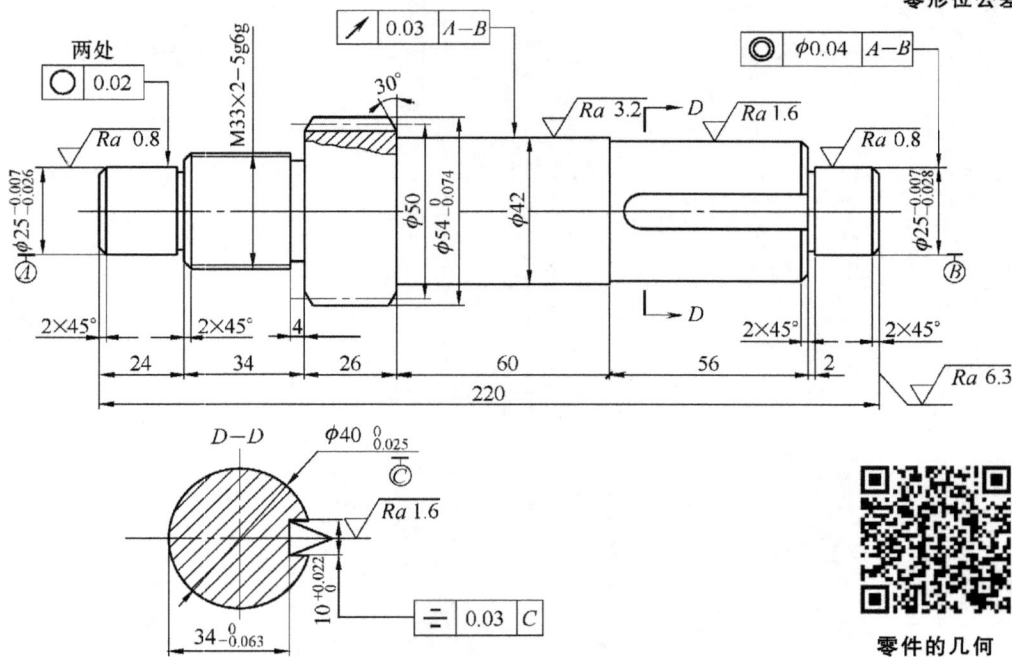

图 7-1　齿轮轴

零件的几何
要素及其分类

1. 齿轮轴形状和位置误差的测量所需的工具和量具

要对齿轮轴的形状和位置误差进行检测，需要平台、V 形架、偏摆仪、百分表、磁力表座、圆度仪等计量器具。

2. 测量的内容及要求

(1)在圆度仪上检测同轴度误差。要求能正确安装工件，熟悉圆柱度仪的结构、工作原理、使用方法；能准确读数；能处理读数，并判断被测工件的合格性。也可在偏摆仪或 V 形架上用测量跳动的方法来代替同轴度。

(2)在偏摆仪上测齿轮轴键槽的对称度。要求能正确安置工件和百分表；测量位置科学合理；测量结果应尽量准确；能处理读数，并判断被测工件的合格性。

(3)在偏摆仪上测齿轮轴的径向圆跳动。要求能正确安置工件、百分表和杠杆百分表；会调整百分表的零位；测量位置科学合理；测量结果应尽量准确；能处理读数，并判断被测工件的合格性。

(4)在圆柱度仪上测轴的圆度和圆柱度。要求能正确安置工件，熟悉圆柱度仪的结构、工作原理、使用方法；测量位置科学合理；测量结果应尽量准确；能处理读数，并判断被测工件的合格性。

▶ 任务 2　形位公差及符号

7.2.1　几何要素及其分类

零件在加工过程中由于机床、刀具、夹具、切削力等各种因素的影响，不仅会产生尺寸误差，还会产生形状和(或)位置误差(简称形位误差)。形状误差是指零件的实际形状与理想形状的差异；位置误差是指零件上各要素之间的实际相互位置与理想位置的差异。形位误差越大，零件的几何精度就越低，所以必须对零件规定形位公差，来限制形位误差以保证零件的互换性和使用要求。

零件的几何要素及其分类

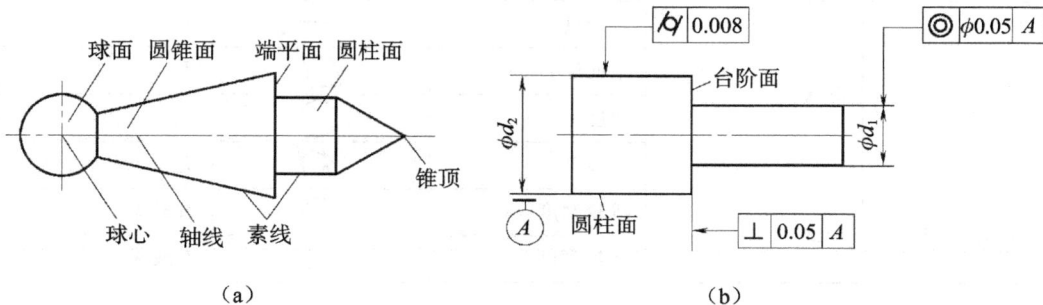

1. 零件的几何要素及其分类

任何形状的零件都是由几何要素——点(圆心、球心、中心点和交点等)、线(素线、轴线、中心线和曲线等)、面(平面、中心平面、圆柱面、圆锥面、球面和曲面等)构成，如图 7-2 所示。

零件的几何要素

(a)　　　　　　　　　(b)

图 7-2　几何要素

形位公差的研究对象是构成零件几何特征的点、线、面，这些点、线、面统称为零件的几何要素。在选择形位公差和图样标注以及形状和位置误差检测时，必须弄清几何要素及其分类。

几何要素可从以下几个不同角度进行分类。

1）按存在状态分为理想要素和实际要素

（1）理想要素是指具有几何学意义的要素，它没有任何误差，在实际零件上是不存在的。图样上表示设计意图的要素均为理想要素。

（2）实际要素是指零件实际存在的要素，它是客观存在的但是人们又不能完全认识的，通常用测量得到的要素来代替实际要素。

2）按结构特征分为轮廓要素和中心要素

（1）轮廓要素是指构成零件外形的能直接为人们所感觉得到的点、线、面。比如图 7-2(a)中的球面、圆锥面、圆柱面、端平面等。

（2）中心要素是指轮廓要素的对称中心所表示的点、线、面。其特点是不能直接被人们感觉到，只能通过相应的轮廓要素体现出来。比如图 7-2(a)中的球心、轴线等。

3）按所处地位分为被测要素和基准要素

（1）被测要素是指图样上给出了形状或（和）位置公差的要素，是检测的对象。如图 7-2(b)中的大台阶面和小圆柱面的轴线。

（2）基准要素是指用来确定被测要素的方向或（和）位置的要素，在图样上用基准代号进行标注。如图 7-2(b)中大圆柱面的轴线。

4）按功能关系分为单一要素和关联要素

（1）单一要素是指仅对被测要素本身给出形状公差要求的要素。如图 7-2(b)中的大圆柱面。

（2）关联要素是指与其他要素有功能关系的要素。图样上给出位置公差要求的要素就是关联要素。如图 7-2(b)中的台阶面和小圆柱面的轴线。

2. 形位公差的特征项目及符号

GB/T 1182—2008《产品几何技术规范（GPS）几何公差 形状、方向、位置和跳动公差标注》中规定了形位公差的特征项目，各形位公差项目的名称及其符号见表 7-1。

表 7-1　形位公差项目及符号（摘自 GB/T 1182—2008）

公　　差		特征项目	符　　号	有或无基准要求
形状	形状	直线度	——	无
		平面度	▱	无
		圆度	○	无
		圆柱度	⌭	无
形状或位置	轮廓	线轮廓度	⌒	有或无
		面轮廓度	⌓	有或无

续表

公 差		特征项目	符 号	有或无基准要求
位置	定向	平行度	//	有
		垂直度	⊥	有
		倾斜度	∠	有
	定位	位置度	⊕	有或无
		同轴(同心)度	◎	有
		对称度	≡	有
	跳动	圆跳动	↗	有
		全跳动	↗↗	有

3. 形位公差的标注

1)公差框格的标注

根据 GB/T 1182—2008《产品几何技术规范(GPS)几何公差 形状、方向、位置和跳动公差标注》的规定,形位公差要求应在矩形方框中给出,该方框由两格或多格组成。框格中的内容按从左到右或者从下到上的顺序填写,具体内容由公差特征符号、公差值、基准(形状公差不标注基准)及指引线等组成。公差框格的高度为字体高的 2 倍,第一格宽度应等于框格的高度,第二格宽度应与标注内容的长度相适应,第三格及以后各格(如属需要)的宽度须与有关字母的宽度相适应,如图 7-3 所示。

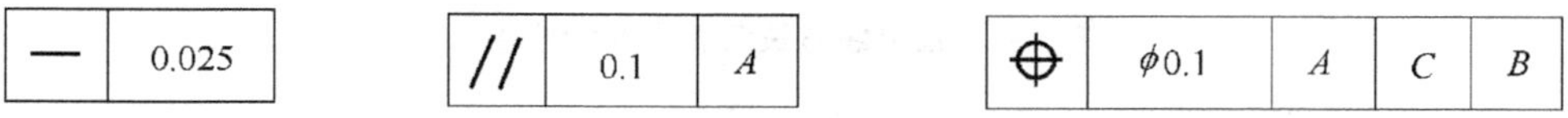

—	0.025

//	0.1	A

⊕	φ0.1	A	C	B

图 7-3 形位公差标注 1

公差值用线性值,如公差带是圆形或圆柱形的则在公差值前加注"φ";如是球形的则加注"Sφ",当一个以上要素作为被测要素,如 6 个要素,应在框格上方标明,如"6×""6 槽",如图 7-4 所示。

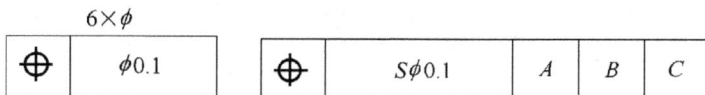

6×φ

⊕	φ0.1

⊕	Sφ0.1	A	B	C

图 7-4 形位公差标注 2

如要求在公差带内进一步限定被测要素的形状,则应在公差值后面加注符号,见表 7-2。

表 7-2 形位公差标注中的特殊符号

含 义	符 号	举 例
只许中间向材料内凹下	(—)	— | t | (—)

153

续表

含　义	符　号	举　例
只许中间向材料外凸起	(+)	▱ | t　(+)
只许从左至右减小	(▷)	▱ | t　(▷)
只许从右至左减小	(◁)	▱ | t　(◁)

　　如对同一要素有一个以上的公差特征项目要求时，为方便起见可将一个框格放在另一个框格的下面，如图 7-5 所示。

　　2)指引线与被测要素的标注

　　规定用带箭头的指引线将框格与被测要素相连，指引线可从框格的任一端引出，引出段必须垂直于框格；引向被测要素时允许弯折，但不得多于两次。

—	0.01	
//	0.06	B

图 7-5　形位公差标注 3

　　当被测要素是轮廓线或表面时，将箭头置于要素的轮廓线或轮廓线的延长线上（但必须与尺寸线明显地分开），如图 7-6 所示。

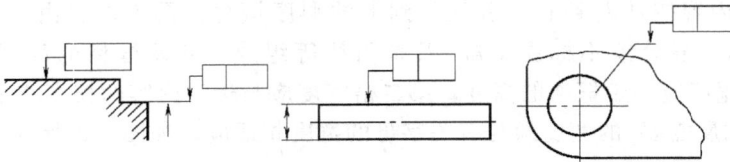

图 7-6　指引线与被测要素的标注 1

　　当指向实际表面时，箭头可置于带点的参考线上，该点指在实际表面上，如图 7-6 所示。

　　当公差涉及轴线、中心平面或由带尺寸要素确定的点时，则带箭头的指引线应与尺寸线的延长线重合，如图 7-7 所示。

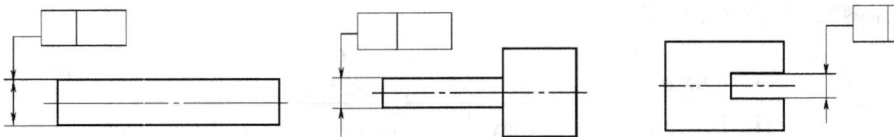

图 7-7　指引线与被测要素的标注 2

　　对几个表面有同一数值的公差带要求时，其表示法可按图 7-8 所示的方法进行标注。

　　3)基准的标注

　　相对于被测要素的基准，采用带圆圈的大写英文字母表示基准符号（为不致引起误解，字母 E、I、J、M、O、P、L、R、F 不采用），圆圈用细实线与粗的短横线相连，表示基准的字母也应注在相应的公差框格内，如图 7-9 所示。

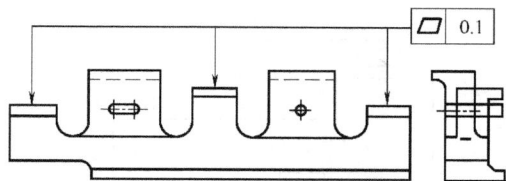

图 7-8　指引线与被测要素的标注 3

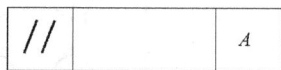

图 7-9　基准的标注 1

由两个要素组成的公共基准，用由横线隔开的两个大写字母表示，如图 7-10（a）所示；由两个或两个以上要素组成的基准体系，如多基准组合，表示基准的大写字母应按基准的优先次序从左至右分别置于各格中，如图 7-10（b）所示。

(a) 公共基准

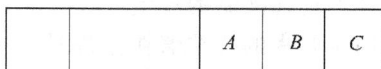

(b) 基准体系

图 7-10　基准的标注 2

当基准要素是轮廓线或表面时，带有基准字母的短横线应放置在要素的外轮廓上或在它的延长线上（但细实线应与尺寸线明显地错开），基准符号还可置于用圆点指向实际表面的参考线上，如图 7-11 所示。

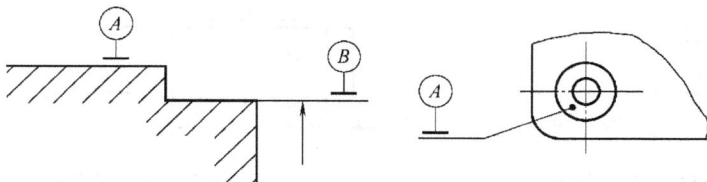

图 7-11　基准的标注 3

当基准要素是轴线或中心平面或由带尺寸的要素确定的点时，则基准符号中的细实线与尺寸线对齐，如图 7-12 所示。如尺寸线处安排不下两个箭头，则另一箭头可用短横线代替，如图 7-12 所示。

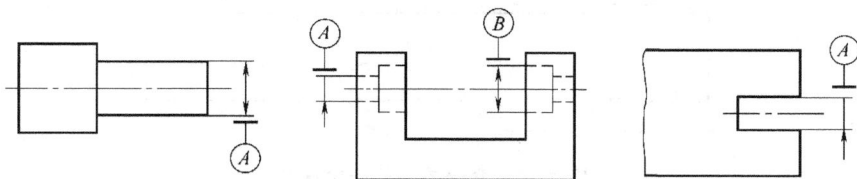

图 7-12　基准的标注 4

4）理论正确尺寸

理论正确尺寸是用于确定被测要素的理想形状、理想方向或理想位置的尺寸（或角度），在图样上用带方框的尺寸（或角度）数字表示。理论正确尺寸是表示被测要素或基准的一种没有误差的理想状态，因此理论正确尺寸（或角度）不带公差，如图 7-13 所示。

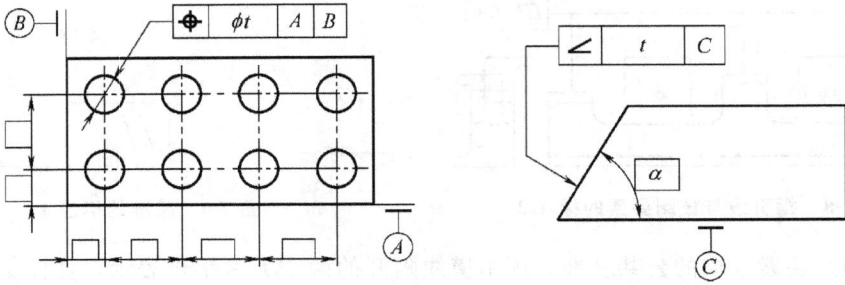

图 7-13　理论正确尺寸标准

5）对零件局部限制的规定

如对同一要素的公差值在全部被测要素内的任一部分有进一步的限制时，该限制部分（长度或面积）的公差值要求应放在公差值的后面，用斜线相隔。这种限制要求可以直接放在表示全部被测要素公差要求的框格下面，如图 7-14 所示。

如仅要求要素某一部分的公差值，则用粗点画线表示其范围，并加注尺寸，如图 7-15 所示。

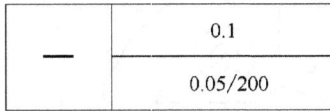

图 7-14　对公差值的进一步限制

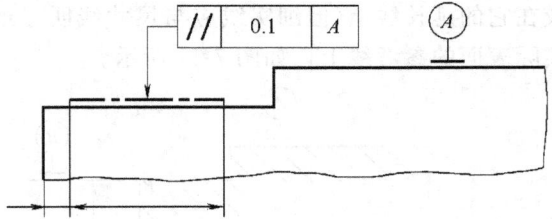

图 7-15　控制要素局部范围

如果只要求要素的某一部分作为基准，则该部分应用粗点画线表示并加注尺寸，如图 7-16 所示。

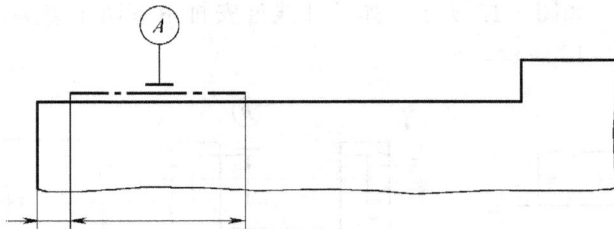

图 7-16　要素的一部分做基准

4．形位公差带

形位公差带是限制被测要素的形状和（或）位置变动的一个区域，如果被测要素在这个给定的区域（公差带）内，则表示该被测要素的形状和（或）位置符合要求，否则被测要素的形状和（或）位置就不符合要求。

形位公差带具有形状、大小、方向和位置 4 个要素。

1)形位公差带的形状

形位公差带的形状是指限制被测要素变动的包容区域的理想形状，它是由被测要素的理想形状和给定的公差特征项目所确定的，常见的形位公差带的形状如图 7-17 所示。

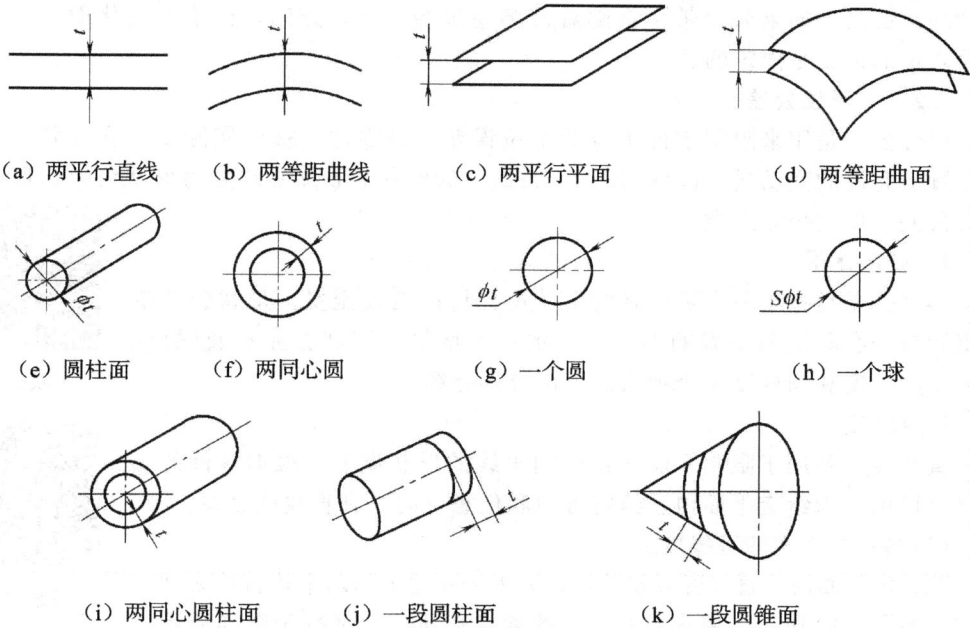

（a）两平行直线　　（b）两等距曲线　　（c）两平行平面　　（d）两等距曲面

（e）圆柱面　　（f）两同心圆　　（g）一个圆　　（h）一个球

（i）两同心圆柱面　　（j）一段圆柱面　　（k）一段圆锥面

图 7-17　形位公差带的形状

2)形位公差带的大小

形位公差带的大小指理想包容区域的宽度或者直径，如图 7-17 中的 t、ϕt、$S\phi t$ 等数值。

3)形位公差带的方向

形位公差带的方向指形位误差的检测方向。对于定向、定位公差带而言公差带的方向就是公差框格指引线箭头所指示的方向；形状公差的公差带方向还与被测要素的实际状态有关。如图 7-18 所示，在图中直线度公差带和平行度公差带，指引线的方向都是一样的，但是公差带的方向却不一定相同。

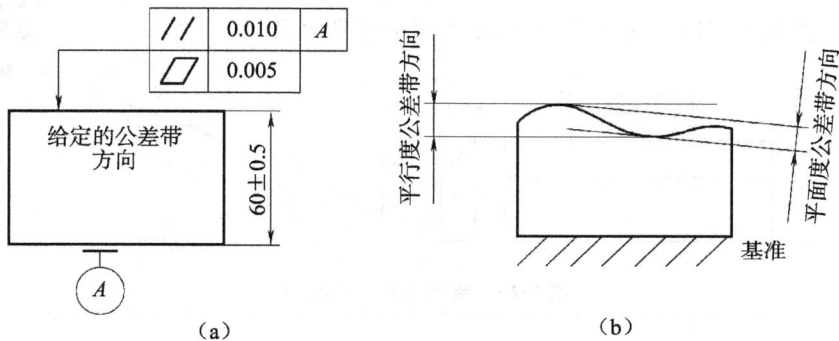

（a）　　　　　　　（b）

图 7-18　公差带的方向

4)形位公差带的位置

形位公差带的位置是指形位公差带相对于被测要素的位置，分为固定和浮动两种。当公差带会随着被测要素的形状、方向、位置的变化而变化时，则说公差带的位置是浮动的；反之，如果公差带不会随着被测要素的形状、方向、位置的变化而变化，则说公差带的位置是固定的。

7.2.2 形位公差

形位公差是用来限制零件本身的形位误差，是零件上被测实际要素在形状、方向或位置上允许的变动量。国标 GB/T 1182—2008 中将形位公差分为形状公差、形状或位置公差、位置公差三类。

1. 形状公差

形状公差是指单一实际要素的形状所允许的变动全量。形状公差带是限制单一实际被测要素的形状变动的一个区域。形状公差有直线度、平面度、圆度和圆柱度 4 个项目。下面分别介绍。

形状公差

1)直线度

直线度公差用于限制平面内或空间直线的形状误差，根据零件的功能要求可以分为给定平面内、给定方向和任意方向 3 种直线度公差。

(1)给定平面内的直线度公差。

在给定平面内，直线度公差带是距离为公差值 t 的两平行直线之间的区域，如图 7-19 所示，要求被测表面的素线必须位于平行于图样所示投影面且距离为公差值 0.05 的两条平行直线内。

直线度 1

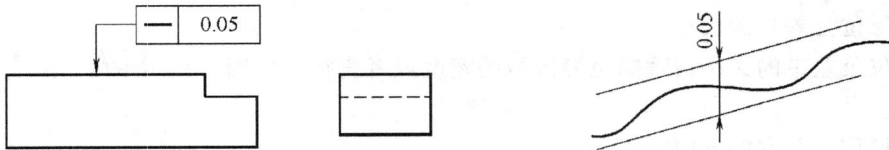

图 7-19 给定平面内的直线度

(2)给定方向的直线度公差。

在给定方向上，直线度公差带是距离为公差值 t 的两平行平面之间的区域，如图 7-20 所示，对两平面相交的棱线只在一个方向上有直线度要求，该棱线必须位于距离为公差值 0.02 的两平行平面之间。

直线度 2

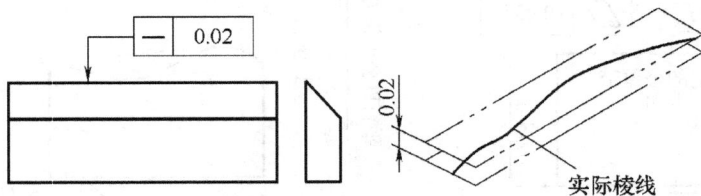

图 7-20 给定方向的直线度

(3)任意方向的直线度公差。

要表示任意方向的直线度公差则应在公差值前加注"ϕ"，公差带是直径为 t 的圆柱面内的区域，如图 7-21 所示，要求被测圆柱面的轴线必须位于直径为公差值 $\phi\,0.08$ 的圆柱面内。

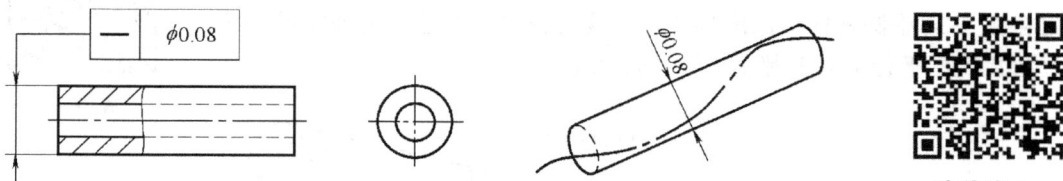

图 7-21　任意方向的直线度

直线度 3

2）平面度

平面度公差用于限制被测实际平面的形状误差，公差带是距离为公差值 t 的两平行平面之间的区域。如图 7-22 所示，要求被测表面必须位于距离为公差值 0.08 的两平行平面之间，否则零件的平面度不合格。

图 7-22　平面度

平面度

平面度公差既可以限制被测表面的平面度误差，同时还可以限制被测表面的直线度误差。显然在图 7-22 中上表面的直线度误差不应该超过 0.08。

3）圆度

圆度公差是用来限制实际被测零件截面圆的形状变动的公差项目，圆度公差带是在同一正截面上，半径差为公差值 t 的两同心圆之间的区域。图 7-23（a）中，要求被测圆柱面任一正截面的圆周必须位于半径差为公差值 0.03 的两同心圆之间；图 7-23（b）中，要求被测圆锥面任一正截面上的圆周必须位于半径差为公差值 0.03 的两个同心圆之间。

(a)　　　　　　　　　　　　　　　　　　　　　(b)

图 7-23　圆度

4）圆柱度

圆柱度公差是用来限制实际被测圆柱面的形状变动的公差项目，其公差带是半径差为公差值 t 的两个同轴圆柱面之间的区域。如图 7-24 所示，要求被测圆柱面必须位于半径差为公差值 0.1 的两个同轴圆柱面

圆度

之间。

圆柱度公差能综合控制圆柱体正截面和纵截面的形状误差。可以看出在图 7-24 中圆柱体的圆度误差、素线的直线度误差、过轴线的纵截面上两素线的平行度误差都不应该超过 0.1。

圆柱度

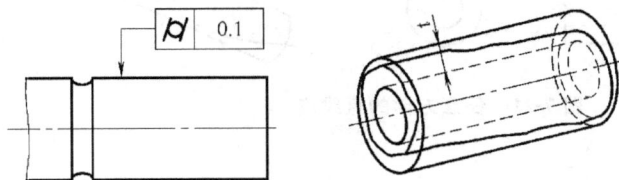

图 7-24　圆柱度

2. 轮廓度公差

轮廓度公差属于形状或位置公差，分为线轮廓度和面轮廓度两项，当无基准要求时属于形状公差，有基准要求时属于位置公差。

1）线轮廓度

线轮廓度公差是用来限制平面曲线或者曲面的截面轮廓的形状变动，其公差带是包括一系列直径为公差值 t 的圆的两包络线之间的区域。诸圆的圆心位于具有理论正确几何形状（及理想位置）的线上。图 7-25（a）是没有基准的情况，要求在平行于图样所示投影面的任一截面上，被测轮廓线必须位于包络一系列直径为公差值 0.04 且圆心位于具有理论正确几何形状的线上的两包络线之间。图 7-25（b）是有基准的情况，要求在平行于

线轮廓度

图样所示投影面的任一截面上，被测轮廓线必须位于包络一系列直径为公差值 0.04 且圆心在相对于基准 A 具有理想位置的理论正确几何形状的线上的两包络线之间，如图 7-25（c）所示。

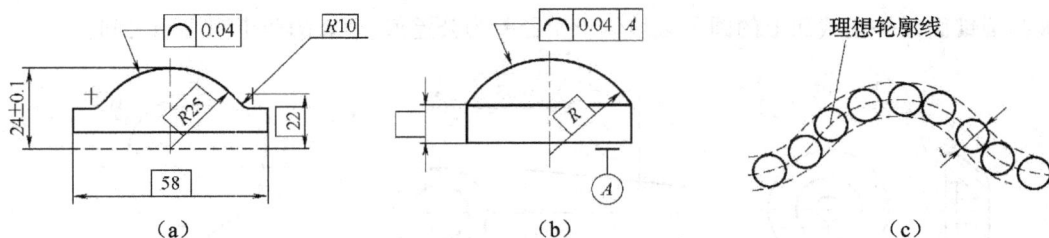

（a）　　　　　　　　（b）　　　　　　　　（c）

图 7-25　线轮廓度

2）面轮廓度

面轮廓度用于限制曲面轮廓的形状变动，其公差带是包络一系列直径为公差值 t 的球的两包络面之间的区域，诸球的球心应位于具有理论正确几何形状（及理想位置）的面上。图 7-26（a）是没有基准的情况，要求被测轮廓面必须位于包络一系列球的两包络面之间，诸球的直径为公差值 0.02，且球心位于具有理论正确几何形状的面上。图 7-26（b）是有基准的情况，要

面轮廓度

求被测轮廓面必须位于包络一系列球的两包络面之间,诸球的直径为公差值 0.02,且球心位于具有理论正确几何形状并相对于基准 A 具有理想位置的面上。

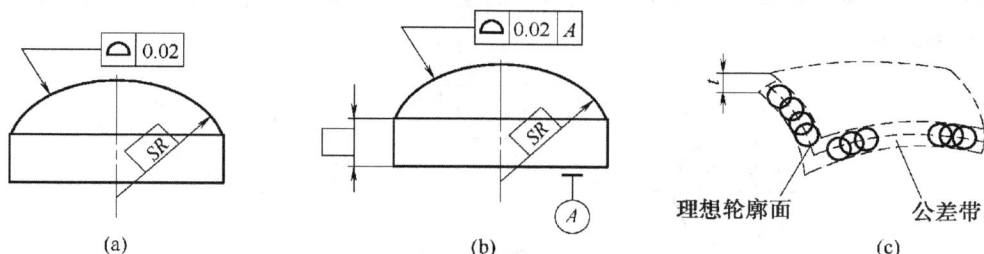

图 7-26　面轮廓度

应该注意面轮廓度公差可以同时控制被测曲面的面轮廓度误差和曲面上任一截面的线轮廓度误差。很明显,在图 7-26 中,线轮廓度误差也不应该超过 0.02。

3. 位置公差

位置公差是关联实际要素对基准在方向和(或)位置上所允许的变动全量。位置公差带是限制关联实际要素对基准在方向和(或)位置上变动的区域。位置公差分为定向公差、定位公差和跳动公差三类。

1)定向公差

定向公差是关联实际要素对基准在方向上所允许的变动全量。定向公差带是限制关联实际要素对基准在方向上的变动区域,因而公差带相对于基准有确定的方向。定向公差包括平行度、垂直度、倾斜度三项。定向公差的被测要素可以是线或面,基准也可以是线或面,所以每个定向公差又分为线对线、线对面、面对面、面对线 4 种形式。

(1)平行度。

平行度公差用于限制被测实际要素对基准在平行方向上的变动,其公差带的形状有两平行面、相互垂直的两组平行面(四棱柱)、圆柱面等几种情况。

①线对线的平行度。图 7-27 所示是给定一个方向上线对线的平行度,其公差带是距离为公差值 t 且平行于基准线、位于给定方向上的两平行平面之间的区域。即被测轴线必须位于距离为公差值 0.1 且在给定方向上平行于基准轴线 A 的两平行平面之间。

平行度 1

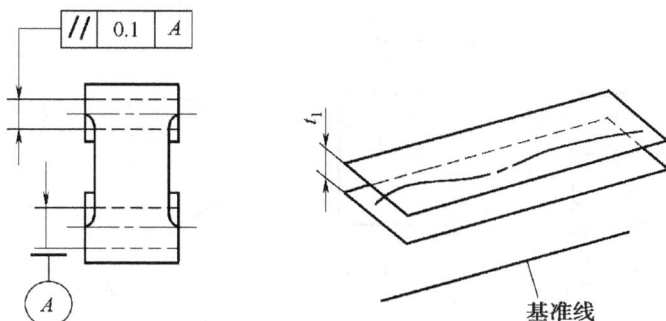

图 7-27　给定一个方向上线对线的平行度

图 7-28 所示是给定两个方向上线对线的平行度，其公差带是两对互相垂直的距离分别为 t_1 和 t_2 且平行于基准线的两平行平面之间的区域（四棱柱）。即被测轴线必须位于距离分别为公差值 0.2 和 0.1，在给定的互相垂直方向上且平行于基准轴线的两组平行平面之间。

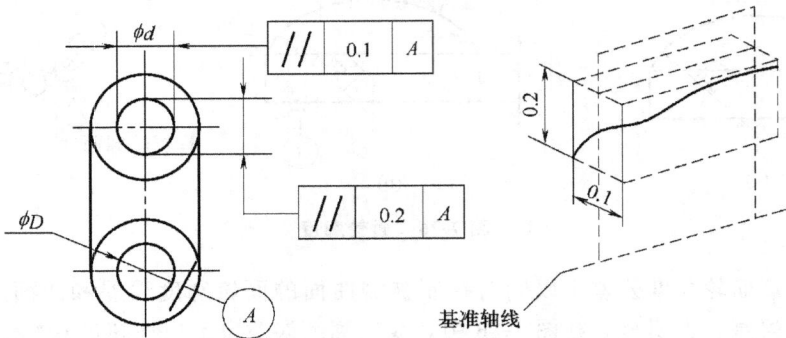

图 7-28　给定两个方向上线对线的平行度

图 7-29 所示是任意方向上线对线的平行度，在公差值前加注"ϕ"，其公差带是直径为公差值 t 且平行于基准线的圆柱面内的区域。要求被测轴线必须位于直径为公差值 0.03 且平行于基准轴线 A 的圆柱面内。

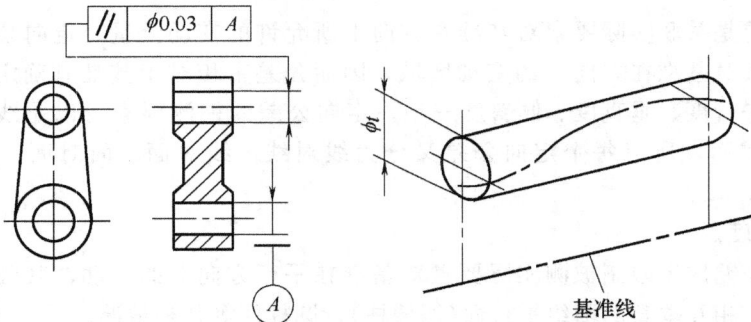

图 7-29　任意方向上线对线的平行度

②线对面的平行度。图 7-30 所示是轴线对底面的平行度公差，其公差带是距离为公差值 t 且平行于基准平面的两平行平面之间的区域。要求被测轴线必须位于距离为公差值 0.01 且平行于基准平面 B 的两平行平面之间。

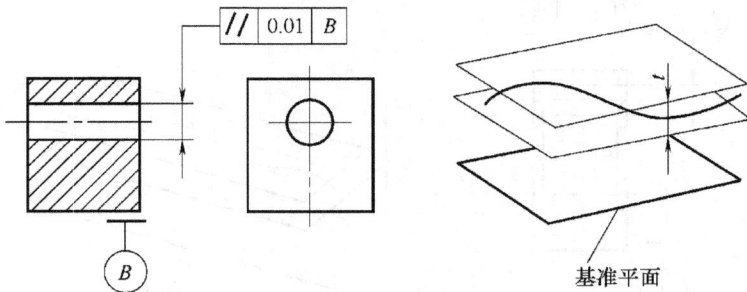

图 7-30　线对面的平行度

③面对线的平行度。图 7-31 所示是面对线的平行度公差，其公差带是距离为公差值 t 且平行于基准线的两平行平面之间的区域。要求被测表面必须位于距离为公差值 0.1 且平行于基准轴线 C 的两平行平面之间。

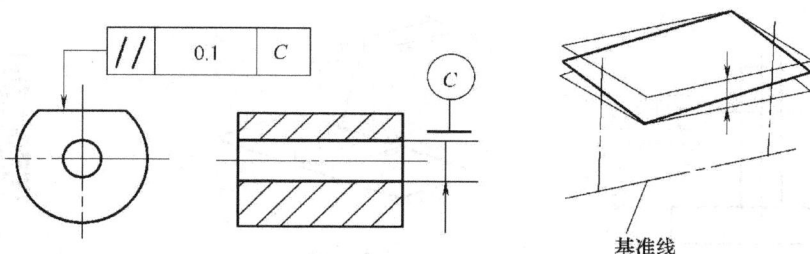

图 7-31　面对线的平行度

④面对面的平行度。图 7-32 所示是面对面的平行度公差，其公差带是距离为公差值 t 且平行于基准面的两平行平面之间的区域。要求被测表面必须位于距离为公差值 0.01 且平行于基准平面 D 的两平行平面之间。

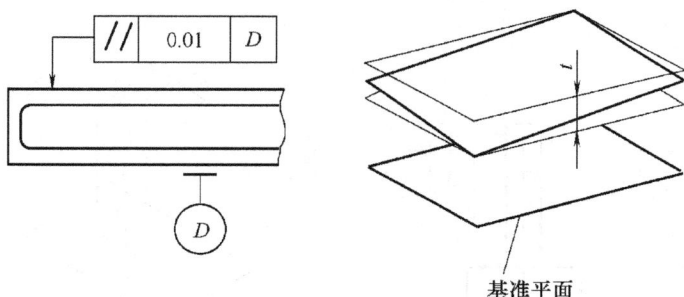

平行度 2

图 7-32　面对面的平行度

（2）垂直度。

垂直度公差用于限制被测实际要素对基准在垂直方向上的变动，其公差带的形状有两平行面、相互垂直的两组平行面（四棱柱）、圆柱面等几种情况。

①线对线的垂直度。图 7-33 所示是轴线对轴线的垂直度公差，其公差带是距离为公差值 t 且垂直于基准线的两平行平面之间的区域。要求被测轴线必须位于距离为公差值 0.06 且垂直于基准线 A（基准轴线）的两平行平面之间。

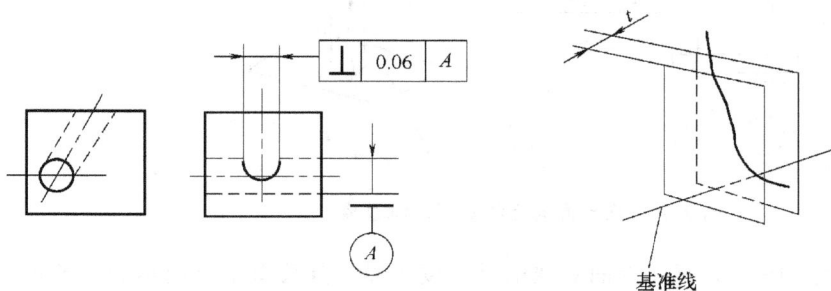

垂直度 1

图 7-33　线对线的垂直度

②线对面的垂直度。图 7-34 所示是给定一个方向上线对面的垂直度公差，其公差带是距离为公差值 t 且垂直于基准面的两平行平面之间的区域。要求在给定方向上被测轴线必须位于距离为公差值 0.01 且垂直于基准表面 A 的两平行平面之间。

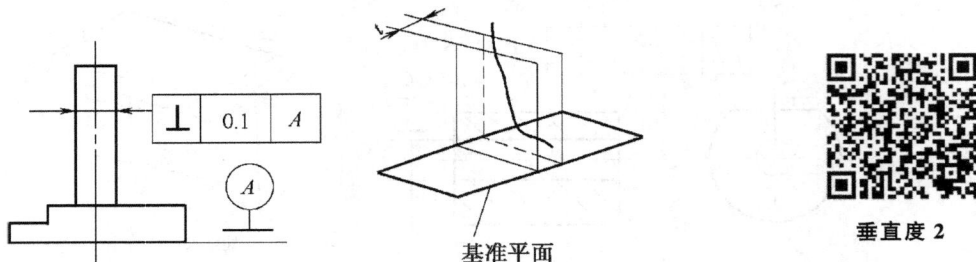

基准平面

图 7-34　给定一个方向上线对面的垂直度

图 7-35 所示是给定两个方向上线对面的垂直度公差，其公差带是互相垂直的距离分别为 t_1 和 t_2 且垂直于基准面的两对平行平面之间的区域。要求被测轴线必须位于距离分别为公差值 0.2 和 0.1 的互相垂直且垂直于基准平面的两对平行平面（四棱柱）之间。

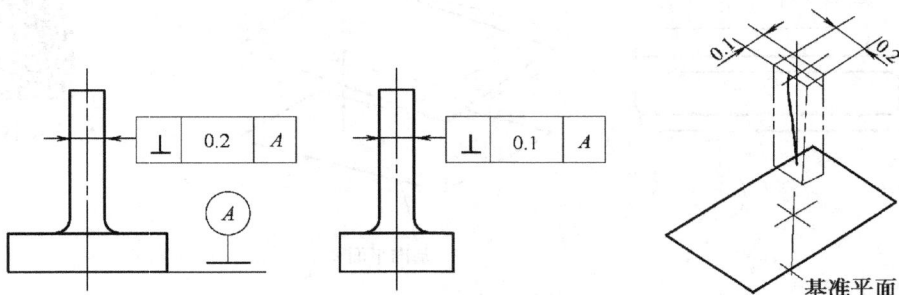

基准平面

图 7-35　给定两个方向上线对面的垂直度

图 7-36 所示是任意方向上线对面的垂直度公差，在公差值前应加注"ϕ"，其公差带是直径为公差值 t 且垂直于基准面的圆柱面内的区域。要求被测轴线必须位于直径为公差值 0.01 且垂直于基准平面 A 的圆柱面内。

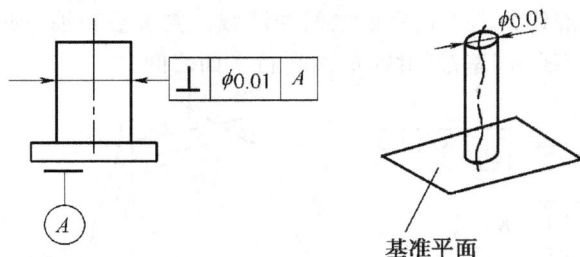

基准平面

图 7-36　任意方向上线对面的垂直度

③面对线垂直度。图 7-37 所示是面对线的垂直度公差，其公差带是距离为公差值 t 且垂直于基准线的两平行平面之间的区域。要求被测面必须位于距离为公差值 0.08 且垂

直于基准线 A(基准轴线)的两平行平面之间。

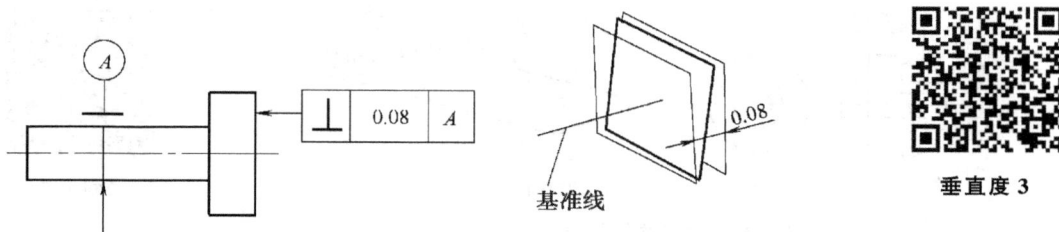

图 7-37　面对线的垂直度

④面对面的垂直度。图 7-38 所示是面对面的垂直度公差,其公差带是距离为公差值 t 且垂直于基准面的两平行平面之间的区域。要求被测面必须位于距离为公差值 0.08 且垂直于基准平面 A 的两平行平面之间。

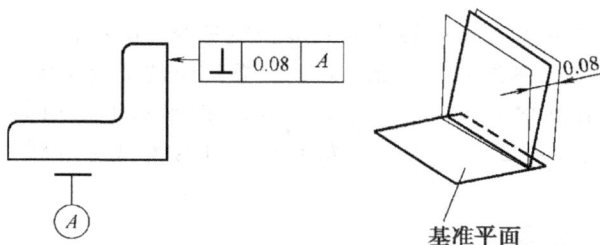

图 7-38　面对面的垂直度

(3)倾斜度。

倾斜度公差用于限制被测实际要素对基准在给定的倾斜方向上的变动,其公差带的形状同样有两平行面、相互垂直的两组平行面(四棱柱)、圆柱面等几种情况。此处仅介绍面对面和面对线的倾斜度,其余情况可查阅相关资料。

①面对面的倾斜度。图 7-39 所示是面对面的倾斜度公差,其公差带是距离为公差值 t 且与基准面成一给定角度的两平行平面之间的区域。要求被测表面必须位于距离为公差值 0.08 且与基准面 A(基准平面)成理论正确角度 40°的两平行平面之间。

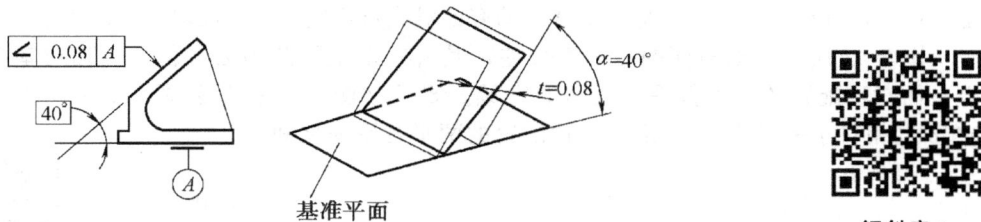

图 7-39　面对面的倾斜度

②面对线的倾斜度。图 7-40 所示是面对线的倾斜度公差,其公差带是距离为公差值 t 且与基准线成一给定角度的两平行平面之间的区域。要求被测表面必须位于距离为公差值 0.1 且与基准线 A(基准轴线)成理论正确角度 75°的两平行平面之间。

倾斜度 2

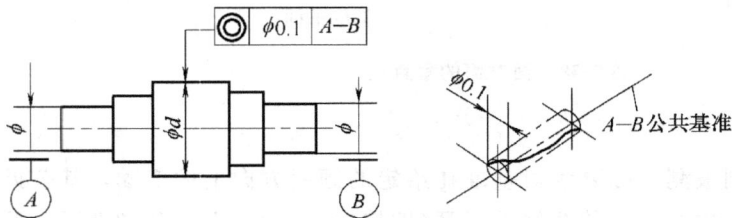

基准平面

图 7-40　面对线的倾斜度

2)定位公差

定位公差是关联实际要素对基准在位置上所允许的变动全量。定位公差带是限制关联实际要素对基准在位置上的变动区域，因而公差带相对于基准有确定的位置。定位公差包括同轴度、对称度、位置度三项。

(1)同轴度。

同轴度公差用于限制被测实际轴线对基准轴线是否在同一轴线上的位置误差，即要求被测轴线的理想位置与基准同轴，此时理论位置定位的理论正确尺寸为零，其公差带是直径为公差值 t 的圆柱面内的区域，该圆柱面的轴线与基准轴线同轴。如图 7-41 所示，要求大圆柱面的轴线必须位于直径为公差值 0.1 且与公共基准线 $A—B$（公共基准轴线）同轴的圆柱面内。

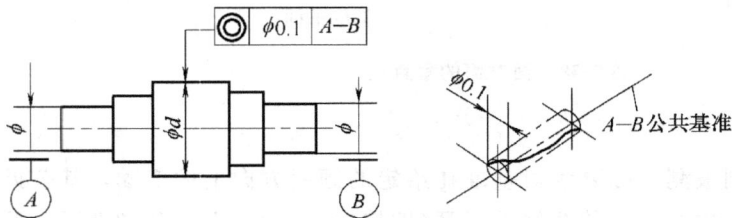

A—B公共基准

同轴度

图 7-41　同轴度

(2)对称度。

对称度公差用于限制被测要素(中心面或中心线)对基准要素(中心面或中心线)是否共面的误差，即要求被测中心要素的理想位置与基准中心要素共面，此时的理想位置定位的理论正确尺寸为零。对称度最常见的有面对线对称度和面对面对称度两种情况。

图 7-42 所示是面对面的对称度公差，其公差带是距离为公差值 t 且相对基准的中心平面对称配置的两平行平面之间的区域。要求被测中心平面必须位于距离为公差值 0.08 且相对于基准中心平面 A 对称配置的两平行平面之间。

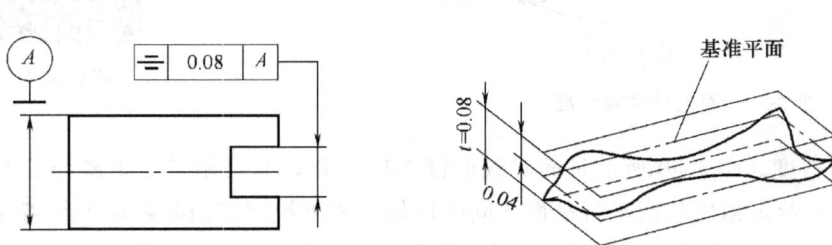

基准平面

对称度

图 7-42　面对面的对称度

图 7-43 所示是面对线的对称度公差，其公差带是距离为公差值 t 且相对于基准轴线对称配置的两平行平面之间的区域。此时键槽的中心平面应位于距离为 0.1 mm 的两平行平面之间，这两个平行平面对称配置在通过基准轴线的辅助平面两侧。

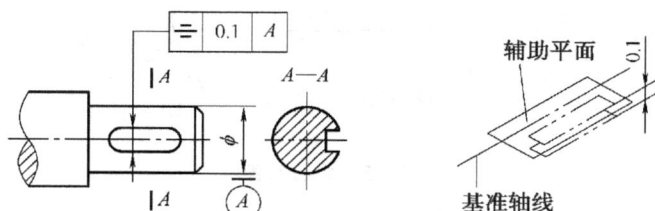

图 7-43　面对线的对称度

（3）位置度。

位置度公差用于限制被测要素的实际位置对理想位置的变动量，理想位置由理论正确尺寸和基准共同确定。位置度的被测要素可以是点、线、面，公差带的形状有圆、球、圆柱、两平行直线、两平行平面、两组相互垂直的平行平面（四棱柱）等区域。下面介绍典型的位置度公差。

点的位置度

图 7-44 所示是线的位置度公差，其公差带是轴线位于理想位置的直径为公差值 t 的圆柱面内的区域，轴线的位置由三基面体系和理论正确尺寸确定。此时轴线应位于直径为 0.08，且相对于 C、B、A 基准表面的理论正确位置所确定的理想位置为轴线的圆柱面内。

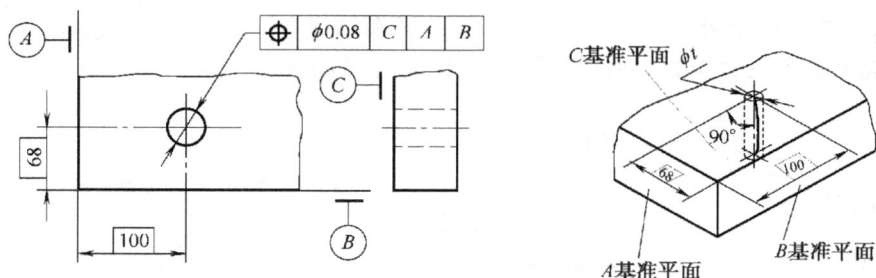

图 7-44　线的位置度

图 7-45 所示是面的位置度公差，其公差带是距离为公差值 t 且以面的理想位置为中心对称配置的两平行平面之间的区域。面的理想位置是由相对于三基面体系的理论正确尺寸确定的，此时被测表面必须位于距离为公差值 0.05，由以相对于基准线 B（基准轴线）和基准表面 A（基准平面）的理论正确尺寸所确定的理想位置对称配置的两平行平面之间。

任意方向的位置度

3）跳动公差

跳动公差是根据检测方法来定义的公差项目，即当被测实际要素绕基准轴线回转时，被测表面法线方向的跳动量的允许值。跳动量用指示表的最大读数与最小读数的差来表示。根据测量时指示表测头对被测表面是否做相对移动将跳动分为圆跳动和全

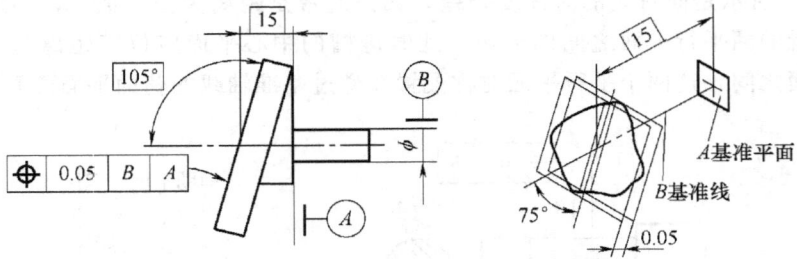

图 7-45　面的位置度

跳动两类。

（1）圆跳动。

圆跳动公差是指被测实际要素绕基准做无轴向移动旋转（跳动通常是围绕轴线旋转一整周，也可对部分圆周进行限制）时，位置固定的指示表在任一测量面内所允许的指示值的最大变动量。圆跳动公差适用于每一个不同的测量位置。根据测量方向相对于基准轴线的不同位置（测量面的不同），圆跳动分为径向圆跳动、端面圆跳动和斜向圆跳动。

①径向圆跳动。径向圆跳动的测量方向垂直于基准轴线，测量面为垂直于轴线的平面，其公差带是在垂直于基准轴线的任一测量平面内、半径差为公差值 t 且圆心在基准轴线上的两同心圆之间的区域。图 7-46(a) 表示当被测要素围绕基准线 A（基准轴线）并同时受基准表面 B（基准平面）的约束旋转一周时，在任一测量平面内的径向圆跳动量均不得大于 0.1。图 7-46(b) 表示当被测要素围绕公共基准线 $A-B$（公共基准轴线）旋转一周时，在任一测量平面内的径向圆跳动量均不得大于 0.1。图 7-46(c) 所示为公差带图。

径向圆跳动

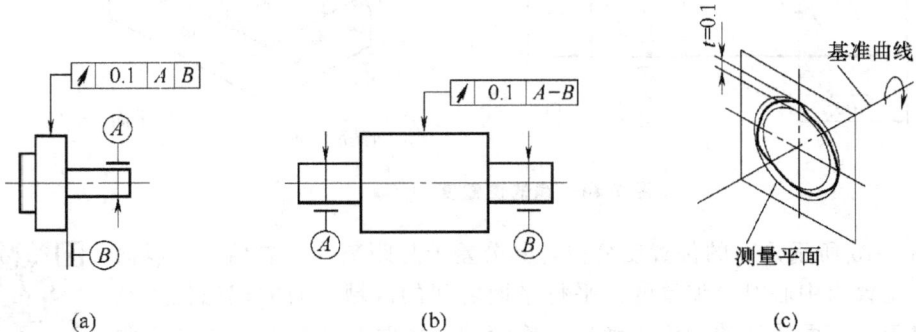

图 7-46　径向圆跳动

②端面圆跳动。端面圆跳动的测量方向平行于基准轴线，测量面为与基准同轴的圆柱面，其公差带是在与基准同轴的任一半径位置的测量圆柱面上距离为 t 的两圆之间的区域。图 7-47 表示被测端面围绕基准线 D（基准轴线）旋转一周时，在任一测量圆柱面内轴向的跳动量均不得大于 0.1。

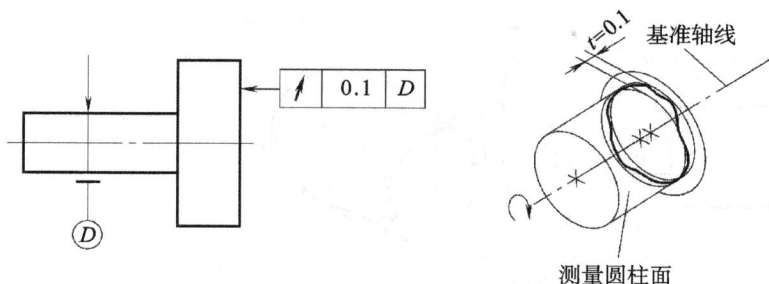

图 7-47　端面圆跳动

③斜向圆跳动。斜向圆跳动的测量方向与基准轴线倾斜一定角度并与被测面垂直(另有规定除外)，测量面为素线与被测锥面的素线垂直或成一指定角度、轴线与基准轴线重合的圆锥面。其公差带是在与基准同轴的任一测量圆锥面上距离为 t 的两圆之间的区域。图 7-48 表示被测面绕基准线 C(基准轴线)旋转一周时，在任一测量圆锥面上的跳动量均不得大于 0.1。

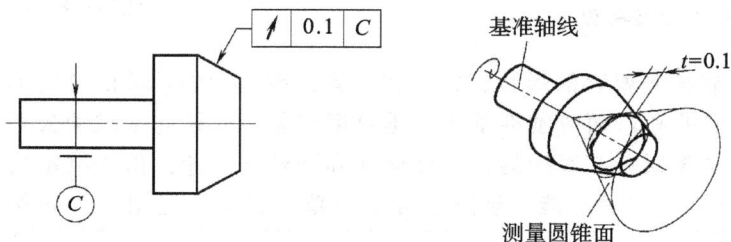

图 7-48　斜向圆跳动

(2)全跳动。

全跳动公差是指被测关联实际要素绕基准作连续旋转，同时指示表的测头沿着给定的方向作直线移动，在整个测量过程中所允许的指示值的最大变动量。根据指示表移动的方向相对于基准轴线是平行还是垂直，将全跳动分为径向全跳动和端面全跳动两种。

①径向全跳动。径向全跳动公差是指被测关联实际要素绕基准作连续旋转，同时指示表的测头沿着平行于基准轴线的方向做相对移动，在整个测量过程中所允许的指示值的最大变动量。其公差带是半径差为公差值 t 且与基准同轴的两圆柱面之间的区域。图 7-49 表示被测要素围绕公共基准线 $A-B$ 做连续旋转，同时测量仪器与工件间做平行于公共基准轴线 $A-B$ 的轴向相对移动，被测要素上各点间的示值差均不得大于 0.1。

②端面全跳动。端面全跳动公差是指被测关联实际要素绕基准做连续旋转，同时指示表的测头沿着垂直于基准轴线的方向做相对移动，在整个测量过程中所允许的指示值的最大变动量。其公差带是距离为公差值 t 且与基准垂直的两平行平面之间的区域。图 7-50 表示被测要素围绕基准轴线 D 做连续旋转，并在测量仪器与工件间做垂直于基准轴线方向的相对移动时，在被测要素上各点间的示值差均不得大于 0.1。

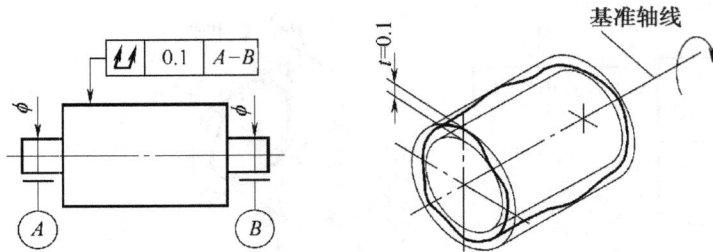

图 7-49　径向全跳动

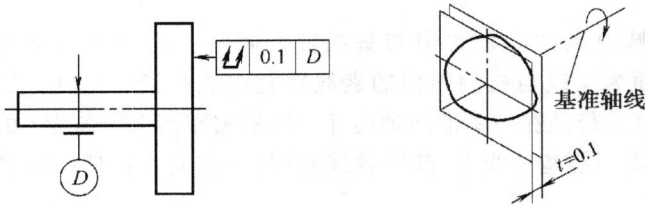

图 7-50　端面全跳动

端面全跳动

　　跳动公差带可以综合控制被测要素的形状、方向和位置公差。例如，端面全跳动公差可以控制端面的平面度误差和端面对基准轴线的垂直度误差，而径向全跳动公差带则可以控制圆度误差、圆柱度误差、素线的直线度误差和同轴度误差。由于跳动公差具有这种综合控制零件形位误差的功能，且测量方法简单，因此广泛用于旋转类零件。

▶ 任务 3　几何公差与尺寸公差的关系

　　在机械零件设计中，对于同一个零件往往既有尺寸公差要求，又有形状和位置公差要求。为了满足某些配合性质、装配性以及最低强度等要求，对于这些要素提出了尺寸公差与形位公差之间的关系问题。公差原则就是处理尺寸公差与形位公差之间关系的原则。

　　国家标准 GB/T 4249—2018《产品几何技术规范（GPS）基础 概念、原则和规则》规定了形位公差与尺寸公差之间的关系。公差原则按形位公差是否与尺寸公差发生关系，分为独立原则和相关要求。形位公差与尺寸公差之间无关系的为独立原则，有关系的为相关要求。

　　相关要求则按应用的要素和使用要求的不同又分为包容要求、最大实体要求、最小实体要求和可逆要求。国家标准 GB/T 16671—2009《产品几何技术规范（GPS）几何公差 最大实体要求、最小实体要求和可逆要求》中规定了有关的术语定义。

7.3.1　有关公差要求的基本概念

　　公差要求明确规定了几何公差与尺寸公差的相互关系，公差要求可分独立原则和相关要求。相关要求又分为包容要求、最大实体要求、最小实体要求、可逆要求。要很好地理解几何公差与尺寸公差的关系，就必须熟悉相关的基本概念。

1. 局部实际尺寸（简称实际尺寸 D_a、d_a）

在实际要素的任意正截面上，两对应点之间测得的距离，如图 7-51 中的 d_{a1}、D_{a1} 均为局部实际尺寸。内表面的局部实际尺寸用 D_a 表示，外表面的局部实际尺寸用 d_a 表示。

图 7-51　局部实际尺寸

2. 作用尺寸和关联作用尺寸

1）单一要素的作用尺寸

单一要素的体外作用尺寸：在被测要素的给定长度上，与实际内表面体外相接的最大理想面或与实际外表面体外相接的最小理想面的直径或宽度，如图 7-52 和图 7-53 所示。

图 7-52　孔（内表面）的体外作用尺寸　　　　图 7-53　轴（外表面）的体外作用尺寸

单一要素的体内作用尺寸：在被测要素给定长度上，与实际内表面体内相接的最小理想面或与实际外表面体内相接的最大理想面的直径或宽度，如图 7-54 和图 7-55 所示。

图 7-54　孔（内表面）的体内作用尺寸　　　　图 7-55　轴（外表面）的体内作用尺寸

2）关联要素的作用尺寸

关联要素的体外作用尺寸：在被测要素给定长度上，与有位置要求的实际内表面体外相接且与基准保持图样上给定的几何关系的最大理想面的直径或宽度，如图 7-56 所示；与有位置要求的实际外表面体外相接且与基准保持图样上给定的几何关系的

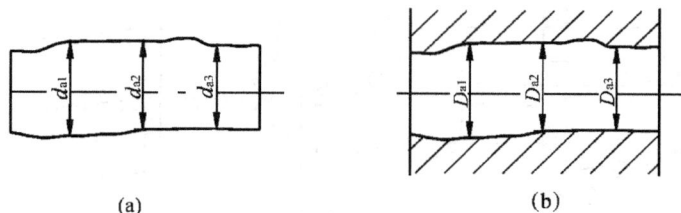

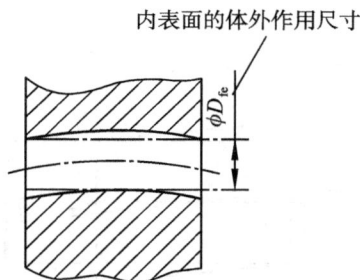

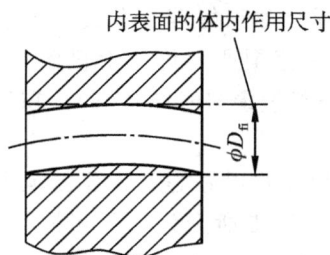

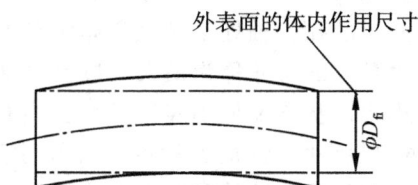

最小理想面的直径或宽度，如图 7-57 所示。

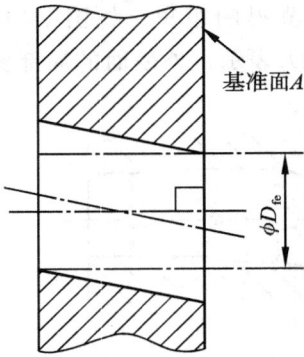

图 7-56　关联要素孔(内表面)的体外作用尺寸　　图 7-57　关联要素轴(外表面)的体外作用尺寸

关联要素的体内作用尺寸：在被测要素给定长度上，与有位置要求的实际内表面体内相接且与基准保持图样上给定的几何关系的最小理想面的直径或宽度，如图 7-58 所示；与有位置要求的实际外表面体内相接且与基准保持图样上给定的几何关系的最大理想面的直径或宽度，如图 7-59 所示。

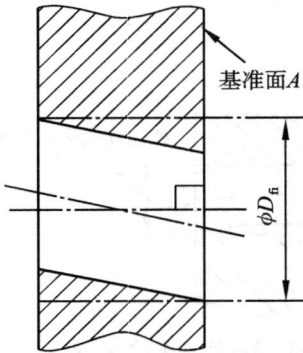

图 7-58　关联要素孔(内表面)的体内作用尺寸　　图 7-59　关联要素轴(外表面)的体内作用尺寸

3. 最大、最小实体状态

最大实体状态及最大实体尺寸：当孔加工后的实际尺寸正好等于孔公差范围所允许的下极限尺寸、轴加工后的实际尺寸正好等于轴公差范围所允许的上极限尺寸时，我们称此时的孔、轴处于最大实体状态 MMC(即具有材料量最多时的状态)。在最大实体状态时具有的尺寸称为最大实体尺寸(D_m 与 d_m)。

最小实体状态及最小实体尺寸：当孔加工后的实际尺寸正好等于孔公差范围所允许的上极限尺寸、轴加工后的实际尺寸正好等于轴公差范围所允许的下极限尺寸时，我们称此时的孔、轴处于最小实体状态 LMC(即具有材料量最少时的状态)。在最小实体状态时具有的尺寸称为最小实体尺寸(D_l 与 d_l)。

4. 最大、最小实体实效状态

(1)最大实体实效状态：在给定长度上，实际(组成)要素处于最大实体状态且其导出要素的几何误差等于给出公差值时的综合极限状态。最大实体实效状态下的体外作用尺寸称为最大实体实效尺寸，用 D_{mv} 与 d_{mv} 表示。轴的最大实体实效状态要求的标注如图 7-60(a)所示,最大实体实效尺寸如图 7-60(b)所示。

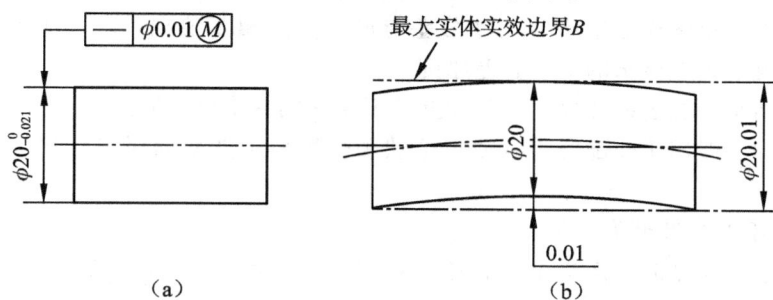

图 7-60　轴的最大实体实效状态及最大实体实效尺寸

(2)最小实体实效状态在给定长度上,实际(组成)要素处于最小实体状态,且其导出要素的几何误差等于给出公差值时的综合极限状态。最小实体状态下的体内作用尺寸称为最小实体实效尺寸,用 D_{lv} 与 d_{lv} 表示。孔的最小实体实效状态要求的标注如图 7-61(a)所示,最小实体实效尺寸如图 7-61(b)所示。

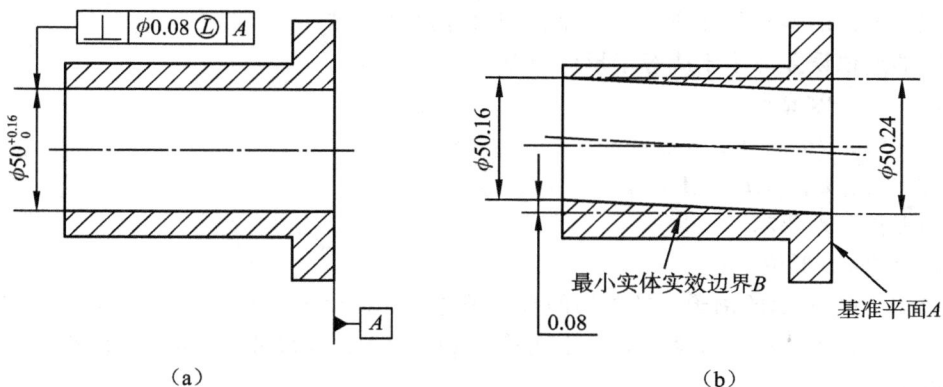

图 7-61　孔的最小实体实效状态及最小实体实效尺寸

5.理想边界

理想边界是由设计给定的具有理想形状的极限包容面。其尺寸为极限包容面的直径或距离。

设计时,根据零件的功能和经济性要求,常给出以下几种理想边界:

(1)最大实体边界(MMB):理想边界的尺寸等于最大实体尺寸时,称为最大实体边界。

(2)最大实体实效边界(MMVB):当理想边界的尺寸等于最大实体实效尺寸时,称为最大实体实效边界。

(3)最小实体边界(LMB):当理想边界的尺寸等于最小实体尺寸时,称为最小实体边界。

(4)最小实体实效边界(LMVB):当理想边界的尺寸等于最小实体实效尺寸时,称为最小实体实效边界。

轴的理想边界

7.3.2 独立原则

独立原则是指图样上给出的尺寸公差与形位公差相互独立，互不相关，检验应该分别满足各自的公差要求的一项公差原则。

独立原则是形位公差和尺寸公差相互关系遵循的基本公差原则。

独立原则一般用于非配合零件或对形状和位置要求严格而对尺寸精度要求相对较低的场合。

1. 独立原则应用于单一要素

当采用独立原则时，图样上不做任何附加标记，譬如，液压传动中常用的液压缸的内孔，为防止泄漏，对液压缸内孔的形状精度（圆柱度、轴线直线度）提出了较严格的要求，而对其尺寸精度则要求不高，故尺寸公差与形位公差按独立原则给出，如图7-62所示。

2. 独立原则应用单一要素的合格条件

当被测要素应用独立原则时，被测要素的合格条件是：被测要素的实际尺寸应在其两个极限尺寸之间；被测要素的形位误差应小于或等于形位公差。

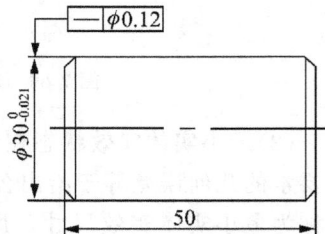
图7-62 独立原则应用于单一要素

1) 尺寸公差要求

对于轴：$d_{max} \geqslant d_a \geqslant d_{min}$；

对于孔：$D_{min} \leqslant D_a \leqslant D_{max}$。

2) 形位公差要求

f 形位 $\leqslant t$ 形位。

如图7-62所示的例子，被测轴的合格条件是：轴径$\phi30$的实际尺寸应在29.979～30.000 mm；轴线的直线度误差小于或等于$\phi0.12$；轴长尺寸50 mm的误差不超过未注公差范围。

3. 独立原则应用于关联要素

同样，当采用独立原则时，图样上不做任何附加标记，如图7-63所示。

4. 独立原则应用关联要素的合格条件

除了数量关系上应该满足独立原则应用单一要素的合格条件；评定被测要素的位置误差时，公差带的方向一定要保持图样上给定的几何关系（如平行、垂直、倾斜）。

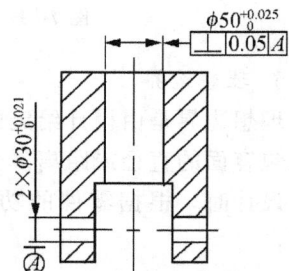
图7-63 独立原则应用于关联要素

如图7-63所示，被测孔的合格条件是：$\phi50$孔径的实际尺寸应在50.000～50.025 mm；该孔的轴线应垂直于$2\times\phi30$公共轴线，其误差值不大于0.05 mm。

7.3.3 包容要求

1. 包容要求

包容要求是指被测实际要素处处位于具有理想形状的包容面内的一种公差要求。该理想形状的尺寸为最大实体尺寸。当被测要素偏离了最大实体状态时，可将尺寸公差的一部分或全部补偿给形状公差。因此，它属于相关要求，表明尺寸公差与形状公差有关系。值得注意的是：包容要求仅用于单一要素，如圆柱或两平行表面。

2. 包容要求标注

在被测要素的尺寸公差后加符号。如图 7-64(a)、图 7-64(b)所示为轴应用包容要求的例子。如图 7-64(c)所示为孔应用包容要求的例子。包容要求遵守的理想边界为最大实体边界。最大实体边界是由最大实体尺寸(MMS)构成的，具有理想形状的边界。如被测要素是轴或孔（圆柱面），则其最大实体边界是直径为最大实体尺寸，形状是理想的内或外圆柱面。包容要求的标注示例如图 7-64 所示。

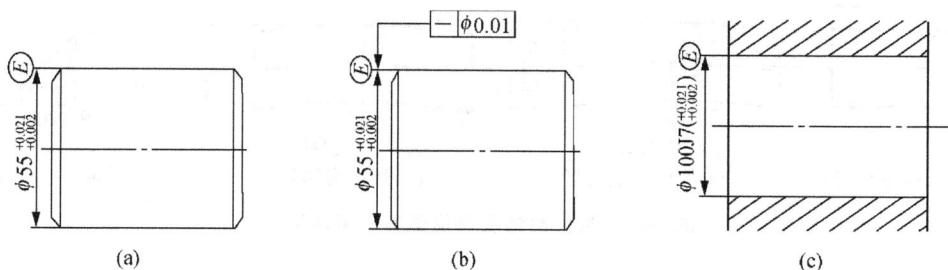

图 7-64   包容要求的标注示例

3. 合格条件

被测要素应用包容要求的合格条件是被测实际轮廓应处处不得超越最大实体边界，其局部实际尺寸不得超出最小实体尺寸。

对于外表面：$d_{fe} \leqslant d_m(d_{max})$ $d_a \geqslant d_1(d_{min})$；

对于内表面：$D_{fe} \geqslant D_m(D_{min})$ $D_a \leqslant D_1(D_{max})$。

如图 7-64(a)所示，被测要素是轴，轴的体外作用尺寸不得大于最大实体边界直径 $d_m = 55.021$ mm，形状是理想的内圆柱面，轴的任一局部实际尺寸 d_a 不得小于 55.002 mm。如图 7-64(c)所示的被测要素是孔，孔的体外作用尺寸不得小于最大实体边界直径 $D_m = 99.987$ mm，形状是理想的外圆柱面，孔的任一局部实际尺寸 D_a 不得大于 100.022 mm。

4. 应用场合

包容要求用于机械零件中配合性质要求较高的配合部位，如回转轴的轴颈和滚动轴承滑动套筒和孔、滑块和滑块槽等。

当相互配合的轴、孔应用包容要求时，合格的轴与合格的孔一一结合，其产生的实际间隙或过盈满足配合性质的要求。

7.3.4   最大实体要求

最大实体要求是控制被测要素的实际轮廓处于其最大实体实效边界之内的一种公差要求。当被测要素的实际状态偏离了最大实体实效状态时，可将被测要素的尺寸公差的一部分或全部补偿给形状或位置公差。

1. 图样标注

在被测要素的形位公差框格中的公差数值后加注符号，有以下几种标注形式，如

图 7-65、图 7-66 所示。最大实体要求遵守的理想边界是最大实体实效边界。最大实体实效边界：尺寸为最大实体实效尺寸，形状为理想的边界。

最大实体实效尺寸（MMVS）为

$$MMVS = MMS \pm t$$

式中　MMS——被测要素的最大实体尺寸；

　　　　t——形位公差值（在最大实体状态下给定的公差值）；

　　　　$\pm$——轴"+"，孔"-"。

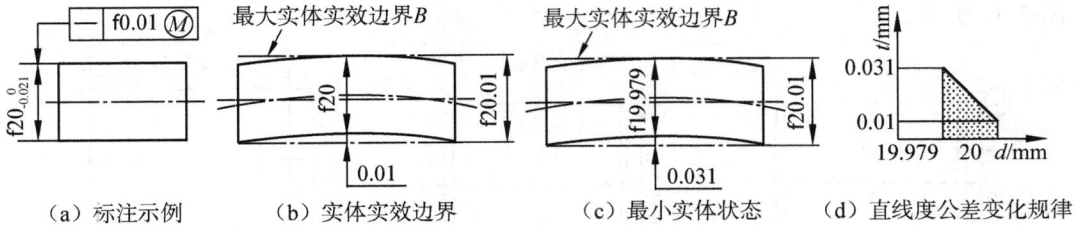

（a）标注示例　　（b）实体实效边界　　（c）最小实体状态　　（d）直线度公差变化规律

图 7-65　最大实体要求用于单一要素示例

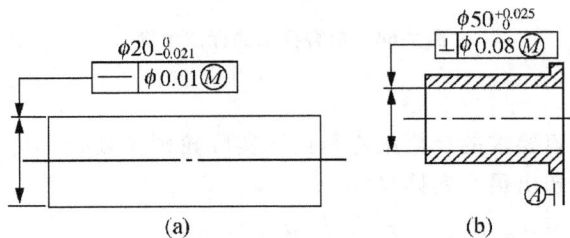

图 7-66　最大实体要求的标注示例

2. 最大实体要求用于单一要素

如图 7-66 所示，给出 $\phi 50^{+0.16}_{0}$ mm 销轴中心线的直线度公差，且在公差框格内的公差值 $\phi 0.01$ mm 后加注符号 M，表示最大实体要求应用于被测要素。

又如，单一要素应用最大实体要求，如图 7-65（a）所示。

如图 7-66（a）所示，被测要素是轴，它应遵守的最大实体实效边界是：直径为 MMVS＝20＋0.01＝20.01（mm），形状是理想的内圆柱面。

3. 关联要素应用最大实体要求

如图 7-66（b）所示，被测要素是孔，它应遵守的最大实体实效边界是：直径为 MMVS＝50－0.08＝49.92（mm），形状是理想的外圆柱面，并且该圆柱面的轴线与右端面垂直。

4. 最大实体要求的零形位公差（如图 7-67 所示）

如图 7-67 所示的标注表明：垂直度公差值 $\phi 0$ 是在被测要素为最大实体状态下给定的，即被测要素处于最大实体状态下，孔的轴线与右端面的垂直度误差为零。该零件的孔遵守最大实体实效边界，最大实体实效尺寸为：MMS＋t＝MMVS。因为垂直度公差 t＝0，所以它就是最大实体边界。

5. 形位公差受限的最大实体要求（如图 7-68 所示）

如图 7-68 所示的标注表明：被测孔遵守的边界与如图 7-64(b) 所示的相同，同样当被测要素偏离最大实体状态时，垂直度公差可以得到补偿。但是，补偿后的垂直度公差值不能超过 $\phi0.1$ mm，即垂直度公差受限。例如，当被测孔1 的尺寸处处等于 50.02 mm 时，偏离最大实体尺寸 50.00 mm 的量为 0.02 mm，则垂直度公差为 ϕ（0.08＋0.02）＝ϕ 0.1 mm；当被测孔 2 的尺寸处处等于最小实体尺寸 50.025 mm 时，偏离最大实体尺寸 50.00 mm 的量为 0.025 mm。若按补偿关系，垂直度公差为 ϕ（0.08＋0.025）＝ϕ0.105 mm，但它超过了 0.1 mm。因此，被测孔 2 的尺寸公差补偿给垂直度公差的最大量仅为 ϕ 0.02 mm。

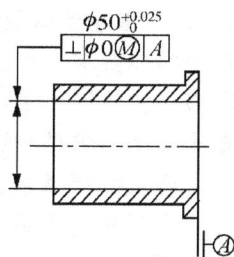

图 7-67　零形位公差的标注示例

6. 被测要素和基准要素均应用最大实体要求，且基准要素本身应用包容要求（如图 7-69 所示）

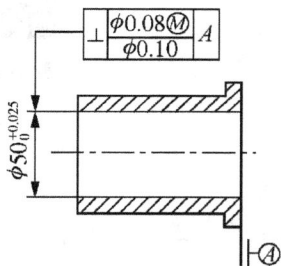

图 7-68　形位公差受限的最大实体要求的标注示例

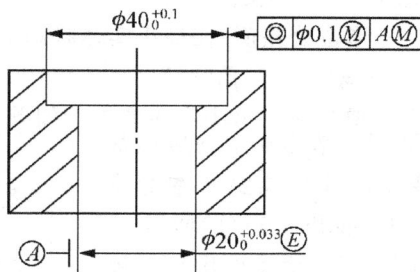

图 7-69　被测要素和基准要素均应用最大实体要求的标注示例

7. 合格条件

应用最大实体要求的合格条件是被测实际轮廓应处处不得超越最大实体实效边界，其局部实际尺寸不得超出最大、最小极限尺寸。

对于轴：$d_{max} \geqslant d_a \geqslant d_{min}$；

对于孔：$D_{min} \leqslant D_a \leqslant D_{max}$。

8. 应用场合

最大实体要求通常用于对机械零件配合性质要求不高，但要求顺利装配即保证零件可装配性的场合。如减速器输入轴和输出轴的两轴轴端端盖的螺栓孔部位，这些孔轴线的位置度公差可应用最大实体要求，这样能保证螺栓顺利装配。

需要说明的是，最大实体要求适用于中心要素，不能应用于轮廓要素。因为，当应用最大实体要求时，若被测要素偏离最大实体状态，可将偏离量补偿给形位公差。对于被测要素是轮廓要素的，轮廓要素只有形状和位置要求，而无尺寸要求，也就无偏离量，所以不存在补偿问题。如图 7-70 所示，基准要素是轮廓要素，公差框格表示被测要

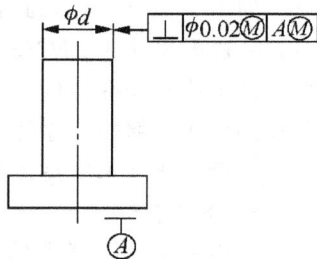

图 7-70　最大实体要求适用于中心要素

素和基准要素均采用最大实体要求，它为错误标注。

7.3.5　最小实体要求

最小实体要求是指被测要素的实际轮廓应遵守其最小实体实效边界，当其实际尺寸偏离最小实体尺寸时，允许其几何误差值超出在最小实体状态下给出的公差值。

最小实体要求是控制被测要素的实际轮廓处于其最小实体实效边界之内的一种公差要求。当被测要素实际状态偏离了最小实体状态时，可将被测要素的尺寸公差的一部分或全部补偿给形位公差。

1. 图样标注

在被测要素的形位公差框格中的公差数值后加注符号，如图两种标注形式。最小实体要求遵守的理想边界是最小实体实效边界。最小实体实效边界的尺寸是最小实体实效尺寸，形状为理想的边界，对于关联要素，则边界的方位按图样标注的位置关系。

最小实体实效尺寸（LMVS）为

$$LMVS = LMS \mp t$$

式中　LMS——最小实体尺寸；

　　　t——形位公差值（在最小实体状态下给定的公差值）；

　　　$\mp$——轴"+"，孔"-"。

最小实体要求

（1）关联要素应用最小实体要求，如图 7-71(a) 所示。

（2）被测、基准要素均应用最小实体要求，且基准要素本身应用独立原则，如图 7-71(b) 所示。

如图 7-71(a) 所示的图例，被测要素 $\phi 8^{+0.25}_0$ 孔的实际轮廓应遵守最小实体实效边界，其边界尺寸为 $LMVS = LMS + t = 8.25 + 0.4 = 8.65$（mm），形状为理想圆柱面，其轴线与基准侧面 A 距离为理论正确尺寸 6 mm。当被测要素偏离最小实体状态时，可将被

图 7-71　最小实体要求标注

测孔部分或全部的尺寸公差补偿给位置度公差。

如图 7-71(b) 所示的图例，被测要素 $\phi 15^0_{-0.1}$ 孔的实际轮廓应遵守最小实体实效边界，其边界尺寸为 $LMVS = LMS + t = 15.0 + 0.12 = 15.12$（mm），形状为理想的圆柱面，其轴线与基准 A（$\phi 30^0_{-0.5}$ 的轴线）同轴。当被测要素偏离最小实体状态时，可将被测孔部分或全部的尺寸公差补偿给位置度公差。

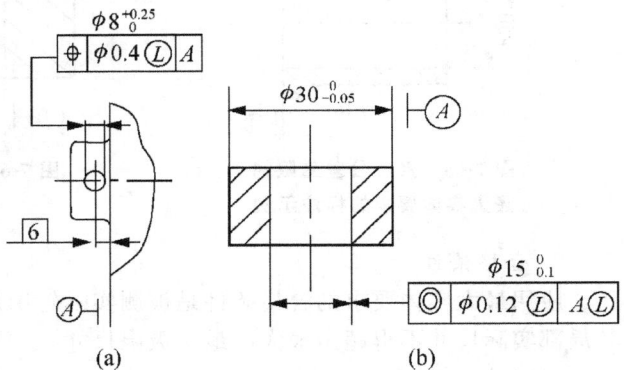

注意：此例基准要素本身不能采用包容要求。

2. 合格条件

应用最小实体要求的合格条件是被测实际轮廓应处处不得超越最小实体实效边界（即被测实际要素所拥有的实体量不得少于最小实体量），其局部实际尺寸不得超出最大、最小极限尺寸。

3. 应用场合

最小实体要求常用于保证机械零件必要的强度和最小壁厚的场合。如大型减速器箱体的吊耳孔(如图 7-72 所示)中心相对箱体外(或内)壁的位置度项目、空心的圆柱凸台(同轴的两圆柱面)及带孔的小垫圈的同轴度项目等。

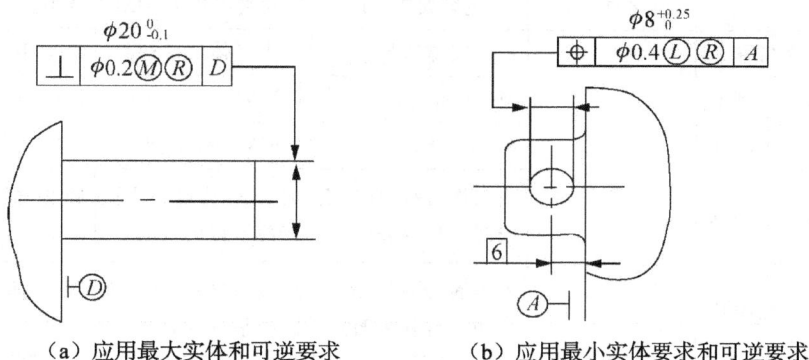

（a）应用最大实体和可逆要求　　　　　（b）应用最小实体要求和可逆要求

图 7-72　可逆要求的标注示例

同理，最小实体要求仅应用于中心要素，不能应用于轮廓要素。

7.3.6　可逆要求

可逆要求是允许尺寸公差补偿给形位公差，反过来也允许形位公差补偿给尺寸公差的一种要求。可逆要求通常与最大实体要求或最小实体要求一起应用，不能单独应用。

1. 图样标注

在被测要素的形位公差框格中的公差数值后加注符号 M、L 和 R，如图 7-72 所示两种标注形式。当被测要素同时应用最大实体要求和可逆要求时，被测要素遵守的边界仍是最大实体实效边界，与被测要素只应用最大实体要求时所遵守的边界相同。同理，当被测要素同时应用最小实体要求和可逆要求时，被测要素遵守的理想边界是最小实体实效边界。

(1)被测要素同时应用最大实体要求和可逆要求，如图 7-72(a)所示。

(2)被测要素同时应用最小实体要求和可逆要求，如图 7-72(b)所示。

2. 尺寸公差与形状公差的关系

最大(小)实体要求应用于被测要素，其尺寸公差与形位公差的关系反映了当被测要素的实体状态偏离了最大(小)实体状态时，可将尺寸公差的一部分或全部补偿给形状公差的关系。

可逆要求与最大(小)实体要求同时应用时，不仅具有上述的尺寸公差补偿给形位公差的关系，还具有当被测轴线或中心面的形位误差值小于给出的形位公差值时，允许相应的尺寸公差增大。

如图 7-72(a)所示，它是同时应用最大实体要求和可逆要求的例子。设被测要素轴 $20_{-0.1}^{0}$，相对基准 D 的垂直度误差为 0.1 mm。而垂直度公差值为 0.2 mm，那么，垂直度公差剩余的 0.1 mm 可以补偿给尺寸公差，即被测轴的实际直径尺寸允许大于最大实体尺寸 20.0 mm，但被测实际轮廓不得超越其最大实体实效边界。

综上所述，公差原则是解决生产第一线中尺寸公差与形位公差之间关系的常用规则。公差原则中独立原则和相关要求的比较见表 7-3。

表 7-3　独立原则和相关要求的比较

公差原则			独立原则 IP	包容要求 ER	最大实体要求 MMR	最小实体要求 LMR
遵守的理想边界	边界名称		无	最大实体边界	最大实体实效边界	最小实体实效边界
	边界尺寸	被测轴		$MMS=d_{max}$	$MMVS=d_{max}+t$	$LMVS=d_{min}-t$
		被测孔		$MMS=D_{min}$	$MMVS=D_{min}-t$	$MMVS=D_{max}+t$
	边界形状守	被测轴		内表面（内圆柱表面或两平行内表面）	内表面（内圆柱表面或两平行内表面）	圆柱面或两平行平面
		被测孔		外表面（外圆柱表面或两平行外表面）	外表面（外圆柱表面或两平行外表面）	圆柱面或两平行平面
合格条件	被测要素实际轮廓		形状误差小于或等于形状公差 $f(\phi f)\leqslant t(\phi t)$	不得超越最大实体边界 $d_{fe}\leqslant d_m$ $D_{fe}\geqslant D_m$	不得超越最大实体实效边界 $d_{fe}\leqslant d_{mv}$ $D_{fe}\geqslant D_{mv}$	不得超越最小实体实效边界 $d_{fi}\geqslant d_{lv}$ $D_{fi}\leqslant D_{lv}$
	实际尺寸	被测轴	$d_{max}\geqslant d_a\geqslant d_{min}$	$d_a\geqslant d_{min}$	$d_{max}\geqslant d_a\geqslant d_{min}$	$d_{max}\geqslant d_a\geqslant d_{min}$
		被测孔	$D_{min}\leqslant D_a\leqslant D_{max}$	$D_a\leqslant D_{max}$	$D_{min}\leqslant D_a\leqslant D_{max}$	$D_{min}\leqslant D_a\leqslant D_{max}$
应用场合			一般场合	单一要素保证配合性质	保证可装配性	保证最低强度最小壁厚

3. 可逆要求用于最大实体要求

可逆要求的含义是：当中心要素的形位误差值小于给出的形位公差值，又允许其实际尺寸超出最大实体尺寸时，可将可逆要求应用于最大实体要求。这时将表示可逆要求的符号"Ⓡ"置于框格中形位公差值后表示最大实体要求的符号"Ⓜ"之后，如图 7-73 所示。可逆要求用于最大实体要求时，保留了最大实体要求时由于实际尺寸对最大实体尺寸的偏离而对形位公差的补偿，增加了由于形位误差值小于形位公差值而对尺寸公差的补偿（俗称反补偿），允许实际尺寸有条件地超出最大实体尺寸（以实效尺寸为限）。此时，被测要素的实体是否超越实效边界，仍用位置量规检验；而其局部实际尺寸不能超出（对孔不能大于，对轴不能小于）最小实体尺寸，用两点法测量。

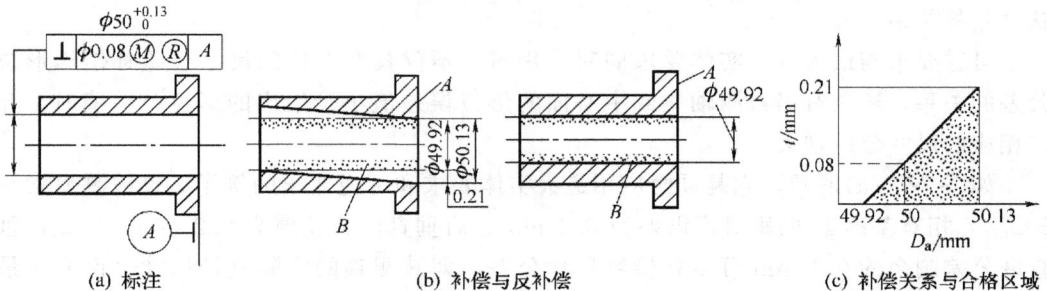

图 7-73　可逆要求

(a) 标注　　　　　(b) 补偿与反补偿　　　　　(c) 补偿关系与合格区域

4.最小实体要求及其可逆要求

1)最小实体要求

最小实体要求是控制被测要素的实际轮廓处于其最小实体实效边界之内的一种公差要求。当其实际尺寸偏离最小实体尺寸时，允许其形位误差值超出其给出的公差值。此时应在图样上形位公差值之后标注符号"Ⓛ"，如图 7-74 所示。

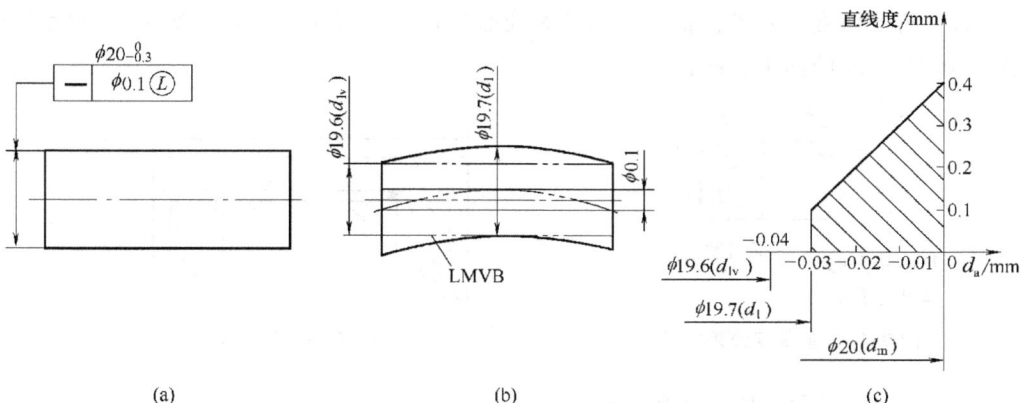

(a)   (b)   (c)

图 7-74 最小实体要求

最小实体要求适用于中心要素，主要用于需保证零件的强度和壁厚的场合。

2)可逆要求用于最小实体要求

当其形位误差值小于给出的形位公差值，又允许其实际尺寸超出最小实体尺寸时，可将可逆要求应用于最小实体要求。此时应同时在其形位公差框格中最小实体要求的形位公差值后标注符号"Ⓡ"，如图 7-75 所示。

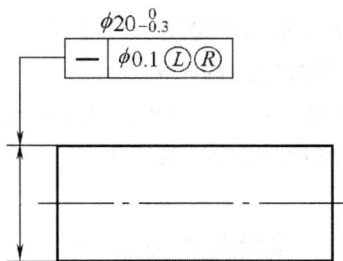

图 7-75 可逆要求用于最小实体要求

▶ 任务 4 直线度检测技能训练

1.学习目标

(1)了解量块、塞尺、刀口尺、平晶的结构及使用方法。

(2)掌握用平尺、量块和塞尺等测量直线度误差及处理数据的方法。

(3)掌握用间隙法测量直线度误差的方法。

2.思考的问题

(1)用间隙法检测如图 7-76 所示的直线度。

(2)用合像水平仪检测直线度的方法比较复杂，可否有更简单的测量方法？

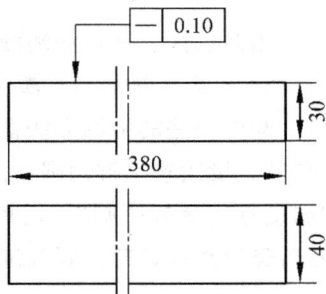

图 7-76 直线度要求

3. 工具与量具准备

(1)用量块组合尺寸。

(2)使用量块、塞尺和平尺等测量长方形垫铁的直线度误差。

4. 识读直线度公差

(1)认识直线度公差框格，直线度公差框格如图7-77所示。

(2)分析平面度公差带：被测表面的素线必须位于平行于图样正投影面，且距离为公差值0.10 mm的两平行线内。

图 7-77 直线度公差框格

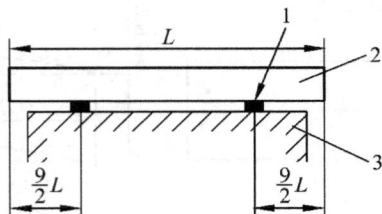

图 7-78 平尺放置

5. 用间隙法测量零件直线度误差

(1)平尺放置在被测直线上，用两块大小合适、等厚的等高块支撑平尺。支撑点距离平尺两端距离为$2L/9$，如图7-78所示。

(2)平尺模拟测量基准，等高块和塞尺放置在所形成的间隙处直接测出平尺工作表面与被测直线之间的距离。

6. 处理数据，判断零件是否合格

直线度误差计算公式：

$$f = f_{max} - f_{min}$$

式中　f——直线度误差(mm)；

　　　f_{max}——测得的最大值(mm)；

　　　f_{min}——测得的最小值(mm)。

▶ 任务5　圆度检测技能训练

1. 工作任务

用两点法、三点法测图7-79所示工件的圆度误差。

2. 圆度误差检测原理

圆度误差的检测方法很多，基本原理是采用"与理想要素比较原则"或"测量坐标值原则"，设法求出被测圆横向截面的实际轮廓信息，然后按要求评定其误差值；或者用"测量特征参数原则"，运用简便的方法，测量特征参数(如偶数棱圆的直径变化量)，然后经过数据处理得到圆度误差值。

图 7-79　阶梯轴

1）两点法

两点法又称直径测量法，如图 7-80 所示，指在垂直于被测圆柱面轴线的测量平面内，测量直径的变化量 Δ，取直径变化量的一半作为被测截面上的圆度误差（$f = \Delta/2$）。在零件轴向的多个位置进行测量，取所有截面圆度误差的最大值作为零件的圆度误差值。

两点法用代号"2"表示。

两点法测量时可以使用普通计量器具，如游标卡尺、百分尺、比较仪等，

图 7-80　两点法测圆度误差

简便易行。但是此法只能用于检测被测轮廓具有偶数棱的圆度误差，不能用于检测奇数棱圆的圆度误差。因此，运用两点法检测时，必须已确切知道被测轮廓具有偶数棱的特征，才能获得较准确的测量结果。

判断被测表面的奇、偶棱数，可在 V 形架上进行，让被测零件置于 V 形架上回转，在横向测量截面内用指示表测出最高点的读数，然后将工件旋转 180°再次测量，若指示表的示值与第一次相同或很接近，则一般为偶数棱；反之，在工件旋转 180°后指示表的示值相对于第一次偏小，则一般为奇数棱。

2）三点法

三点法测量圆度误差是利用 V 形架与指示表组合测量圆度误差，如图 7-81 所示。三点测量法可分为顶点式与鞍式两类。对于顶点式测量又分为对称式与非对称式。对称式是指测量方向与 V 形块两固定支承面的角平分线重合，非对称式是指测量方向与 V 形块两固定支承面的角平分线间成一角度 β，如图 7-81（c）所示。鞍式常用于大直径零件的测量。

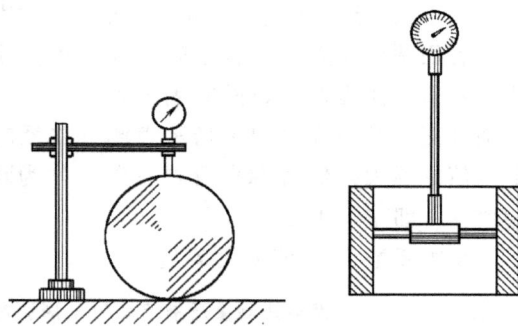

V 形架(或固定支撑)的夹角 α 有 $90°$、$120°$、$60°$、$72°$、$108°$五种。

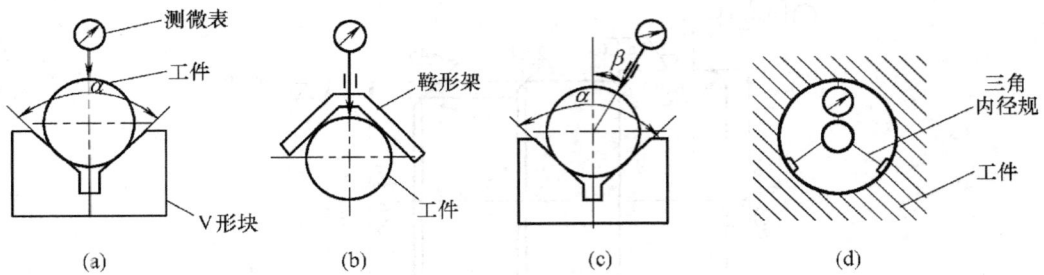

图 7-81　三点法测量示意图

三点法测量用代号"3"表示；顶式用"s"表示；鞍式用"R"表示，将以上代号和 V 形架(或固定支撑)的夹角 α 、指示表安装位置的测量角 β 写在一起就构成了三点测量装置的代号。如：$3s\alpha$——三点顶式对称测量装置；

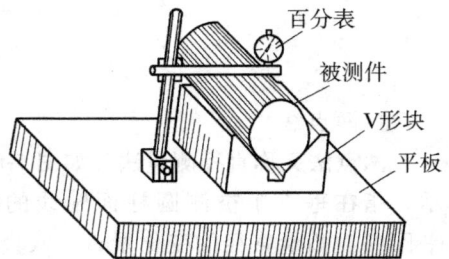

图 7-82　三点法测量装置

$3R_\alpha$——三点鞍式对称测量装置；$3s\dfrac{\alpha}{\beta}$——三点顶式非对称测量装置。

图 7-82 所示的三点法测量装置是通常用来测量外表面圆度误差的，测量时，被测圆柱面的轴线应垂直于测量截面，同时固定轴向位置，将被测圆柱面回转一周过程中指示表测头在径向方向上示值的最大差值 Δ 除以反映系数 F 作为圆度误差值 f，即 $f=\Delta/F$。

反映系数 F 的值见表 7-4。

表 7-4　两点法测量及指示表和 V 形块对称安置的顶式三点法测量的反应系数 F

棱数 n	两点法 2	三 点 法				
		$3s72°$	$3s108°$	$3s90°$	$3s120°$	$3s60°$
2	2	0.47	1.38	1.00	1.58	
3		7.26	1.38	7.00	1.00	3
4	2	0.38		0.41	0.42	
5		1.00	7.24	7.00	7.00	
6	2	7.38		1.00	0.16	3
7		0.62	1.38		7.00	
8	2	1.53	1.38	7.41	0.42	
9		7.00			1.00	3
10	2	0.70	7.24	1.00	1.58	
11		7.00		7.00		

棱数 n	两点法 2	三　点　法				
		$3s72°$	$3s108°$	$3s90°$	$3s120°$	$3s60°$
12	2	1.53	1.38	0.41	7.16	3
13		0.62	1.38	7.00		
14	2	7.38		1.00	1.58	
15		1.00	7.24		1.00	3
16	2	0.38		7.41	0.42	
17		7.62	1.38		7.00	
18	2	0.47	1.38	1.00	0.16	3
19				7.00	7.00	
20	2	7.70	7.24	0.41	0.42	
21				7.00	1.00	3

　　从前面的介绍看,三点法测量的关键是确定被测零件的棱数,这一点也是三点法测量的难点。在生产中零件出现的正棱圆形多为两棱、三棱、四棱、五棱、七棱,更多棱数及均匀等分的情况是极少的。棱圆数与加工条件密切相关,无心磨削加工多产生三棱、五棱、七棱,采用顶针装夹进行车、磨加工,多产生两棱(椭圆度),当三点或四点定位装夹零件时多产生三棱或四棱。

　　在棱数为未知的情况下,采用两点法和三点法组合测量,能取得较好的效果。经过推算,在进行组合测量时,大多数情况下反映系数等于 2。所以,组合测量时应在多个截面测量,取所有测得值中的最大值除以 2 作为工件的圆度误差。

　　3)圆度仪法

　　圆度仪的测量原理是利用点的回转形成的基准圆与被测实际圆轮廓相比较而评定其圆度误差值。测量时,仪器测头与被测零件表面接触并做相对匀速转动,测头沿被测工件表面的正截面轮廓线划过,通过传感器将实际圆轮廓线相对于回转中心的半径变化量转变为电信号,经放大和滤波后自动记录下来,获得轮廓误差的放大图形,就可按放大图形来评定圆度误差;也可由仪器附带的电子计算装置运算,将圆度误差值直接显示并打印出来。圆度仪的测量示意图如图 7-83 所示。

　　4)测坐标值法

　　此方法是将被测零件放置在设定的直角坐标系或极坐标系中,测量被测零件横向截面轮廓上各点的坐标值,然后按要求,用相应的方法来评定圆度误差值。

　　在极坐标系中测量圆度误差,需要有精密回转的分度装置(如分度台或分度头)结合指示表进行测量。图 7-84 所示即为在光学分度头上用测量极坐标法测圆度误差的示例。测量时,将被测工件装在光学分度头附带的顶尖之间,指示表固定不动,在起始位置将指示表指针调零位(起始点的读数为零),按等分角旋转分度头,每转一个等分

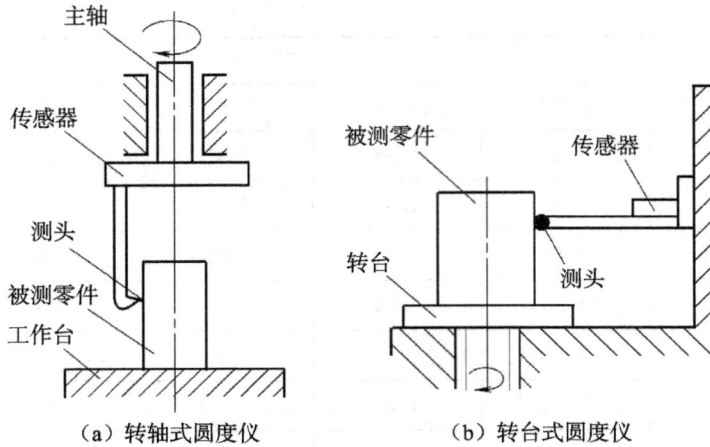

（a）转轴式圆度仪　　　　　　（b）转台式圆度仪

图 7-83　圆度仪的测量示意图

角即可从指示表上读取一个数值，该数值即为该点相对于参考圆半径的变化量。根据参考圆的半径将所得数值按一定比例放大后，标在极坐标纸上，就可绘制出轮廓误差曲线，根据该曲线即可评定圆度误差。按上述方法测量若干截面，取其中最大的误差值作为该零件的圆度误差。

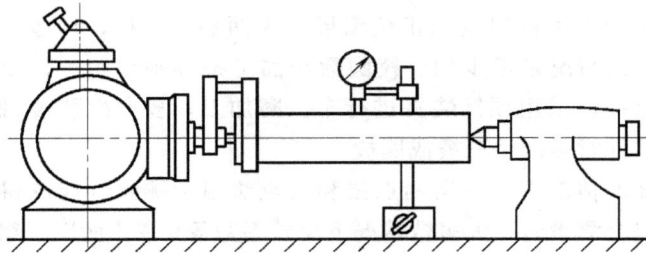

图 7-84　光学分度头测圆度误差

假设在对某一零件的横向截面轮廓按 30°等分角测得各点相对于测量时参考圆的半径变化量见表 7-5，则作图过程是：先取一适当的参考圆半径 R_0，将 ΔR 以适当的倍率放大后在极坐标系中顺次逐一描点连线即可得到轮廓误差曲线图，如图 7-85 所示。

表 7-5　坐标值法测圆度误差的数值

测点顺序	1	2	3	4	5	6	7	8	9	10	11	12
半径变化量 $\Delta R/\mu m$	0	−2	−4	−6	−2	+2	+3	−2	−3	+4	+2	−2

在直角坐标系中测圆度误差，应在坐标测量装置(如坐标测量机)或带电子计算机的测量显微镜上进行，测量同一截面轮廓上采样点的直角坐标值 $M_i(x_i, y_i)$，如图 7-86 所示。然后由计算机评定该截面的圆度误差。按上述方法测量若干截面，取其中最大的误差值作为该零件的圆度误差。

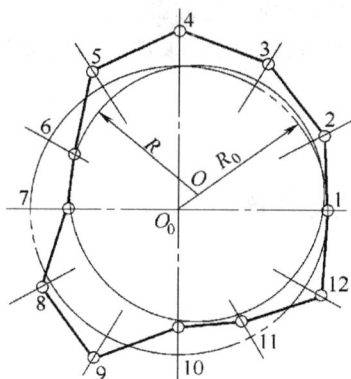

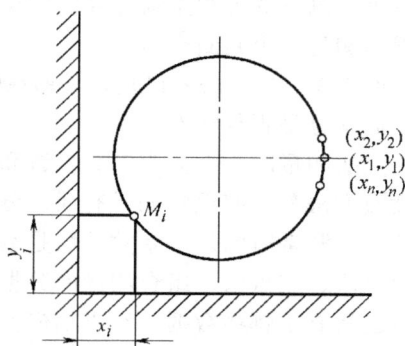

图 7-85   圆度误差曲线   图 7-86   直角坐标法测圆度误差原理

3. 检测计划

在检测实训过程中，各小组协同制订检测计划，共同解决检测过程中遇到的困难；要相互监督计划的执行与完成情况，并交叉互检，以提高检测结果的准确性。在实训过程中，要如实填写表 7-6 所示的"用两点法、三点法测圆度误差工作计划及执行情况表"。

表 7-6   用两点法、三点法测圆度误差工作计划及执行情况表

序 号	内 容	所用时间	要 求	完成/实施情况记录或个人体会、总结
1	研讨任务		看懂图纸，分析圆度公差和零件加工方法；初步确定圆柱面的棱数，确定三点法的具体方案和检测位置	
2	计划与决策		制订详细的检测计划并确定所需要的计量器具	
3	实施检测		根据计划，按两点法、三点法分步实施，做好记录，填写测试报告	
4	结果检查		检查本组组员的计划执行情况和检测结果，并组织交叉互检	
5	评估		对自己所做的工作进行反思，提出改进措施，谈谈自己的心得体会	

4. 检测实施

(1)填写借用工件和计量器具的申请表。

(2)领取工件和计量器具。

(3)清洗工件、量具和辅助工具。

(4)用两点法检测工件圆度误差，注意可以用直接测量也可以用比较测量，根据具体情况选择测量方法；分截面计算工件圆度误差，然后在多个截面的圆度误差值中取最大值作为工件的圆度误差。

(5)用三点法检测工件圆度误差；注意安装方式和反映系数的选择；分截面计算工

件圆度误差，然后在多个截面的圆度误差值中取最大值作为工件的圆度误差。

（6）用组合测量的方法重新计算圆度误差，并与前面计算的结果进行对比分析。

（7）根据测量结果判断合格性。

5. 用两点法、三点法测圆度误差的检查要点

（1）截面划分是否科学？

（2）三点法测量时，百分表安装位置和测杆方向是否正确？

（3）读数方法是否有误？如果有误，分析原因。

（4）三点法测量时的反映系数选取是否正确？

（5）两点法、三点法、组合测量的数据比较。

（6）自己复查了哪些数据？结果如何？

（7）与同组成员的互检结果如何？

任务6　工程技术应用案例

7.6.1　平面度误差的检测技能训练

1. 检测目的

检测的目的是掌握平面度误差的检测方法。

2. 检测内容

检测内容为平面度误差测量。

3. 检测设备

检测设备有百分表架、百分表、平台、小千斤顶、平板等。

4. 检测方法

（1）平面度误差：被测实际平面对其理想平面的允许变动全量，是一项控制平面形状误差的指标。

（2）检测方法（间接测量法）：是通过测量实际表面上若干点的相对高度差或相对倾斜角，经数据处理后，求其平面度的误差值。

具体操作时是将被测零件用可调千斤顶安置在平台上，以标准平台为测量基面，按三点法或四点法（对角线法）调整被测面与平台平行。用百分表沿实际表面上布点逐点测量。布点测量时，先测得各测点的数据，然后按要求进行数据处理，补充平面度误差。所用的布点方法如图7-87所示。测量时按图中箭头所示的方向依次进行，最外的测点应距工作面边缘5～10 mm。

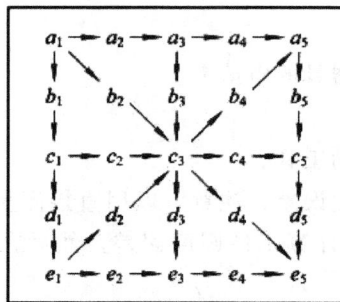

图7-87　对角线布点法

5. 检测步骤

(1)擦净被测小平板，按图 7-88 的布点方式在被测表面上标定测点并进行编号。

(2)将被测小平板按图 7-88 所示支撑在基准平台的三个千斤顶上，三个千斤顶应位于被测小平板上相距最远的三点。

(3)通过三个千斤顶支架调整被测平面上对角对应点 1 与 2、3 与 4 等高，此时，即以此三个千斤顶建立的平面作为测量基面。

(4)用百分表在被测表面上的各布点进行测量，并按编号记录百分表读数值，从百分表上读出的最大与最小读数值的差值，就是被测表面的平面度误差。

(5)整理检测仪器，完成项目检测。

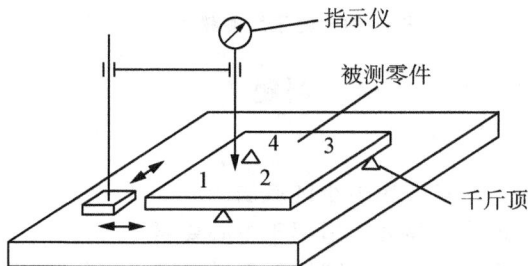

图 7-88　测量平面度误差

6. 平面度误差的评定——按对角线平面法评定

用通过实际被测表面的一条对角线且平行于另一条对角线的平面作为评定基准，以各测点对此评定基准的偏离值中最大偏离值与最小偏离值之差作为平面度误差值。

测点在对角线平面上方时，偏离值为正；测点在对角线平面下方时，偏离值为负。就是以通过实际被测表面的一条对角线且平行于另一条对角线的平面建立理想平面，各测点对此平面的最大正值与最大负值的绝对值之和作为被测实际表面的平面度误差值。

7.6.2　垂直度误差的检测技能训练

1. 检测目的

监测目的是掌握垂直度误差的检测方法。

2. 检测内容

检测内容为平面对平面的垂直度误差测量。

3. 检测设备

检测设备有百分表、平台、垂直表架和标准角尺等。

4. 检测步骤

(1)按被测零件垂直度误差要求，选适合测量范围的百分表安装在垂直表架上。

(2)如图 7-89 所示，将标准角尺的基准面放在基准平台上，将垂直表架移至标准角尺，使垂直表架上的两个定位销与标准角尺接触，压缩百分表至适应位置，记下读数值。

(3)将零件的一个面确定为基准面，并将基准面固定在基准平台上，把垂直表架移至被测零件，使垂直表架上的两个定位销与零件的被测面接触，同时调整靠近基准的被测表面的读数相等。

（4）分别在被测表面各个部分取多个点进行测量，通过百分表进行读数，并记录数据。

（5）求从各点测得的数据中最大读数与最小读数之差即为该零件的垂直度误差。

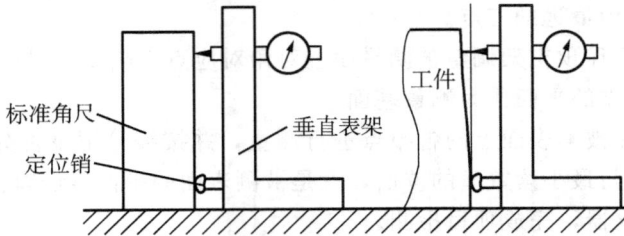

图 7-89　垂直度测量示意图

习题 7

7-1：判断题

1. 评定形状误差时，一定要用最小区域法。　　　　　　　　　　　　（　　）

2. 最大实体要求、最小实体要求适用于中心要素。　　　　　　　　　（　　）

3. 若某平面的平面度误差为 f，则该平面对基准平面的平行度误差大于 f。

（　　）

7-2：填空题

1. 直线度公差带的形状有＿＿＿＿＿＿＿＿几种形状，具有这几种公差带形状的位置公差项目有＿＿＿＿＿＿＿＿＿。

2. 形位公差特征项目的选择应根据＿＿＿＿＿＿＿＿＿＿＿＿＿＿＿＿等方面的因素，经综合分析后确定。

7-3：题图 7-1 所示销轴的三种形位公差标注，它们的公差带有何不同？

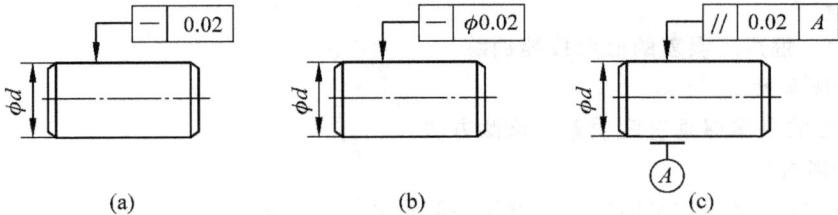

(a)　　　　　　　　　　　(b)　　　　　　　　　　　(c)

题图 7-1

7-4：题图 7-2 所示零件标注的位置公差不同，它们所要控制的位置误差区别何在？试加以分析说明。

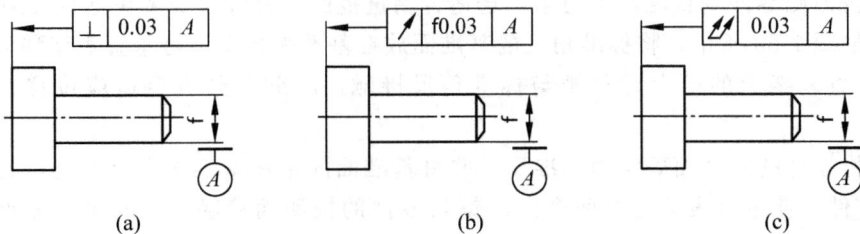

(a)　　　　　　　　　　　(b)　　　　　　　　　　　(c)

题图 7-2

7-5：将下列技术要求标注在题图 7-3 上。

(1)左端面的平面度公差为 0.01 mm，右端面对左端面的平行度公差为 0.04 mm。

(2)ϕ70H7 孔的轴线对左端面的垂直度公差为 0.02 mm。

(3)ϕ210h7 轴线对 ϕ70H7 孔轴线的同轴度公差为 ϕ0.03 mm。

(4)4-ϕ20H8 孔的轴线对左端面(第一基准)和 ϕ70H7 孔轴线的位置度公差为 ϕ0.15 mm。

7-6：按题表 7-1 的内容，说明题图 7-4 中形位公差代号的含义。

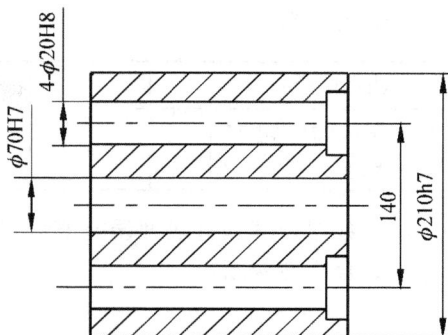

题图 7-3

题表 7-1

代　号	解释代号含义	公差带形状
⌀ 0.004		
↗ 0.015 B		
// 0.01 A		

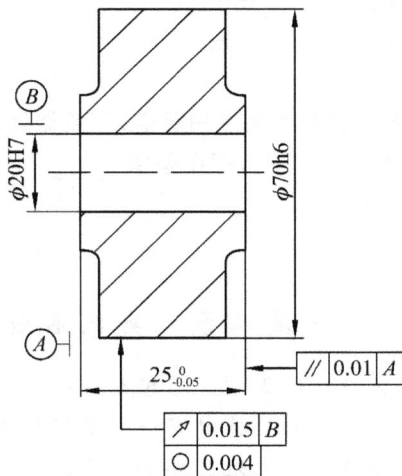

题图 7-4

实验一：用指示表和平板测量直线度误差

1. 量仪名称及规格

量仪名称_____。　　分度值 _____。　　量仪测量范围 _____。

2. 被测工件

被测表面直线度公差_____ μm。

相邻两测点的间距_____mm。

3. 测量数据

测点序号 i	0	1	2	3	4	5	6	7	8	9	10
指示表对各测点测得的示值/μm											

4. 数据处理和直线度误差值评定

5. 合格性判断

实验二：用指示表和平板测量平面度误差、平行度误差和位置度误差

1. 量仪名称及规格

量仪名称 _____ 。　　　　量仪分度盘分度值 _____ 。

量块组中各块量块的尺寸 _____ mm。

2. 被测工件

被测表面的平面度公差 _____ μm。　　平行度公差 _____ μm。　　位置度公差 _____ μm。

相邻两测点的间距：纵向 _____ mm。

横向 _____ mm。

3. 测量结果

测量布点、测量数据（指示表在各测点的示值）和数据处理。

平面度误差值 _____ μm。　　平行度误差值 _____ μm。

位置度误差值 _____ μm。

4. 合格性判断

🏠 大国工匠　大国成就

　　社会不断变化，技术也在不断的进步，思想也在推陈出新，因此在遇到困难与挑战时要有爱国与创新精神。大国工匠精神中有一个很重要的元素就是爱国，大国工匠们所做的一切就是为了所热爱的那片土地、那个国家、那些人民，因为这些而在默默地奋斗。所以必须支持大国工匠，实施产业基础再造工程和重大技术装备攻关工程，支持专精特新企业发展，推动制造业高端化、智能化、绿色化发展。

李刚创新突破电路系统的安装与调试，打造马蹄形盾构机全新神经系统.

项目8　普通结合件的测量

结合件是机器、仪器及工具结构中常用的机械零件，也是生产制造厂生产的标准部件，本章主要介绍螺纹、轴承、键和圆锥结合件的测量。

▶ 任务1　螺纹测量

螺纹结合在机械制造和仪器制造中应用研究广泛。它是相互结合的内外螺纹组成，通过相互旋合及牙侧面的接触作用来实现零部件间的联接、紧固和相对位移等功能。

螺纹测量

螺纹联接是利用具有螺纹的零件所构成的连接，是应用最为广泛的一种可拆机械联接。

螺旋副是由外螺纹（螺杆或螺旋）和内螺纹（螺母）组成的空间运动副。螺旋副按其功用可分为两种：一种是利用螺旋副将需要相对固定的零件联接起来，称为螺纹连接；另一种是利用螺旋副把回转运动变为直线运动，称为螺旋传动。

将一倾斜角为 λ 的直线绕在圆柱体上便形成一条螺旋线，如图 8-1 所示。沿着螺旋线做出具有相同剖面的连续凸起和沟槽就是螺纹，在圆柱体表面上形成的螺纹称外螺纹；在圆柱体孔壁上形成的螺纹称内螺纹。

根据平面图形的形状，螺纹牙形有矩形[如图 8-2（a）所示]、三角形[如图 8-2（b）所示]、梯形[如图 8-2（c）所示]和锯齿形[如图 8-2（d）所示]等。

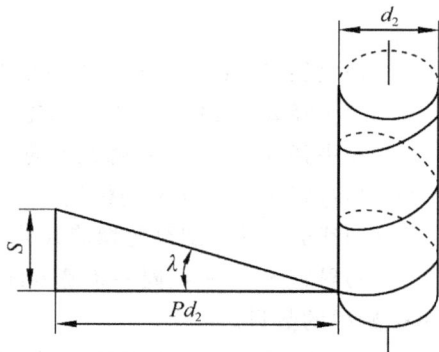

图 8-1　螺旋线的形成

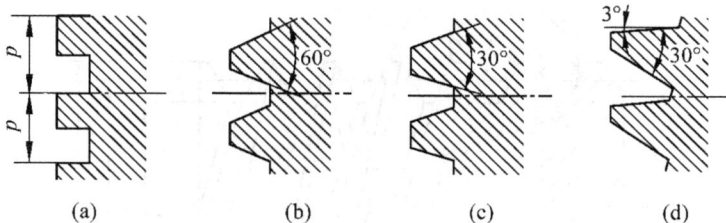

图 8-2　螺纹类型

根据螺旋线的绕行方向，螺纹分为右旋螺纹[如图 8-3（a）所示]和左旋螺纹[如图 8-3（b）所示]；根据螺纹线的数目，螺纹又可以分为单线螺纹[如图 8-3（a）所示]和双线[如图 8-3（b）所示]、多线螺纹[如图 8-3（c）所示]；在圆柱体外表面上形成的螺纹称为外螺纹，在圆柱体孔壁上形成的螺纹称为内螺纹。

以三角螺纹为例，圆柱普通螺纹有以下主要参数（如图 8-4 所示），普通螺纹的公称直径和螺距见表 8-1。

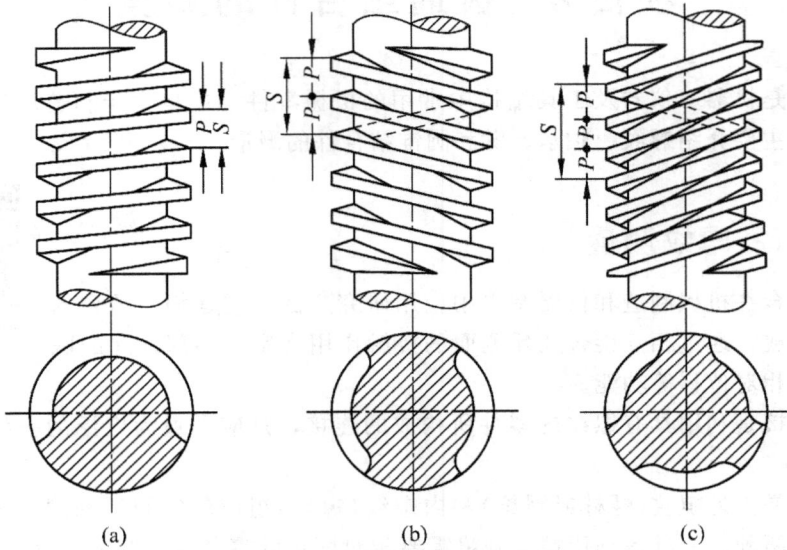

图 8-3　螺纹旋向

(1)大径 d、D——外、内螺纹的最大直径，为螺纹的公称直径。

(2)小径 d_1、D_1——外、内螺纹的最小直径。

(3)中径 d_2、D_2——螺纹牙宽度和牙槽宽度相等处的圆柱直径。

(4)螺距 P——相邻两螺纹牙同侧齿廓之间的轴向距离。

(5)线数 n——螺纹的螺旋线数目。

(6)导程 S——在同一条螺旋线上相邻两螺纹牙之间的轴向距离，$S=nP$，其中 n 是螺旋线的数目。

(7)螺纹升角——在中径 d_2 圆柱上螺旋线的切线与螺纹轴线的垂直平面间的夹角，如图 8-4 所示，$S=d_2\tan\alpha$。

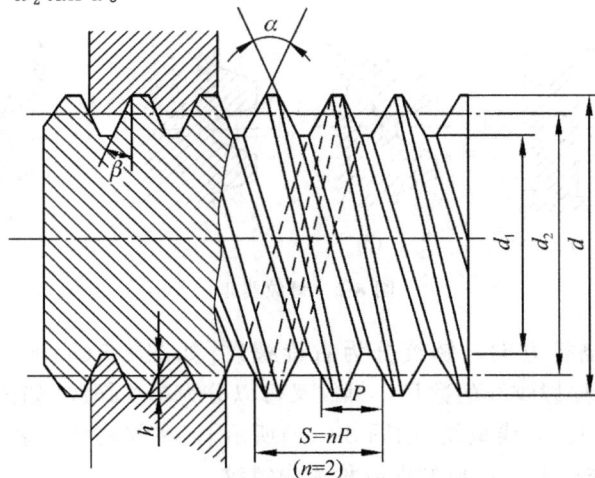

图 8-4　螺纹的主要参数

(8)牙形角——在螺纹轴向剖面内螺纹牙形两侧边的夹角。

表 8-1   普通螺纹的公称直径和螺距

公称直径(D、d)			螺			距(P)		
第一系列	第二系列	第三系列	粗　牙	细			牙	
10			1.5	1.25	1	0.75	(0.5)	
		11	(1.5)		1	0.75	(0.5)	
12			1.75	1.5	1.25	1	(0.75)	(0.5)
	14		2	1.5	1.25	1	(0.75)	(0.5)
		15		1.5		(1)		
16			2	1.5		1	(0.75)	(0.5)
		17		1.5		(1)		
	18		2.5	2	1.5	1	(0.75)	(0.5)
20			2.5	2	1.5	1	(0.75)	(0.5)
	22		2.5	2	1.5	1	(0.75)	(0.5)
24			3	2	1.5	1	(0.75)	
	27		3	2	1.5	1	(0.75)	
30			3.5	(3)	2	1.5	1	(0.75)

注：括号内的螺距尽可能不用。

单一中径是指一个假想圆柱的直径，该圆柱的母线通过牙形上沟槽宽度等于螺距基本尺寸一半地方的直径。用以表示螺纹中径的实际尺寸，螺纹的单一中径与中径如图 8-5 所示。

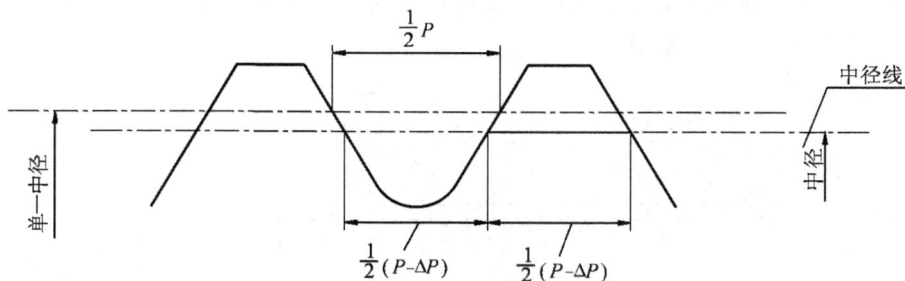

图 8-5   螺纹的单一中径与中径

牙形半角是指在螺纹牙形上牙侧与螺纹轴线的垂直线间的夹角。普通螺纹的牙形半角为 $30°$，螺纹的牙形角、牙形半角和牙侧角如图 8-6 所示。

螺纹旋合长度是指内外螺纹旋合时螺旋面接触部分的轴向长度。

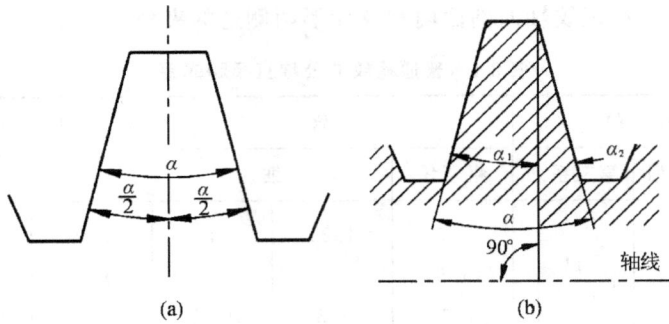

图 8-6　牙形角、牙形半角和牙侧角

任务 2　普通螺纹几何参数对互换性的影响

要实现普通螺纹的互换性，保证结合精度，则要求相同规格的内、外螺纹在装配过程具有良好的可旋合性以及在使用过程中具有足够的连接强度。影响螺纹互换性的几何参数有 5 个：大径、中径、小径、螺距和牙侧角。由于标准规定螺纹的大径及小径处均留有一定的间隙，不会影响旋合性，因此影响螺纹互换性的主要参数是螺距、中径和牙侧角。

8.2.1　螺距误差的影响

螺距误差分螺距累积误差 ΔP_Σ（指在规定的旋合长度内螺距误差的累积值）和单个螺距偏差 ΔP（指单个螺距的实际尺寸与其基本尺寸之最大值）两种。前者与旋合长度有关，后者与旋合长度无关。前者是影响互换性的主要因素。

如图 8-7 所示，假定内螺纹具有理想牙形，外螺纹仅存在螺距误差，螺纹产生干涉而无法旋合。为了使具有螺距误差的外螺纹能够旋入具有理想牙形的内螺纹，就必须把外螺纹的中径减小一个数值 f_P。

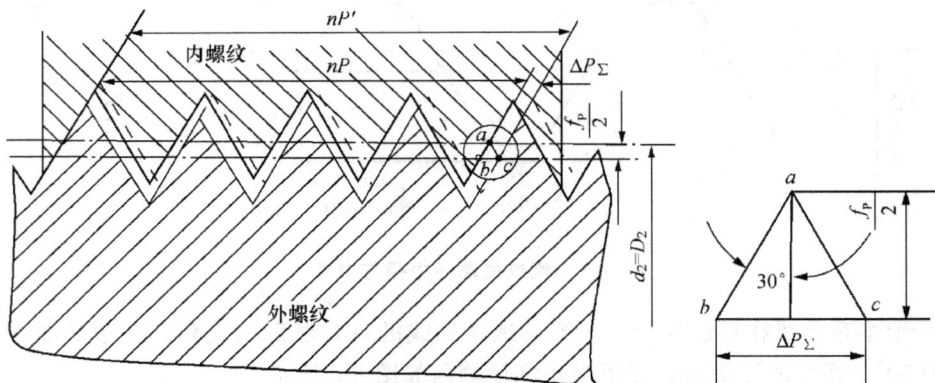

图 8-7　螺距误差对互换性的影响

同理，当内螺纹有螺距误差时，为了保证可旋合性，就必须把内螺纹的中径加大一个数值 F_P。f_P（或 F_P）称为螺距误差的中径当量。由图 8-7 中的 $\triangle abc$ 中可求出 f_P（或 F_P）与 ΔP_Σ 的关系如下：

$$f_P(F_P) = 1.732 |\Delta P_\Sigma|$$

8.2.2　牙侧角偏差的影响

牙侧角偏差是指牙侧角的实际值与基本值之差，它包括螺纹牙侧的形状误差和牙侧相对于螺纹轴线的位置误差。

牙侧角偏差对螺纹的旋合性和连接强度均有影响，应加以限制。

如图 8-8 所示，假定内螺纹具有理想牙形，外螺纹仅存在牙侧角偏差，在小径或大径牙侧处会产生干涉而不能旋合。为了消除干涉，保证旋合性，就必须将外螺纹中径减少一个数值 f_α 或将内螺纹中径加大一个数值 F_α。这个 $f_\alpha(F_\alpha)$ 就是为补偿牙侧角偏差而折算到中径上的数值，称为牙侧角偏差的中径当量。

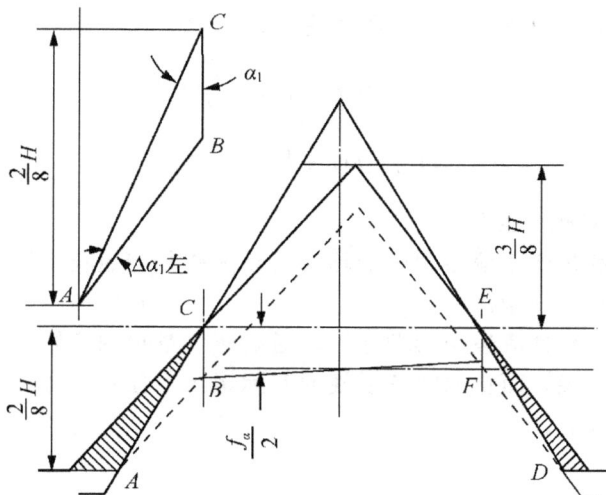

图 8-8　牙侧角偏差对互换性的影响

根据任意三角形的正弦定理可推导出 $f_\alpha(F_\alpha)$ 与 $\Delta\alpha_1$、$\Delta\alpha_2$ 的关系如下：

$$\frac{f_\alpha}{2}\left(\frac{F_\alpha}{2}\right) = 0.073P(K_1|\Delta\alpha_1| + K_2|\Delta\alpha_2|)$$

式中　P——螺距公称值（mm）；

$\Delta\alpha_1$、$\Delta\alpha_2$——左、右牙侧角偏差；

K_1、K_2——左、右牙侧角偏差补偿系数。

对外螺纹，当 $\Delta\alpha_1$ 或 $\Delta\alpha_2$ 为正值时，K_1 和 K_2 值取 2；当 $\Delta\alpha_1$ 或 $\Delta\alpha_2$ 为负值时，K_1 和 K_2 值取 3。

对内螺纹，当 $\Delta\alpha_1$ 或 $\Delta\alpha_2$ 为正值时，K_1 和 K_2 值取 3；当 $\Delta\alpha_1$ 或 $\Delta\alpha_2$ 为负值时，K_1 和 K_2 值取 2。

8.2.3　螺纹中径误差的影响

在制造螺纹时，中径不可避免地会出现误差。当外螺纹的中径大于内螺纹的中径时，内、外螺纹将因产生干涉而妨碍旋合性；反之，若外螺纹的中径小于内螺纹的中径时，又会使螺纹配合太松，牙侧接触不好，降低连接的可靠性。因此，对螺纹中径误差应加以限制。

8.2.4 保证普通螺纹互换性的条件

1. 作用中径的概念

作用中径是指螺纹配合中实际起作用的中径。当有螺距累积误差、牙侧角偏差的外螺纹与具有理想牙形的内螺纹旋合时,旋合变紧,其效果好像外螺纹的中径增大了,这个增大了的假想中径是与内螺纹旋合时起作用的中径,称为外螺纹的作用中径,用 d_{2m} 表示,它等于外螺纹的单一中径与螺距累积误差、牙侧角偏差中径当量之和。

同理,当有螺距累积误差和牙侧角偏差的内螺纹与具有理想牙形的外螺纹旋合时,旋合也变紧了,其效果好像内螺纹中径减小了。这个减小了的假想中径是与外螺纹旋合时起作用的中径,称为内螺纹的作用中径,以 D_{2m} 表示,它等于内螺纹的单一中径与螺距累积误差、牙侧角偏差中径当量之差。即

外螺纹
$$d_{2m}=d_{2s}+\left(f_P+\frac{f_\alpha}{2}\right)$$

内螺纹
$$D_{2m}=D_{2s}+\left(F_P+\frac{F_\alpha}{2}\right)$$

2. 保证螺纹互换性的条件

螺距累积误差和牙侧角偏差的影响均可折算为中径当量值,因此要实现螺纹结合的互换性,螺纹中径必须合格。

判断螺纹中径合格性应遵循泰勒原则,通端螺纹量规的实际螺纹作用中径不能超出最大实体牙形的中径,而止端螺纹量规的实际螺纹上任一部位的单一中径不能超出最小实体牙形的中径。

用公式表示如下:

对外螺纹:$d_{2m}\leqslant d_{2max}$,$d_{2s}\geqslant d_{2min}$;$\left(d_{2作用}=d_{2单}+\left(f_P+\frac{f_\alpha}{2}\right)\leqslant d_{2max}\right.$,$\left.d_{2单}\geqslant d_{2min}\right)$

对内螺纹:$D_{2m}\geqslant D_{2min}$,$D_{2s}\leqslant D_{2max}$;$\left(D_{2作用}=D_{2单}+\left(F_P+\frac{F_\alpha}{2}\right)\leqslant D_{2min}\right.$,$D_{2单}\leqslant D_{2max})$。

8.2.5 普通螺纹的公差与配合

1. GB/T 197—2018 对普通螺纹的公差等级和基本偏差做了规定

(1)公差等级。螺纹的公差等级见表 8-2。其中 6 级为基本级,3 级精度最高,9 级精度最低。普通内、外螺纹中径公差见表 8-3。由于内螺纹加工比较困难,在同一公差等级中,内螺纹中径公差比外螺纹中径公差大 32%。

(2)基本偏差。国家标准对内螺纹规定了两种基本偏差,其代号为 G、H,基本偏差为下偏差 EI。如图 8-9 所示。对外螺纹规定了 4 种基本偏差,其代号为 e、f、g、h,基本偏差为上偏差 es,如图 8-10 所示。

表 8-2 普通螺纹公差等级(摘自 GB/T 197—2018)

螺 纹 直 径	公 差 等 级
外螺纹中径 d_2	3, 4, 5, 6, 7, 8, 9
外螺纹大径 d	4, 6, 8

续表

螺纹直径	公差等级
内螺纹中径 D_2	4，5，6，7，8
内螺纹小径 D_1	4，5，6，7，8

表 8-3　普通螺纹中径公差（摘自 GB/T 197—2018）　　　　单位：μm

螺纹名称尺寸	螺距 P/mm	内螺纹中径公差 T_{D2}					外螺纹中径公差 T_{d2}						
		公差等级					公差等级						
		4	5	6	7	8	3	4	5	6	7	8	9
5.6～11.2 mm	0.75	85	106	132	170	—	50	63	80	100	120	—	—
	1	95	118	150	190	236	56	71	95	112	140	180	224
	1.25	100	125	160	200	250	60	75	95	118	150	190	236
	1.5	112	140	180	224	280	67	85	106	132	170	212	295
11.2～22.4 mm	1	100	125	160	200	250	60	75	95	118	150	190	236
	1.25	112	140	180	224	280	67	85	106	132	170	212	265
	1.5	118	150	190	236	300	71	90	112	140	180	224	280
	1.75	125	160	200	250	315	75	95	118	150	190	236	300
	2	132	170	212	—	63	80	100	125	160	200	250	315
	2.5	140	180	224	280	355	85	106	132	170	212	265	335
22.4～45 mm	1	106	132	170	212	—	63	80	100	125	160	200	250
	1.5	125	160	200	250	315	75	95	118	150	190	236	300
	2	140	180	224	280	355	85	106	132	170	212	265	335
	3	170	212	265	335	425	100	125	160	200	250	315	400
	3.5	180	224	280	355	450	106	132	170	212	265	335	425
	4	190	236	300	375	415	112	140	180	224	280	355	450
	4.5	200	250	315	400	500	118	150	190	236	300	375	475

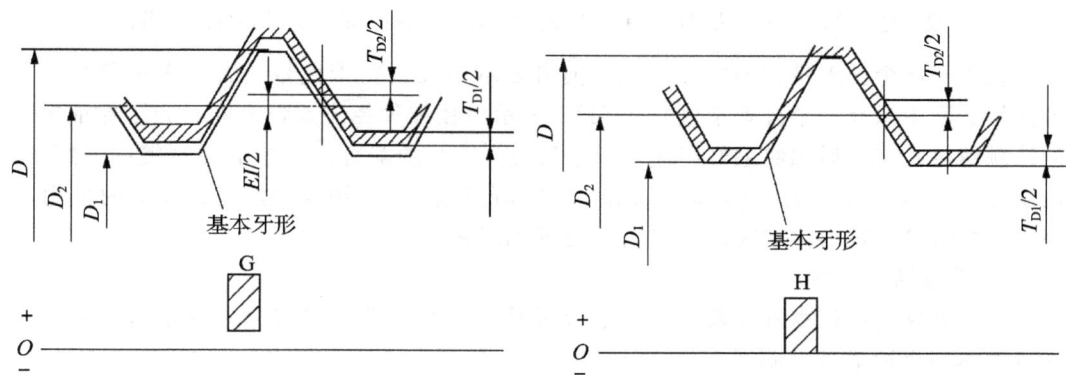

图 8-9　内螺纹的基本偏差

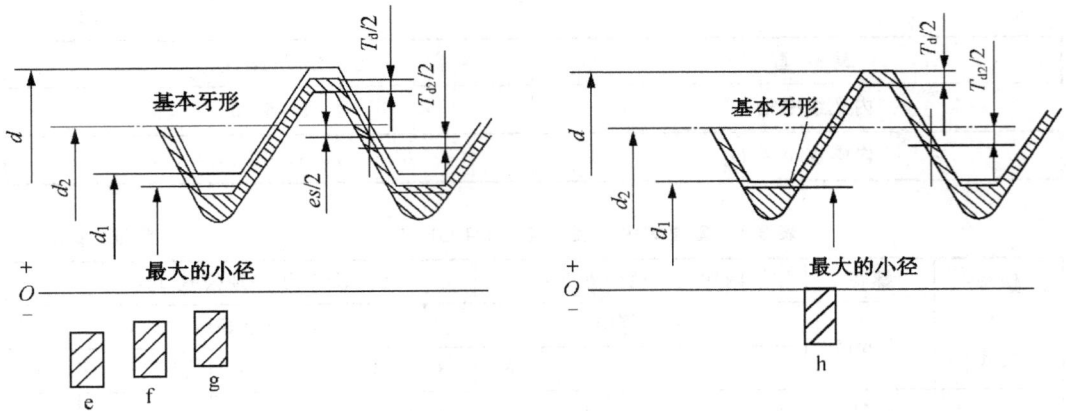

图 8-10 外螺纹的基本偏差

（3）选用公差带：内、外螺纹选用公差带见表 8-4、表 8-5。

表 8-4 内螺纹选用公差带（摘自 GB/T 197—2018）

精度	公差带位置 G			公差带位置 H		
	S	N	L	S	N	L
精密				4H	5H	6H
中等	(5G)	* 6G	(7G)	* 5H	* 6H	* 7H
粗糙		(7G)	(8G)		7H	8H

表 8-5 外螺纹选用公差带（摘自 GB/T 197—2018）

精度	公差带位置 e			公差带位置 f			公差带位置 g			公差带位置 h		
	S	N	L	S	N	L	S	N	L	S	N	L
精密								(4g)	(5g4g)	(3h4h)	* 4h	(5h4h)
中等		* 6e	(7e6e)		* 6f		(5g6g)	* 6g	(7g6g)	(5h6h)	* 6h	(7h6h)
粗糙		(8e)	(9e8e)					8g	(9g8g)			

注：1. 大量生产的精制紧固件螺纹，推荐采用带方框的公差带。

2. 带 * 的公差带应优先选用，不带 * 的公差带其次，加括号的公差带尽可能不用。

表中有两个公差带代号如 5H6H，前者表示中径公差带代号，后者表示顶径公差带代号。表中只有一个公差带代号如 5H，表示中径和顶径公差带相同。为了保证足够的接触精度，完工后螺纹最好组成 H/h、H/g、G/h 的配合。对于需要涂镀的外螺纹，镀层厚度为 10 μm 时采用 g，镀层厚度为 20 μm 时采用 f，镀层厚度为 30 μm 时采用 e。当内、外螺纹均需要涂镀时，则采用 G/e 或 G/f 的配合。

2. 普通螺纹的标记

完整的螺纹标记由螺纹特征代号、尺寸代号、螺纹公差带代号和其他有必要做进一步说明的个别信息组成。

1)螺纹特征代号

螺纹特征代号用字母"M"表示。

2)螺纹尺寸代号

单线螺纹的尺寸代号为"公称直径×螺距",公称直径和螺距数值的单位为毫米。

对粗牙螺纹,可以省略标注其螺距项。

示例:

公称直径为 16 mm、螺距为 1.5 mm、导程为 3 mm 的双线螺纹:M16×P h 3P1.5 或 M16×P h 3P1.5(two starts)。

3)螺纹公差带代号

标注示例:

(1)中径公差带为 5g、顶径公差带为 6g 的外螺纹:M10×1—5g6g 中径公差带和顶径公差带为 6g 的粗牙外螺纹:M10—6g。

(2)中径公差带为 5H、顶径公差带为 6H 的内螺纹:M10×1—5H6H 中径公差带和顶径公差带为 6H 的粗牙内螺纹:M10—6H 在下列情况下,中等公差精度螺纹不标注其公差带代号。

(3)内螺纹:5H 公称直径小于和等于 1.4 mm 时;6H 公称直径大于和等于 1.6 mm 时。注:对螺距为 0.2 mm 的螺纹,其公差等级为 4 级。

(4)在零件图(如图 8-11 所示)上:应标注单个螺纹的标记,如 M10—5g6g—S,M20×2—LH—6H—40。

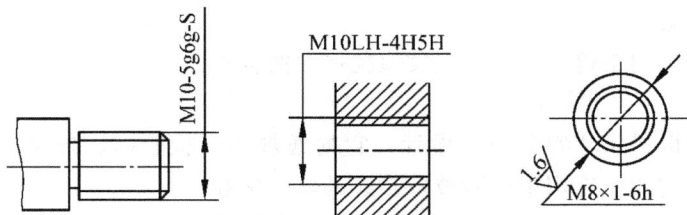

图 8-11　零件图

在装配图上:应标注螺纹的配合公差。如 M20×2—6H/5g6g—S。

(5)说明 M40×7(14/2)LH—5g6g—s 的含义:普通外螺纹,公称尺寸 40 mm,螺距 7 mm,导程 14 mm,线数 2,左旋,中径公差带代号 5g,顶径公差带代号 6g。

【例 8-1】有一螺栓 M24×2—6h,测得其单一中径 $d_{2S}=22.6$ mm,螺距误差 $\Delta P=+35\ \mu m$,牙形半角误差 $\Delta\alpha/2(左)=-30'$,$\Delta\alpha/2(右)=+65'$,试判断其合格性。

【解】(1)查表得:中径基本尺寸 $d_2=22.701$ mm。

查表得:中径上偏差 $es=0$。

查表得:中径公差 $T_{d2}=170\ \mu m$。

经计算可得外螺纹中径极限尺寸:

$d_{2max}=22.701$ mm

$d_{2min}=22.701$ mm-0.170 mm$=22.531$ mm

（2）计算螺距累积误差和牙形半角误差的中径当量及作用中径为

$$f_P = 1.732 \times 35 \ \mu m = 0.061 \ mm$$

$$f_{a/2} = 0.073 \times 2 \times (3 \times |-30| + 2 \times 65) \mu m = 0.032 \ mm$$

$$d_{2m} = 22.6 + 0.061 + 0.032 = 22.693 \ mm$$

（3）判断合格性：

$$d_{2m} = 22.693 \ mm < d_{2max} = 22.701 \ mm$$

$$d_{2S} = 22.6 \ mm > d_{2min} = 22.531 \ mm$$

故该螺纹中径合格。

▶ 任务 3 　螺纹测量技能训练

测量螺纹的方法有两类：单项测量和综合检验。单项测量是指用指示量仪测量螺纹的实际值，每次只测量螺纹的一项几何参数，并以所得的实际值来判断螺纹的合格性。综合检验是指一次同时检验螺纹的几个参数，以几个参数的综合误差来判断螺纹的合格性。生产上广泛应用螺纹极限量规综合检验螺纹的合格性。

1. 普通螺纹的综合检验

在实际生产中，通常采用螺纹量规和光滑极限量规联合检验螺纹的合格性。对螺纹进行综合检验时使用的是螺纹量规和光滑极限量规，它们都是由通规（通端）和止规（止端）组成。

1）光滑极限量规

光滑极限量规用于检验内、外螺纹顶径尺寸的合格性。

2）螺纹量规

螺纹量规按极限尺寸判断原则设计，它的通规用于检验内、外螺纹的作用中径及底径的合格性，它的止规用于检验被检螺纹的单一中径。

检验内螺纹用的螺纹量规称为螺纹塞规。检验外螺纹用的螺纹量规称为螺纹环规（如图 8-12 所示）。

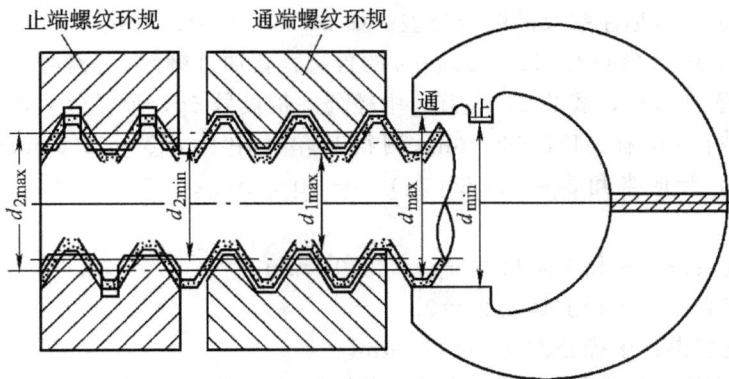

图 8-12　外螺纹的综合检验

螺纹环规通端用来检验外螺纹作用中径和小径的最大极限尺寸，应有完整的牙形，其螺纹长度要与被测螺纹旋合长度相当(至少等于被测工件旋合长度的80%)。螺纹环规通端旋过被测螺纹为合格。

螺纹环规止端只用来检验外螺纹实际中径是否超过外螺纹中径的最小极限尺寸，螺纹环规止端不应旋过合格的螺纹，但可以旋入不超过两个螺距的旋合量。

用卡规先检验外螺纹顶径的合格性，再用螺纹环规的通端检验，若外螺纹的作用中径合格，且底径(外螺纹小径)没有大于其最大极限尺寸，通端应能在旋合长度内与被检螺纹旋合。若被检螺纹的单一中径合格，螺纹环规的止端不应通过被检螺纹，但允许旋进2~3牙。

用光滑极限量规(塞规)检验内螺纹顶径的合格性。再用螺纹塞规(如图8-13所示)的通端检验内螺纹的作用中径和底径，若作用中径合格且内螺纹的底径(内螺纹大径)不小于其最小极限尺寸，通规应能在旋合长度内与内螺纹旋合。若内螺纹的单一中径合格，螺纹塞规的止端就不通过，但允许旋进2~3牙。

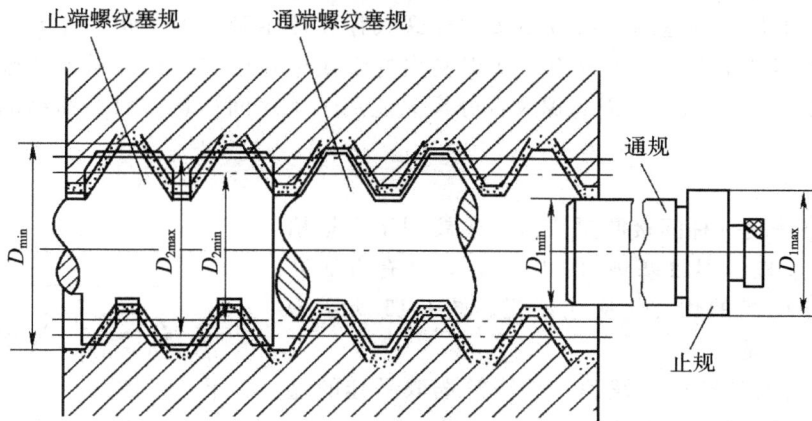

图 8-13　内螺纹的综合检验

2. 单项测量

单项测量，一般是分别测量螺纹的每个参数，主要测中径、螺距、牙形半角和顶径。

1)用螺纹百分尺测量外螺纹中径

在工厂现场一般使用带插入式测量头的螺纹百分尺测量外螺纹中径。它的构造与外径百分尺相似，差别仅在于两个测量头的形状。螺纹百分尺的测量头做成和螺纹牙形相吻合的形状，即一个为V形测量头，与螺纹牙形凸起部分拥吻合；另一个为圆锥形测量头，与螺纹牙形沟槽相吻合。

螺纹百分尺的结构和一般外径百分尺相似，只是两个测量面可以根据不同螺纹牙形和螺距选用不同的测量头。可根据被测工件的精度要求来选取。如图8-14所示。

(1)根据被测螺纹的螺距选取一对测量头。

(2)擦净仪器和被测螺纹，校正螺纹百分尺零位。

(3)将被测螺纹放入两测量头之间，找准中径部位。

(4)分别在同一截面上相互垂直的两个方向测量螺纹中径，然后取其平均值作为螺纹的实际中径，并依次判断被测螺纹中径的适用性。

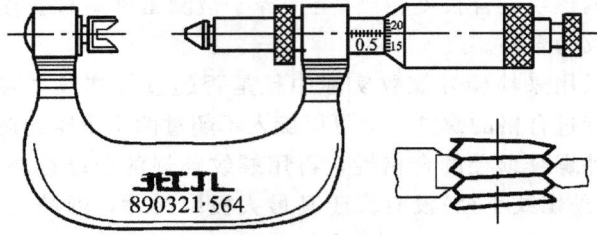

图 8-14　螺纹百分尺

这种螺纹百分尺有一套可换测量头，每对测量头只能用来测量一定螺距范围的螺纹。

用螺纹百分尺测量外螺纹中径时，读得的数值是螺纹中径的实际尺寸，它不包括螺距误差和牙形半角误差在中径上的当量值。但是螺纹百分尺的测量头是根据牙形角和螺距的标准尺寸制造的，当被测量的外螺纹存在螺距和牙形半角误差时，测量头与被测量的外螺纹不能很好地吻合，所以测出的螺纹中径的实际尺寸误差比较大，一般误差在 $0.05 \sim 0.20$ mm，因此螺纹百分尺只能用于工序间测量或对粗糙级的螺纹工件测量。

2）三针量法

三针量法是一种间接测量方法，主要用于测量精密螺纹（如丝杠、螺纹塞规）的中径 d_2，具有方法简单、测量精度高的优点，应用广泛。图 8-15 所示为三针法测量原理。

（1）根据被测螺纹的螺距，计算并选取最佳的量针直径 d_0。

（2）在尺座上安装好杠杆百分尺和三针。

（3）擦拭干净仪器和被测螺纹，校正杠杆百分尺零位。

（4）将三针放入螺纹牙槽中，旋转杠杆百分尺的微分筒，使测量头两端与三针接触，读出尺寸 M 的数值。

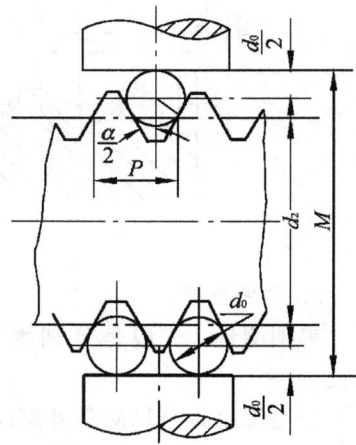

图 8-15　三针量法测中径

（5）分别在同一截面上相互垂直的两个方向测量螺纹中径，然后取其平均值作为螺纹的实际中径，并依次判断被测螺纹中径的适用性。

为了适应各种类型的螺纹，对量针的直径进行合并以减少规格，当量针直径偏离最佳量针直径很小时，不会对中径检测产生大的影响。经标准化了的量针直径见表 8-6。

用三针量法的测量精度比目前常用的其他方法的测量精度要高，且在生产条件下，应用也较方便，螺距与量针直径的选择见表 8-6。

3. 螺距的测量

1）用螺纹样板检验螺距

螺纹样板是一种带有不同螺距的基本牙形薄片，用以与被检螺纹比较来确定被检螺纹的螺距。螺纹样板分为公制螺纹样板和英制螺纹样板两种，螺纹样板上都标有该样

表 8-6　螺距与量针直径的选择　　　　　　　　　　　单位：mm

螺距	0.2	0.25	0.3 0.35	0.4 0.45	0.5	0.6	0.7 0.75 0.8	1	1.25	1.5
量针直径	0.118	0.142	0.185	0.25	0.291	0.343	0.433	0.572	0.724	0.866
螺距	1.75	2	2.5	3	3.5	4	4.5	5	5.5	6
量针直径	1.008	1.157	1.441	1.732	2.05	2.311	2.595	2.886	3.177	3.55

板的螺距基本尺寸。检测时，根据被检螺纹的螺距选择螺纹样板。当不知道被检螺纹的螺距时，可用试测法寻找合适的螺纹样板。检验时，把样板的牙形扣在被测螺纹上，用眼睛观察两者的吻合情况（是否透光）来判断被检螺纹的合格性。如两者牙形全都吻合、不透光，说明被检螺纹的螺距合格；如果有的牙形不吻合、透光，说明被测螺纹的螺距不合格。图 8-16 是用螺纹样板检验螺纹的示意图。

　　用螺纹样板检验螺纹的误差大，只适用于检验精度不高的螺纹。实际上更多的是用于在维修、测绘等过程中确定螺距公称值，区别螺纹种类等（确定属于公制还是英制、牙形角是 55°还是 60°）。对于粗车、粗磨螺纹过程中，可用于调整机床刀具、修整砂轮，粗略控制，以减少用精密仪器检测的次数。

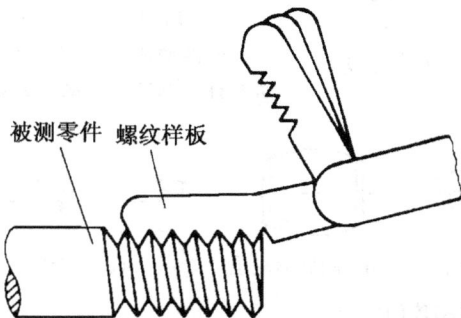

被测零件　螺纹样板

图 8-16　用螺纹样板检验螺纹

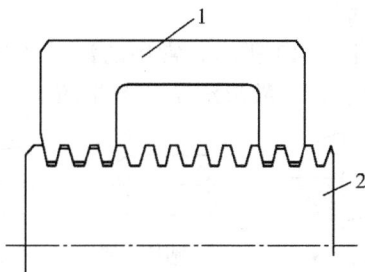

1—专用检具；2—外螺纹

图 8-17　专用检具检测螺距

　　2）用专用检具检测螺距

　　当需要经常检测某种规格螺纹的螺距时，可自行制作专用样板（如图 8-17 所示）或专用比较装置来检测螺纹。

　　3）印模法检测螺距

　　对内螺纹，少数大尺寸的可以在普通测长仪器上用内测钩直接检测螺距，但大部分内螺纹无法直接检测，可以印模法来解决这个问题。印模法是将稀释了的制模材料（如石膏）浇注于内螺纹沟槽中，待凝固后取出印模，晾干，再在仪器上检测螺距（或牙形角）。

4）用工具显微镜测量螺距

在工具显微镜测量螺距可以由测量中径线上相邻两牙间的距离得到；但也可由测量中径线上数牙间的距离再除以牙数，从而得出螺距平均值。

▶ 任务 4　轴承的公差与测量

滚动轴承

轴承是一种传动支承部件，它既可以用于支承旋转的轴，又可以减少轴与支承部件之间的摩擦力，广泛地用于机械传动中。

8.4.1　滚动轴承分类与结构

滚动轴承与滑动轴承相比，具有摩擦阻力小、起动灵敏、润滑方法简单和维修更换方便等优点。因此在机械中，滚动轴承比滑动轴承应用普遍。滚动轴承已经标准化，由专门工厂大批生产。在机械设计与使用中，主要是做出正确选用。

1. 滚动轴承的结构

如图 8-18 所示，滚动轴承一般由内圈、外圈、滚动体和保持架组成。内圈装在轴颈上，外圈装在轴承座或轮毂孔内。一般是内圈与轴颈一同旋转，外圈不动，滚动体在内、外圈的滚道上作滚动，并产生滚动摩擦。但有时也用于外圈回转而内圈不动，或是内、外圈同时回转。保持架的作用是把滚动体均匀分开，避免互相接触发生磨损。

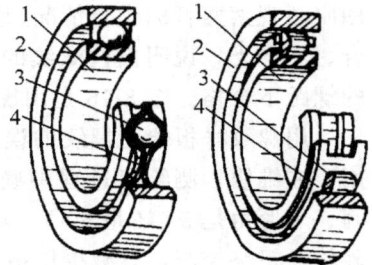

如图 8-19 所示，常用的滚动体按其外形分为：球、圆柱滚子、圆鼓形滚子、圆锥滚子、滚针。

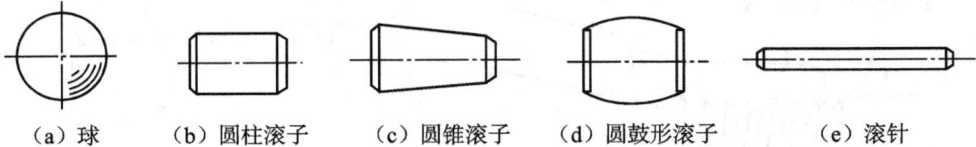

1—内圈；2—外圈；
3—滚动体；4—保持架

图 8-18　滚动轴承的基本结构

（a）球　　（b）圆柱滚子　　（c）圆锥滚子　　（d）圆鼓形滚子　　（e）滚针

图 8-19　滚动体的种类

2. 滚动轴承的特点

滚动轴承的内外圈和滚动体应具有较高的硬度和接触疲劳强度、良好的耐磨性和冲击韧性。一般用特殊轴承钢制造，常用材料有 GCrl5、GCrl5SiMn、GCr6、GCr9 等，经热处理后硬度可达 60～65HRC。滚动轴承的工作表面必须经磨削抛光，以提高其接触疲劳强度。保持架多用低碳钢板通过冲压成形方法制造，也可采用有色金属或塑料等材料。为适应某些特殊要求，有些滚动轴承还要附加其他特殊元件或采用特殊结构，如轴承无内圈或外圈、带有防尘密封结构或在外圈上加止动环等。滚动轴承具有摩擦阻力小、启动灵敏、效率高、旋转精度高、润滑简便和装拆方便等优点，被广泛应用于各种机器和机构中。滚动轴承为标准零部件，由轴承厂批量生产，设计者可以根据需要直接选用。

3. 滚动轴承分类

根据滚动体的形状，滚动轴承分为球轴承与滚子轴承。按照滚动轴承所能承受的主要负荷方向，又可分为向心轴承（主要承受径向载荷）、推力轴承（承受轴向载荷）、向心推力轴承（能同时承受径向载荷和轴向载荷）。按工作是否调心，分为刚性轴承和调心轴承，其中调心轴承能适应轴心偏斜。

滚动轴承可分为 9 大类，见表 8-7，各类轴承的结构不同，分别适用于各种载荷、转速及特殊的工作要求。

表 8-7　滚动轴承分类

轴承类型	轴承类型简图	类型代号	标准号	特　性
调心球轴承		1	GB/T 281	主要承受径向载荷，也可同时承受少量的双向轴向载荷。外圈滚道为球面，具有自动调心性能，适用于弯曲刚度小的轴
调心滚子轴承		2	GB/T 288	用于承受径向载荷，其承载能力比调心球轴承大，也能承受少量的双向轴向载荷。具有调心性能，适用于弯曲刚度小的轴
圆锥滚子轴承		3	GB/T 297	能承受较大的径向载荷和轴向载荷。内外圈可分离，故轴承游隙可在安装时调整，通常成对使用，对称安装
双列深沟球轴承		4	—	主要承受径向载荷，也能承受一定的双向轴向载荷。它比深沟球轴承具有更大的承载能力

轴承类型		轴承类型简图	类型代号	标准号	特　性
推力球轴承	单向		5（5100）	GB/T 301	只能承受单向轴向载荷，适用于轴向力大而转速较低的场合
	双向		5（5200）	GB/T 301	可承受双向轴向载荷，常用于轴向载荷大、转速不高处
深沟球轴承			6	GB/T 276	主要承受径向载荷，也可同时承受少量双向轴向载荷。摩擦阻力小，极限转速高，结构简单，价格便宜，应用最广泛
角接触球轴承			7	GB/T 292	能同时承受径向载荷与轴向载荷，接触角 α 有 15°、25°、40°三种。适用于转速较高、同时承受径向和轴向载荷的场合
推力圆柱滚子轴承			8	GB/T 4663	只能承受单向轴向载荷，承载能力比推力球轴承大得多，不允许轴线偏移。适用于轴向载荷大而不需调心的场合

轴承类型	轴承类型简图		类型代号	标准号	特　性
圆柱滚子轴承	外圈无挡边圆柱滚子轴承		N	GB/T 283	只能承受径向载荷，不能承受轴向载荷。承受载荷能力比同尺寸的球轴承大，尤其是承受冲击载荷能力大

1）调心球轴承

可承受径向载荷，只能承受较小的轴向载荷，轴承有双排滚珠，外圈内表面是以轴承中点为心的球面，只要轴承内外圈轴线的偏斜小于 1.5°～3°，就能自动调心并正常工作。这类轴承适用于多支点轴和挠曲变形比较大的传动轴，以及不能精确对中的一些支承处，如图 8-20 所示。

图 8-20　调心球轴承　　　　　图 8-21　圆柱滚子轴承

2）圆柱滚子轴承

滚动体是短圆柱滚子，内圈或外圈上有凹槽，内外圈一般可沿轴向做相对移动。它的径向承载能力约为相同内径深沟球轴承的 1.5～3 倍，但一般不能承受轴向载荷，如图 8-21 所示，这类轴承的内外圈之间只允许有极小的偏斜，适用于刚性大，轴孔对中好的地方。

3）角接触球轴承

除受径向载荷外，还能承受较大的单向轴向载荷。有接触角 α，它是滚动体与外圈滚道接触点（或线）的法线与轴承径向平面的夹角。有 $\alpha=15°$、$25°$、$40°$ 三种形式，α 越大，轴向承载能力越强，如图 8-22 所示，这类轴承应成对使用。适用于旋转精度高、载荷较大、跨距小、刚度较大的轴。

图 8-22　角接触球轴承　　　　　图 8-23　圆锥滚子轴承

4）圆锥滚子轴承

如图 8-23 所示，其特性与角接触球轴承相同，但承载能力较大。外圈可以分离，安装时调整间隙方便，成对使用。

5）推力球轴承

如图 8-24 所示，可承受比较大的轴向载荷。常用于起重吊钩、锥齿轮轴、蜗杆轴、机床主轴等。

6）滚针轴承

如图 8-25 所示，只能承受径向力，承载能力大，径向尺寸小，摩擦系数大，内外圈可分离。

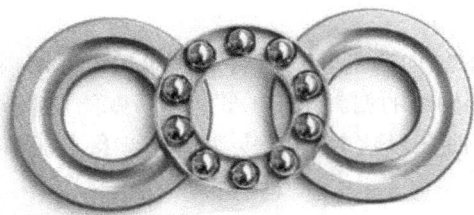

图 8-24　推力球轴承

图 8-25　滚针轴承

7）推力圆柱滚子轴承

如图 8-26 所示，能承受很大的单向轴向载荷。

8）深沟球轴承

如图 8-27 所示，深沟球轴承有双列深沟球轴承[如图 8-27（a）所示]，单列深沟球轴承[如图 8-27（b）所示]两种形式，主要承受径向载荷，也能承受一定的轴向载荷，承载能力较深沟球轴承高。

图 8-26　推力圆柱滚子轴承

（a）单列深沟球轴承　　　　　　　（b）双列深沟球轴承

图 8-27　深沟球轴承

9）调心滚子轴承

如图 8-28 所示，能承受较大的径向载荷和少量的轴向载荷，具有调心性能。

8.4.2　滚动轴承的代号

滚动轴承类型甚多，为了表征各类图形的特点，便于生产管理和选用，规定了轴承代号及其表示方法。

国家标准 GB/T 272—2017《滚动轴承代号方法》规定，轴承

图 8-28　调心滚子轴承

代号由前置代号、基本代号和后置代号组成，用字母和数字表示。

滚动轴承的基本代号包括类型代号、尺寸系列代号、内径代号。

1. 内径尺寸代号

右起第一、第二位数字表示内径尺寸，表示方法见表 8-8。

表 8-8　轴承内径尺寸代号

内径尺寸	代号表示	举例	
		代号	内径
10 12 15 17	00 01 02 03	6200	10
20～480(5 的倍数)	内径/5 的商	23208	40
22、28、32 及 500 以上	/内径	230/500 62/22	500 22

2. 尺寸系列代号

右起第三、第四位表示尺寸系列(第四位为 0 时可不写出)。为了适应不同承载能力的需要，同一内径尺寸的轴承，可使用不同大小的滚动体，因而使轴承的外径和宽度也随着改变。这种内径相同而外径或宽度不同的变化称为尺寸系列，见表 8-9。

表 8-9　向心轴承、推力轴承尺寸系列代号表示法

直径系列代号	向心轴承							推力轴承			
	宽度系列代号							高度系列代号			
	窄 0	正常 1	宽 2	特宽 3	特宽 4	特宽 5	特宽 6	特低 7	低 9	正常 1	正常 2
	尺寸系列代号										
超特轻 7	—	17	—	37	—	—	—	—	—	—	—
超轻 8	08	18	28	38	48	58	68	—	—	—	—
超轻 9	09	19	29	39	49	59	69	—	—	—	—
特轻 0	00	10	20	30	40	50	60	70	90	10	—
特轻 1	01	11	21	31	41	51	61	71	91	11	—
轻 2	02	12	22	32	42	52	62	72	92	12	22
中 3	03	13	23	33	—	—	63	73	93	13	23
重 4	04	—	24	—	—	—	—	74	94	14	24

3. 类型代号

右起第五位表示轴承类型，其代号见表 8-7。代号为 0 时不写出。

4. 前置代号

成套轴承分部件, 见表 8-10。

表 8-10　轴承代号排列

前置代号	基本代号	后置代号							
		1	2	3	4	5	6	7	8
成套轴承分部件		内部结构	密封与防尘套圈变形	保持架及其材料	轴承材料	公差等级	游隙	配置	其他

5. 后置代号

内部结构、尺寸、公差等, 其顺序见表 8-10, 常见的轴承内部结构代号和公差等级见表 8-11 和表 8-12。

表 8-11　轴承内部结构代号

代　号	含　义	示　例
C	角接触球轴承公称接触角 $\alpha=15°$ 调心滚子轴承 C 形	7005C 23122C
AC	角接触球轴承公称接触角 $\alpha=25°$	7210AC
B	角接触球轴承公称接触角 $\alpha=40°$ 圆锥滚子轴承接触角加大	7210B 32310B
E	加强型	N207E

表 8-12　轴承公差等级代号

代　号	含　义	示　例
/P0	公差等级符合标准规定的 0 级(可省略不标注)	6205
/P6	公差等级符合标准规定的 6 级	6205/P6
/P6X	公差等级符合标准规定的 6X 级	6205/P6X
/P5	公差等级符合标准规定的 5 级	6205/P5
/P4	公差等级符合标准规定的 4 级	6205/P4
/P2	公差等级符合标准规定的 2 级	6205/P2

【例 8-2】 试说明轴承代号 6203/P4 和 7312C 的意义。

6203/P4: 6—深沟球轴承; 2—窄 0 轻 2; 03—内径 17; P4—4 级精度。

7312C: 7—角接触球轴承; 3—窄 0 中 3; 12—内径 60; C—公称接触角 $\alpha=15°$。

【例 8-3】 试说明如下轴承代号的意义。

6308：6—深沟球轴承，3—中系列，08—内径 $d=40$ mm，公差等级为 0 级，游隙组为 0 组。

N105/P5：N—圆柱滚子轴承，1—特轻系列，05—内径 $d=20$ mm，公差等级为 5 级，游隙组为 0 组。

7214AC/P4：7—角接触球轴承，2—轻系列，14—内径 $d=70$ mm，公差等级为 4 级，游隙组为 0 组，公称接触角 $\alpha=15°$。

30213：3—圆锥滚子轴承，2—轻系列，13—内径 $d=65$mm，0—正常宽度（0 不可省略），公差等级为 0 级，游隙组为 0 组。

注：滚动轴承代号比较复杂，上述代号仅为最常用的、最有规律的部分。具体应用查阅 GB/T 272—2017《滚动轴承代号方法》。

8.4.3　滚动轴承的公差配合

滚动轴承的国家标准不仅规定了滚动轴承本身的尺寸公差、旋转精度（跳动公差等）、测量方法，还规定可与滚动轴承相配的箱体孔和轴颈的尺寸公差、形位公差和表面粗糙度。

1. 滚动轴承精度等级及其应用

1）滚动轴承的精度等级

滚动轴承的精度等级与轴承的外形尺寸公差和旋转精度决定。国家标准 GB/T 307.3《滚动轴承通用技术规则》规定向心轴承（圆锥滚子轴承除外）精度分为 P0、P6、P5、P4 和 P2 五级。其中 P0 级最低，依次升高，P2 级最高。圆锥滚子轴承精度分为 P0、P6X、P5、P4 四级。推力轴承分为 P0、P6、P5、P4 四级。

滚动轴承的公差配合

2）轴承精度等级的选用

P0 级——通常称为普通级。用于低、中速及旋转精度要求不高的一般旋转机构，它在机械中应用最广。例如，用于普通机床变速箱、进给箱的轴承，汽车、拖拉机变速箱的轴承、普通电动机、水泵、压缩机等旋转机构中的轴承等。

P5、P4 级——用于高速、高旋转精度要求的机构。例如：用于精密机床的主轴承，精密仪器仪表的主要轴承等。

P2 级——用于转速很高、旋转精度要求也很高的机构。例如：用于齿轮磨床、精密坐标镗床的主轴轴承，高精度仪器仪表及其他高精度精密机械的主要轴承。

2. 滚动轴承公差及其特点

国家标准对轴承内径和外径尺寸公差做了两种规定：一是规定了内、外径尺寸的最大值和最小值所允许的极限偏差，其主要目的是为了控制轴承的变形量。二是规定内、外径实际量得尺寸的最大值和最小值的平均值极限偏差，目的是保证轴承内径与轴、外径与壳体孔的尺寸配合精度。滚动轴承内圈内径与轴采用基孔制配合，外圈外径与外壳孔采用基轴制配合。

标准中规定：轴承外圈外径的单一平面平均直轴承，任一径 D_{mp} 的公差带的上偏差为零（如图 8-29 所示），与一般的基准轴公差带分布位置相同，数值不同。轴承内圈内径，单一平面平均直径 d_{mp} 公差带的上偏差也为零（如图 8-29 所示），与一般基准孔的公差带分布位置相反，数值也不同。

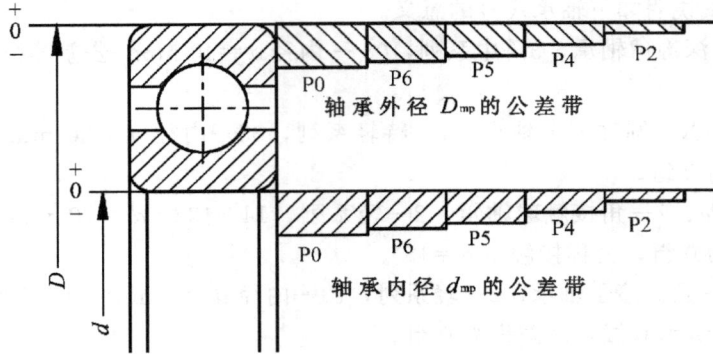

图 8-29 轴承内、外径公差带

任何尺寸的公差带由两个因素决定：公差带的宽窄和公差带的位置。滚动轴承的公差带也不例外，其公差带如图所示。

轴承内、外径公差带的特点是：所有公差带都单向偏置在零线下方，即上偏差为 0，下偏差为负值，如图 8-30 所示。

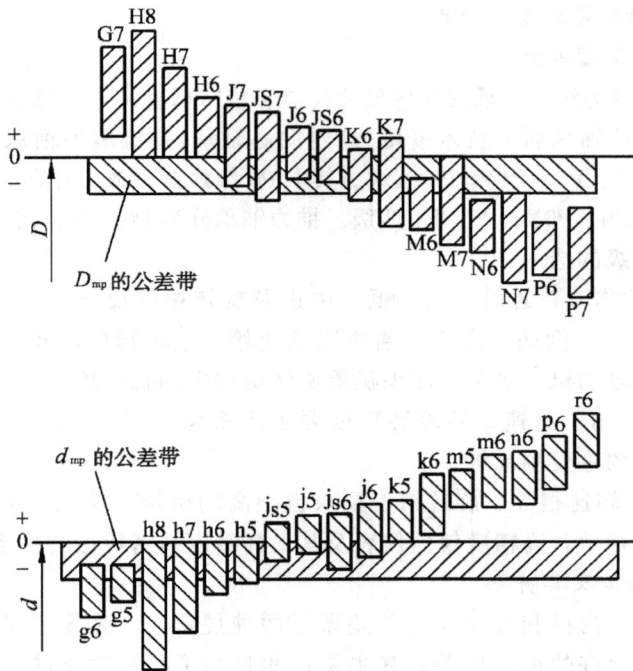

图 8-30 轴承与轴和外壳孔的配合

3. 滚动轴承与轴颈、外壳孔配合的选择及所考虑的因素

滚动轴承的配合是指成套的内孔与轴和外径与外壳孔的尺寸配合。合理地选择其配合对于充分发挥轴承的性能，保证机器正常运转、提高机械效率、延长使用寿命都有极重要的意义。

1)轴承配合选择的任务

(1)确定与轴承内孔结合的轴的公差带。

(2)确定与轴承外径结合的外壳孔的公差带：国家标准 GB/T 275—2015《滚动轴承配合》对与 P0 级和 P6 级轴承配合的轴颈公差带规定了 17 种，对外壳孔的公差带规定了 16 种，如图 8-31 所示。这些公差带分别选自 GB/T 1803—2003《极限与配合》中规定的轴公差带和孔公差带。

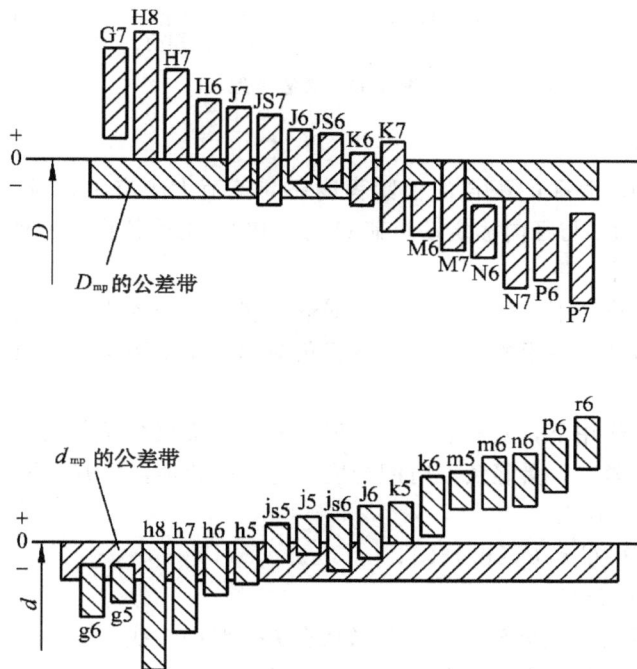

图 8-31　轴承与轴和外壳配合常用的公差带

2)配合选择所考虑的因素

(1)负载类型。

局部负载：作用于轴承上的合成径向负载与套圈相对静止，即负载方向始终不变地作用在套圈滚道的局部区域上。通常采用小间隙配合或过渡配合。如图 8-32（a）、图 8-32（b）所示。

循环负载：作用于轴承上的合成径向负载与套圈相对旋转，即合成径向负载顺次作用在套圈的整个圆周上。通常采用过盈或较紧的过渡配合，如图 8-32（c）、图 8-32（d）所示。

摆动负载：作用于轴承上的合成径向负载与所承载的套圈在一定区域内相对摆动，即合成径向负载经常变动地作用在套圈滚道的小于 180°的部分圆周上，如图 8-32（c）、图 8-32（d）所示。

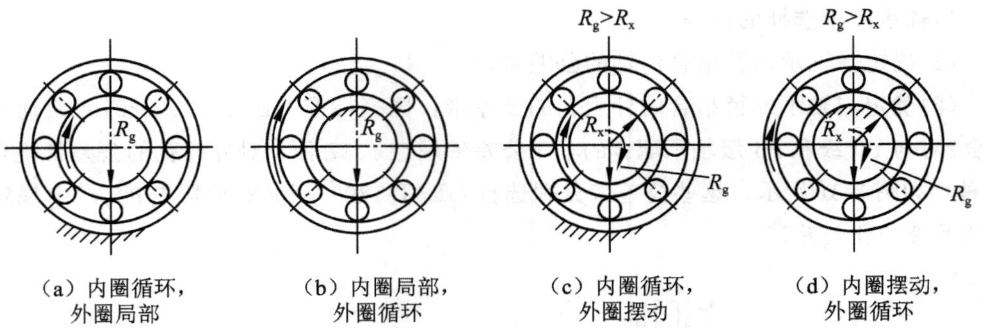
Rg>Rx
Rg>Rx
Rg
Rg
Rx
Rg
Rx
Rg
(a) 内圈循环，
外圈局部
(b) 内圈局部，
外圈循环
(c) 内圈循环，
外圈摆动
(d) 内圈摆动，
外圈循环

图 8-32 负载类型

(2)负载的大小。

轴承与轴颈和、壳孔的配合的松紧程度还与负荷大小有关，对于向心轴承，国标用当量径向动负荷 F_r 与径向额定动负荷 C_r(F_r 和 C_r 的数值由轴承产品样本查出)的比值来表示负荷的大小。

轴承在重负荷作用下，轴承套圈容易变形，使配合面受力不均匀，引起配合松动。因此对于承受重负荷的轴承配合，应比在轻负荷和正常负荷下的配合要紧，负荷越大，过盈量应选的越大。

轴承在负载的作用下，套圈会发生变形，使配合面受力不均匀，引起松动。因此，受重负载时配合应紧些，受轻负载时配合应松些。一般地，负载如下分类：

轻负载：$F\leqslant 0.07C_r$；

正常负载：$0.07C_r<F\leqslant 0.15C_r$；

重负载：$F>0.15C_r$。

其中 C_r——轴承的额定负载，数据可以从有关手册中查找；

F_r——轴承的径向负荷，数据可以从有关手册中查找。

对承受定向负荷的套圈应选较松的过渡配合或较小的间隙配合，以便使套圈滚道间的摩擦力矩带动套圈偶然转位，受力均匀、延长使用寿命。对承受旋转负荷的套圈应选过渡配合或较紧的过渡配合，以防止它在轴颈上或壳孔的配合表面打滑，引起配合表面发热、磨损，影响正常工作。过盈量的大小，以其转动时与轴或壳体孔间不产生爬行现象为原则。对承受摆动负荷的轴承，其配合要求一般与旋转负荷相同或略松一点。

(3)其他因素。

工作温度的影响，轴承旋转时，套圈的温度经常高于相邻零件的温度。轴承的内圈可能因热胀而使配合变松；外圈会因热胀而使配合变紧。选择配合时应考虑温度的影响。

滚动轴承一般在低于100℃的温度下工作，如在高温下工作，其配合应予以调整。一般情况下，轴承的旋转精度越高，旋转速度越高，则应选择越紧的配合。

考虑轴承安装和拆卸方便的问题。

①只要求装拆方便，即可选用较松配合。

②如既要求装拆方便，又需紧配合，可采用分离型轴承或采用内圈带锥孔，带紧

定套和退卸套的轴承。

综上所述，影响滚动轴承配合选用的因素较多，难以用计算的方法确定，所以在生产中常用类比法，如表 8-13、表 8-14 所示。

表 8-13　安装向心轴承和角接触轴承的轴公差带

内圈工作条件			应用举例	深沟球轴承、向心球轴承和角接触轴承	圆柱滚子轴承和圆锥滚子轴承	调心滚子轴承	公差带
旋转状态	负荷类型	负荷		轴承公差内径/mm			
圆柱孔轴承							
内圈相对于负荷方向旋转或负荷方向摆动	循环负荷或摆动负荷	轻负荷	电器仪表、机床(主轴)、精密仪器、泵、通风机、传送带	≤18	—	—	h5
				>18～100	≤40	≤40	j6①
				>100～200	>40～140	>40～100	k6①
				—	>140～200	>100～200	m6①
		正常负荷	一般通用机械、电动机、蜗轮机、泵、内燃机变速箱、木工机械	≤18	—	—	j5 或 js5
				>18～100	≤40	≤40	k5②
				>100～140	>40～100	>40～65	m5②
				>140～200	>100～140	>65～100	m6
				>200～280	>140～200	>100～140	n6
				—	>200～400	>140～280	p6
				—		>280～500	r6
				—		>500	r7
		重负荷	铁路车辆和电车油箱、牵引电动机、轧钢机、破碎机等重型机械	—	>50～140	>50～100	n6③
				—	>140～200	>100～140	p6③
				—	>200	>140～200	r6③
				—	—	>200	r7③
圆柱孔轴承							
内圈相对于负荷方向静止	局部负荷	所有负荷	内圈必须在轴上容易移动	静止轴上的各种轮子	所有尺寸		g6①
			内圈不必要在轴上移动	张紧滑轮、绳索轮	所有尺寸		h6①
纯轴向负荷			所有应用场合	所有尺寸			j6 或 js6
圆锥孔轴承(带锥形套)							
所有负荷			火车和电车的油箱	装在退卸套上的所有尺寸			h8(IT5)⑤
			一般机械或传动轴	装在紧定套上的所有尺寸			H9(IT5)⑤

注:

①凡对精度有较高要求的场合，应用 j5、k5……代替 j6、k6……等。

②单列圆锥滚子轴承和单列角接触球轴承，因内部游隙的影响不是很重要，可选用 k6 和 m6 代

替 k5 和 m5。

③应选用径向游隙大于基本组的滚子轴承。

④凡有较高精度和转速要求的场合，应选用 h7(IT5)为轴颈形状公差。

⑤尺寸＞500 mm，其形状公差为 IT7。

表 8-14 安装向心轴承和角接触轴承的壳体孔公差带

外圈工作条件					应用情况		公差带
旋转状态	负荷类型	负荷	轴向位移限度	其他情况			
外圈相对于负荷方向静止	局部负荷	轻、正常和重负荷	轴向容易移动	轴处于高温场合	烘干筒、有调心滚子轴承的大电机		G7
				部分式壳体	一般机械、铁路车辆轴箱		H7①
		轻和正常负荷	轴向能移动	整体式	磨床主轴用球轴承，小型电动机		J6、H6
外圈相对于负荷方向摆动	摆动负荷	冲击负荷		整体式或部分式壳体	铁路车辆轴箱轴承		J7①
		轻和正常负荷			电动机、泵、曲轴主轴承		
		正常和重负荷			电动机、泵、曲轴主轴承		K7①
		重冲击负荷	轴向不能移动	整体式壳体	牵引电动机		M7①
外圈相对于负荷方向旋转	循环负荷	轻负荷			张紧滑轮		M7①
		正常和重负荷			装在球轴承的轮毂		N7①
		重冲击负荷		薄壁、整体式壳体	装在滚子轴承的轮毂		P7①

注：①精度有较高要求的场合，应选用 IT6 代替 IT7，同时用整体式壳体。

②对于轻合金壳体应选择比钢或铸铁较紧的配合。

8.4.4 配合表面的形位公差和表面粗糙度要求

为了保证轴承正常工作，除了正确选择配合之外，还应对与轴承配合的轴和外壳孔的形位公差和表面粗糙度提出要求。GB/T 275—2015《滚动轴承 配合》规定了与各种轴承配合的轴颈和外壳孔的形位公差，见表 8-15。配合面的表面粗糙度见表 8-16。

表 8-15　轴和外壳孔的形位公差值（摘自 GB/T 275—2003）

基本尺寸 /mm		圆柱度				端面圆跳动			
		轴　颈		外　壳　孔		轴　肩		外壳孔肩	
		轴承公差等级							
		0	6(6x)	0	6(6x)	0	6(6x)	0	6(6x)
超过	到	公差值/μm							
	6	2.5	1.5	4	2.5	5	3	8	5
6	10	2.5	1.5	4	2.5	6	4	10	6
10	18	3.0	2.0	5	3.0	8	5	12	8
18	30	4.0	2.5	6	4.0	10	6	15	10
30	50	4.0	2.5	7	4.0	12	8	20	12
50	80	5.0	3.0	8	5.0	15	10	25	15
80	120	6.0	4.0	10	6.0	15	10	25	15
120	180	8.0	5.0	12	8.0	20	12	30	20
180	250	10.0	7.0	14	10.0	20	12	30	20
250	315	12.0	8.0	16	12.0	25	15	40	25
315	400	13.0	9.0	18	13.0	25	15	40	25
400	500	15.0	10.0	20	15.0	25	15	40	25

表 8-16　配合面的表面粗糙度（摘自 GB/T 275—2003）

轴或轴承座直径 /mm		轴或外壳配合表面直径公差等级								
		IT7			IT6			IT5		
		表面粗糙度（符合 GB 1031 第一系列)/μm								
超过	到	Rz	R_a		Rz	R_a		Rz	R_a	
			磨	车		磨	车		磨	车
—	80	10	1.6	3.2	6.3	0.8	1.6	4	0.4	0.8
80	500	16	1.6	3.2	10	1.6	3.2	6.3	0.8	1.6
端　面		25	3.2	6.3	25	3.2	6.3	10	1.6	3.2

【例 8-4】有一圆柱齿轮减速器，小齿轮要求有较高的旋转精度，装有 0 级单列深沟球轴承，轴承尺寸为 50 mm×110 mm×27mm，额定动负荷 C_r = 32 000 N，轴承承受的当量径向负荷 F_r = 4 000 N。试用类比法确定轴颈和外壳孔的公差带代号，画出公差带图，并确定孔、轴的形位公差值和表面粗糙度参数值，将它们分别标注在装配图和零件图上。

【解】(1)按已知条件，可算得 F_r = 0.125C_r，属正常负荷。

(2)按减速器的工作状况可知，内圈为旋转负荷，外圈为定向负荷，内圈和轴的配合应紧，外圈和外壳孔配合应较松。图 8-33 所示为轴承与轴、孔配合的公差带图。

(3)根据以上分析，查手册选用轴颈公差带为 k6（基孔制配合），外壳孔公差带为

G7 或 H7。但由于轴的旋转精度要求较高，故选用更紧一些的配合，孔公差带为 J7（基轴制配合）较为恰当。

(4)从手册中查出 0 级轴承内、外圈单一平面平均直径的上、下偏差，再由标准公差数值表和孔、轴基本偏差数值表查出 50k6 和 110J7 的上、下偏差，从而画出公差带图，如图 8-33 所示。

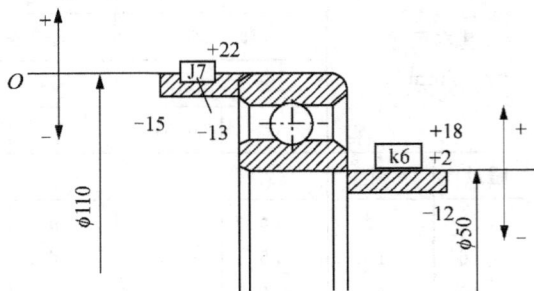

图 8-33　轴承与轴、孔配合的公差带图

(5)选取公差带，内圈和轴颈配合的 $Y_{max}=-0.030$ mm，$Y_{min}=-0.002$ mm；外圈和外壳孔配合的 $X_{max}=+0.037$ mm，$Y_{max}=-0.013$ mm。

(6)选取形位公差值。圆柱度公差：轴颈为 0.004 mm，外壳孔为 0.010 mm；端面跳动公差：轴肩为 0.012 mm，外壳孔肩为 0.025 mm。

(7)选取表面粗糙度数值。轴颈表面磨 $Ra \leqslant 0.000$ 8 mm，轴肩端面车 $Ra \leqslant 0.032$ mm，外壳孔表面磨 $Ra \leqslant 0.016$ mm，轴肩端面车 $Ra \leqslant 0.063$ mm。

(8)将选择的上述各项公差标注在图上，如图 8-34 所示。

由于滚动轴承是标准部件，因此，在装配图上只需注出轴颈和外壳孔公差带代号，不标注基准件公差带代号，如图 8-34(a)所示，轴和外壳上标注如图 8-34(b)、图 8-34(c)所示。

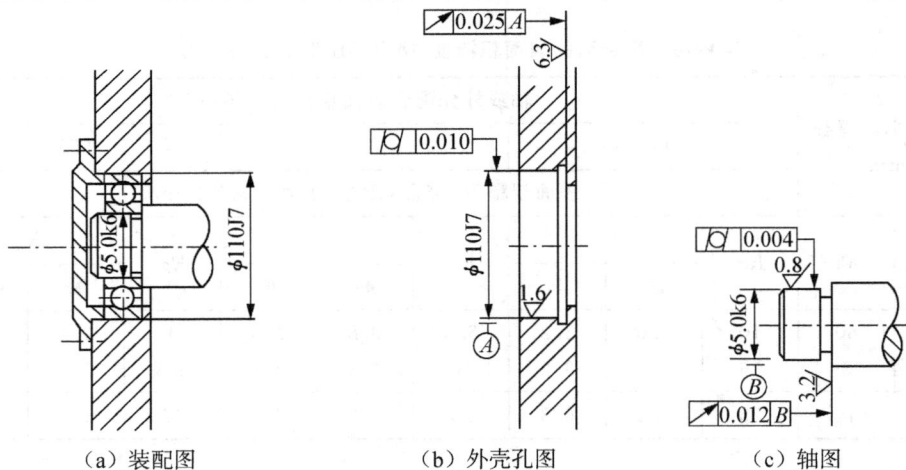

（a）装配图　　　　　　（b）外壳孔图　　　　　　（c）轴图

图 8-34　轴颈和外壳孔公差在图样上标注示例

▶ 任务5　键的公差与配合及测量

键是一种主要的轴毂联接件，已标准化。主要用作轴上零件的周向固定并传递转矩，有的兼作轴上零件的轴向固定，还有的在轴上零件沿轴向移动时起导向作用。

键与键槽的形状和尺寸已经标准化。键的材料通常用拉伸强度极限不

键的公差与
配合及测量

低于 600 MPa 的精拔钢制造，通常用 45# 钢。

8.5.1 键联接的类型、结构和特点

根据键联接的结构特点和工作原理，键联接可分为平键联接、半圆键联接、楔键联接、切向键联接和花键联接等几类。

1. 平键联接

平键联接的断面结构如图 8-35(a) 所示，平键的上下两面和两个侧面都互相平行。平键的下面与轴上键槽贴紧，上面与轮毂键槽顶面留有间隙；工作时靠键与键槽侧面的挤压来传递转矩，故平键的两个侧面是工作面。因此平键联接结构简单、加工容易、装拆方便、对中性好。但它不能承受轴向力，对轴上零件不能起到轴向固定的作用。

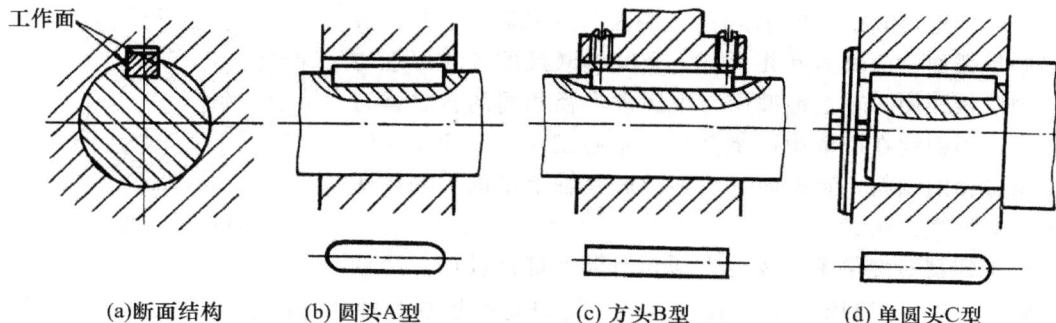

(a)断面结构   (b) 圆头A型   (c) 方头B型   (d) 单圆头C型

图 8-35 普通平键联接

按用途，平键联接分为普通平键、导向平键和滑键三种。

普通平键联接用于静联接，根据头部形状不同，可分为圆头 A 型[如图 8-35(b) 所示]、方头 B 型[如图 8-35(c) 所示]和单圆头 C 型[(如图 8-35(d) 所示]3 种。圆头普通平键[如图 8-35(b) 所示]键槽由端铣刀加工，如图 8-36(a) 所示，键在槽中轴向固定较好，但键的头部侧面与轮毂上的键槽并不接触，因而键的圆头部分不能充分利用，而且轴上键槽端部的应力集中较大。方头普通平键[如图 8-35(c) 所示]键槽用盘铣刀加工，如图 8-36(b) 所示，键槽两端的应力集中较小，但键在槽中的轴向固定不好，常用紧定螺钉紧固，以防松动。单圆头的平键[如图 8-35(d) 所示]用于轴端联接。轮毂上的键槽一般用插刀或拉刀加工。

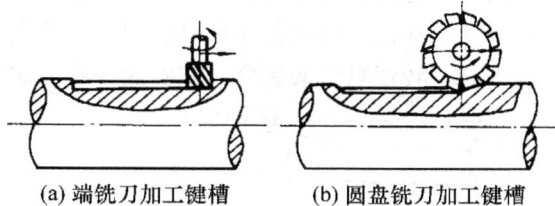

(a) 端铣刀加工键槽   (b) 圆盘铣刀加工键槽

图 8-36 轴上键槽的加

导向平键和滑键联接用于动联接。如图 8-37 所示，导向平键利用螺钉固定在轴上而轮毂可以沿着键移动，滑键(如图 8-38 所示)固定在轮毂上而随轮毂一同沿着轴上键槽移动。键与其相对滑动的键槽之间的配合为间隙配合。为了使键拆卸方便在键的中部制有起键螺孔。当轴向移动距离较大时，宜采用滑键，因为如用导键，键将很长，增加制造的困难。

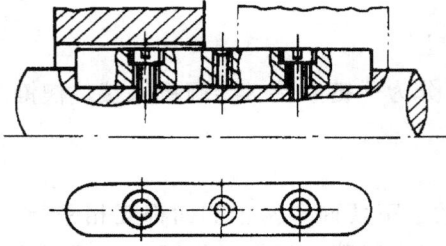

图 8-37 导向平键联接

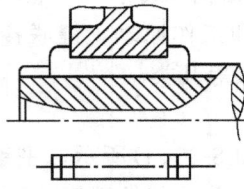

图 8-38 滑键联接

2. 半圆键联接

半圆键(如图 8-39 所示)的上表面为一平面,下表面为半圆形弧面,两侧面互相平行。半圆键联接的工作原理与平键联接相同。轴上键槽用与半圆键半径相同的盘状铣刀铣出。因而键在键槽中可绕其几何中心摆动,以适应轮毂键槽底面的倾斜。装配时,半圆键放在轴上半圆形的键槽内,然后推上轮毂。

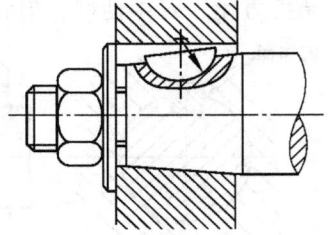

图 8-39 半圆键联接

半圆键结构紧凑,装拆方便,但轴上键槽较深,降低了轴的强度。半圆键联接适用于轻载、轮毂宽度较窄和轴端处的联接,尤其适用于圆锥形轴端的联接。

3. 楔键联接和切向键联接

如图 8-40(a)所示,楔键的上、下面是工作面,键的上表面和轮毂键槽的底面均有 1:100 的斜度,两侧面互相平行。装配时需将键打入轴和轮毂的键槽内,工作时依靠键与轴及轮毂的槽底之间、轴与毂孔之间的摩擦力传递转矩,并能轴向固定零件和传递单向轴向力。

由于楔键的楔入作用,所以造成轴和轴上零件的中心线不重合,即产生偏心。另外,当受到冲击、变载荷作用时楔键联接容易松动。因此,楔键联接只适用于对中性要求不高、转速较低的场合,如农业机械、建筑机械等。

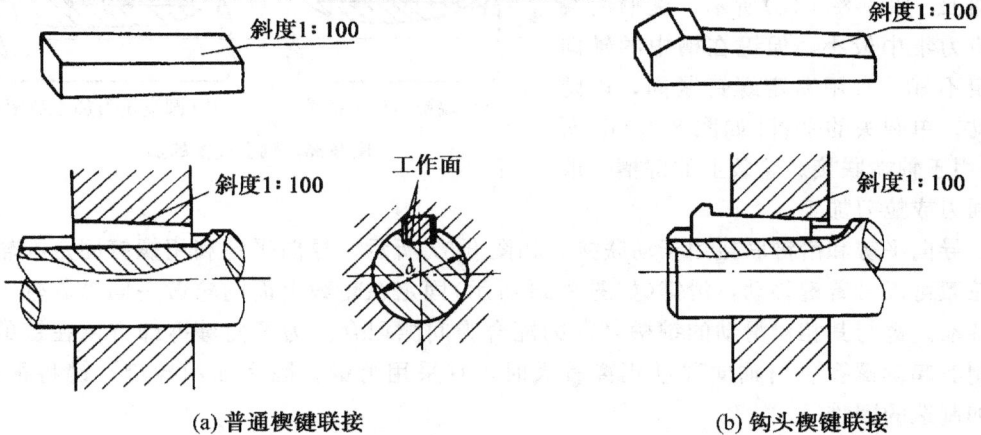

(a) 普通楔键联接

(b) 钩头楔键联接

图 8-40 楔键联接

楔键多用于轴端的联接，以便零件的装拆。如果楔键用于轴的中段时，轴上键槽的长度应为键长的两倍以上。按楔键端部形状的不同可将其分为普通楔键和钩头楔键，如图 8-40(b)所示，后者拆卸较方便。

切向键由两个斜度为 1∶100 的普通楔键组成，如图 8-41 所示，其上下两面为工作面，其中一个工作面在通过轴心线的平面内，使工作面上的压力沿轴的切向作用，因而能传递很大的转矩。装配时两个楔键从轮毂两侧打入。一个切向键只能传递单向转矩，若要传递双向转矩则须用两个切向键，并使两键互成 120°～135°。切向键主要用于轴径大于 100 mm、对中性要求不高而载荷很大的重型机械中。

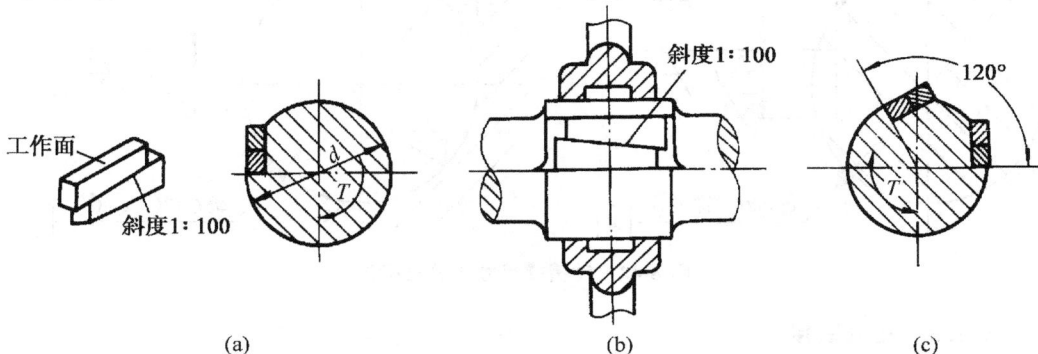

图 8-41　切向键联接

8.5.2　键的公差与配合及测量

1. 平键联接的公差与配合

(1)尺寸公差带。在键与键槽宽的配合中，键宽相当于广义的"轴"，键槽宽相当于广义的"孔"。键宽同时要与轴槽宽和轮毂槽宽配合，而且配合性质又不同，由于平键是标准件，因此平键配合采用基轴制。

(2)由于使用的平键为标准件，且键又为外表面，因而，键与轴槽、键与轮毂槽的配合均采用基轴制。国家标准对键宽只规定了一种公差带 h8。平键联接的三种配合及应用见表 8-17。一般键与轴槽配合要求较紧，键与轮毂槽配合要求较松，相当于一个轴与两个孔相配合，且配合性质不同。国家标准对轴槽宽和轮毂槽宽各规定了三种公差带，构成三种配合形式，分别对应于较松键联接、一般键联接和较紧键联接。用于不同的场合。

表 8-17　平键联接的三种配合及应用

配合种类	尺寸 b 的公差带			应　用
	键	轴槽	轮毂槽	
较松联接		H9	D10	键在轴上及轮毂中均能滑动，主要用于导向平键，轮毂可在轴上移动
一般联接	h8	N9	JS9	键在轴槽中和轮毂槽中均固定，用于载荷不大的场合
较紧联接		P9	P9	键在轴槽中和轮毂槽中均牢固地固定，比一般键联接配合更紧。用于载荷较大、有冲击和双向传递扭矩的场合

2. 键槽的形位公差

键槽槽尺寸与公差标注如图 8-42 所示,键与键槽配合的松紧程度不仅取决于其配合尺寸的公差带,还与配合表面的形位误差有关,同时,为保证键侧与键槽侧面之间有足够的接触面积,避免装配困难,还需分别规定键槽两侧面的中心平面对轴的基准轴线和轮毂键槽两侧面的中心平面对孔的基准轴线的对称。

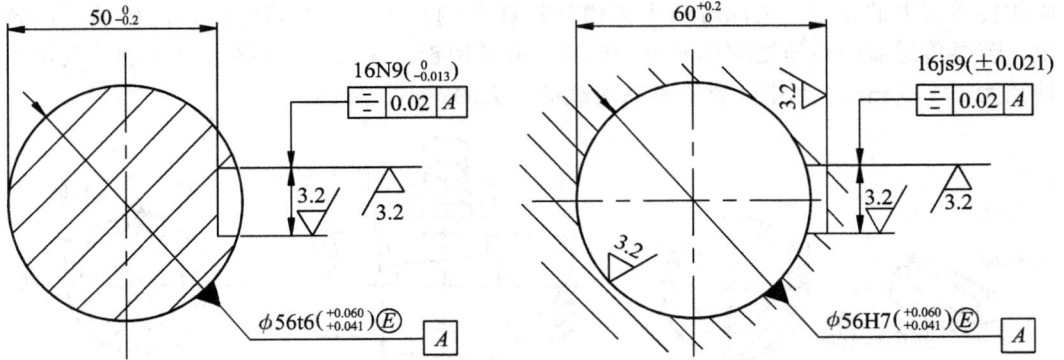

图 8-42 键槽槽尺寸与公差标注

8.5.3 花键联接

花键联接是由内花键(花键孔)和外花键(花键轴)两个零件组成。花键联接与单键联接相比,其主要特点是定心精度高,导向性好,承载能力强。在机械中应用广泛。花键联接既可用做固定联接也可用做滑动联接。花键按其截面形状的不同,可分为矩形花键、渐开线花键、三角形花键等几种,其中矩形花键应用最广。

1. 矩形花键的主要尺寸

国家标准规定了花键的矩形花键的基本尺寸为大径 D、小径 d、键宽和键(或槽)宽 B,如图 8-43 所示。

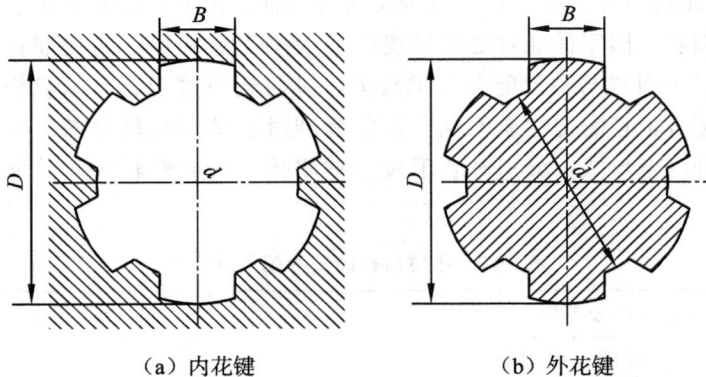

(a)内花键   (b)外花键

图 8-43 矩形花键的主要尺寸

2. 矩形花键联接的定心方式

花键联接主要保证内、外花键联接后具有较高的同轴度,并能传递扭矩。矩形花键联接的主要配合尺寸有大径 D、小径 d 和键(或槽)宽 B 参数。定心方式如图 8-44 所示。

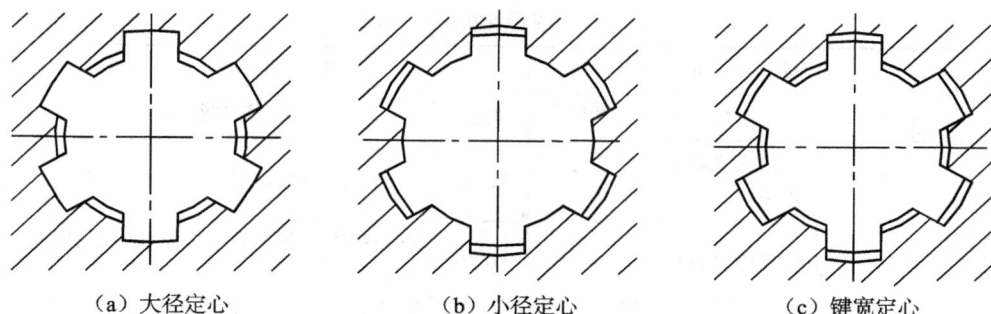

（a）大径定心　　　　　　（b）小径定心　　　　　　（c）键宽定心

图 8-44　花键的定心方式

3. 矩形花键联接的公差与配合

矩形花键的极限与配合分为两种情况：

（1）一般用途的矩形花键。

（2）精密传动的矩形花键。其内、外花键的尺寸公差带查手册，这些公差带均选自 GB/T 1800.3—2009。

为了减少加工和检验内花键拉刀和量规的规格和数量，矩形花键联接采用基孔制配合。对于拉削后不进行热处理和拉削后热处理的零件，所用拉刀不同，故采用不同的公差带。

标准中规定，矩形花键的配合按装配型式分滑动、紧滑动和固定三种。其区别在于，前两种在工作过程中，既可传递扭矩，且花键套还可在轴上移动；后一种只用来传递扭矩，花键套在轴上无轴向移动。

对于精密传动用的内花键，当需要控制键侧配合间隙时，槽宽公差带可选用 H7，一般情况下可选用 H9。

4. 矩形花键联接公差与配合的选择

矩形花键联接的极限与配合选用主要是确定联接精度和装配型式。联接精度的选用主要是根据定心精度要求和传递扭矩大小。精密传动用花键联接定心精度高，传递扭矩大而且平稳，多用于精密机床主轴变速箱，以及各种减速器中轴与齿轮花键孔的联接。

选择配合种类时，首先要根据内、外花键之间是否有轴向移动，确定固定联接还是非固定联接。对于内、外花键之间要求有相对移动，而且移动距离长、移动频率高的情况，应选用配合间隙较大的滑动联接，以保证运动灵活性及配合面间有足够的润滑层，对于内、外花键之间定心精度要求高，传递扭矩大或经常有反向转动的情况，则选用配合间隙较小的紧滑动联接。对于内、外花键间无须在轴向移动，只用来传递扭矩，则选用固定联接。表 8-18 列出了几种配合应用情况。

表 8-18　矩形花键配合应用

应用	固定联接		滑动联接	
	配合	特征及应用	配合	特征及应用
精密传动用	H5/h5	紧固程度较高，可传递大扭矩	h5/g5	滑动程度较低，定心精度高，传递扭矩大
	H6/h6	传递中等扭矩	H6/f6	滑动程度中等，定心精度较高，传递中等扭矩
一般用	H7/h7	紧固程度较低，传递扭矩较小，可经常拆卸	H7/f7	移动频率高，移动长度大，定心精度要求不高

8.5.4　矩形花键联接形位公差与表面粗糙度

1. 矩形花键的形位公差

内、外花键加工时，不可避免地会产生形位误差。为防止装配困难，并保证键和键槽侧面接触均匀，除用包容原则控制定心表面的形状误差外，还应控制花键（或花键槽）在圆周上分布的均匀性（即分度误差），当花键较长时，还可根据产品性能要求进一步控制各个键或键槽侧面对定心表面轴线的平行度。为保证花键（或花键槽）在圆周上分布的均匀性，应规定位置度公差，并采用相关要求。矩形花键的位置度公差在图样上的标注如图 8-45 所示，矩形花键的对称度公差在图样上的标注如图 8-46 所示。

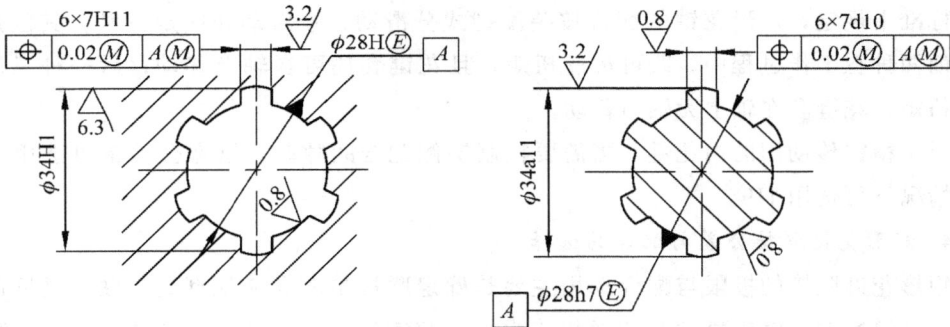

图 8-45　矩形花键的位置度公差标注

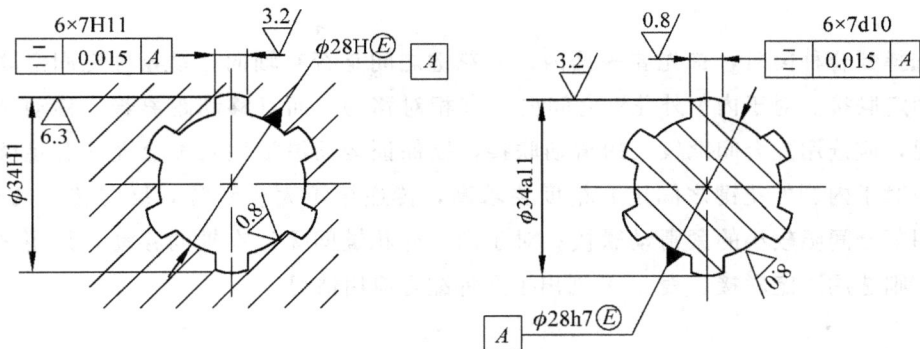

图 8-46　矩形花键的对称度公差标注

2. 矩形花键的表面粗糙度

矩形花键的表面粗糙度参数 Ra 的上限值推荐如下：

内花键：小径表面不大于 1.6 μm，键槽侧面不大于 6.3 μm，大径表面不大于 6.3 μm。

外花键：小径表面不大于 0.8 μm，键槽侧面不大于 1.6 μm，大径表面不大于 3.2 μm。

8.5.5　矩形花键的检测

(1)在单件小批生产中，用通用量具如百分尺、游标卡尺、指示表等分别对各尺寸(d、D 和 B)及形位误差进行检测。

(2)在成批生产中，可先用花键位置量规同时检验花键的小径、大径、键宽及大、小径的同轴度误差、各键和键槽的位置度误差等综合结果。花键塞规如图 8-47(a)所示。

(3)位置量规通过为合格。花键经位置量规检验合格后，可再用单项止端塞规(卡规)或通用计量器具检测其小径、大径及键槽宽(键宽)的实际尺寸是否超越其最小实体尺寸。矩形花键综合量规如图 8-47(b)所示。

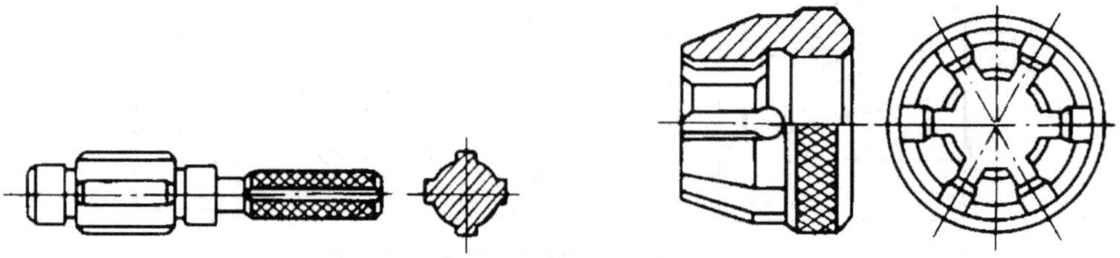

(a)花键塞规(两短柱起导向作用)　　　　　(b)花键环规(圆孔起导向作用)

图 8-47　矩形花键综合量规

▶ 任务 6　圆锥检测技能训练

8.6.1　概述

圆锥配合是机器、仪器及工具结构中常用的配合。如工具圆锥与机床主轴的配合、管道阀门中阀心与阀体的配合等是最典型的实例。圆锥配合与圆柱配合相比较，前者具有良好的同轴度，而且装拆方便；配合的间隙或过盈可以调整；自锁性、密封性好等优点。但是，圆锥配合在结构上比较复杂，影响其互换性的参数较多，加工和检测也较困难，不适合于孔轴轴向相对位置要求较高的场合。

为了满足圆锥配合的使用要求，保证圆锥配合的互换性，我国发布了一系列有关圆锥公差与配合及圆锥公差标注方法的标准，它们分别是 GB/T 157—2001《产品几何量技术规范(GPS)圆锥的锥度和角度系列》、GB/T 11334—2005《产品几何量技术规范(GPS)圆锥公差》及 GB/T 12360—2005《产品几何量技术规划(GPS)圆锥配合》等国家标准。

8.6.2 锥度与锥角

1. 圆锥及其配合的主要几何参数

圆锥有内圆锥(圆锥孔)和外圆锥(圆锥轴)两种，其主要几何参数为圆锥角 α、圆锥直径、圆锥长度 L 和锥度 C 等，如图 8-48 和图 8-49 所示。

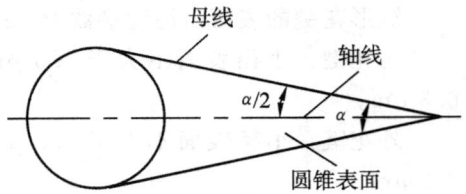

图 8-48 圆锥表面

2. 锥度与锥角系列

为了减少加工圆锥工件所用的专用刀具、量具种类和规格，满足生产需要，光滑圆锥的锥度已标准化(GB/T 157—2001《产品几何量技术规范(GPS) 圆锥的锥度和锥角系列》规定了一般用途和特殊用途的锥度与圆锥角系列)。

1)一般用途圆锥的锥度与圆锥角

国标规定的一般用途圆锥的锥度与圆锥角，见表 8-19。

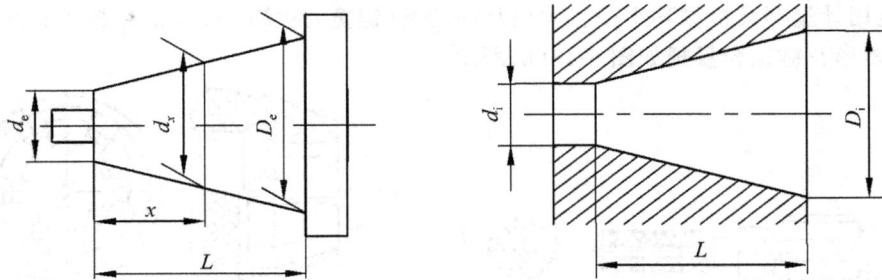

图 8-49 内、外圆锥

表 8-19 一般用途圆锥的锥度与锥角

基本值		推算值			应用举例
系列 1	系列 2	锥角 α		锥度 C	
			rad		
120°	—	—	2.094 395 10	1:0.288 675	节气阀、汽车、拖拉机阀门
90°	—	—	1.570 796 33	1:0.500 000	重型顶尖、重型中心孔、阀销锥体
	75°	—	—	1.308 996 94	1:0.615 613	沉头螺钉、小于 10 的螺锥
60°	—	—	1.017 197 55	1:0.866 025	顶尖、小心孔、弹簧夹头、埋头钻
45°	—	—	0.785 398 16	1:1.207 107	埋头铆铂
30°	—	—	0.523 598 78	1:1.866 025	摩擦轴节、弹簧卡头、平衡块

基本值		推算值			应用举例
系列1	系列2	锥角 α			
				rad	锥度 C
1∶3		18°55′28.7″	18.924 644°	0.330 297 35	—	受力方向垂直于轴线易拆开的联接
	1∶4	14°15′0.1″	14.250 033°	0.248 709 99	—	
1∶5		11°25′16.3″	11.241 186°	0.199 337 30	—	受力方向垂直于轴线的联接，锥形摩擦离合器，磨床主轴
	1∶6	9°31′38.2″	9.527 283°	0.166 282 46	—	
	1∶7	8°10′16.4″	8.171 234°	0.142 614 93	—	
	1∶8	7°9′9.6″	7.152 669°	0.124 837 62	—	重型机床主轴
1∶10		5°43′29.3″	5.724 810°	0.099 916 79	—	承受轴向力和扭转力的联接处，主轴承受轴向力
	1∶12	4°46′18.8″	4.771 888°	0.083 285 16	—	
	1∶15	3°49′15.9″	3.818 305°	0.066 641 99	—	承受轴向力的机件，如机车十字头轴
1∶20		2°51′51.1″	2.864 192°	0.049 989 59	—	机床主轴，刀具刀杆尾部，锥形绞刀，心轴
1∶30		1°54′34.9″	1.909 683°	0.033 330 25	—	锥形绞刀、套式绞刀、扩孔钻的刀杆，主轴颈部
1∶50		1°8′45.2″	1.145 877°	0.019 999 33	—	锥销、手柄端部、锥形绞刀、量具尾部
1∶100		34′22.6″	0.572 953°	0.009 999 92	—	受其静变负载不拆开的联接件，如心轴等
1∶200		17′11.3″	0.286 478°	0.004 999 99	—	导轨镶条、受振动及冲击负载不拆开的联接件
1∶500		6′52.5″	0.114 592°	0.002 000 00		

2）特殊用途圆锥的锥度与圆锥角

国标规定的特殊用途圆锥的锥度与圆锥角共 20 种，其中包括我国早已广泛使用的莫氏锥度，见表 8-20。

表 8-20　特殊用途圆锥的锥度与锥角

基本值	推算值				用途
	圆锥角 α			锥度 C	
			rad		
11°54′	—	—	0.207 694 18	1∶4.797 451 1	纺织机械和附件
8°40′			0.151 261 87	1∶6.598 441 5	
7°	—	—	0.122 173 05	1∶8.174 927 7	
7∶24(1∶3.429)	16°35′39.4″	16.594 29°	0.289 625 00	1∶3.428 571 4	机床主轴工具配合
1∶19.002	3°0′53″	3.014 554°	0.052 613 90	—	莫氏锥度 No.5
1∶19.180	2°59′12″	2.986 590°	0.052 125 84	—	莫氏锥度 No.6
1∶19.212	2°58′54″	2.981 618°	0.052 039 05	—	莫氏锥度 No.0
1∶19.254	2°58′31″	2.975 117°	0.051 925 59	—	莫氏锥度 No.4
1∶19.922	2°52′32″	2.875 402°	0.050 185 23	—	莫氏锥度 No.3
1∶20.020	2°51′41″	2.861 332°	0.049 939 67	—	莫氏锥度 No.2
1∶20.047	2°51′26″	2.857 480°	0.049 872 44	—	莫氏锥度 No.1

8.6.3　圆锥公差

为了保证圆锥零件的精度，限制几何参数误差的影响，需要有相应的公差指标。国家标准 GB/T 11334—2005《产品几何量技术规范（GPS）圆锥公差》，适用于锥度从 1∶3 至 1∶500、圆锥长度从 6～630 mm 的光滑圆锥工件（即对锥齿轮、锥螺纹等不适用）。

1. 圆锥公差的基本术语

1）公称圆锥

设计给定的理想形状圆锥称为公称圆锥。

公称圆锥在零件图样上可以用两种形式确定：一种是以一个公称圆锥直径（D、d、d_x）、公称圆锥长度 L 和公称圆锥角 α（或公称锥度 C）来确定；另一种是以两个公称圆锥直径（D 和 d）和公称圆锥长度 L 来确定。

2）实际圆锥、实际圆锥直径 d_a

实际存在并与周围介质分隔的圆锥称为实际圆锥，实际圆锥上的任一直径称为实际圆锥直径，如图 8-50 所示。

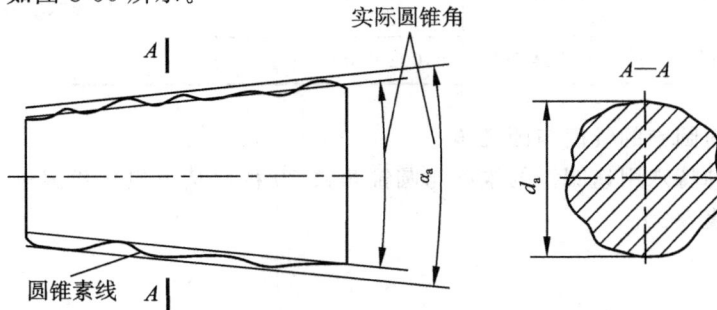

图 8-50　实际圆锥与实际圆锥直径

3）实际圆锥角 α_a。

在实际圆锥的任一轴向截面内，包容圆锥素线且距离为最小的两对平行直线之间的夹角称为实际圆锥角，如图 8-50 所示。

4）极限圆锥

指与公称圆锥共轴且圆锥角相等，直径分别为上极限尺寸和下极限尺寸的两个圆锥，如图 8-51 所示。极限圆锥是实际圆锥允许变动的界限，合格的实际圆锥必须在两极限圆锥限定的空间区域之内。

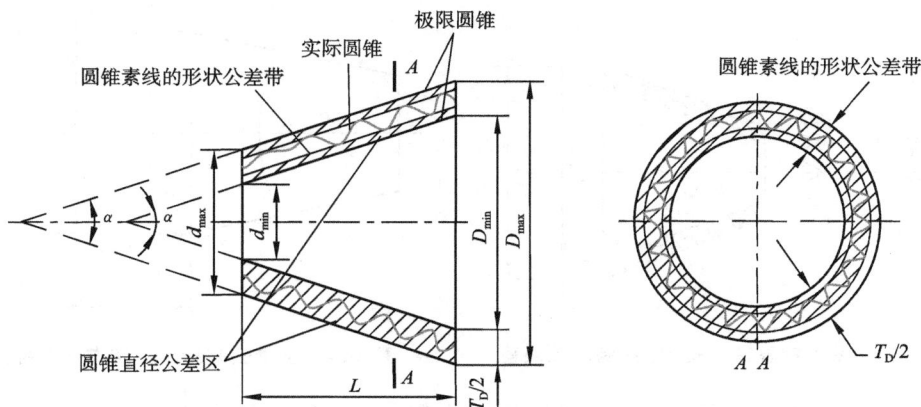

图 8-51　极限圆锥与圆锥公差区

5）极限圆锥直径

极限圆锥上的任一直径，图 6-4 中的 D_{max} 和 D_{min}、d_{max} 和 d_{min}。对任一给定截面的圆锥直径 d_x，它有 d_{xmax} 和 d_{xmin}。极限圆锥直径是圆锥直径允许变动的界限值。

6）极限圆锥角

允许的上极限或下极限圆锥角，如图 8-52 所示 α_{max} 和 α_{min}。

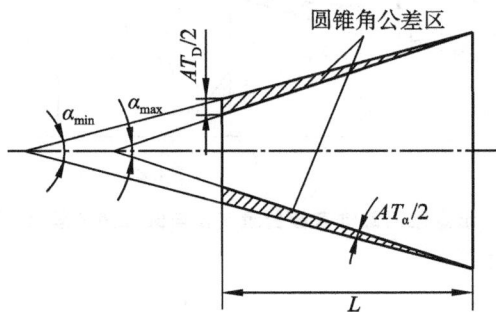

图 8-52　极限圆锥角与圆锥角公差区

2. 圆锥公差项目、公差值和给定方法

1）圆锥公差项目和公差值

为了满足圆锥联接功能和使用要求，圆锥公差国家标准 GB/T 11334—2005《产品几何量技术规范（GPS）圆锥公差》规定了圆锥公差项目包括圆锥直径公差、圆锥角公差、圆锥的形状公差和给定截面圆锥直径公差 4 项。

2）圆锥公差的给定方法

对于一个具体的圆锥工件，并不都需要给定 4 项公差，而是根据工件的不同要求来给公差项目。GB/T 11334—2005《产品几何量技术规范（GPS）圆锥公差》中规定了两种圆锥公差的给定方法：

方法一：给出圆锥的理论正确圆锥角 α（或锥度 C）和圆锥直径公差 T_D，由 T_D 确定两个极限圆锥，所给出的圆锥直径公差具有综合性，如图 8-53 用圆锥直径误差 T_D 控制圆锥误差。

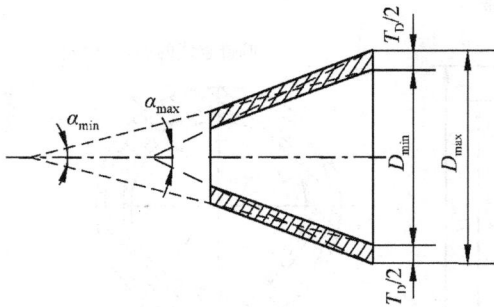

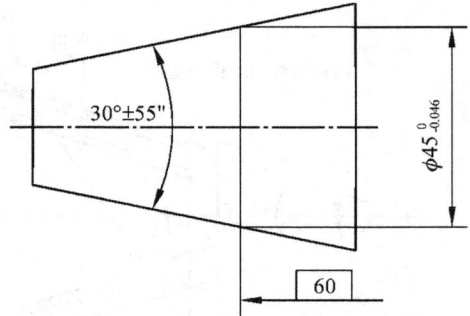

图 8-53　用圆锥直径误差 T_D 控制圆锥误差　　　　**图 8-54　圆锥公差给定方法方法二标注**

方法二：同时给出给定截面圆锥直径公差 T_{DS} 和圆锥角公差 A_T，如图 8-54 所示。给出的 T_{DS} 和 A_T 是独立的，彼此无关，应分别满足这两个公差的要求，两者关系相当于独立原则，该方法是在假定圆锥素线为理想直线的情况下给出的，如图 8-55 所示。

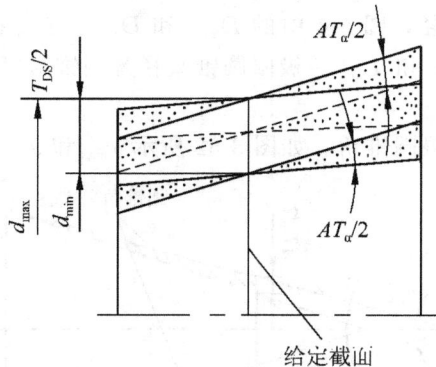

图 8-55　给定截面圆锥直径公差 T_{DS} 与圆锥角公差 A_T 的关系

3．圆锥配合

GB/T 12360—2005《圆锥配合》规定了圆锥配合的形成、术语及定义和一般规定。标准适用于锥度 C 从 1∶3 至 1∶500、圆锥长度从 6～630 mm、圆锥直径至 500 mm 的光滑圆锥的配合。

1）圆锥配合的定义

圆锥配合是指基本圆锥相同的内、外圆锥直径之间，由于结合不同形成的关系。

2）圆锥配合的种类

圆锥配合可分为三种，分别是间隙配合、过盈配合、紧密配合（也称过渡配合）。

（1）间隙配合。间隙配合是指具有间隙的配合。间隙的大小可以在装配时和在使用中通过内、外圆锥的轴向相对位移来调整。间隙配合主要用于有相对转动的机构中，例如精密车床主轴轴颈与圆锥滑动轴承衬套的配合。

（2）过盈配合。过盈配合是指具有过盈的配合。过盈的大小也可以通过内、外圆锥的轴向相对位移来调整。在承载情况下利用内、外圆锥间的摩擦力自锁，可以传递很大的转矩。例如钻头、铰刀和铣刀等工具锥柄与机床主轴锥孔的配合。

（3）紧密配合（也称过渡配合）。紧密配合是指可能具有间隙，也可能具有过盈的配合。其中，要求内、外圆锥紧密接触，间隙为零或稍有过盈的配合称为紧密配合，此类配合具有良好的密封性，可以防止漏水和漏气。它用于对中定心或密封。为了保证良好的密封，对内、外圆锥的形状精度要求很高，通常将它们配对研磨，这类零件不具有互换性。

（4）圆锥配合的形成。

圆锥配合按确定内、外圆锥相对位置的方法不同，分为结构型圆锥配合和位移型圆锥配合两种形式。

①结构型圆锥配合 结构型圆锥配合是指由内、外圆锥本身的结构或基面距确定它们之间最终的轴向相对位置，从而获得指定配合性质的圆锥配合。

②位移型圆锥配合 位移型圆锥配合有两种形成方法（如图 8-56、图 8-57 所示）。图 8-56 为由内、外圆锥实际初始位置 P_a 开始，作一定的相对轴向位移 E_a 而形成配合。

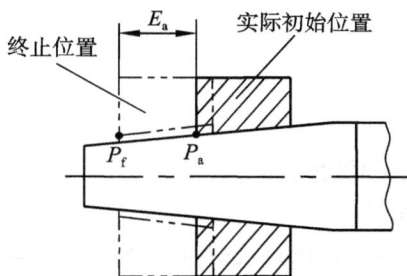

图 8-56 做一定轴向位移确定轴向位置   图 8-57 施加一定装配力确定轴向位置

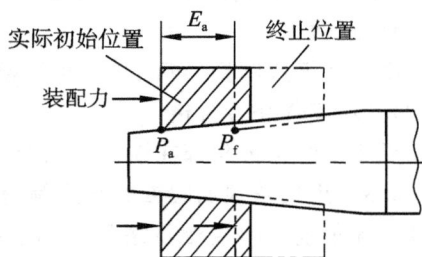

4．未注圆锥公差角度的极限偏差

国家对金属切削加工工件的未注公差角度规定了极限偏差，见表 8-21。以角度的短边长度查取。用于圆锥时，以圆锥素线长度查取。

表 8-21 未注公差角度极限偏差

公差等级	长 度/mm				
	≤10	>10~50	>50~120	>120~400	>400
m（中等级）	±1°	±30′	±20′	±10′	±5′
c（粗糙级）	±1°30′	±1°	±30′	±15′	±10′
v（最粗级）	±3°	±2°	±1°	±30′	±20′

8.6.4 圆锥的测量

1. 用万能角度尺检测锥度

示意图如图 8-58 所示。

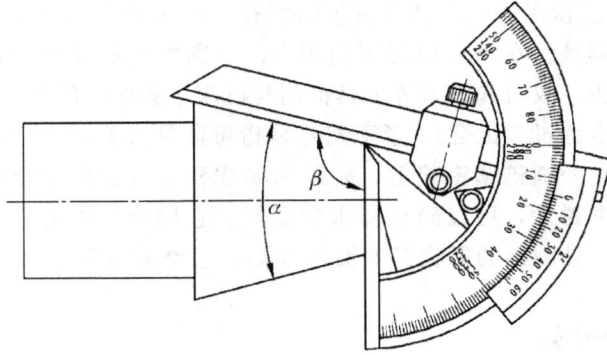

图 8-58 用万能角度尺检测锥度的示意图

(1)擦净校零。

(2)基尺贴近圆锥台右端面,主尺刀口紧贴圆锥面。

(3)移开万能角度尺,读取测得角度,记录测量结果。

(4)旋转工件,选择其他位置进行测量,并记录结果。

(5)测量结束后,将万能角度尺擦拭干净,放入量具盒内。

2. 处理数据,判断零件是否合格

(1)处理数据。

角度 β 换算成圆锥半角 $\alpha/2$,再转换成圆锥角 α。

(2)判断零件是否合格。

如果测得的圆锥角都在误差范围内,则零件的圆锥角合格。

8.6.5 用正弦规测圆锥的锥度偏差(间接测量法)

锥度和角度的间接测量法是指用正弦规、钢球、圆柱量规等测量器具,测量与被测工件的锥度或角度有一定函数关系的线值尺寸,然后通过函数关系计算出被测工件的锥度值或角度值。

1. 正弦规测量装置

正弦规是利用正弦函数原理精确地检验圆锥的锥度或角度偏差的工具。主要由主体工作平面和两个直径相同的圆柱组成。为便于被检工件在正弦规的主体平面上定位和定向,装有侧挡板和后挡板。如图 8-59 所示。

(1)正弦规分为宽型和窄型两种。

(2)正弦规的两个圆柱中心距、工作平面的平面度精度以及两个圆柱之间的相

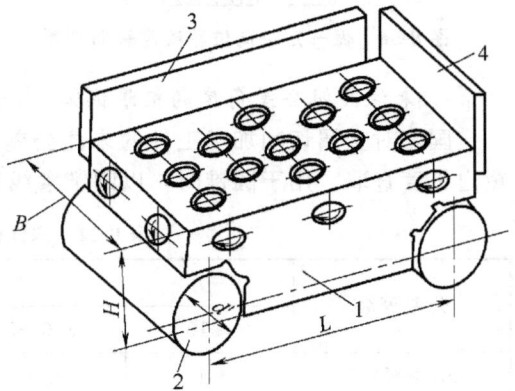

1—主体工作平面;2—圆柱;
3—后挡板;4—侧挡板

图 8-59 正弦规原理图

互位置精度都很高，因此，可以用作精密测量。

2. 正弦规的测量原理

将正弦规放在平板上，圆柱之一与平板接触，另一圆柱下垫以量块组，则正弦规的工作平面与平板间组成一角度。正弦规的测量图如图 8-60 所示。其关系式为

$$\sin \alpha = \frac{h}{L}$$

式中 α——正弦规放置的角度；

       h——量块组尺寸；

       L——正弦规两圆柱的中心距。

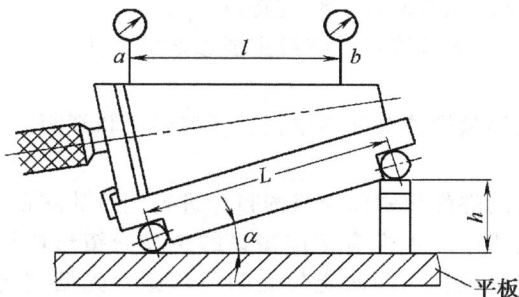

图 8-60 正弦规的测量原理

3. 测量注意事项

用正弦规检测圆锥塞规时，首先根据被检测的圆锥塞规的基本圆锥角按 $h = L \sin \alpha$ 算出量块组尺寸，然后将量块组放在平板上与正弦规圆柱之一相接触，此时正弦规主体工作平面相对于平板倾斜 α 角。放上圆锥塞规后，用百分表分别测量被检圆锥塞规上 a、b 两点，a、b 两点读数之差 h 对 a、b 两点间距离之比值即为锥度偏差 ΔC，即

$$\Delta C = \frac{h}{l}$$

式中 l——a、b 两点间距离。

如换算成锥角偏差($''$)，可按下式近似计算：

$$\Delta \alpha = 2 \times 105 \times \Delta C$$

4. 正弦规的维护与保养

(1) 不能用正弦规测量粗糙工件，被测工件表面不应有毛刺、灰尘，也不应带有磁性。

(2) 使用正弦规时，应注意轻拿轻放，不得在平板上长距离拖拉正弦规，以防两圆柱磨损。

(3) 在正弦规上装卡工件时，应避免划伤工件表面。

(4) 两圆柱中心距的准确与否，直接影响测量精度，所以不能随意调整圆柱的紧固螺钉。

(5) 使用完毕，应将正弦规清洗干净并涂上防锈油。

▶ 任务7 工程技术应用案例

敬业就是不论做什么样的工作，都要热爱自己的那份工作，热爱自己的岗位，尊重自己的职责，要把自己的工作做到最好。必须坚持尊重劳动、尊重知识、尊重人才、尊重创造，实施更加积极、更加开放、更加有效的人才政策，引导广大人才爱党报国、敬业奉献、服务人民。

8.7.1 螺纹误差的测量准备

1. 检测目的

(1)了解工具显微镜的测量原理及结构特点。

(2)熟悉用万能工具显微镜测量外螺纹主要参数的方法。

2. 检测内容

用万能工具显微镜测量螺纹塞规的中径、牙型半角和螺距。

3. 仪器工作原理

影像测量法即用被测件的轮廓作为瞄准目标进行定位的测量方法。

被测件置于照明光路中，由带有正像棱镜的主显微镜形成被测件的放大像，通过目镜对准标记进行精密定位。而两次定位之间位移则由光栅测量装置精密测出，并将测量数据显示后再打印记录，或处理后再打印记录，从而完成非接触式的精密测量。

4. 仪器结构、规格

(1)仪器规格

X 向行程：200 mm。

Y 向行程：100 mm。

顶针间的最大夹紧长度：700 mm。

顶针间能容纳的最大直径：$\phi100$ mm。

主显微镜立柱的倾斜范围：$\pm12°$。

X、Y 向分度值：0.000 2 mm。

测角目镜角度分度值：$1'$。

主显微镜立柱倾斜角度分度值：$30'$。

(2)仪器结构

仪器结构如图 8-61 所示。

(3)主要零部件

①底座：支承纵(X)、横(Y)向滑台及主显微镜与照明设备做相对移动。光栅读数头牢固地装于底座上。

②纵向滑台：可做粗细移动，在滑台左侧装有光栅尺。

③横向滑台：可做粗细移动，在滑台后侧装有光栅尺。

④纵、横向滑台各有锁紧手轮一个，松开锁紧手轮，可用手移动滑台，使零件在纵、横向做自由移动，而使之置于主显微镜下观测，然后，再用手轮锁紧，便可用滚花手轮 4、10 做纵、横向微调。注意，在操作之前，应使其置于中间位置，即白线所指示位置，其微调范围由两红线指示出来。在工作时应注意，切勿将手靠于滑台上，否则将影响仪器的精度。

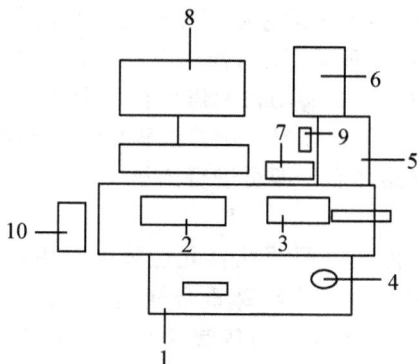

1—底座；2—纵向滑台；3—横向滑台；4、10—纵、横向微调；5—主显微镜；
6—主显微镜立柱；7—调整环；8—粗调焦手轮；9—微调整环

图 8-61　万能工具显微镜

⑤主显微镜：

• 主显微镜管：与悬臂牢固地联系在一起而支持在主显微镜上，其高度方向的粗调焦用手轮进行，并可用止动手轮固定，而精调焦则用精调环来进行。注意，测量过程中不必调焦。

• 测角目镜：用于角度、螺纹及座标的测量。在其上装有转动的米字分划板，此分划板的转动中心在显微镜的光轴上，转动是用手轮进行的。

• 分划板的刻线有：

(a)一个十字刻线。

(b)与十字刻线之一平行，对称分布着四条刻线，与中线的距离分别为 0.9 mm、2.7 mm。

(c)两条相交 60°的斜线与上述刻线成 30°的交角。

在目镜的边缘有 360°的刻度，固定刻度的分划值为 1′，用照明灯通过反射光镜照明，可在读数显微镜中读出角度值来。当读数为 0°0′时，五条平行线垂直于纵向滑台的移动方向。

⑥主显微镜立柱：可用手轮使之倾斜，其目的在于测量螺纹及特种零件时能清晰观测。在显微镜下有调整环，用于调整照明设备的光栏。主显微镜一般情况下应保持垂直位置，可用有弹性的制动杆与手轮的缺口处相衔接而固定。

⑦调整环：用于调整光栏，使视场清晰。可以按顺时针旋转，其指示之数字即为实际光栏大小。单位为 mm。测量螺纹时光栏直径可按中径选取（如表 8-22 所示）。

8.7.2　螺纹误差的测量操作

1. 安装工件

将工件用顶尖顶紧（纵向推一下，不应有松动）。

2. 接通电源

按要求接通电源。

3. 调整光闸

根据被测螺纹尺寸，选择并调好光闸尺寸。

4. 调整仪器焦距

调整方法如下：

(1)装上附件顶尖架，使两顶尖的轴心线尽可能与纵向导轨方向一致。

(2)调焦，将定焦杆用顶尖顶紧(纵向推一下，不应有松动)。移动纵、横向滑板，使定焦杆上的刀口在视场中出现，转动粗调焦手轮8和微调整环9，使刀口的像清晰而无像差为止。用止动手轮将显微镜锁紧，测量过程中不必调焦。

根据以上方法调整好仪器之后，即可进行测量。

5. 螺纹中径测量

将立柱按螺纹平均升角倾斜，照明孔径光栏按螺纹中径开至适当大小。使测角目镜分划板十字虚线之垂直刻线与螺纹轮廓重合横向(Y)置零，移动横向滑台至螺纹另一边轮廓于视场内(此时主显微镜应反向按螺纹平均升角倾斜)，并使该虚线与相对应的齿廓边重合，显示器上横向(Y)的显示值即为螺纹中径。

为了消除被测螺纹轴线与工作台纵向行程不一致所引起的测量误差，可在螺纹的另一侧按上述方法再测出其中径，则此螺纹中径实际值为二次测出的中径算术平均值。

6. 螺距测量

(1)根据螺纹升角及升角的方向调整立柱的倾斜角度。

(2)转动纵、横工作台手柄，让工件上一边的牙形出现在视场中。

(3)旋转目镜分度盘精调整环，使米字镜头中的中心虚线与螺纹的牙廓一侧(如右侧)相切合(用压半线法：虚十字线线宽的一半在影像之外，一半在内)。

(4)将 X 置零，采集第一点数据。按需要测量多个牙型角的同一边并采集数据：转动纵向(X)滑台微调整环(横向滑台不动)及目镜分度盘精调整环，使工作台纵向移动，并使目镜中同一虚线与工件另一牙形的同名侧牙廓(如右侧)相重合，测量并采集数据。

(5)进行数据计算，得单个螺距和螺距累积值。

(6)可用上述同样的方法测出被测同牙形的另一侧(左侧)。

取两次测量结果的平均值，以消除螺纹轴线与工作台纵向行程不一致所产生的对螺距测量的影响。

$$P_n = \frac{P_n 左 + P_n 右}{2}$$

(7)计算出螺距累积误差对作用中径的影响。

螺距累积误差：$\Delta P_n \sum = P_n - nP$。

中径当量：$f_P = 1.732 \left| \Delta P_n \sum \right|$。

7. 牙形半角的测量

(1)在调整好仪器之后，让米字线的中心虚线与牙形轮廓的边缘重合，按指示位置由 $1 \to 2 \to 3 \to 4 \to 5 \to 6 \to 7 \to 8$ 逐点测量，并采集数据。

注意由 $1 \to 2$，$3 \to 4$，$5 \to 6$，$7 \to 8$ 进行测量时，纵向滑台(X)不动，只进行横向滑台的移动。

(2)测出牙形半角误差。

(3)计算出牙型半角误差对作用中径的影响。

8. 计算螺纹几何参数的误差

(1)计算牙型半角误差：$\triangle \alpha/2 = \alpha/2 - 30°$。

(2)计算螺距累积误差：

螺距累积误差：$\Delta P_n \sum = P_n - nP$。

表 8-22　光栏直径表

光栏直径		
被测件直径	螺纹牙型角	
	30	60
1	14.5	18.0
2	11.5	14.3
3	10.0	12.5
4	9.1	11.4
5	8.5	10.5
6	8.0	9.9
8	7.2	9.0
10	6.7	8.4
12	6.3	7.9
14	6.0	7.5
16	5.7	7.2
18	5.5	6.9
20	5.3	6.6
25	5.0	6.2
30	4.7	5.8
40	4.2	5.3
50	3.9	4.9
60	3.7	4.6
80	3.4	4.2
100	3.1	3.9

习题 8

8-1：判断题

1. 螺距误差和牙形半角误差，总是使外螺纹的作用中径增大，使内螺纹的作用中径减小。　　　　　　　　　　　　　　　　　　　　　　（　　）

2. 普通螺纹公差标准中，除了规定中径的公差和基本偏差外，还规定了螺距和牙形半角的公差。　　　　　　　　　　　　　　　　　　　　　　（　　）

3. 普通螺纹的中径公差，可以同时限制中径、螺距、牙形半角三个参数的误差。

　　　　　　　　　　　　　　　　　　　　　　　　　　　　　　（　　）

4. 螺纹中径是影响螺纹互换性的主要参数。　　　　　　　　　　（　　）

5. 普通螺纹的配合精度与公差等级和旋合长度有关。 （   ）

6. 国标对普通螺纹除规定中径公差外，还规定了螺距公差和牙形半角公差。 （   ）

7. 平键联接中，键宽与轴槽宽的配合采用基轴制。 （   ）

8. 矩形花键的定心尺寸应按较高精度等级制造，非定心尺寸则可按粗糙精度级制造。 （   ）

9. 矩形花键定心方式，按国家标准只规定大径定心一种方式。 （   ）

10. 平键和半圆键的工作面是上、下两面。 （   ）

11. 滚动轴承内圈与轴的配合，采用基孔制。 （   ）

12. 滚动轴承内圈与轴的配合，采用间隙配合。 （   ）

13. 滚动轴承配合，在图样上只需标注轴颈和外壳孔的公差带代号。 （   ）

8-2：选择题

1. 内螺纹的单一中径大于外螺纹的单一中径，则螺纹旋合 _____ 。

    A. 太松　　　　　　B. 太紧　　　　　　C. 正常

2. 内螺纹假设无螺距累积误差且无半角误差，而外螺纹有螺距累积误差，为了保证其旋合性，外螺纹的中径应 _____ 。

    A. 增大　　　　　　B. 减小　　　　　　C. 不变

3. 假设外螺纹具有理想牙形，而内螺纹存在牙形半角误差时，为保证其旋合性，应将内螺纹的中径 _____ 一个半角误差的中径当量。

    A. 增大　　　　　　B. 减小　　　　　　C. 不变

4. 同一精度条件下，若螺纹的旋合长度较长，应给予较 _____ 的中径公差，若旋合长度较短，则应给予较的中径公差。

    A. 大　　　　　　　B. 小　　　　　　　C. 无关

5. 控制螺纹的作用中径是为了保证螺纹连接的 ，而控制单一中径是为了保证螺纹连接的 _____ 。

    A. 连接可靠性　　　B. 可旋合性　　　　C. 连接强度

6. 要保证普通螺纹结合的互换性，必须使实际螺纹的 _____ 不能超出最大实体牙形的中径 。

    A. 作用中径　　　　B. 单一中径　　　　C. 中径

7. 标准对平键的键宽尺寸 b 规定有 _____ 种公差带。

    A. 一　　　　　　　B. 两　　　　　　　C. 三

8. 平键联接中宽度尺寸 b 的不同配合是依靠改变 _____ 公差带的位置来获得。

    A. 轴槽和轮毂槽宽度　　　　　　　　B. 键宽

    C. 轴槽宽度　　　　　　　　　　　　D. 轮毂槽宽度

9. 平键的 _____ 是配合尺寸。

    A. 键宽和槽宽　　　B. 键高和槽深　　　C. 键长和槽长

10. 下列配合零件应选用基轴制的有 _____ 。

    A. 滚动轴承外圈与外壳孔

    B. 同一轴与多孔相配，且有不同的配合性质

    C. 滚动轴承内圈与轴

D. 轴为冷拉圆钢，不需再加工

11. 下列孔、轴配合中，应选用过渡配合的有_____。

    A. 既要求对中，又要拆卸方便

    B. 工作时有相对运动

    C. 保证静止替传递载荷的可拆结合

    D. 要求定心好，载荷由键传递

    E. 高温下工作，零件变形大

12. 下列配合零件，应选用过盈配合的有_____。

    A. 需要传递足够大的转矩   B. 不可拆联接

    C. 有轴向运动   D. 要求定心且常拆卸

    E. 承受较大的冲击负荷

8-3：填空题

1. 在螺纹的互换中可以综合用_____控制_____、_____和_____。

2. 判断螺纹中径合格性的原则是：实际螺纹的_____不允许超越_____，任何部位的_____不允许超越_____。

3. 螺纹精度不仅与_____有关，而且与_____有关。旋合长度分为_____、_____和_____。分别用代号_____、_____和_____表示。螺纹精度等级分为：_____、_____和_____。

4. 普通螺纹精度标准仅对螺纹的_____规定了公差，而螺距偏差、半角偏差则由其_____控制。

5. 单键分为_____、_____和_____三种，其中以_____应用最广。

6. 花键按键廓形状的不同可分为_____、_____、_____。其中应用最广的是_____。

7. 花键联接与单键联接相比，其主要优点是_____。

8. 内外花键的尺寸公差带分为_____和_____传动用的两种。

9. 根据国家标准的规定，向心滚动轴承按其尺寸公差和旋转精度分为_____个公差等级，其中_____级精度最低，_____级精度最高。

10. 滚动轴承国家标准将内圈内径的公差带规定在零线的_____，在多数情况下轴承内圈随轴一起转动，两者之间配合必须有一定的_____。

11. 当轴承的旋转速度较高，又在冲击振动负荷下工作时，轴承与轴颈和外壳孔的配合最好选用_____配合。轴颈和外壳孔的公差随轴承的_____的提高而相应提高。

实验一：用三针法测量外螺纹的单一中径

1. 量仪名称及规格

量仪名称_____。   标尺分度值_____。

量仪测量范围_____。   标尺示值范围_____。

2. 被测工件

被测螺纹标记及主要几何参数数值_____。

被测螺纹中径基本尺寸及其极限偏差_____mm。

所选量针直径 _____ mm。

3. 测量数据

测量部位简图	截面	方向	针距 M 测量值 /mm	各次测量中的最大针距 M_{max} /mm	各次测量中的最小针距 M_{min} /mm

由针距 M、量针直径 d_0、螺距基本值 P 和牙形半角 $\alpha/2$ 计算单一中径 d_{2s} 的公式：

$$d_{2s} = M - d_0(1 + 1 \div \sin\alpha/2) + 0.5P\cot\alpha/2$$

4. 单一中径计算及测量结果

5. 合格性判断

实验二：在大型工具显微镜上用影像法测量外螺纹

1. 量仪名称及规格

量仪名称_____。量仪测量范围_____。

纵向百分尺分度值及示值范围_____。横向百分尺分度值及示值范围 _____。

角度标尺分度值及示值范围 _____。

2. 被测工件

被测螺纹标记及主要几何参数数值_____。

被测螺纹中径基本尺寸、螺距基本值、牙形半角和极限偏差_____。

3. 测量数据及其处理

	牙廓左边测量读数/mm		牙廓右边测量读数/mm	
中径测量	第一次	第二次	第一次	第二次
	实际中径			

续表

牙序 i		0	1	2	3	4	5	6	7
螺距测量 /mm	牙廓左边测量读数								
	实测左边螺距值								
	牙廓右边测量读数								
	实测右边螺距值								
	实测左、右边螺距的平均值								
	单个螺距偏差								
	螺距偏差逐牙累计值								
	单个螺距最大、最小实际偏差值								
	螺距累积误差								

牙侧角偏差测量	左牙侧角实际值/(°)(′)		右牙侧角实际值/(°)(′)	
	左牙侧角偏差/(′)		右牙侧角偏差/(′)	

作用中径	螺距累积误差中径当量/mm	
	牙侧角偏差中径当量/mm	
	单一中径/mm	
	作用中径/mm	

4. 根据螺纹互换性条件评定实际被测螺纹

5. 合格性判断

大国工匠　大国成就

特高压变压器制造

项目 9　圆柱齿轮传动的测量技术

▶ 任务 1　圆柱齿轮传动的精度评定指标

齿轮传动是机器和仪器中最常用的传动形式之一，它广泛地用于传递运动和动力。齿轮传动的质量将影响到机器或仪器的工作性能、承载能力、使用寿命和工作精度。

圆柱齿轮传动的测量技术的概述

齿轮传动机构是指组成这种运动装置的齿轮副、轴、轴承、箱体等零部件的总和。而齿轮传动的质量不仅取决于运动装置的齿轮副、轴、轴承、箱体等零件的制造和安装精度，还与齿轮本身的制造精度及齿轮副的安装精度密切相关。

随着现代生产和科技的发展，要求机械产品在降低自身重量的前提下，所传递的功率越来越大，转速也越来越高，有些机械对工作精度的要求越来越高，从而对齿轮传动精度提出了更高的要求。因此，研究齿轮误差时齿轮使用性能的影响，研究齿轮互换性原理、精度标准及检测技术等，对提高齿轮加工质量有着十分重要的意义。

1. 对圆柱齿轮的传动的要求

1）传递运动的准确性

齿轮在一转范围内实际速比相对于理论速比 i_t 的变动量 Δi_Σ 应限制在允许的范围内，以保证从动轮和主动轮运动相一致，如图 9-1 所示。

齿轮作为传动的主要元件，要求它能准确地传递运动，即保证主动轮转过一定转角时，从动轮按传动比转过一个相应的转角。理论上，传动比应保持恒定不变。但由于齿轮加工误差和齿轮副的安装误差，从动轮的实际转角不同于理论转角，产生了转角误差 $\Delta\varphi$，导致两轮之间的传动比以一转为周期变化。可见，齿轮转过一转的范围内，从动轮产生的最大转角误差反映齿轮副传动比变动量，即反映齿轮传动的准确性。

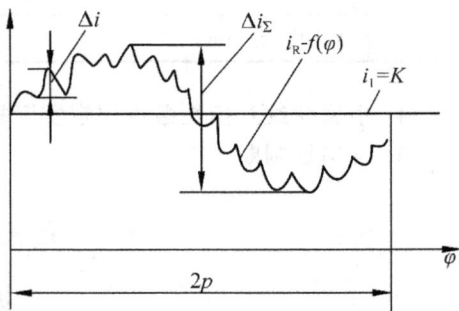

图 9-1　齿轮传动比的变化

2）传动的平稳住

传动的平稳性要求齿轮在一齿范围内其瞬时速比的变化 Δi 应限制在允许范围内，以减小齿轮传动中的冲击、振动和噪声。齿轮在传递运动过程中，由于受齿廓误差、齿距误差等影响，从一对轮齿过渡到另一对轮齿的齿距角的范围内，也存在着较小的转角误差，并且在齿轮一转中多次重复出现，导致一个齿距角内瞬时传动比也在变化。一个齿距角内瞬时传动比如果过大，将引起冲击、噪声和振动，严重时会损坏齿轮。可见，为保证齿轮传动的平稳性，应限制齿轮副瞬时传动比的变动量，也就是要限制齿轮转过一个齿距角内转角误差的最大值。

3)载荷分布的均匀性

载荷分布的均匀性是指在轮齿啮合过程中,工作齿面沿全齿高和全齿长上保持均匀接触,并且接触面积尽可能的大。齿轮在传递运动中,由于受各种误差的影响,齿轮的工作齿面不可能全部均匀接触。如载荷集中于局部齿面,将使齿面磨损加剧,甚至轮齿折断,严重影响齿轮使用寿命。可见,为保证载荷分布的均匀性,齿轮工作面应有足够的精度,使啮合能沿全齿可(齿高、齿长)均匀接触。

4)齿轮副侧隙的合理性

齿轮副侧隙的合理性是指一对齿轮啮合时,在非工作齿面间应留有合理的间隙,否则会出现卡死或烧伤现象。如图 9-2 所示,齿轮副侧隙对储藏润滑油、补偿齿轮传动受力后的弹性变形和热变形,以及补偿齿轮及其传动装置的加工误差和安装误差都是必要的。但对于需要反转的齿轮传动装置,侧隙又不能太大,否则回程误差及冲击都较大。为保证齿轮副侧隙的合理性,可在几何要素方面对齿厚和齿轮箱体孔中心距偏差加以控制。

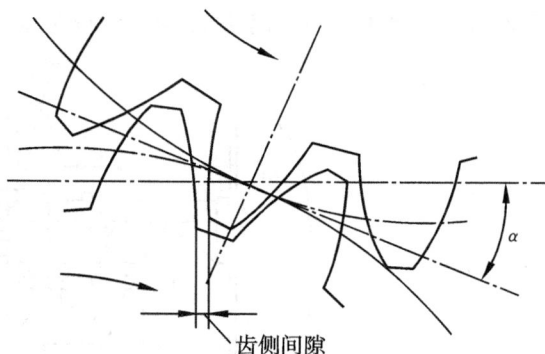

图 9-2　齿轮副的齿侧间隙

齿轮在不同的工作条件下,对上述四个方面的要求有所不同。例如,机床、减速器、汽车等一般动力齿轮,通常对传动的平稳性和载荷分布的均匀性有所要求;矿山机械、轧钢机上的动力齿轮,主要对载荷分布的均匀性和齿轮副侧隙有严格要求;汽轮机上的齿轮,由于转速高、易发热,为了减少噪声、振动、冲击和避免卡死,对传动的平稳性和齿轮副侧隙有严格要求;百分表、千分表及分度头中的齿轮,由于精度高、转速低,要求传递运动准确,一般情况下要求齿轮副侧隙为零。

2. 圆柱齿轮传动精度的评定指标

根据齿轮精度要求,把齿轮的误差分成影响运动准确性误差(第Ⅰ组)、影响传动平稳性误差(第Ⅱ组)、影响载荷分布均匀性误差(第Ⅲ组)和影响侧隙的误差。并相应提出评定指标。

(1)运动准确性(运动精度)的评定指标。

(2)传动平稳性(运动平稳性精度)的评定指标。

(3)载荷分布均匀性(接触精度)的评定指标。

(4)国标规定的应检验的指标。

①齿距偏差(单个齿距偏差、齿距累积偏差、齿距累积总偏差)。

②齿廓总偏差和螺旋线总偏差。

③侧隙的评定指标。

④齿轮副精度的评定指标。

▶ 任务 2 齿轮加工误差类型

齿轮加工通常采用展成法，即用滚刀或插齿刀在滚齿机、插齿机上加工渐开线齿廓，高精度齿轮还需进行剃齿或磨齿等加工工序。

现以滚齿为代表，列出产生误差的主要因素。图 9-3 表示滚齿时的主要加工误差是由机床—刀具—工件系统的周期性误差造成的。此外，还与夹具、齿坯和工艺系统的安装和调整误差有关。

齿轮加工
误差项目

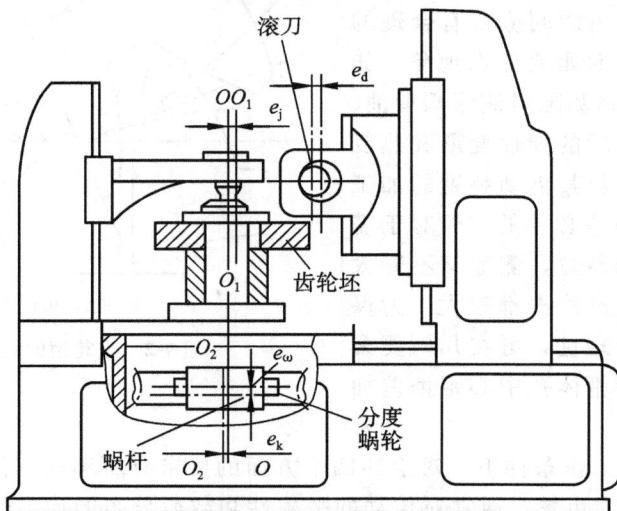

图 9-3 滚切齿轮加工示意图

1. 几何偏心

当机床心轴与齿轮坯有安装偏心 e 时，引起齿轮齿圈的轴线与齿轮的工作时的轴线不重合，使齿轮一转内产生齿圈径向圆跳动误差，并且使齿距和齿厚也产生周期性变化，此属径向误差。

2. 运动偏心

当机床分度蜗轮有加工误差及与工作台有安装偏心 e 时，造成齿轮的齿锯和公法线长度在局部上变长或变短，使齿轮产生切向误差。

以上两种偏心引起的误差是以齿坯一转为一个周期，称为长周期误差。

一个齿轮往往同时存在几何偏心和运动偏心，总的基圆偏心应取其矢量和，即

$$e_{总}=e+e_k$$

3. 机床转动链的短周期误差

机床分度蜗杆有安装偏心 e_ω 和轴向转动，使分度蜗轮转速不均匀，造成横齿轮的齿锯和齿形误差。

分度蜗杆每转一转，跳动重复一次，误差出现的频率将等于分度蜗轮的齿数，属高频分量，故称短周期误差。

4. 滚刀的制造误差及安装误差

如滚刀有偏心 e_d，轴线倾斜及轴向跳动及刀具齿形角误差等，都会反映到被加工

的齿轮上,产生基节偏差和齿形误差。

以上两项产生的误差是在齿轮一转中多次重复出现,称为短周期误差。

为了便于分析各种误差对齿轮传动质量的影响,按齿轮方向分为径向误差、切向误差和轴向误差。按齿轮误差项目对传动性能的主要影响可分为三个组:即影响运动准确性的误差为第一组;影响传动平稳性的误差为第二组;影响载荷分布均匀性的误差为第三组。

▶ 任务 3　圆柱齿轮误差项目及检测

由于机器和仪表的工作性能、使用寿命与齿轮的制造与安装精度密切相关,因此,正确地选择齿轮公差,并进行合理的检测是十分重要的。

GB/T 10095.1—2008《轮齿同侧齿面偏差的定义和允许值》,GB/T 10095.2—2008《径向综合偏差和径向跳动的定义和允许值》,GB/Z 18620.1~4—2008《圆柱齿轮检验实施规范》,分别给出了齿轮评定项目的允许值和规定了检测齿轮精度的实施规范。根据齿轮各项误差对使用要求的主要影响,将齿轮误差划分为主要影响传递运动准确性的误差,主要影响传动平稳性的误差和主要影响载荷分布均匀性的误差。控制这些误差的公差,也相应地分为第Ⅰ、第Ⅱ和第Ⅲ公差组。

9.3.1　影响传递准确性的误差(第Ⅰ公差组)、误差评定项目及检测

影响齿轮传递运动准确性的主要误差是以齿轮一转为周期的误差,即长周期误差,主要由几何偏心和运动偏心引起,评定参数有五项。

1. 切向综合误差 $\Delta F_i'$

切向综合误差指被测齿轮与理想精确的测量齿轮单面啮合时,在被测齿轮一转内,实际转角与理想转角之差的总幅度值。切向综合误差曲线如图 9-4 所示,该误差以分度圆弧长计算。

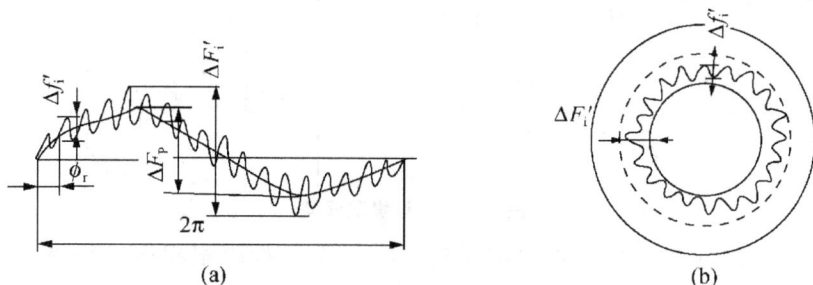

图 9-4　切向综合误差曲线

切向综合误差反映了齿轮各种误差对传递运动准确性的综合影响,而且是在近似于齿轮工作状态下测得的,所以它是评定传递运动准确性误差较为完善的综合指标。

但是,由于评定切向综合误差 $\Delta F_i'$ 的单面啮合检查仪的制造精度要求很高,价格昂贵,目前生产中尚未广泛使用,因此常用其他指标来评定传递运动准确性的误差。

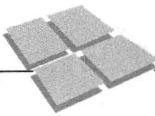

单齿啮合综合检查仪原理如图 9-5 所示。

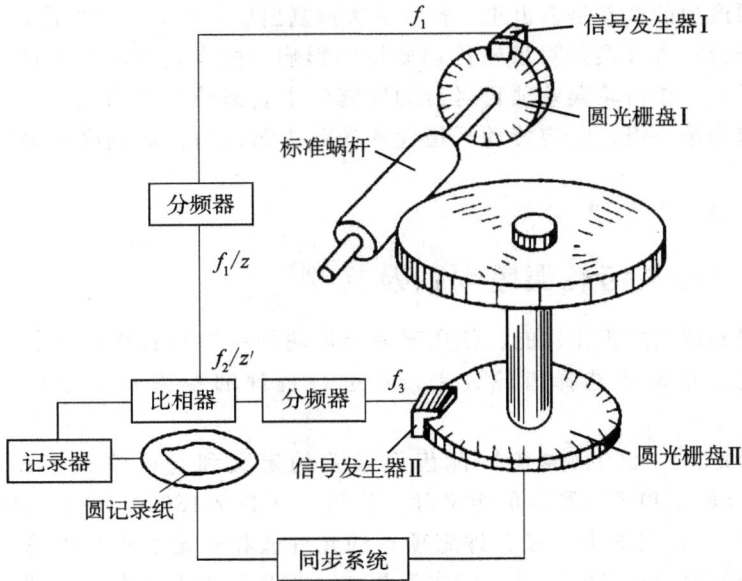

图 9-5 单齿啮合综合检查仪原理示意图

2. 齿距累积误差 ΔF_p

齿距累积误差指被测齿轮的分度圆上，任意两个同侧齿面间的实际弧长与公称弧长之差的最大绝对值。如图 9-6 所示。

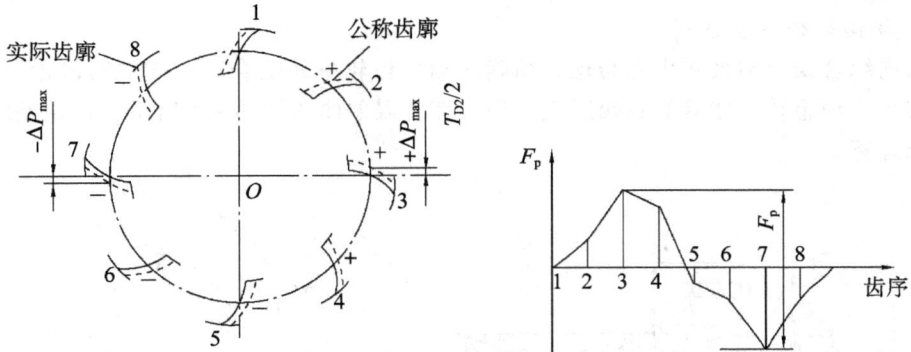

图 9-6 齿距累积误差

必要时，还要检测 k 个齿距累积误差 ΔF_{pk}，k 个齿距累积误差是指在分度圆上，k 个齿距的实际弧长与公称弧长的最大绝对值，$k=2-z/2$ 的整数。

ΔF_p（或 ΔF_{pk}）代表齿轮齿距的不均匀性，可用齿距仪或万能测齿仪等测量。实质上 ΔF_p 是齿轮分度圆上有限点的切向综合误差 ΔF。通常 $\Delta F_t = \Delta F_p - 0.8\Delta F$，所以 ΔF_t 是近似反映传递运动准确性的综合指标。

3. 齿圈径向跳动误差 ΔF_r

齿圈径向跳动误差指齿轮在一转范围内，测量头在齿槽内与齿高中部的齿面双面接触。测量头相对于齿轮轴线的最大变动量。齿圈径向跳动误差如图 9-7 所示，图 9-7(a)是球头测头测径向跳动，图 9-7(b)是球头测头测径向跳动的误差曲线。

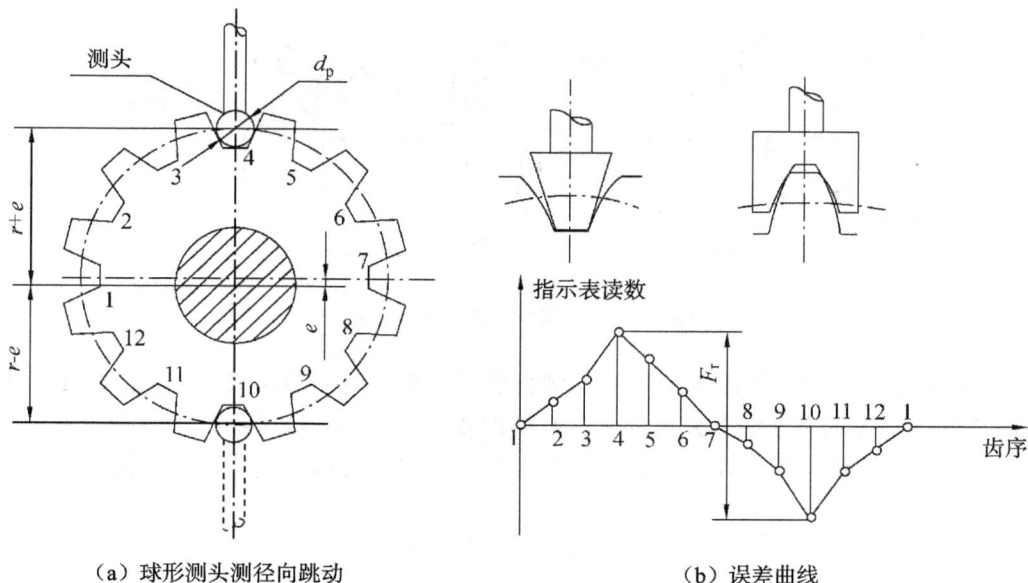

（a）球形测头测径向跳动　　　　　　　　（b）误差曲线

图 9-7　齿圈径向跳动误差

　　齿圈径向跳动误差可以通过齿圈径向跳动仪、万能测齿仪或偏摆检查仪上测量。但是测量效率较低，所以齿圈径向跳动误差的测量只适用于单件、小批量生产。

　　齿圈径向跳动误差主要反映齿轮的径向误差，所以仅用 ΔF_r 不能充分反映齿轮传递运动准确性误差。

4. 径向综合误差 $\Delta F_i''$

　　径向综合误差指被测齿轮与理想精确的测量齿轮双面啮合时，在被测齿轮一转内，双啮中心距的最大变动量。双啮中心距是指被测齿轮与测量齿轮紧密啮合时的中心距。该误差是在双面啮合综合检查仪上测得的，如图 9-8 所示。

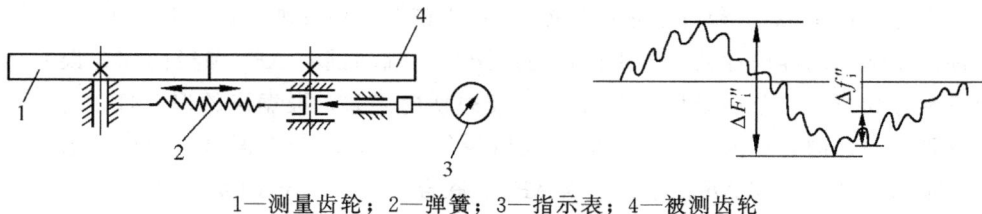

1—测量齿轮；2—弹簧；3—指示表；4—被测齿轮

图 9-8　径向综合误差的测量

　　ΔF 主要反映径向综合误差，可以代替齿圈径向跳动的检查，其缺点是双面啮合状态与齿轮的工作状态不相符合，测量结果受左、右两侧面齿廓的影响，但双面啮合综合检查仪比单面啮合综合检查仪结构简单得多，操作方便、测量效率高，故在成批、大批量生产中可用来测量齿轮的径向误差。

5. 公法线长度变动 ΔF

　　如图 9-9 所示。公法线长度变动指在齿轮一转范围内，实际公法线长度最大值与最小值之差。即

$$\Delta F_{\mathrm{w}} = W_{\max} - W_{\min}$$

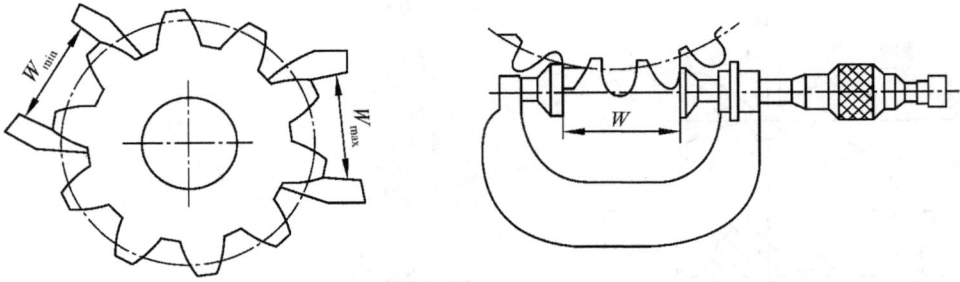

图 9-9　公法线长度变动及其测量

公法线长度变动是指跨 k 个齿的异侧齿形平行切线间的距离或在基圆切线上所截取的长度。ΔF_{w} 用公法线百分尺测量，对精度较高的齿轮，应采用公法线指示百分尺或万能测齿仪测量。测量时，一般要求测量点分布在分度圆附近。因此，测量时所跨齿数 k 及公法线长度应满足下式要求：

$$k \geqslant z/9 + 0.5$$
$$W = m[1.476(2k-1) + 0.014z]$$

式中　　m——模数；

　　　　k——跨齿数 f；

　　　　z——齿轮的齿数；

　　　　W——公法线长度，对标准直齿圆柱齿轮取接近的整数。

公法线长度变动是由于蜗轮分度偏心造成的，使轮齿分布不均匀，它只能反映切向误差，而不能反映径向误差。

综上所述，对于影响传递运动准确性的误差，可用一个综合性的指标或两个单项性的指标来评定。而两个单项性的指标中，必须径向性质和切向性质各取一个，这样才能全面反映各种性质加工因素对传递运动准确性的影响。

切向综合误差 $\Delta F_i'$ 和齿距累积误差 $\Delta F_p'$ 能较全面地反映齿轮一转中的转角误差，属于评定传递运动准确性的综合指标；而齿圈径向跳动误差 ΔF_r 和径向综合误差 $\Delta F_i''$ 主要反映径向误差，公法线长度变动 ΔF_{w} 反映切向误差，根据齿轮误差理论分析，须同时分别检验径向和切向误差，才能反映齿轮传递运动准确性误差，因此检验组要由两个单项指标 ΔF_r，与 ΔF_{w} 或 $\Delta F_i''$ 与 ΔF_{w}。联合组成，对于 10 级及低于 10 级精度的齿轮，由于对切向误差的要求可由齿轮机床精度保证，因此只需检验 ΔF_r 一项指标，而不必检验 ΔF_{w}。

第 I 公差组规定的检验误差内容为：

(1)切向综合误差 $\Delta F_i'$。

(2)齿距累积误差 $\Delta F_p'$。

(3)径向综合误差 $\Delta F_i''$ 和公法线长度变动 ΔF_{w}。

(4)齿圈径向跳动误差 ΔF_r 和公法线长度变动 ΔF_{w}。

(5)齿圈径向跳动误差 ΔF_r(仅限于 10～12 级齿轮)。

9.3.2　影响传动平稳性的误差(第Ⅱ公差组)、误差评定项目及检测

传动平稳性是反映齿轮转一齿过程中的瞬时速比变化。齿形制造的不准确和两齿轮基节不等,即基节存在误差会使齿轮转一齿过程中速比发生变化。主要由机床传动链误差、滚刀安装误差及轴向窜动、刀具制造误差或刃磨误差所引起。其评定参数主要有六项。

1. 一齿切向综合误差 $\Delta f_i'$

一齿切向综合误差指被测齿轮与理想精确的测量齿轮单面啮合时,在被测齿轮一齿距角内。实际转角与理论转角之差的最大值。以分度圆弧长计。

一齿切向综合误差 $\Delta f_i'$ 是由单面啮合综合检查仪在测量切向综合误差 $\Delta f_i'$ 的同时测出的,如图 9-4 所示。$\Delta f_i'$ 综合地反映了齿轮各种短周期误差,因而它是评定传动平稳性较好的一个综合指标。

2. 一齿径向综合误差 $\Delta f_i''$

一齿径向综合误差指被测齿轮与理想精确的测量齿轮双面啮合时,在被测齿轮一齿距角内,双啮中心距的最大变动量。

一齿径向综合误差 $\Delta f_i''$ 是由双面啮合综合检查仪在测量径向综合误差 $\Delta f_i'$ 的同时测量得到的,如图 9-8 所示。$\Delta f_i''$ 是基节误差和齿形误差在半径方向的综合反映。也是评定传动平稳性的一个综合指标。

3. 齿形误差 Δf_f

齿形误差指在齿端截向上,齿形工作部分内(齿顶倒棱部分除外),包容实际齿形的最近两条设计齿形间的法向距离,如图 9-10 所示。齿形误差 Δf_f 一般用渐开线检查仪测量。由于齿形误差破坏了齿轮的正确啮合,使瞬时速比发生变化,影响传动平稳性,它是评定传动平稳性的单项指标。

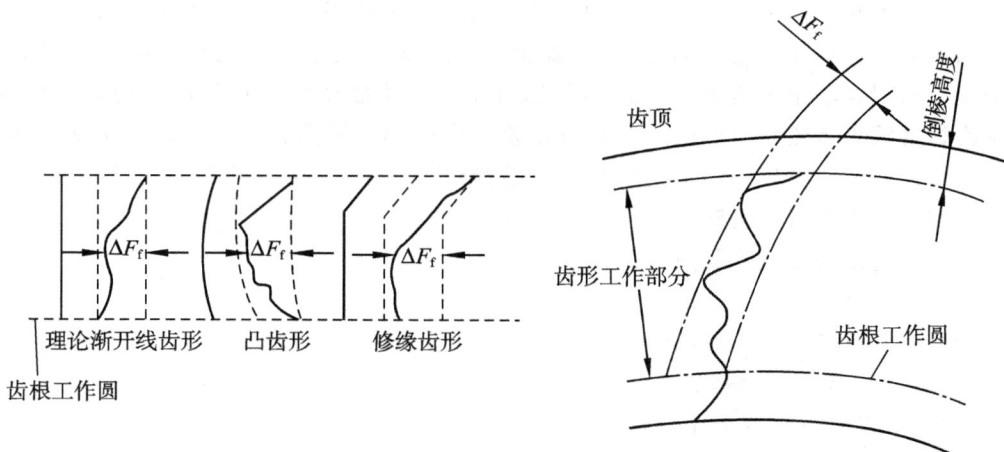

图 9-10　齿形误差

4. 基节偏差 Δf_{pb}

基节偏差指实际基节与公称基节之差。实际基节是基圆柱切平面所截两相邻同侧齿面交线之间的法向距离,如图 9-11 所示。

基节偏差用基节仪、万能测齿仪或万能工具显微镜等测量。基节偏差使齿轮在

251

一转中多次重复出现撞击、加速、减速，影响了传动平稳性，它是评定传动平稳性的单项指标。

5. 齿距偏差 Δf_{pt}

齿距偏差指在分度圆上，实际齿距与公称齿距之差，如图 9-12 所示。

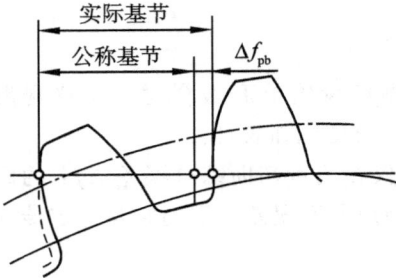

图 9-11 基节偏差　　　　图 9-12 齿距偏差

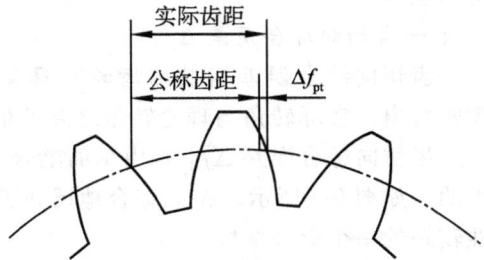

齿距偏差 Δf_{pt}，k 在齿距仪上测量。若齿形是由同一基圆所形成的正确渐开线，则基节 P_b 与齿距 P_t 的关系为

$$P_b = P_t \cos \alpha$$

上式说明了基节、齿距与压力角的误差与基节偏差、齿距偏差和齿形误差三者之间存在一定的关系，所以齿距偏差也是评定传动平稳性的单项指标。

6. 螺旋线波度误差 $\Delta f_{f\beta}$

螺旋线波度误差 $\Delta f_{f\beta}$ 指宽斜齿轮齿高中部实际齿线波纹的最大波幅，沿齿面法线方向计值，相当于齿轮的齿形误差。

综上所述，一齿切向综合误差 $\Delta f_i'$ 和一齿径向综合误差 $\Delta f_i''$ 能较全面地反映一齿距角范围内的转角误差，因此可作为评定传动平稳性的综合指标；由于齿形误差 Δf_f 影响瞬时速比的变化，基节偏差 Δf_{pb} 或齿距偏差 Δf_{pt} 会引起啮合时的换齿撞击和脱齿撞击，所以检验组要有两个单项指标联合组成，才能充分反映传动平稳性的要求。对多齿数的滚齿齿轮，齿形误差与基节偏差产生的部分原因相向，所以可用基节偏差代替齿形误差，并与齿距偏差组成另一个检验组。对于 10 级及低于 10 级精度的齿轮只需检验一项齿距偏差指标。

第Ⅱ公差组规定的检验内容为：

（1）一齿切向综合误差 $\Delta f_i'$。

（2）一齿径向综合误差 $\Delta f_i''$。

（3）齿形误差 Δf_f 与基节偏差 Δf_{pb}。

（4）齿形误差 Δf_f 与齿距偏差 Δf_{pt}。

（5）基节偏差 Δf_{pb} 与齿距偏差 Δf_{pt}。

（6）齿距偏差 Δf_{pt}（仅限于 10～12 级精度齿轮）。

根据齿轮传动的用途和生产条件，在第Ⅱ公差组中，选择上列各检验组中的一组来验收齿轮。

9.3.3 影响载荷分布均匀性的误差（第Ⅲ公差组）、误差评定项目及检测

从齿轮工作情况出发，影响载荷分布均匀性主要有两个方面的因素：

（1）齿轮本身的误差，主要是齿形和齿向误差。

（2）安装轴线的平行度误差。

对影响齿轮载荷分布均匀性的评定参数主要有三项。

1. 齿向误差 ΔF_β

齿向误差指在分度圆柱面上全齿宽范围内（端部倒角部分除外），包容实际齿线的最近两条设计齿线间的端面距离。精度要求不高的齿轮，用量块和千分表测量，如图 9-13 所示。

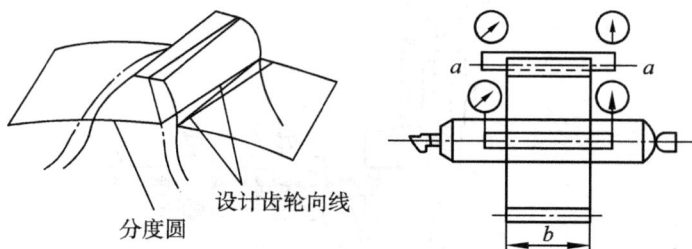

图 9-13　齿向误差及测量

齿向误差反映齿轮的轴向误差，它主要是由于机床导轨歪斜和齿坯安装歪斜所引起的，使齿轮啮合时的实际接触面积减小，影响了载荷分布的均匀性。

2. 接触线误差 ΔF_b

接触线误差指在基圆柱切平面内，平行于公称接触线并包容实际接触线的两条最近直线间的法向距离。它反映斜齿轮的齿形误差和齿向误差。

3. 轴向齿距偏差 ΔF_{px}

轴向齿距偏差指在与齿轮基准轴线平行而大约通过齿高中部的一条直线上，任意两个同侧齿面间的实际距离与公称距离之差，沿齿面法线方向计值。

第Ⅲ公差组规定的检验内容为：齿向误差 ΔF_β，接触线浸差 ΔF_b，轴向齿距偏差 ΔF_{px}。

由于齿轮的加工误差，齿轮啮合并不是沿全齿高及全齿宽接触，影响了载荷分布的均匀性。对于直齿轮传动，影响齿高接触好坏的是齿形误差（齿形误差已有第Ⅱ公差组控制），影响齿长接触好坏的是齿向误差。对于斜齿轮传动，还有接触线误差 ΔF_b 和轴向齿距偏差 ΔF_{px}。

9.3.4　影响传动侧隙的误差、误差评定项目及检测

为了得到设计所需要的齿轮副最小极限侧隙，通常必须使齿厚减薄。当然为了控制齿轮副的侧隙不至过大和保证齿轮的强度，齿厚的最大减薄量也应加以限制。影响侧隙的评定参数主要有两个：

1. 齿厚偏差 ΔE_s

齿厚偏差指在分度圆柱面上，实际齿厚值与公称齿厚值之差，如图 9-14 所示。

通常通过减薄齿厚来获得侧隙，故齿厚偏差是

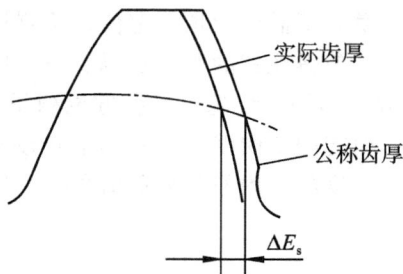

图 9-14　齿厚偏差

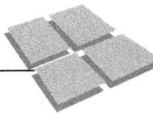

评价侧隙的一项直观指标，其值一般为负值。

齿厚偏差 ΔE_s 用齿厚游标卡尺或光学齿厚卡尺测量。由于分度圆弧齿厚不易测量，一般用齿厚卡尺测量分度圆弦齿厚。用齿厚卡尺测量分度圆弦齿厚是以齿顶圆定位的测量方法、因受齿顶圆偏差影响，测量精度较低，故适用于较低精度的齿轮测量或模数较大的齿轮测量，如图 9-15 所示。

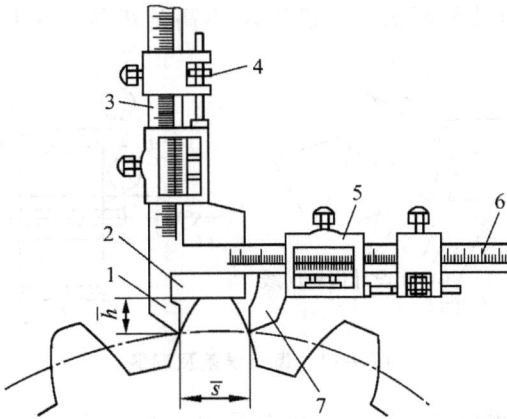

1—固定量爪；2—高度定位尺；3—垂直游标尺；4—调整螺母；

5—游标框架；6—水平游标尺；7—活动量爪

图 9-15　齿厚的测量

2. 公法线平均长度偏差 ΔE_{wm}

公法线平均长度偏差指在齿轮一周范围内，公法线实际长度的平均值与公称值之差：

$$\Delta E_{wm} = (W_1 + W_2 + \cdots + W_3)/z - W_{公称}$$

式中　$(W_1 + W_2 + \cdots + W_3)/z$——公法线实际长度的平均值，其中 z 为齿数，W_1、W_2、$W_3 \cdots$ 为公法线长度；

$W_{公称}$——公法线实际长度的公称值。

公法线平均长度 W 是由若干基节 F_b 和一个基圆弧齿厚 S_j 所组成。由于基节偏差的数值与齿厚偏差的数值相比小得多，因此公法线平均长度偏差 ΔE_{wm} 主要反映齿厚偏差 ΔE_s，也就是说，可用公法线平均长度偏差 ΔE_{wm} 作为齿厚偏差 ΔE_s 的代用指标。

公法线平均长度偏差用公法线卡尺测量，也可用公法线百分尺测量齿轮的公法线。测量时不需要齿顶圆定位，且测量方法简单，故该指标得到广泛应用。

值得注意的是，公法线平均长度偏差 ΔE_{wm} 与公法线长度变动 ΔF_w 是不同的。ΔF_w 是同一齿轮上在各方位测得的公法线长度中，最大值和最小值之差，是由运动偏心引起的切向误差，它影响传动准确性。而 ΔE_{wm} 是同一齿轮上在各方位测得的公法线长度的平均值与公称值之差，反映齿厚减薄的情况，影响侧隙的大小。

▶ 任务 4   渐开线圆柱齿轮精度标准

9.4.1 齿轮的精度等级

GB/T 10095—2008《渐开线圆柱齿轮精度标准差代号》在综合考虑齿轮及齿轮副传递运动的准确性、传动平稳性及载荷分布的均匀性三个方面的基础上，对圆柱齿轮不分直齿与斜齿，精度等级由高至低划分为 0～12 共 13 个等级。其中 0～2 级目前一般单位尚不能制造，称为有待发展的展望级；3～5 级为高精度等级；6～8 级为中精度等级；9 级为较低精度等级；10～12 级为低精度等级。

9.4.2 精度等级的选择

按齿轮公差控制的各项误差对传动性能的主要影响，将齿轮的各项公差分成三个组，选择时应考虑传动的用途、运转条件以及其他技术要求。

1. 传动准确性

对机床分度链、仪器读数系统及控制系统减速装置的齿轮，应选择较高精度等级，而一般机械传动，则可选中等精度或较低的精度等级。

2. 圆周速度、振动和噪声

圆周速度越高，振动的频率也越高，有可能加大振幅以致破坏正常工作，降低使用寿命，所以圆周速度高应选取高的精度等级。

3. 载荷的大小

载荷较大，则应选取高的精度等级。

齿轮副中两个齿轮的精度可以取相同等级，也允许取不相同等级。如取不相同精度等级，则按其中精度等级较低者确定齿轮副的精度等级。

表 9-1 给出了各类机械中齿轮精度等级的应用范围。表 9-2 给出了齿轮精度等级与圆周速度的应用范围。

表 9-1 各类机械中齿轮精度等级的应用范围

应用范围	精度等级	应用范围	精度等级
测量齿轮	2～5	重型汽车	6～9
汽轮机减速器	3～6	一般减速器	6～9
精密切削机床	3～7	拖拉机	6～9
一般切削机床	5～8	轧钢机	6～10
内燃或电气机车	6～7	起重机	7～10
航空发动机	4～8	矿用绞车	8～10
轻型汽车	5～8	农业机械	8～11

表 9-2　齿轮精度等级与圆周速度的应用范围

精度等级	应 用 范 围	圆周速度/(m·s⁻¹)	
		直齿	斜齿
4	高精度和精密分度机构的末端齿轮	>30	>50
	极高速的透平齿轮		>70
	要求极高的平稳性和无噪声的齿轮	>35	>70
	检验 7 级精度齿轮的测量齿轮		
5	高精度和精密分度机构的中间齿轮	>15~30	>30~50
	很高速的透平齿轮，高速重载，重型机械进给齿轮		>30
	要求高的平稳性和无噪声的齿轮	>20	>35
	检验 8、9 级精度齿轮的测量齿轮		
6	一般分度机构的中间齿轮，3 级和 3 级以上精度机床中的进给齿轮	>10~15	15~30
	高速、高效率、重型机械传动中的动力齿轮		<30
	高速传动中的平稳性和无噪声齿轮	≤20	≤35
	读数机构中精密传动齿轮		
7	4 级和 4 级以上精度机床中的进给齿轮	>6~10	>8~15
	高速与适度功率下或适度速度与大功率下的动力齿轮	<15	<25
	有一定速度的减速器齿轮，有平稳性要求的航空齿轮、船舶和轿车的齿轮	≤15	≤25
	读数机构齿轮，具有非直齿的速度齿轮		
8	一般精度机床齿轮	<6	<8
	中等速度较平稳工作的动力齿轮，一般机器中的普通齿轮	<10	<15
	中等速度较平稳工作的汽车、拖拉机和航空齿轮	≤10	≤15
	普通印刷机中齿轮		
9	用于不提出精度要求的工作齿轮	≤4	≤6
	没有传动要求的手动齿轮		

9.4.3　检验项目的选用

选择检验组时，应根据齿轮的规格、用途、生产规模、精度等级、齿轮加工方式、计量仪器、检验目的等因素综合分析、合理选择。

1. 齿轮加工方式

不同的加工方式产生不同的齿轮误差，如滚齿加工时，机床分度蜗轮偏心产生公法线长度变动偏差，而磨齿加工时则由于分度机构误差将产生齿距累积偏差，故根据不同的加工方式采用不同的检验项目。

2. 齿轮精度

齿轮精度低，机床精度可足够保证，由机床产生的误差可不检验。

3. 检验目的

终结检验应选用综合性检验项目，工艺检验可选用单项指标以便于分析误差原因。

4. 齿轮规格

直径≤400 mm 的齿轮可放在固定仪器上进行检验。大尺寸齿轮一般采用量具放在齿轮上进行单项检验。

5. 生产规模

大批量应采用综合性检验项目，以提高效率，小批单件生产一般采用单项检验。

6. 设备条件

选择检验项目时还应考虑工厂仪器设备条件及习惯检验方法。

▶ 任务 5　用万能测齿仪测量齿轮周节差及累积误差

图 9-16 所示齿轮是一种重要的机械零件，利用两个齿轮的啮合，从而实现齿轮传动。根据齿轮的使用，要求具有一定的运动精度，传递运动要准确，传动比也要准确。

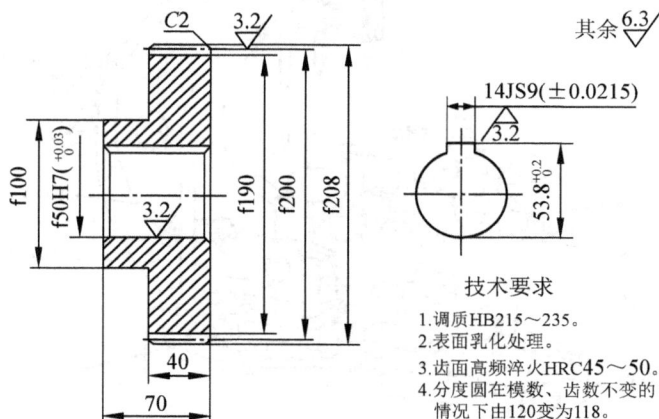

图 9-16　齿轮零件图

9.5.1　任务分析

齿轮要求具有一定的运动精度，传递运动要准确，传动比也要准确。在齿轮的一个圆周上，任意两个同名齿形相互位置的最大误差称为周节差及累积误差。齿轮的周节差及周节累计误差对其运动精度有很大影响，所以，要求齿轮加工后对其周节差及周节累计误差做检测。一般使用万能测齿仪进行检测。

9.5.2　相关知识

1. 万能测齿仪的用途

万能测齿仪可测量以下精度项目：

(1)周节差及周节累积误差；

(2)基节偏差及变动量；

(3)公法线长度偏差及变动量；

(4)齿厚变动量；

(5)齿圈的径向跳动。

2.万能测齿仪的技术参数

被测齿轮的模数：1～10 mm；

被测齿轮的最大直径：360 mm；

两顶尖间的极限距离：50～330 mm；

测量台能调整的高度范围：150 mm；

公法线能测量的最大长度：150 mm；

测量爪能测量的最大深度：20 mm；

读数装置的刻度值：0.001 mm；

读数装置的刻度范围：±0.1 mm。

3.万能测齿仪的结构

本仪器为纯机械的手动测量仪器，结构简单，如图 9-17 所示。

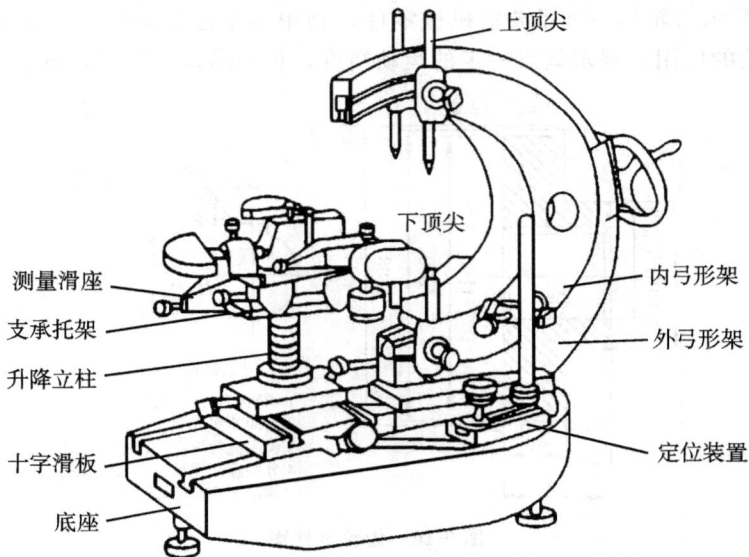

图 9-17　万能测齿仪的结构

万能测齿仪为纯机械式的手动测量仪器，可测量齿轮和蜗轮的齿距、公法线和齿圈径向跳动。

万能测齿仪的结构如图 9-17 所示，下面简单介绍一下。

(1)带顶尖的弓形架：通过转动手轮以带动内部的圆锥齿轮和蜗轮副，使支架绕水平轴回转，并可与弧形支座一起沿底座的环形 T 形槽回转，且可用螺钉紧固在任一位置上。

(2)测量工作台：其上装有特制的单列向心球轴承组成纵、横方向导轨，使工作台纵、横方向的运动精密而灵活，保证测头能顺利地进入测位。通过液压阻尼器，使工作台前、后方向的运动保持恒速，且快慢可以调整。除齿圈径向跳动外，其他四项参数的测量都是在测量工作台上通过更换各种不同的测头来进行测量。图 9-18 是测量工作台和测量滑座的结构示意图。

（3）升降立柱：用于支承测量工作台。旋转与其相配合的大螺帽，可使测量工作台上升和下降，并能锁紧于任一位置。整个支承轴和测量台又可通过转动手柄，使其沿着纵、横 T 形槽移动，并紧固在任一位置。

（4）测量齿圈径向跳动的附件：专门用于测量齿圈径向跳动误差，其测量心轴可在向心球轴承所组成的导轨上灵活地移动，测量齿圈径向跳动的可换球形测头就紧固在测量心轴轴端的支臂上。

（5）定位装置：定位杆可前后拖动，以便逐齿分度。

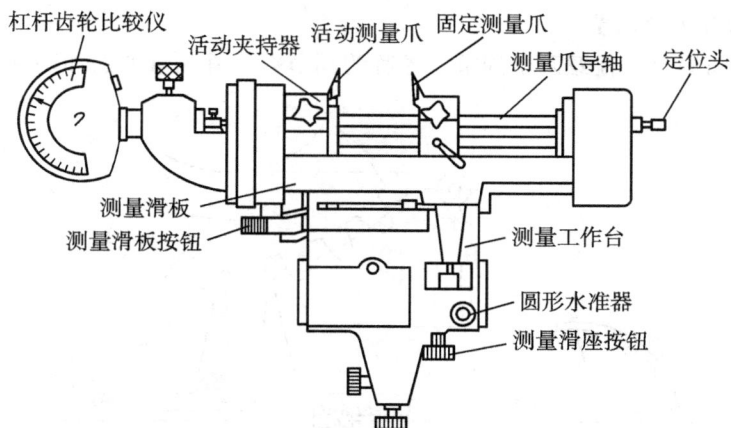

图 9-18　测量工作台和测量滑座的结构示意图

用万能测齿仪检测单个齿距时，两个测头的位置，应在相对于齿轮轴线的同样半径上，并在同一横截面内，测头移动的方向要与测量圆相切，如图 9-19 所示。因为很难得到半径距离的精确数值，所以万能测齿仪很少用于绝对测量法测齿距的真实的数值。这种仪器最合适的用途是用做相对测量。

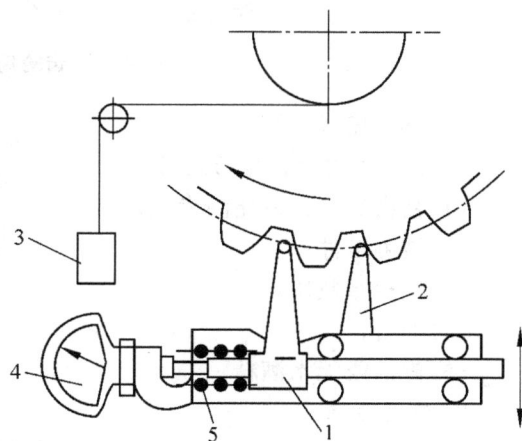

1—活动测头；2—固定测头；3—配重；
4—指示表（比较仪）；5—弹簧
图 9-19　万能测齿仪测齿距

4．注意事项

1）调整仪器注意事项

（1）被测齿轮应在仪器上放置一定时间，使温度平衡，然后进行测量。

（2）所用测头和被测齿轮均应清洗干净。

（3）测量用心轴的顶尖孔应仔细清洗干净，被测齿轮顶尖间应无窜动现象，且回转轻松、均匀。

（4）心杆配合和顶尖的定位应保证良好。

（5）测量位置调整好后，所有的手柄和螺钉均应可靠地紧固，然后对一齿进行试测，如示值稳定方能进行测量；如不稳定，则应检查是否有松动和不妥的地方。

2)仪器的维护

(1)本仪器是高精度的齿轮测量仪器，应置于干净的温室中使用，以（20±7）℃为宜。

(2)本仪器不宜用于检查七级精度以下的齿轮，以免损伤测头量面。

(3)测头使用后，必须仔细清洗干净，涂上防锈油，放入专用的附件箱内。

(4)仪器使用后，所有的工作面和滑动面应清擦干净，涂上一层防锈油，并用护罩罩好。

5.齿轮周节差的测量

齿轮同一圆周上，任意两个周节之差称为周节差，其测量方法如图9-20所示。

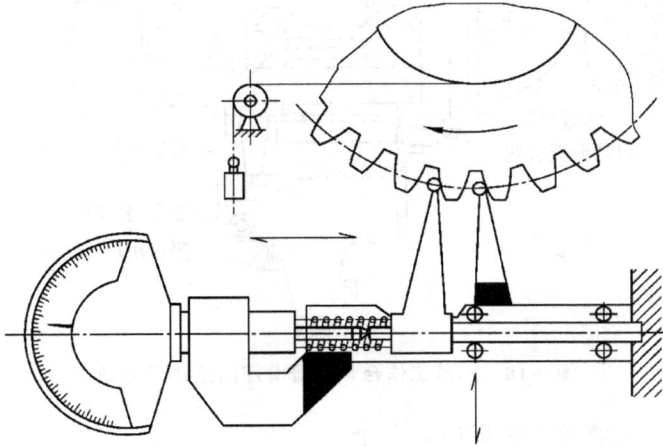

图 9-20　齿轮周节差检测示意图

9.5.3　任务实施

1.量具与测量仪器的选用

(1)精密量仪：万能测齿仪；

(2)被测工件；

(3)纯棉布数块；

(4)油石；

(5)汽油或无水酒精。

2.测量步骤

(1)做好测量前的准备工作，将被测工件预放在检测室一段时间。

(2)安装齿轮。

(3)将两个小球形测头调到一定的距离，测量被测齿轮的任意一个齿距，右测头作定位用。

(4)使左测头与另一个齿的同名齿形接触，左测头是与比较仪相连的，将比较仪的示值调至零位。

(5)再将调整好的测量头逐齿进行测量，每一齿距相对于调整齿距的偏差，便可在比较仪上指示出来。

(6)每一齿距最少测量两次，取两值的算术平均值作为测量结果。

（7）根据上述测量方法所测到的周节差，逐项记录下来，通过计算，即可求出周节累积误差的数值。

用表格进行计算，见表 9-3。为简化计算，设被测齿数为 10，采用相对法测量周节数据。

表 9-3　相对法测量周节的数据处理　　　　　　　　单位：μm

齿　序	1	2	3
	相对周节差	实际周节差	周节累积误差
1	0	-1.5	-1.5
2	$+2$	$+0.5$	-1.0
3	$+3$	$+1.5$	$+0.5$
4	-1	-2.5	-2.0
5	-3	-4.5	-6.5
6	$+5$	$+3.5$	-3.0
7	$+3$	$+1.5$	-1.5
8	$+4$	$+2.5$	$+1.0$
9	0	-1.5	-0.5
10	$+2$	$+0.5$	0
	$\Delta P_{\mathrm{m}}=\dfrac{15}{10}=1.5$		$\Delta F_{\mathrm{p}}=(+1)-(-6.5)=7.5$

3. 测量数据

（1）将实测数据列入表中第一行。

（2）各周节偏差之和除以齿数得到计算基准周节的偏差值 ΔP_{m}。即将第一行中逐齿累加后除以齿数：

$$\Delta P_{\mathrm{m}}=15/10=1.5\ \mu m$$

（3）将第一行各项周节差减去 ΔP_{m}，即为实际周节差，列于第二行，其中绝对值最大的即为被测齿轮的周节偏差 Δf：

$$\Delta f=4.5\ \mu m$$

（4）逐齿求出各齿对第一个周节差的周节累积误差列于第三行。将该项中最大值减去最小值即为被测齿轮的周节累积误差 ΔF_{p}：

$$\Delta F_{\mathrm{p}}=(+1)-(-6.5)=7.5\ \mu m$$

▷ 任务 6　用齿轮测距检查仪测量齿距偏差和齿距累积误差

1. 测量训练目标

（1）了解齿距仪的结构和测量原理。

（2）学会使用齿距仪测量齿距偏差和齿距累积误差。

（3）学会齿距偏差和齿距累积误差的测量数据处理方法。

2．测量训练器具

1）仪器

齿轮齿距检查仪、零件盘一只、被测齿轮、全棉布数块、油石、汽油或无水酒精、防锈油。

2）齿轮参数

被测齿轮（渐开线标准直齿圆柱齿轮）：齿数 $z=16$；模数 2.5 mm；精度等级为 9－8－8 HK(GB 10095－2008)。

3）齿轮齿距检查仪

齿轮齿距检查仪是测量齿轮齿距偏差和齿距累积误差的常用量具，其测量方法是相对测量法，测量定位基准是齿顶圆。仪器结构如图 9-21 所示，被测齿轮模数范围为 2～16 mm，仪器指示表的分度值是 0.001 mm。

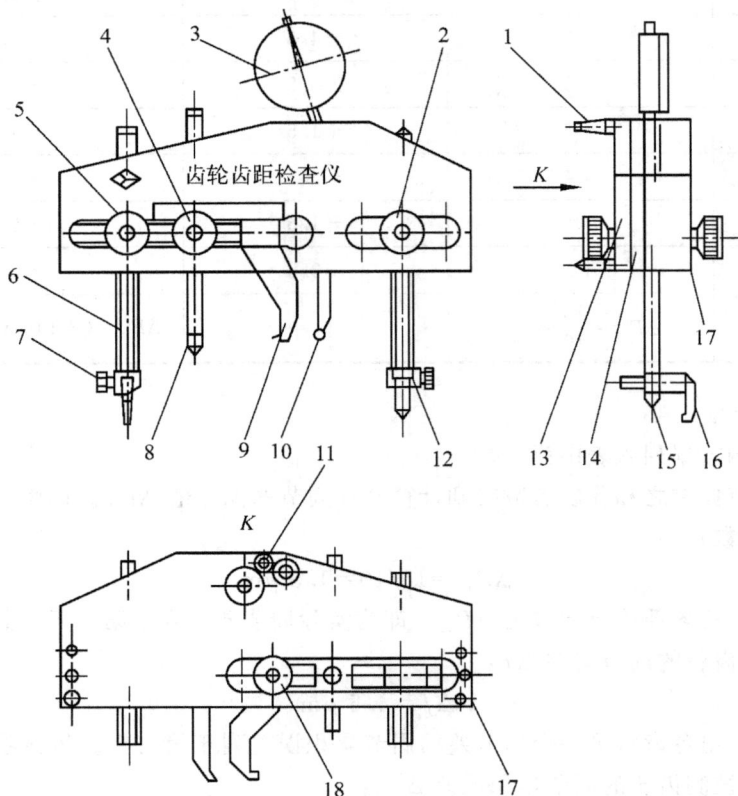

1—支脚；2—锁紧螺钉；3—千分表；4、5、18—锁紧螺钉；6—左定位杆；7—固紧螺钉；
8—定位杆；9—固定量爪；10—活动量爪；11—内六角螺钉；12—右定位杆；13—下盖；
14—底板；15—千分表球形测头；16—端面定位板；17—上盖

图 9-21　齿轮齿距检查仪结构示意图

3．齿轮齿距检查仪的使用方法

齿轮齿距检查仪测量原理如图 9-22 所示，测量时以被测齿轮的齿顶圆定位。参照齿距检查仪的结构示意图(如图 9-21 所示)，按下面的步骤对仪器进行调整和测量齿距偏差：

1)调整固定量爪工作位置

按被测齿轮模数的大小移动固定量爪 9，使其上的刻线与仪器上相应模数刻线对齐，并用锁紧螺钉 18 固定。

2)调整定位杆的工作位置

调整定位杆 6，8，12，使其与齿顶圆接

图 9-22　齿距仪测量原理示意图

触，并使测量头位于分度圆(或齿高中部)附近，然后固定各定位杆。调节端面定位杆，使其与齿轮端面相接触，用螺钉固定。

3)测量

(1)以被测齿轮上任意一个齿距作为基准齿距进行测量，观察千分表示值，然后将仪器测量头稍微移开齿轮，再使它们重新接触，经数次反复测量，待示值稳定后，调整千分表指针使其对准零位。

(2)逐齿测量各周节的相对偏差，填入表格第 1 列。

4)数据处理

计算方法采用列表办法，将测量及计算后的数据列入表 9-4 中。

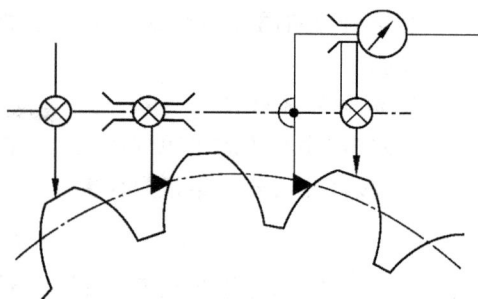

表 9-4　齿轮测量数据表

序号	相对周节偏差 $\Delta f_{pt相对}$	相对周节累积偏差 $\Delta F_{p相对}$	序号与平均偏差乘积 Δn	绝对周节累积偏差 $\Delta F_{p绝对}$	各齿周节偏差 Δf_{ptn}

5)填表说明

(1)第 1 列中的序号即为齿数号。

(2)仪器测得的 $\Delta f_{pt相对}$ 填入第 2 列。

(3)根据测得值算出各齿相对周节累积误差($\sum f_{pt相对}$)，填入第 3 列。

(4)计算基准周节的偏差 $\Delta = \sum f_{pt相对}/z$。然后分别计算序号与 Δ 的乘积填入第 4 列。

(5)计算各齿的绝对周节累积偏差 $\Delta F_{p绝对}$，即表中第 3 列减第 4 列，$\Delta F_{p绝对} = \sum F_{pt相对} - \Delta$，计算结果填入第 5 列。

(6)计算各齿周节偏差 Δf_{ptn}，即表中第 2 列减去 Δ 值，$\Delta f_{ptn} = \Delta f_{pt相对} - \Delta$，结果填入第 6 列。

(7)结论。

①该齿轮的周节累积误差 F_p 为最大的绝对周节累积偏差减最小的绝对周节累积偏差，$\Delta f_p = \Delta f_{p绝对max} - \Delta f_{p绝对min}$。

②该齿轮的周节偏差 Δf_{pt} 就是表格第 6 列中各齿绝对周节偏差中绝对值最大的那个偏差。

4. 测量训练内容

(1)按前述介绍的齿距仪的使用方法进行操作与测量。

(2)按被测齿轮齿距极限偏差 $\pm f_{pt}$。和齿距累积公差 F_p 判断被测齿轮的合格性。

▶ 任务 7   用齿轮基节检查仪测量基节偏差

1. 测量训练目标

(1)了解基节仪的结构和测量原理。

(2)学会使用基节仪测量基节偏差。

2. 测量训练器具

1)仪器

齿轮基节检查仪、量块一套、零件盘一只、被测齿轮、全棉布数块、油石、汽油或无水酒精、防锈油。

2)齿轮参数

被测齿轮(渐开线标准直齿圆柱齿轮):齿数 $z=16$;模数 2.5 mm;精度等级为 9—8—8HK(GB/T 10095—2008)。

3. 齿轮基节检查仪

齿轮基节检查仪用于检验直齿及斜齿的外啮合圆柱齿轮的基节偏差。仪器结构如图 9-23 和图 9-24 所示,被测齿轮模数为 1~16 mm,仪器指示表的范围是 ± 0.06 mm。

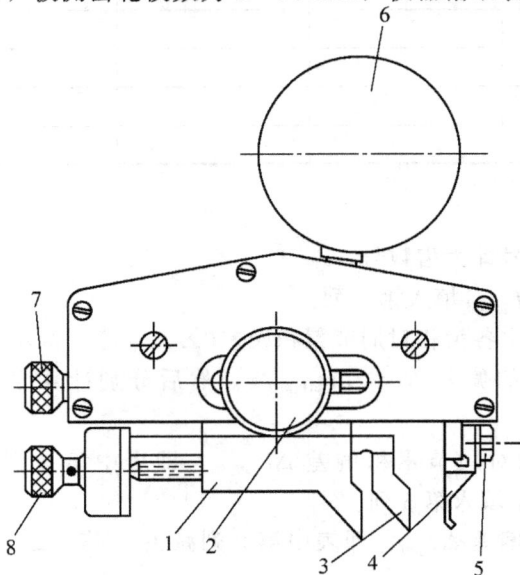

1—固定量爪;2—固紧螺钉;3—定位爪;4—活动量爪;

5—外六角螺钉;6—指示表;7、8—旋动螺母

图 9-23   齿轮基节检查仪结构示意图

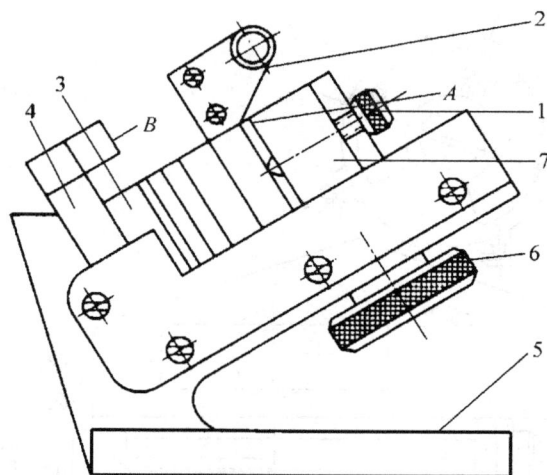

1—紧定螺钉；2—校对块；3—量块；4—校对块；

5—块规座；6—螺钉；7—挡块

图 9-24　块规座

4. 齿轮基节检查仪的使用方法

参照齿轮基节检查仪的结构示意图，按下面的步骤对仪器进行调整和测量基节偏差。

1）仪器的调整

（1）组合一组量块，使其尺寸等于被测齿轮的公称基节 P_b 值。

公称基节的计算公式为

$$P_b = \pi m \cos \alpha_n \qquad 当 \alpha = 20° 时，P_b = 2.9521 m_n$$

式中　m_n——法向模数；

　　　　α_n——法向压力角。

组成所需尺寸后，在其两端装上校对块，一起放在块规座内。

（2）调零。

如图 9-25 所示，选择合适的测头装在仪器上，再把仪器放在块规座上，调节固定量爪与活动量爪，与块规座内的校对块接触，旋动螺母，使测微表上的指针处于零点或零点附近，接着固紧螺钉，再旋动测微表上的微调螺钉进行调整，使指针对准零位。

2）测量

将仪器的定位爪及固定量爪跨压在被测齿上，活动量爪与另一齿面相接触，将仪器来回摆动，指示表上的转折点即为被测齿轮的基节偏差值 Δf_{pb}。如图 9-26 所示。

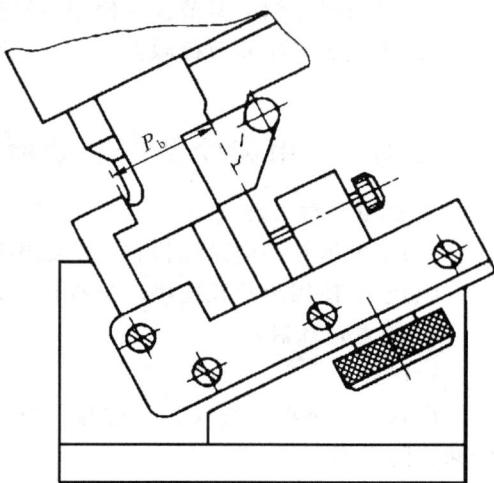

图 9-25　基节仪调零示意图

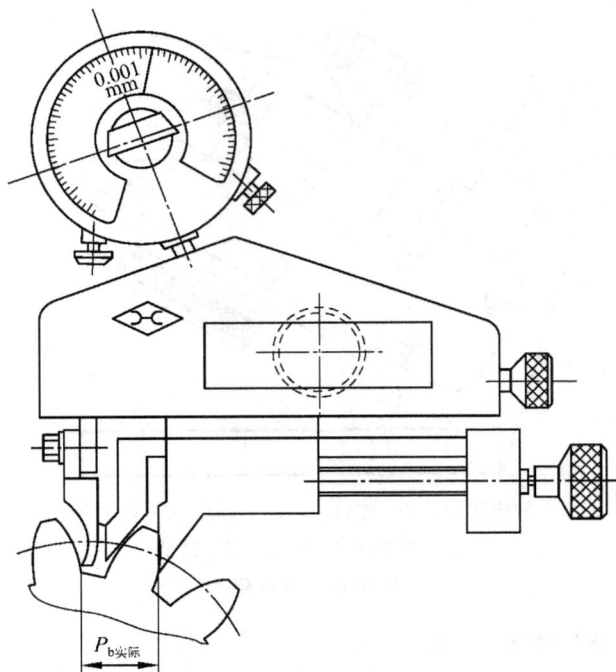

图 9-26 基节仪测量基节偏差示意图

对一被测齿轮逐齿进行基节偏差的测量，并记录数值。该齿轮的基节偏差 Δf_{pb} 就是各齿基节偏差中绝对值最大的那个偏差。

测量时应认真调整定位爪与固定量爪的距离，以保证固定量爪靠近齿顶部位与齿面相切，活动量爪靠近齿根部位与齿面接触。

在基节偏差测量过程中，基节仪会因使用不当零位发生改变，应随时注意校对。测量前应先擦净零件表面及仪器工作台。

5. 测量训练内容

(1)按前述介绍的基节仪的使用方法进行操作与测量。

(2)按被测齿轮基节极限偏差 $\pm f_{pb}$ 判断被测齿轮的合格性。

▶ 任务 8　用齿轮径向跳动检查仪测量齿圈径向跳动

1. 测量训练目标

(1)了解齿轮径向跳动检查仪的结构和测量原理。

(2)学会使用齿轮径向跳动检查仪测量齿圈径向跳动。

2. 测量训练器具

1)仪器

齿轮径向跳动检查仪、零件盘一只、被测齿轮、全棉布数块、油石、汽油或无水酒精、防锈油。

2)齿轮参数

被测齿轮(渐开线标准直齿圆柱齿轮)：齿数 $z = 16$；模数 2.5 mm；精度等级为

9—8—8HK(GB/T 10095—2008)。

3. 齿轮径向跳动检查仪

齿轮径向跳动检查仪用来测量齿圈径向跳动误差，图 9-27 所示为该仪器的外形图。

它主要由底座、滑板、顶尖架、调节螺母、回转盘和指示表等组成，指示表的分度值为 0.001 mm。该仪器可测量模数为 0.3～5 mm 的齿轮。

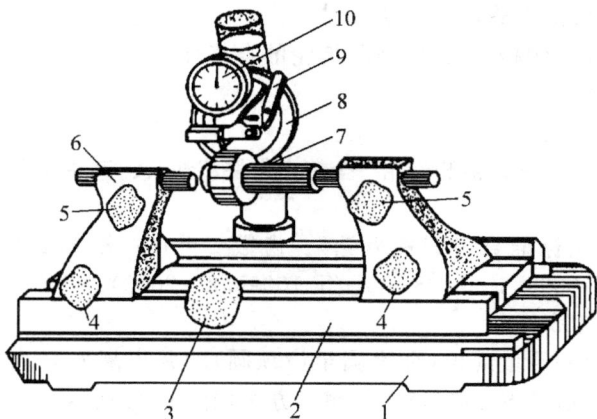

1—底座；2—滑板；3—手柄；4、5—固紧螺钉；6—顶尖架；
7—调节螺母；8—回转盘；9—提升手把；10—指示表
图 9-27　齿轮径向跳动检查仪示意图

为了测量各种不同模数的齿轮，仪器备有不同直径的球形测量头。测量齿圈径向跳动误差应在分度圆附近与齿面接触，故测量球或柱的直径 d 应按下述尺寸制造或选取：

$$d=1.68 m$$

式中　m——齿轮模数(mm)。

4. 齿轮径向跳动检查仪的使用方法

参照齿轮径向跳动检查仪的结构示意图(如图 9-27 所示)，按下面的步骤测量齿圈径向跳动 ΔF_r：

(1)根据被测齿轮的模数，选择合适的球形测量头装入指示表 10 测量杆的下端。

(2)将被测齿轮和心轴装在仪器的两顶尖上，拧紧固紧螺钉 4 和 5。

(3)旋转手柄 3，调整滑板 2 位置，使指示表测量头位于齿宽的中部。借助于升降调节螺母 7 和提升手把 9，使测量头位于齿槽内与其双面接触，并使指示表 10 的指针压缩 1～2 圈，转动指示表 10 的表盘使指针对准零位。

(4)每测一齿，需抬起提升手把 9，使指示表的测量头离开齿面。逐齿测量一圈，并记录指示表的读数。这样，在各次读数中找出最大读数和最小读数，它们的差值即为齿圈径向跳动 ΔF_r。

5. 测量训练内容

(1)按前述介绍的齿轮径向跳动检查仪的使用方法进行操作与测量；

(2)按被测齿轮的齿圈径向跳动公差 F，判断被测齿轮的合格性。

▶ 任务9　用齿厚卡尺测量齿轮齿厚偏差

1. 测量训练目标

(1)了解齿厚卡尺的基本结构和测量原理。

(2)掌握齿厚卡尺的正确使用方法。

(3)能正确测量齿厚偏差并判定被测齿轮的合格性。

2. 测量训练器具

1)仪器

齿厚卡尺、零件盘一只、被测齿轮、全棉布数块、油石、汽油或无水酒精、防锈油。

2)齿轮参数

被测齿轮(渐开线标准直齿圆柱齿轮):齿数 $z=16$;模数 2.5 mm;精度等级为9-8-8HK(GB/T 10095.1-2008,GB/T 10095.2-2008)。

3. 齿厚卡尺的使用方法

齿高卡尺用于控制测量部位(分度圆至齿顶圆)的弦齿高 h_f,齿厚卡尺用于测量所测部位(分度圆)的弦齿厚 S_f(实际)。其测量方法如图 9-28 所示。

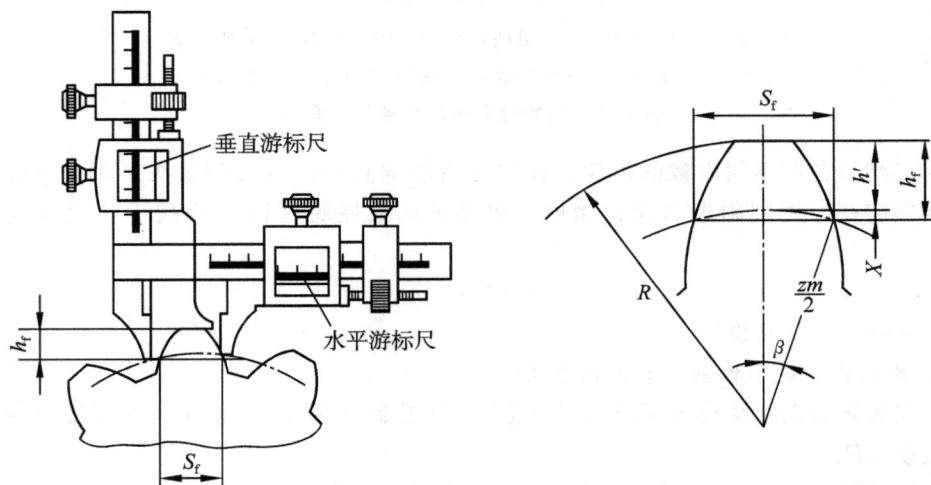

图 9-28　齿厚卡尺测量齿厚偏差示意图

用齿厚卡尺测量齿厚偏差,是以齿顶圆为基准。当齿顶圆直径为公称值时,直齿圆柱齿轮分度圆处的弦齿高 h_f 和弦齿厚 S_f 可按下式计算:

$$h_f = h' + X = m + \frac{zm}{2}\left[1 - \cos\frac{90°}{z}\right]$$

$$S_f = zm\sin\frac{90°}{z}$$

式中　m——齿轮模数(mm);

　　　z——齿轮齿数。

当齿顶圆直径有误差时,故测量结果受齿顶圆偏差的影响,为了消除齿顶圆偏差的影响,调整齿高卡尺时,应在公称弦齿高 h_f 中加上齿顶圆半径的实际偏差 ΔR,有

$$\Delta R = (d_{a实际} - d_a)/2$$

即垂直游标尺应按下式调整：

$$h_f = h' + X + \Delta R = m + \frac{zm}{2}\left[1 - \cos\frac{90°}{z}\right] + (d_{a实际} - d_a)/2$$

4. 测量训练内容和步骤

(1) 用外径百分尺测量齿顶圆的实际直径。

(2) 计算分度圆处弦齿高 h_f 和弦齿厚 S_f。

(3) 按 h_f 值调整齿厚卡尺的齿高尺。

(4) 将齿厚卡尺置于被测齿轮上，使齿高尺与齿顶相接触。然后，移动齿厚尺的卡脚，使卡脚靠紧齿廓。从齿厚尺上读出弦齿厚的实际尺寸(用透光法判断接触情况)。

(5) 分别在圆周上间隔相同的几个轮齿上进行测量，记录测量结果。

(6) 按被测齿轮的精度等级，确定齿厚上偏差 E_{ss} 和下偏差 E_{si} 判断被测齿轮齿厚的合格性。

▶ 任务 10   工程技术应用案例

大国工匠们的多次尝试，改变了工程维修理念，就是修的不仅是设备，重要的是打破了对洋设备的盲目崇拜，我们中国工人有能力、有智慧站在装备制造的世界最高峰。因此在工程维修领域必须统筹推动文明培育、文明实践、文明创建，推进城乡精神文明建设融合发展，在全社会弘扬劳动精神、奋斗精神、奉献精神、创造精神、勤俭节约精神，培育时代新风新貌。

9.10.1   齿轮公法线长度偏差的检测

1. 检测目的

(1) 掌握齿轮公法线长度的测量方法。

(2) 了解公法线长度偏差 E_w 的意义和评定方法。

2. 检测内容

用公法线千分尺测量所给齿轮的公法线长度。

3. 检测设备

实验用公法线千分尺的主要技术规格：分度值为 0.01 mm，测量范围为 25~50 mm。

4. 检测方法

公法线长度 W 是指与两异名齿廓相切的两平行平面间的距离(如图 9-29 所示)，该两切点的连线切于基圆，因而选择适当的跨齿数，则可使公法线长度在齿高中部量得。与测量齿厚相比较，测量公法线长度时测量精度不受齿顶圆直径偏差和齿顶圆柱面对

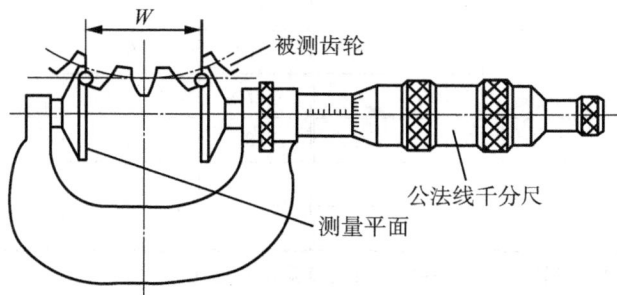

图 9-29   公法线千分尺

齿轮基准轴线的径向圆跳动的影响。

齿轮公法线长度根据不同精度的齿轮，可用游标卡尺、公法线千分尺、公法线指示卡规和专用公法线卡规等任何具有两平行平面量脚的量具或仪器进行测量，但必须使量脚能插进被测齿轮的齿槽内，且与齿侧渐开线面相切。

(1)公法线的公称长度

公法线长度偏差 E_w 是指实际公法线长度与公称公法线长度 W_k 之差，直齿轮的公称公法线长度按下式计算：

$$W_k = m\cos\alpha_f[\pi(k-0.5)+zinv\alpha_f]+2\xi m\sin\alpha_f$$

式中，m 为被测齿轮模数；α_f 为被测齿轮分度圆压力角；z 为被测齿轮齿数；ξ 为齿轮变位系数；inv 为渐开线函数，$inv20°=0.014$；k 为跨齿数。

当 $\alpha_f=20°$，$\xi=0$ 时，k 和 W_k 分别按下列公式计算

$$k=\frac{z}{9}+0.5（取成整数）$$

$$W_k=m[1.476(2k-1)+0.014z]$$

为了使用方便，对于 $\alpha=20°$、$m=1$ 的标准直齿圆柱齿轮，将按上述公式计算出的 k 和 W_k 列于表 9-5 中。

表 9-5　标准直齿圆柱齿轮的跨齿数和公称公法线长度的公称值($\alpha=20°$，$m=1$，$\xi=1$)

齿数 z	跨齿数 k	公称公法线长度 W_k/mm	齿数 z	跨齿数 k	公称公法线长度 W_k/mm
17	2	4.666	34	4	7.744
18	3	7.632	35	4	10.823
19	3	7.646	36	5	13.789
20	3	7.660	37	5	13.803
21	3	7.674	38	5	13.817
22	3	7.688	39	5	13.831
23	3	7.702	40	5	13.845
24	3	7.716	41	5	13.859
25	3	7.730	42	5	13.873
26	3	7.744	43	5	13.887
27	4	10.711	44	5	13.901
28	4	10.725	45	5	16.867
29	4	10.739	46	6	16.881
30	4	10.753	47	6	16.895
31	4	10.767	48	6	16.909
32	4	10.781	49	6	16.923
33	4	10.795			

注：对于其他模数的齿轮，则将表中 w 的数值乘模数即可。

(2)公法线平均长度的上下偏差及公差

上偏差 $E_{bns} = E_{sns} \cos a - 0.72 F_r \sin a$

下偏差 $E_{bni} = E_{sni} \cos a - 0.72 F_r \sin a$

公差 $T_{bn} = T_{sn} \cos a - 2 \times 0.72 F_r \sin a$

式中，E_{sns} 为齿厚上偏差；E_{sni} 为齿厚下偏差；E_{bns} 为公法线长度上偏差；E_{bni} 为公法线长度下偏差；T_{sn} 为齿厚公差；T_{bn} 为公法线长度公差；F_r 为齿圈径向跳动公差；α 为压力角。

5. 检测步骤

(1)根据被测齿轮参数和精度及齿厚要求计算 W、k、E_{bns}、E_{bni} 的值。

(2)熟悉量具，并调试(或校对)零位：用标准校对棒放入公法线千分尺的两测量面之间校对零位，记下校对格数。

(3)跨相应的齿数，沿着轮齿三等分的位置测量公法线长度，记入实验报告。

(4)整理测量数据，并给出适用性结论。

(5)检测结束，清洗量具，整理现场。

9.10.2　齿轮径向跳动公差的测量

1. 检测目的

(1)掌握齿轮径向跳动的测量原理和测量方法。

(2)熟悉用齿轮径向跳动公差 F_r，评定齿轮精度。

2. 检测内容

应用普通偏摆检查仪及标准圆柱测量齿轮的径向跳动。

3. 检测设备

偏摆检查仪主要技术规格：可测齿轮最大直径为 260 mm，指示表示值范围为 0～5 mm。指示表分度值为 0.01 mm。

4. 检测方法

齿轮径向跳动公差 F_r，是指在齿轮一圈范围内，测量头在齿槽内或轮齿上与齿高中部双面接触，测量头相对于齿轮轴心线的最大变动量。

齿轮径向跳动可在专用测量仪上用锥形或 V 形测量头与齿轮的齿面在分度圆处相接触测量，如图 9-30(a)、9-30(b)，亦可在普通偏摆仪上用一适当直径的标准圆柱放在齿槽中测量，如图 9-30(c)。

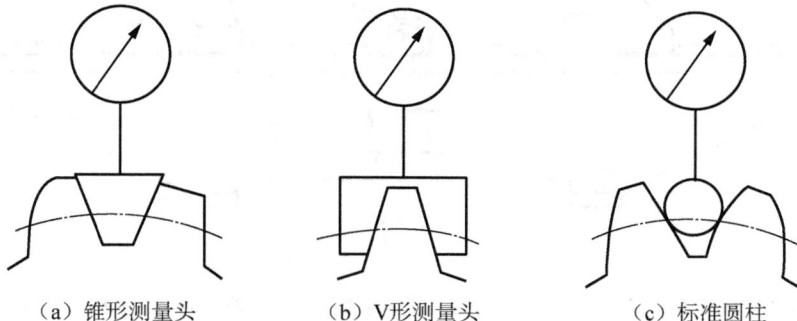

(a) 锥形测量头　　　(b) V形测量头　　　(c) 标准圆柱

图 9-30　各种测量头示意图

标准圆柱的直径可从表 9-6 中查得或按下式计算：$d = 1.68 m_n$ (mm)。

表 9-6　标准圆柱直径的选择

齿轮法向模数 m_n/mm	1	1.25	1.5	1.75	2	3	4	5
标准圆柱直径 d/mm	1.7	2.1	2.5	2.9	3.4	5	6.7	8.4

　　本实训是在普通偏摆仪上用标准圆柱进行测量（如图 9-31 所示）。它是将圆柱放在齿槽内，齿轮绕其基准轴线旋转一周时，指示针上最大与最小读数差即为齿轮的径向跳动公差 $F_r = \Delta_{max} - \Delta_{min}$。

表 9-7　齿轮径向跳动公差 F_r 值（摘自 GB/T　10095.2—2008）

分度圆直径 d/mm	法向模数 m_n/mm	精度等级										
		2	3	4	5	6	7	8	9	10	11	12
		径向跳动公差 F_r/μm										
5＜d≤125	$0.5{\leqslant}m_n{\leqslant}2$	5.0	7.5	10	15	21	29	42	59	83	118	167
	$2＜m_n{\leqslant}3.5$	5.5	7.5	11	15	21	30	43	61	86	121	171
	$3.5＜m_n{\leqslant}6$	5.5	8.0	11	16	22	31	44	62	88	125	176

5. 检测步骤

（1）熟悉仪器的结构原理和操作程序。

（2）根据被测齿轮的参数、精度要求，查表 9-7 得齿轮径向跳动公差 F_r 的值。

（3）将被测齿轮套在专用的心轴 4 上，安装在偏摆检查仪的顶尖间。齿轮心轴与仪器顶尖间松紧应恰当，以能转动而没有轴向窜动为宜（注：根据心轴长度调整好两顶尖座 2、11，固紧固定顶尖座 2，以后用手下压球头手柄 8 来装卸工件）。

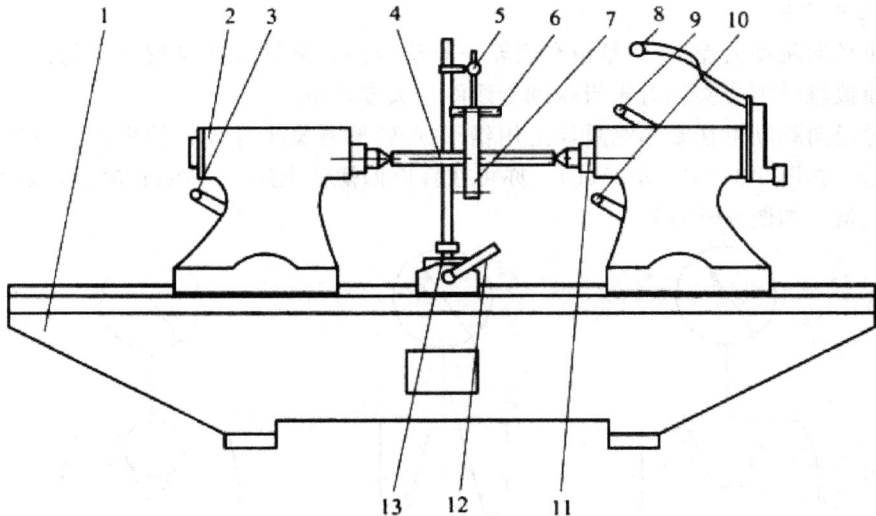

1—底座；2—固定顶尖座；3、9、10、12—紧定手把；4—心轴；5—百分表；6—标准圆柱；
7—齿轮；8—球头手柄；11—活动顶尖座；13—指示表架

图 9-31　用偏摆仪测量齿圈径向跳动

(4)根据被测齿轮模数选择标准圆柱 6 的直径：$m=5$，取 $\phi=8.4$ mm；$m=4$，取 $\phi=6.72$ mm。

(5)将标准圆柱 6 放入被测齿轮的齿间，标准圆柱 6 需处于两顶尖的连线上。移动指示表架 13，使指示表测量头与标准圆柱的最高点接触，且使指示表有一定的压缩量(约一圈)。转动指示表表壳，使指针在零附近，固定好表架 13。

(6)微转齿轮(来回微转)使标准圆柱的最高点与指示表头接触，读出指示表上的最大读数值。

(7)以此法顺时针或逆时针方向旋转被测齿轮，逐齿测量，在回转一圈后，指示表的"原点"应不变(如有较大变化，需检查原因)，在一圈中各齿在指示表上的最大读数与最小读数之差即被测齿轮的径向跳动量。

(8)写出测量报告，得出实用性结论。

(9)清洗测量仪、工件，整理现场。

习题 9

9-1：简答题

1. 齿轮传动有哪些使用要求？当齿轮的用途和工作条件不同时，其要求的侧重点有何不同？

2. 齿轮轮齿同侧齿面的精度检验项目有哪些？它们对齿轮传动主要有何要求？

3. 切向综合偏差有什么特点和作用？

4. 径向综合偏差(或径向跳动)与切向综合偏差有何区别？用在什么场合？

5. 齿轮精度等级的选择主要有哪些方法？

6. 如何考虑齿轮的检验项目？单个齿轮有哪些必检项目？

7. 齿轮副的精度项目有哪些？

8. 齿轮副侧隙的确定主要有哪些方法？齿厚极限偏差如何确定？

9. 对齿坯有哪些精度要求？

10. 齿厚上、下偏差如何确定？

11. 公法线长度上、下偏差如何确定？

12. GB 10095 中齿轮的三个公差组各有哪些项目？对传动性能的主要影响是什么？

9-2：多选题

1. 当机床心轴与齿坯有安装偏心时，会引起齿轮的_____。

    A. 齿圈径向跳动   B. 齿距误差   C. 齿厚误差   D. 基节偏差

2. 影响齿轮载荷分布均匀性的误差项目有_____。

    A. 切向综合误差   B. 齿形误差

    C. 齿向误差   D. 一齿径向综合误差

3. 影响齿轮传动平稳性的误差项目有_____。

    A. 一齿切向综合误差   B. 齿圈径向跳动

    C. 基节偏差   D. 齿距累积误差

4. 影响齿轮传递运动准确性的误差项目有_____。

    A. 齿距累积误差   B. 一齿切向综合误差

C. 切向综合误差　　　　　　　　　　　D. 公法线长度变动误差

实验：圆柱齿轮单个齿距偏差和齿距累积总偏差的测量（绝对测量）

1. 量仪名称及规格

量仪名称_____。　　量仪测量范围_____。　　量仪分度盘分度值
_____。　　指示表分度值_____。　　量仪顶尖中心高 a _____。

2. 被测齿轮

模数 m _____ mm。　　齿数 z _____。　　标准压力角 α _____。

单个齿距偏差允许值 $f_{pt}\pm$ _____ μm。

齿距累积总偏差允许值 F_p _____ μm。

3. 指示表示值零位的调整

调整指示表示值零位所使用量块组的尺寸 h 的计算公式 $h=a+0.5mz\sin\alpha$。

所使用量块组中各块量块的尺寸_____ mm。

4. 齿距测量数据

齿距序号 p_i	p_1	p_2	p_3	p_4	p_5	p_6	p_7	p_8	p_9	p_{10}	p_{11}	p_{12}
指示表示值/μm												
p_{13}	p_{14}	p_{15}	p_{16}	p_{17}	p_{18}	p_{19}	p_{20}	p_{21}	p_{22}	p_{23}	p_{24}	p_{25}	p_{26}	p_{27}

齿距序号 p_i	p_1	p_2	p_3	p_4	p_5	p_6	p_7	p_8	p_9	p_{10}	p_{11}	p_{12}
实际齿距与理论齿距的代数差/μm												
p_{13}	p_{14}	p_{15}	p_{16}	p_{17}	p_{18}	p_{19}	p_{20}	p_{21}	p_{22}	p_{23}	p_{24}	p_{25}	p_{26}	p_{27}

5. 数据处理及测量结果

6. 合格性判断

大国工匠　大国成就

万吨挤压机

项目 10　几何量测量新技术

在几何量检测中，集电子技术、新型光源、电子计算机等高新科技为一体的现代化检测仪器应用最多的是万能测长仪和三坐标测量机。

▶ 任务 1　卧式测长仪测量外螺纹单一中径

卧式测长仪又称为万能测长仪。万能测长仪是把测量座做卧式布置，测量轴线成水平方向的测长仪器。万能测长仪除了对外尺寸进行直接和比较测量之外，还可配合仪器的内测附件测量内尺寸。

万能测长仪

测长仪是一种既可以直接比较测量，又可用微差比较测量法对工件进行测量的光学仪器。被测工件的被测尺寸在仪器毫米标准刻度尺的延长线上，所以能进行精度要求较高的测量。按测量轴安置方位的不同，可分为立式测长仪和卧式测长仪，其中以卧式测长仪的使用较为广泛。

1. 测量对象

卧式测长仪的测量轴是安装在水平方向的，由于配备了许多附件，因此它不仅能测量外尺寸(两个平行平面的距离、圆柱体外径及钢球直径等)、内尺寸(圆孔直径、两内侧平行平面间的距离)等，还可测量内、外螺纹的中径，由于应用范围较广，具有一定的通用性，其测量对象分为如下三个方面：

(1)光滑圆柱形零件，如轴、孔、塞规、环规等；

(2)内螺纹、外螺纹的中径，如螺纹塞规、螺纹环规等；

(3)带平行平面的零件，如卡规、量棒、较低等级的量块等。

2. 项目分析

随着现代制造技术的不断提高，螺纹的制造精度和互换性标准也随之相应提高。为确保螺纹连接的可靠性、稳定性、精确的位移以及有足够的强度，对螺纹精度与测量方法也提出了更高的要求。螺纹件是各类机电产品中应用十分广泛的一种结合性零件。它主要用于连接各种机件，也可用来传递运动和载荷。图 10-1 所示为三角形外螺纹件，要求对螺纹的主要参数进行检测。

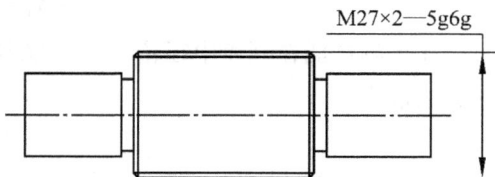

M27×2—5g6g

图 10-1　三角形外螺纹件

3. 项目知识

测量精密外螺纹(如螺纹塞规、螺纹刀具等)的单一中径方法较多，本项目选择利用三线法在卧式测长仪上进行检测。在卧式测长仪上测外螺纹单一中径要用三线法，它是利用三根直径相同而精度很高(直径误差不大于 $0.5\ \mu m$)的测针，用间接测量的方法来测量外螺纹的单一中径。三线法测外螺纹单一中径的原理，如图 10-2 所示。将一根测针和另两根测针分别放置在螺纹的两边，测出尺寸 M 值。

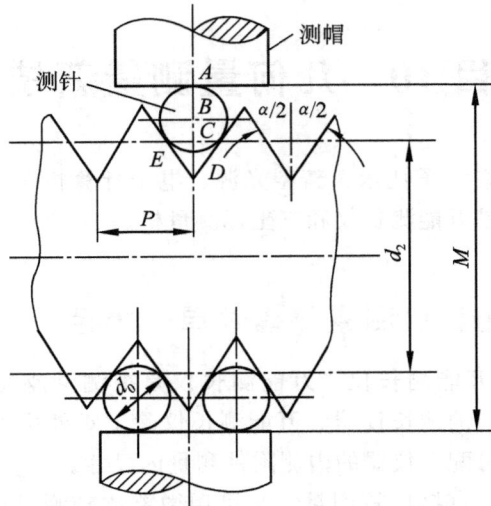

图 10-2　三线法测外螺纹单一中径原理图

由图可知：

$$d_2 = M - 2AC = M - 2(AB + BD - CD) = M - 2\left(\frac{d_0}{2} + \frac{\dfrac{d_0}{2}}{\sin\dfrac{\alpha}{2}} - \frac{P}{4}\cot\frac{\alpha}{2}\right)$$

式中　　d_0——测针直径（mm）；

　　　　P——被测螺纹的螺距（mm）；

　　　　$\alpha/2$——螺纹牙形半角（°）；

　　　　d_2——外螺纹中径（mm）；

　　　　M——测量值（mm）。

　　　　对公制螺纹 $\alpha/2 = 30°$，所以

$$d_2 = M - 3d_0 + 0.866P$$

如果测针能在螺纹中径位置上与螺纹接触，则被测螺纹的半角误差对中径测量值的影响最小。

此时：
$$\frac{d_0}{2} = \frac{\dfrac{P}{4}}{\cos\dfrac{\alpha}{2}}$$

即当 $\alpha/2 = 30°$ 时：

$$d_0 = 0.577P$$

这是用三线法测量螺纹单一中径时选择测针直径的依据。

4. 项目实施

1）量具与测量仪器的选用

（1）精密量仪：卧式测长仪、测针（3 根）、量块；

(2)被测工件；

(3)纯棉布数块；

(4)油石；

(5)汽油或无水酒精。

2)测量步骤

(1)做好测量前准备工作，工件清洗。

(2)根据工件尺寸选择测针，因为 $P=2$ mm，故 $d_0=1.154$ mm。

(3)安装水平顶针架：将水平顶针架安装在万能工作台上，被测螺纹顶在两顶针之间（要求可以转动，不能有轴向窜动）。

(4)安装测针架：挂单测针的测针架装在测量轴上，挂双测针的测针架装在尾管上。

(5)安装平面测帽，并调整到互相平行。

测量轴的一边用 $\phi 8$ mm 的平面测帽，尾管的一边用 $\phi 14$ mm 的平面测帽。两测帽的测面要调整到互相平行。图 10-3 所示为平面测帽、三针、水平顶针架和测针架等测外螺纹单一中径的具体安装情况。

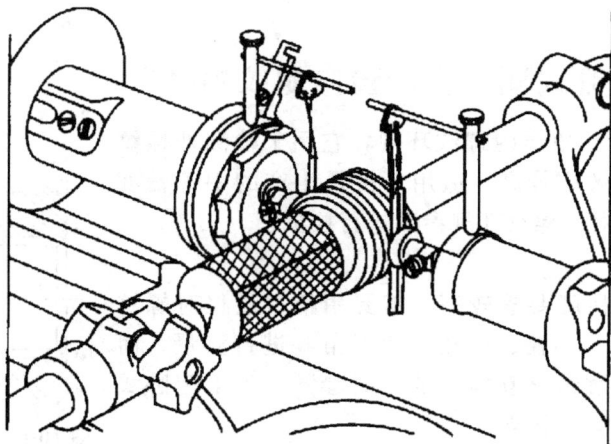

图 10-3　平面测帽、三针、水平顶针架和测针架安装情况

(6)调整工作台，找正测位，对好起始值读数 $M_1=0$。

(7)测量的操作和读数方法与测外尺寸相同，读出读数 $M_2=0.01$ mm。

(8)算出理论值 M_0，由螺线读数装置两次读数之差来确定 M 值：

$$M_0=d_2+3d_0-0.866P$$

$$M_0=28.73 \text{ mm}$$

$$M=M_0+M_2-M_1=28.74 \text{ mm}$$

(9)工件合格。

5. 项目评分

用卧式测长仪测量外螺纹单一中径的项目评分标准见表 10-1。

表 10-1　项目评分标准

序号	评价项目	评价标准	评分标准	得分
1	认识卧式测长仪的结构	能够正确说出卧式测长仪的结构各部件的名称及主要功能	共 20 分，每处 1 分	
2	各附件的作用	正确认识各附件的功用，根据不同的测量对象，能正确选择	共 10 分	
3	准备工作是否得当	测量前能正确选用所需部件	共 20 分	
4	测长仪的识读	对卧式测长仪读数器的显示的数值正确识读	共 15 分	
5	测量过程	能够正确使用卧式测长仪对工件进行测量	共 35 分	
6	安全文明操作	违反安全文明操作	总分倒扣 5～10 分	
总　分				

▶ 任务 2　用卧式测长仪测量内螺纹中径

图 10-4 所示为三角形内螺纹环规，它用于检测外螺纹件的合格性，检验效率较高，适用于批量生产的中等精度螺纹的检测，要求对内螺纹环规参数进行检测。

1. 项目分析

该环规对螺纹精度要求较高，需要用精密量仪对螺纹几何参数，如大径、小径、中径、牙型角等进行测量。而螺纹中径是影响螺纹结合互换性的主要参数，可采用卧式测长仪检测环规内螺纹中径。

2. 项目知识

图 10-4　三角形内螺纹环规

直径大于 18 mm 的内螺纹单一中径，可在卧式测长仪上利用一套内螺纹测量装置进行测量。这套测量装置包括浮动工作台、测块、球形测头、带量块夹的弹簧压板。

浮动工作台安装在仪器的万能工作台上，并用螺钉顶紧。工作台中央有一圆形置物台，它可前后左右自由浮动。测块可分 60°槽和 55°槽两种，前者供测公制螺纹时使用，后者供测英制螺纹时使用。球形测头共有 11 对，其中 5 对可安装在小测钩上使用，6 对可安装在大测钩上使用，球形测头直径可根据被测内螺纹螺距的大小来选择，其计算公式和三线直径的计算公式相同。量块夹是用来装夹量块和测块所组成的尺寸组合体用的，弹簧压板则是供固定被测件用。

用内螺纹测量装置测量内螺纹单一中径的原理是微差比较法，测量前要用带有标准螺纹牙形缺口的专用测块和量块模拟标准螺纹，用来调整仪器零位，然后进行测量。测块和量块的组合有以下两种。

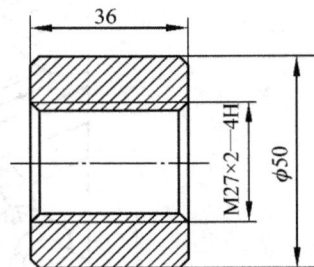

(1)在一块测块下垫尺寸为 $P/2$ 的量块，两测块之间垫放尺寸为 E 的量块，如图 10-5 所示。

因为：

$$E = x - (a + b)$$

所以：

$$x = D_2 + \frac{P}{2} \cot \frac{\alpha}{2}$$

$$D_2 = E - \frac{P}{2} \cot \frac{\alpha}{2} + (a + b)$$

$$E = D_2 + \frac{P}{2} \cot \frac{\alpha}{2} - (a + b)$$

式中 D_2——内螺纹公称中径；

$\alpha/2$——螺纹公称牙形半角；

P——螺纹螺距公称值；

$(a+b)$——仪器所带测块的常数，其数值刻在测块表面上。

按上式算出 E 值，选好 E 值和 $P/2$ 值的量块，和测块一起组成测块组合体，和被测螺纹比较即可得出螺纹中径的偏差 ΔD_2。

由图 10-5 可知，尺寸 M_0' 测量线方向与螺纹中径方向有一夹角 φ，但此角很小，对精度影响不大，一般把测得的偏差 $\Delta M_0'$ 当做被测中径偏差 ΔD_2。

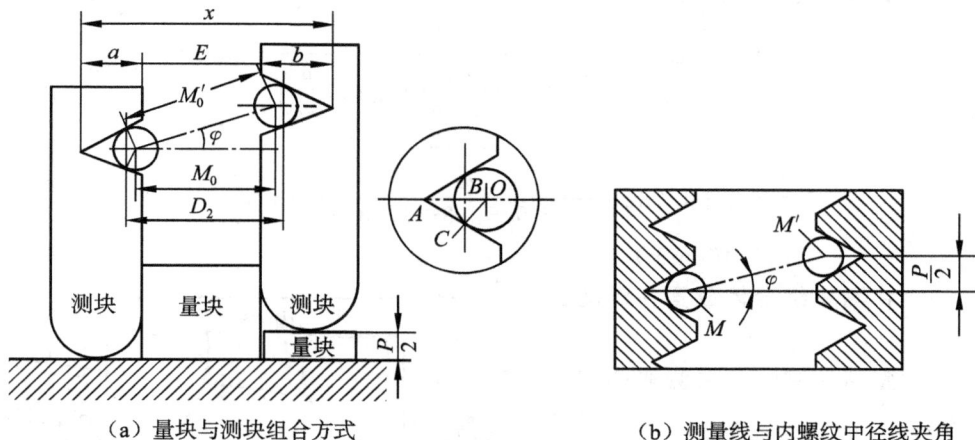

（a）量块与测块组合方式   （b）测量线与内螺纹中径线夹角

图 10-5   测块与量块的组合一

(2)在测块下不垫量块，只在两测块之间垫放尺寸为 E 的量块，如图 10-6 所示。在这种情况下，E 值按下式计算：

$$E = D_2 + \frac{P}{2} \cot \frac{\alpha}{2} + \frac{P^2}{8\left(D_2 - \dfrac{d_0}{\sin \dfrac{\alpha}{2}} + \dfrac{P}{2} \cot \dfrac{\alpha}{2}\right)} - (a + b)$$

式中 d_0——球形测头直径，$d_0 = P/2\cos(\alpha/2)$；

$D_2 = D - 0.649519\, P$；

D——螺纹的公称直径。

根据被测螺纹的公称中径、螺距和牙形半角计算出 d_0 和 E 值，组成测块组合体，和被测螺纹比较即得出被测螺纹中径的偏差 ΔD_2。

3. 项目实施

1）量具与测量仪器的选用

（1）精密量仪：测长仪、螺纹环规、量块；

（2）被测工件；

（3）纯棉布数块；

（4）油石；

（5）汽油或无水酒精。

图 10-6　测块与量块的组合二

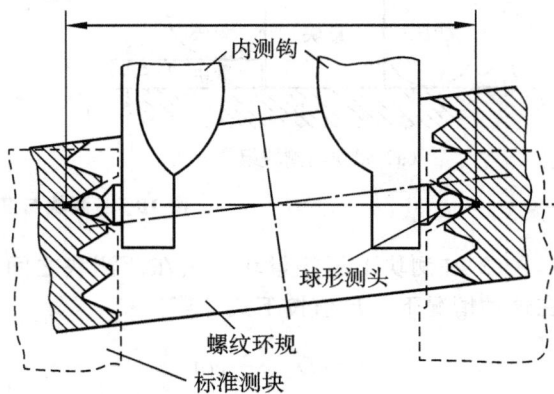

2）测量步骤

（1）做好测量前的准备工作。

根据工件尺寸选择球形测头 $d_0 = 1.15$ mm，并进行工件清洗。

（2）在万能工作台上安装浮动工作台。

测量时，先把浮动工作台装在万能工作台上，并用螺钉固定。

（3）安装内测钩、球形测头。

将球形测头与相应的内测钩分别装于测量轴及尾管上。

（4）计算量块尺寸 E：

$$E = D_2 + \frac{P}{2}\cot\frac{\alpha}{2} + \frac{P^2}{8\left(D_2 - \dfrac{d_0}{\sin\dfrac{\alpha}{2}} + \dfrac{P}{2}\cot\dfrac{\alpha}{2}\right)} - (a + b)$$

$$= 25.7 + 1.732 + \frac{4}{8(25.7 - 2.3 + 1.732)} - 10$$

$$= 17.45 \text{（mm）}$$

（5）再将测块组合体放置在浮动工作台上。

（6）调整球形测头与两测块的螺牙缺口接触。

调整万能工作台与测量轴，使测钩上的球形测头与两测块上的螺牙缺口接触，如图 10-7 所示（图中虚线表示测块，实线表示置换后的被测件螺纹环规）。

图 10-7　测量示意图

（7）调整万能工作台，找准测位，对好起始值 $A_1 = 0$。

（8）起始值对正以后，卸去测块组合体，装上被测件（如图 10-8 所示），调整万能工作台的高度使球形测头处在被测螺纹的中间位置。同时利用万能工作台的各个方向的运动，使两个测钩上的球形测头在被

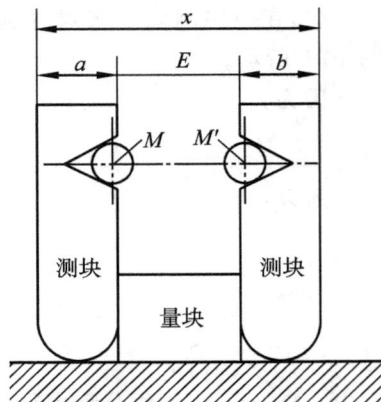

测螺纹中分别与轴线方向互相相差半个螺距的螺纹槽相接触。

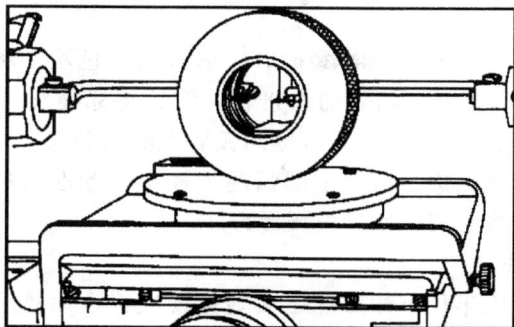

图 10-8　被测工件装夹图

（9）然后就可以找准测位，进行测量，读出测量结果 $A_2=0.03$，此结果与起始值 A_1 之差为 0.03，此即为被测螺纹中径 D 对公称中径 $D_2=25.7$ mm 的偏差值。

4. 项目评分

用卧式测长仪测量内螺纹中径的项目评分标准见表 10-2。

表 10-2　项目评分标准

序号	评价项目	评价标准	评分标准	得分
1	卧式测长仪的主要技术参数	能够正确说出卧式测长仪的主要技术参数	共 10 分	
2	各部件的选择	正确认识各部件的功用，根据测量对象，能正确选择使用	共 20 分	
3	准备工作是否得当	测量前能正确做好准备工作	共 20 分	
4	测量过程	能够正确使用卧式测长仪对工件进行测量	共 50 分	
5	安全文明操作	违反安全文明操作	总分倒扣 5～10 分	
总　分				

任务 3　非整圆弧的测量

非整圆弧是指中心角小于 180° 的圆弧轮廓。圆弧在机械制造中有着十分广泛的用途，也是样板轮廓中的重要组成曲线之一。

10.3.1　非整圆弧的测量方法

1. 光隙法

弧面较短的非整圆弧半径，通常利用标准圆弧样板或标准网柱比较测量。当采用标准圆弧样板测量时，将样板与被检测圆弧拼合，根据光隙的大小和位置来判断被检

测圆弧半径是否合格。

2. 涂色法

当利用标准圆柱测量较短圆弧半径时，一般采用涂色法。测量时，在标准圆柱表面涂上一层极薄（厚度不大于 2 μm）的红丹粉，然后将标准圆柱与工件内圆弧紧密贴合，稍微转动圆柱（转角不大于 30°），根据同弧面上的接触颜色，评定被检圆弧是否合格。当颜色位于内圆弧的两边，可判定圆弧的半径小于标准圆柱的半径；反之，则大于标准圆柱的半径。较短外圆弧用样板测量为好。

3. 弓高弦长测量法

弧面较长的非整圆弧半径可用万能工具显微镜或普通计量器具和检验工具通过弓高弦长测量法进行间接测量。测量中分别测出非整圆弧的弓形高度 H 和弓高所在的弦长 L，求得圆弧的半径 R。

10.3.2　弓高弦长法测量非整圆弧

使用弓高弦长法测量非整圆弧的直径时，可采用两种形式：一种是固定弓高，测量弦长；另一种是固定弦长，测量弓高。

这种方法较适用于大直径的圆弧。

1. 使用游标卡尺测量

(1)如图 10-9 所示，使用游标卡尺测量被测圆弧的弦长 S。

(2)根据给定的游标卡尺型号可得知弓高 H，即量爪棱边至卡尺主尺尺身基面的距离。

(3)获得数据 S 和 H 后，按下式求得圆弧半径 R，即

$$2R = S^2/4H + H$$

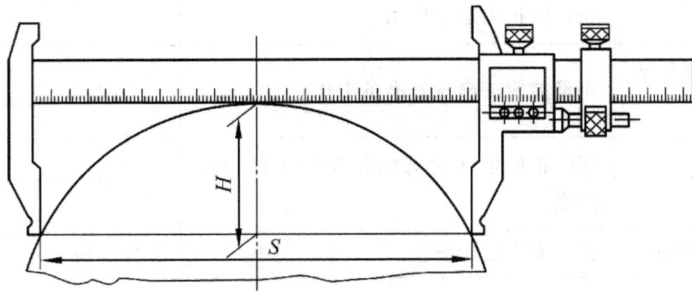

图 10-9　游标卡尺测量原理

2. 使用鞍形检具测量

(1)如图 10-10 所示，使用鞍形检具测量是采用固定弦长、测量弓高的测量形式。测量前，应先在一标准圆柱上将测微表对准零位。

(2)测量时，将鞍形检具放在被测圆弧上，测出弓高 H 的偏差 ΔH，获得数据后，按下式求得被测圆弧半径 R，即式中 d_1 是定位圆柱直径：

$$2R = S^2/4H + H - d_1$$

弓高弦长测量法只适用于圆弧形状误差较小的圆弧。如车、磨、成形模具研磨等加工的圆弧。线切割、钳工锉修、铣削等加工的圆弧采用此法测量则有较大的误差。

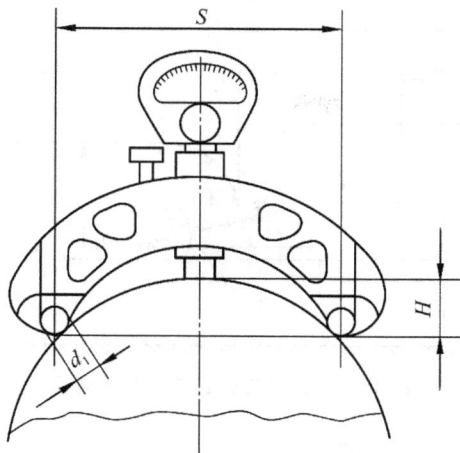

图 10-10　鞍形检具测量原理

10.3.3　直线与圆弧交点坐标尺寸的测量

如图 10-11(a)所示零件需确定直线与圆弧交点 A 至端面距离 L。

(1)确定测量方案，如图 10-11(b)所示。

(2)确定圆弧半径 R 值。

(3)用量块组和刀口测量尺寸 L_1。

(4)根据 L_1 值，按下式求解尺寸 AB，即

$$AB = R_2 - (R - L_1)^2$$

(5)用通用量具测出尺寸 L。

(6)计算尺寸 E，即

$$L_1 = L_2 - R - R_2 - (R - L_1)^2$$

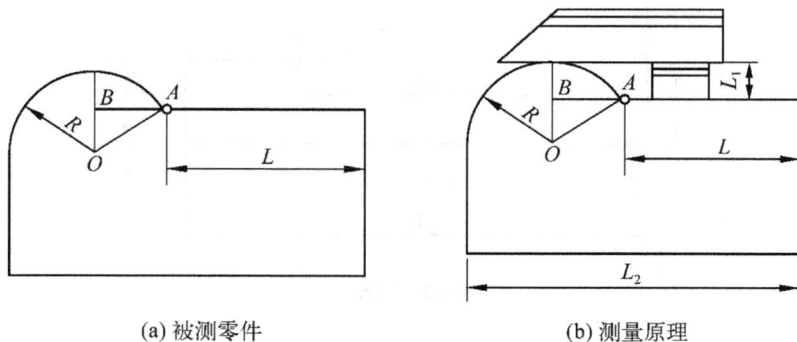

(a) 被测零件　　　　　　　　　(b) 测量原理

图 10-11　直线与圆弧交点尺寸测量

10.3.4　圆弧与圆弧交点坐标尺寸的测量

如图 10-12 所示，零件需确定两圆弧交点 A 至端面距离 L。

(1)用通用量具测出尺寸 h 和 H。

(2)确定圆弧半径 R_1 和 R_2 值。

(3)选择半径为 R_1 的标准样柱，放在工件内圆弧上，以工件分别测量出尺寸 M 和 N。

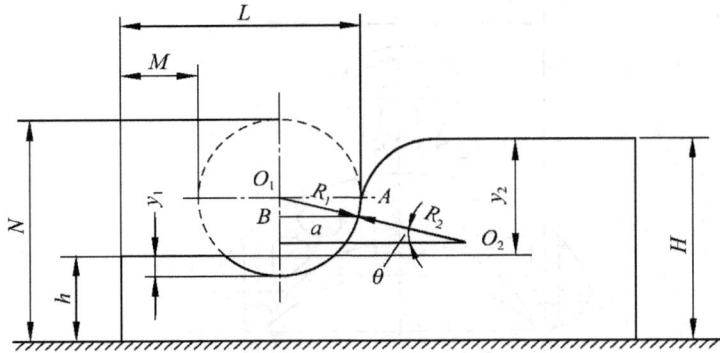

图 10-12 圆弧与圆弧交点尺寸测量

(4)根据测得值求出尺寸 L，即

$$L = M + R_1 + R_1 \cos \theta = M + R_1(1 - \cos \theta)$$

10.3.5 非整圆弧的测量

1)测量训练目标

(1)了解非整圆弧的测量方法。

(2)学会根据被测零件选择测量方案。

(3)学会正确、规范地使用量柱等常规量具进行非整圆弧尺寸的测量，并判定被测件是否合格。

2)测量工件图（如图 10-13 所示）

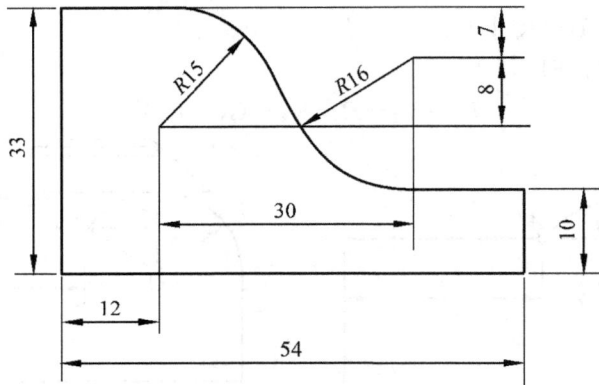

图 10-13 被测工件

3)测量内容、步骤和要求

(1)选择合适的测量方法，测量尺寸 33、54、10。

(2)选择合适的测量方法，测量两圆弧半径 $R15$、$R16$。

(3)选择合适的方法，确定尺寸 8、7、30、12。

▶ 任务4 激光干涉仪

激光具有高强度、高度方向性、空间同调性、窄带宽和高度单包性等优点。目前常用来测量长度的干涉仪，以迈克尔逊干涉仪为主，主要是以激光波长为已知长度，并以稳频氦氖激光为光源，构成一个具有干涉作用的测量系统，来实现位移的测量。激光干涉仪可配合各种折射镜、反射镜等来进行线性位置、速度、角度、直线度、平面度、小角度、平行度和垂直度等测量工作，并可作为精密工具机或测量仪器的校正工作。激光干涉仪的出现在世界计量史上具有重要意义。由于它的相干波长很大，激光干涉仪的测量范围可以大大地扩展；而且由于它的光束发散角小，能量集中，因而它产生的干涉条纹可以用光电接收器接收，变为电信号，并由计数器一个不漏地记录下来，从而提高了测量速度和测量精度。激光干涉仪常用于检定测长机、三坐标测量机、光刻机和加工中心等的坐标精度，也可用做测长机、高精度三坐标测量机等的测量系统。利用相应的附件，还可进行高精度直线度测量、平面度测量和小角度测量。

激光干涉仪可分为单频激光干涉仪和双频激光干涉仪两种。

10.4.1　单频激光干涉仪

单频激光干涉仪工作原理如图 10-14 所示。从激光器发出的光束，经扩束准直后由分光镜分为两路，并分别从固定反射镜和可动反射镜反射回来会合在分光镜上而产生干涉条纹。当移动可动反射镜时，干涉条纹的光强变化由接收器中的光电转换元件和电子线路等转换为电脉冲信号，经整形、放大后输入可逆计数器计算出总脉冲数，再由计算机算出可动反射镜的位移量。使用单频激光干涉仪时，要求周围大气处于稳定状态，各种空气剧烈运动都会引起直流电平变化而影响测量结果。

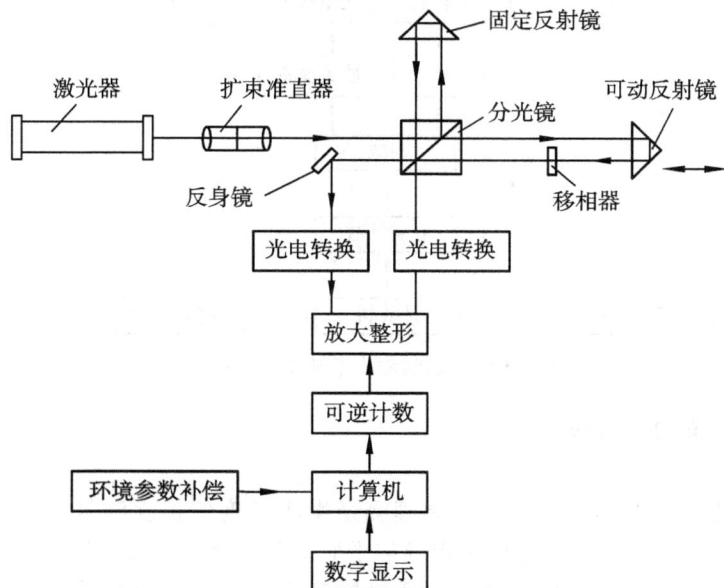

图 10-14　单频激光干涉仪工作原理

10.4.2　双频激光干涉仪

双频激光干涉仪工作原理如图 10-15 所示。在氦氖激光器上，加上一个约 0.03T 的轴向磁场。由于塞曼分裂效应和频率牵引效应，激光器产生 f_1 和 f_2 两个不同频率的左旋和右旋圆偏振光。经 1/4 波片后成为两个可相互垂直的线偏振光，再经分光镜

分为两路。一路经偏振片 1 后成为含有频率为 f_1-f_2 的参考光束。另一路经偏振分光镜后又分为两路：一路成为仅含有 f_1 的光束；另一路成为仅含有 f_2 的光束。当移动可动反射镜时，含有 f_2 的光束经可动反射镜反射后成为含有 $f_2\pm\Delta f$ 的光束，Δf 是可动反射镜移动时因多普勒效应产生的附加频率，正负号表示移动方向(多普勒效应是奥地利人 C.J. 多普勒提出的，即波的频率在波源或接收器运动时会产生变化)。这路光束和由固定反射镜反射回来仅含有 f_1 的光的光束经偏振片 2 后会合成为 $f_1-(f_2\pm\Delta f)$ 的测量光束。测量光束和上述参考光束经各自的光电转换元件、放大器、整形器后进入减法器相减，输出成为仅含有 $\pm\Delta f$ 的电脉冲信号。经可逆计数器计数后，由电子计算机进行当量换算后即可得出可动反射镜的位移量。双频激光干涉仪是应用频率变化来测量位移的，这种位移信息载于 f_1 和 f_2 的频差上，对由光强变化引起的直流电平变化不敏感，所以抗干扰能力强。

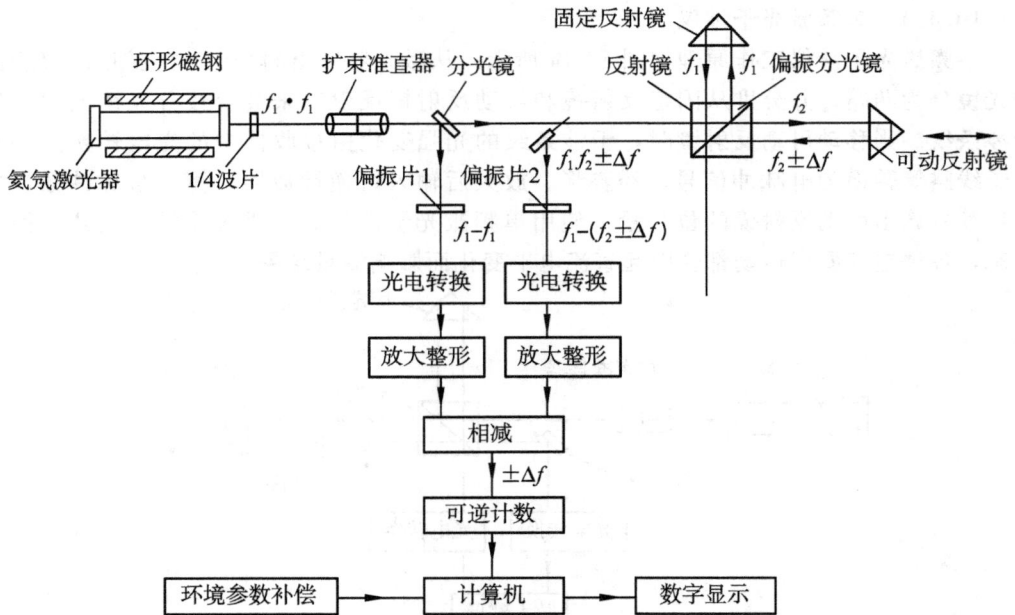

图 10-15 双频激光干涉仪工作原理

10.4.3 小角度测量仪器

1. 光电自准直仪

光电自准直仪是利用光学自准直原理测量微小角度的长度测量工具。光学自准直原理如图 10-16 所示，光线通过位于物镜焦平面的分划板后，经物镜形成平行光。平行光被垂直于光轴的反射镜反射回来，再通过物镜后在焦平面上形成分划板标线像与标线重合。当反射镜倾斜一个微小角度 α 时，反射回来的光束就倾斜 2α。图 10-17 所示是自准直仪的光学系统。由光源发出的光经分划板、半透反射镜和物镜后射到反射镜上。如反射镜倾斜，则反射回来的十字标线像偏离分划板上的零位。利用测微装置和可动分划板可分别从分划板和读数鼓轮上读出 α 的分值和秒值。自准直仪的分度值有 0.1、0.2 和 1。当以斜率(如 1/200)表示分度值时，通常称这种自准直仪为平面度测量仪；当以光电瞄准对线代替人工瞄准对线时，就称为光电自准直仪。其光电瞄准(对线)原理与振子式光电显微镜相似。自准直仪常用于测量导轨的直线度、平板的平面度(这时称为平面度测量仪)等,也可借助于转向棱镜附件测量垂直度等。光电自准直仪是带有电子计算机的测小角度偏差的双轴精密电子自准直仪。它可测量线性轴的直线度和旋转轴的重复性及精度,与垂直光学器件共同使用可测量两正交轴的垂直度,能自动地对测量所得数据进行处理,通过外围设备描绘出被测表面的轮廓图形,以数字显示或打印出误差值。

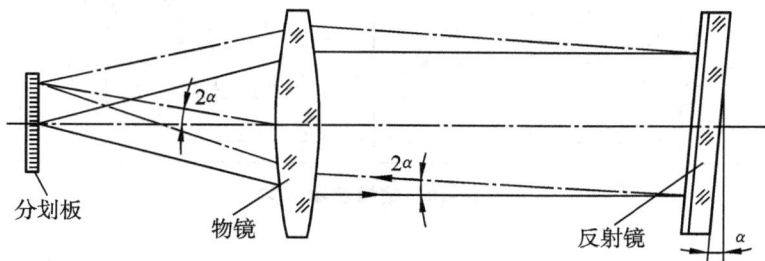

图 10-16 光学自准直原理

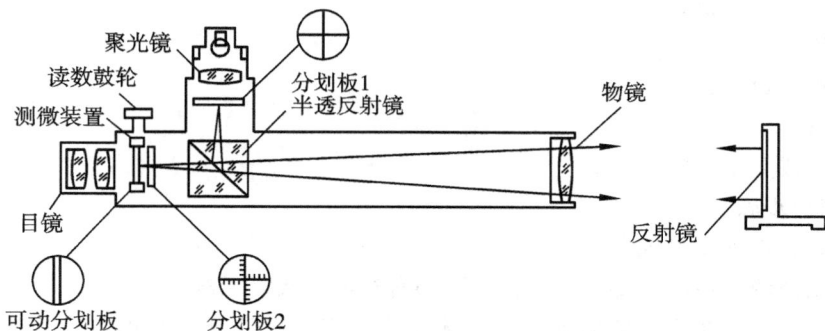

图 10-17 自准直仪的光学系统

2. 垂直度检查仪

垂直度检查仪是用于校准直角尺的一种新型高精度垂直度测量系统,由高精度大理石角尺、真空吸附、伺服测量系统,PC 和软件组成。可自动校准、修正数据,自动记录在补偿系统中。其特点是:高精度垂直度测量系统,重复性高;测量方便、可靠;可进行手动、电动测量,通过气浮可在大理石表面平滑移动;可防止大理石温度变化的设计,具有静态及动态的测量功能及分析软件。

▶ 任务 5 用三坐标测量机测量孔的坐标系

图 10-18 所示为钻模板零件。通过该零件引导刀具以保证被加工孔的位置精度、尺寸精度及表面粗糙度。试对该零件加工精度进行检测。

1. 任务分析

从图样来看,图示工件孔坐标系公差要求较高,用游标卡尺并不容易保证测量精度,用量块和杠杆表组合测量比较费时,也不容易保证测量精度。用三坐标测量机可

满足工件的测量要求。

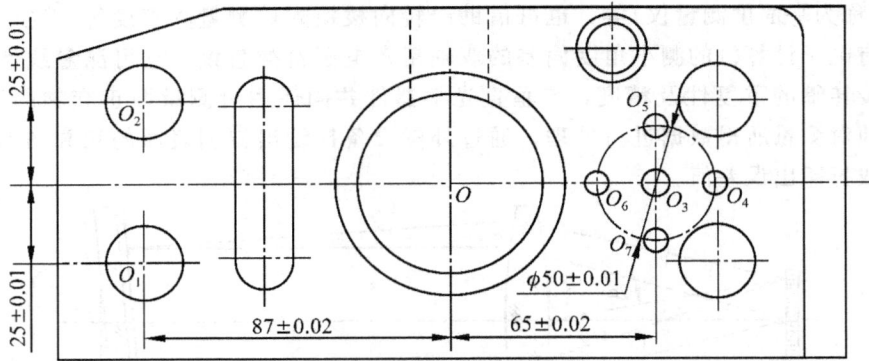

图 10-18　钻模板零件图

2. 任务实施

(1)量具与测量仪器的选用及其他准备工作。

①三坐标测量仪；

②被测工件；

③纯棉布数块；

④油石；

⑤汽油或无水酒精。

(2)测量步骤。

①启动三坐标测量仪；

②根据被测工件图纸要求，选择(输入)合格的测头、系统等；

③标定测头，在标准球的范围内触测至少 5 点，点的分布要均匀。标定测头的目的是为了在计算过程中进行误差补偿计算；

④装夹工件；

⑤坐标初始化，确定坐标系，如图 10-19 所示；

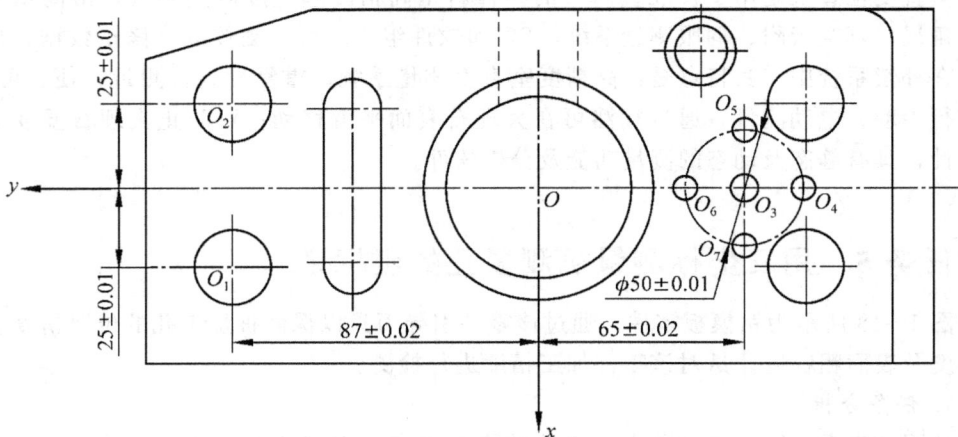

图 10-19　坐标系方向

⑥选取零件的加工基准面为 Z 平面；

⑦选取零件上加工要求比较高的元素确定 x 轴；

⑧与轴相垂直元素为 y 轴，根据图纸要求确定坐标原点 O；

⑨按步骤进行测量；

⑩测量结果计算。

CIRC 1	X	25.009
	Y	87.015
	D	20.003
CIRC 2	X	−25.001
	Y	87.007
	D	20.002
CIRC 3	X	0.008
	Y	−65.017
	D	5.001
CIRC 4	X	−0.003
	Y	−90.004
	D	5.001
CIRC 5	X	−25.001
	Y	−65.001
	D	5.001
CIRC 6	X	−0.003
	Y	−40.007
	D	5.002
CIRC 7	X	25.007
	Y	−65.007
	D	5.002
CIRC 8	D	50.007

▶ 任务 6   用三坐标测量机测量零件上的斜孔

1. 三坐标测量机的机械结构及测量应用。

图 10-20 所示为柴油机缸头，由专用组合机床加工。通过对加工零件精度的检测来检验所用组合机床的精度。

本零件为柴油机缸头，其喷油孔与机体结合平面夹角为 23°。该孔与结合平面位置也有要求，用三坐标测量仪测量该孔位置精度。

2. 零件斜孔与基面间角度的测量。

(1)量具与测量仪器的选用。

①精密量仪：三坐标测量仪；

②被测工件；

③纯棉布数块；

④油石；

⑤汽油或无水酒精。

(2)测量步骤。

①启动测量仪；

②根据被测工件图纸要求，选择（输入）合格的测头、系统等；

③标定测头，根据零件的实际情况，把在测量过程中需要用到的探针角度都标定出来；

④装夹工件；

⑤坐标初始化，确定坐标系；

⑥选取零件的加工基准面为 Z 平面；

⑦选取零件上加工要求比较高的元素确定 x 轴；

⑧与轴相垂直元素为 y 轴；

⑨把斜孔当成一圆柱测量，一般最少取6点也就是两个圆柱截面，这样可得圆柱体在坐标系中的位置；

⑩元素计算。先计算圆柱体与基准平面的角度，然后计算圆柱轴线与基准面截交点的坐标。

图 10-20　被测工件图

PLANE	F	0.035 mm
CYL	D	20.35 mm
ALG	D	23.03°

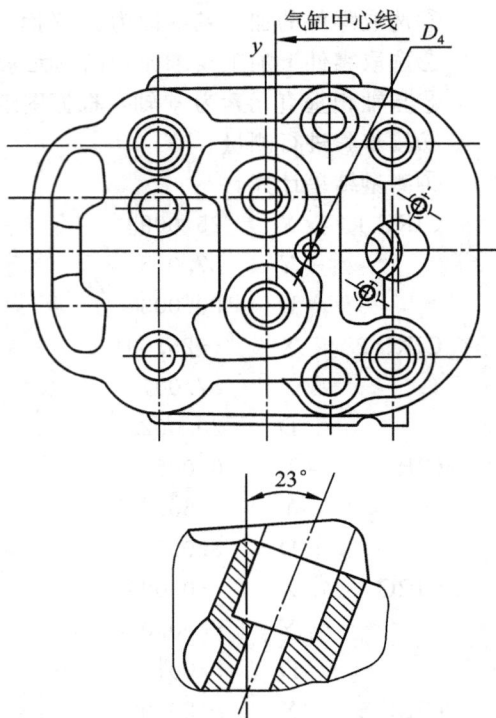

任务 7　工程技术应用案例

10.7.1　万能工具显微镜测量丝杠螺距偏差及牙形半角偏差

1. 检测目的

(1)初步掌握万能工具显微镜的操作方法。

(2)了解丝杠测量和一般螺纹测量的区别。

2. 检测设备

万能工具显微镜比大型工具显微镜、小型工具显微镜的测量范围大，测量精度高，且它备有多种附件，所以能测量的零件项目也大有扩展。万能工具显微镜被广泛地应用在生产和科研单位中。

仪器的基本技术性能指标如下：

分度值长度　　0.001 mm

　　　　角度　　1′

测量范围纵向 x　0～200 mm

现代精密测量技术
现状及发展

　　横向 y　　0～100 mm

　　角度　　　0°～360°

3. 检测方法

（1）螺纹测量

一般精度的螺纹零件，特别是内螺纹，多采用综合检验来评定其合格性，以提高测量效率。然而，对于某些高精度的螺纹零件、如螺纹塞规、螺纹刀具及丝杠等，则需采用单项测量。主要被测几何参数有中径 d_2、螺距 P 和半角 $\alpha/2$ 等。目前生产中常用工具显微镜测量外螺纹中径、螺距和半角。

用工具显微镜测量外螺纹常用的测量方法有影像法、轴切法和干涉法。本实验采用影像法。对螺纹零件最好采用对焦杆调节物镜焦距，即在测量螺纹零件前先用对焦杆调焦，再放上被测件进行测量。由于影像法测量圆柱形或螺纹零件时，测量误差与仪器光圈大小有关，因此还应调节仪器光圈的大小。实验时应选用的光圈可从工具显微镜备有的光圈与被测件直径对应表中查出。

由于螺纹零件有螺旋升角 φ，因此测量时要将仪器立柱倾斜 φ 角，使光线沿螺旋线方向射入物镜，以达到影像清晰而不发生畸变的目的。立柱倾斜的方向不但与螺纹旋向有关，而且在分别测量同一螺纹对径位置上的两个牙侧时，应该反向（立柱倾斜方向相反）。图 10-21 所示为测量右旋螺纹时立柱应该倾斜的两个方面。当测量图 10-21 中的 A 位置时，立柱同物镜一起向左倾斜；当测量图 10-21 中 B 位置时，立柱同物镜一起向右倾斜。当测量左旋螺纹时，立柱倾斜方向与上述方向相反。

螺旋升角 φ 可按下式计算：

$$\tan\phi = \frac{np}{\pi d_2}$$

式中，P 为螺距；n 为螺纹线数；φ 为螺旋升角；d_2 为中径。

以上测量必须认真仔细地操作，否则将引起较大测量误差。

现就中径、螺距、半角的测量分别叙述如下。

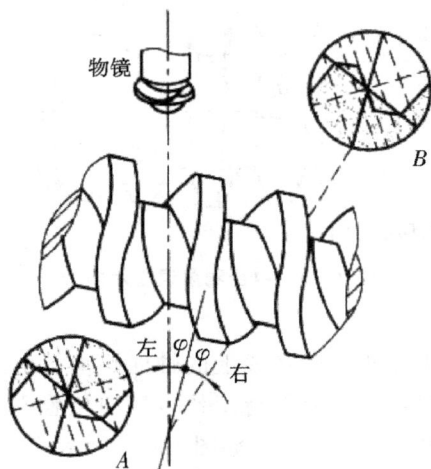

图 10-21　测量右旋螺纹时立柱应该倾斜的两个方面

（2）中径测量

对于奇数头螺纹，其实际中径等于轴向截面内任一对径位置上两个牙侧在垂直于轴线方向上的距离。因此，测量中径时首先要在纵横两个方向移动工作台，使目镜中米字线的中虚线 A'-A' 与某一牙侧的影像边缘重合对准，且米字线的交点约在牙侧中部，如图 10-22 中的 A 位置，记下横向（y 方向）第一个读数。然后纵向（x 方向）位置不动，横向移动工作台使虚线 A'-A' 至图 10-22 中 B 位置，记下横向第二个读数。两次横向读数之差即为实际中径。

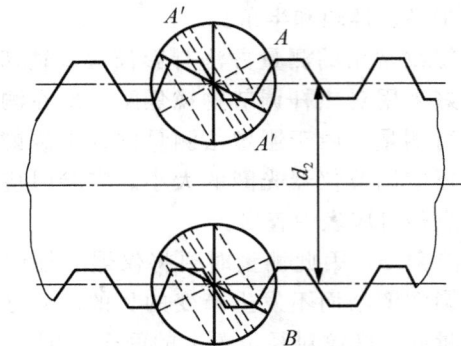

图 10-22　测量中径示意图

注意，米字线从 A 位置移动到 B 位置时，应将立柱反向倾斜。

由于零件安装于顶尖时，零件轴线与工作台的纵向移动方向可能不平行（称安装误差），如图 10-23 所示，因此任意测量一个中径值就将其作为测量结果，必将带来测量误差。从图中可以看出 $d_2' < d_{2实}$，$d_2'' > d_{2实}$。为减少安装误差对测量结果的影响，对普通螺纹需分别测出 d_2' 及 d_2''，取二者的平均值作为实际中径 $d_{2实}$，即

$$d_{2实} = \frac{d_2' + d_2''}{2}$$

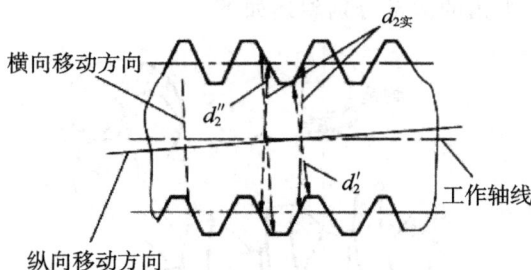

图 10-23　中径测量误差示意图

（3）螺距测量

螺距是相邻两牙的同侧牙侧在中径线上的轴向距离。由此可知，螺距的测量与中径的测量方法类似，只是螺距测量要保持工作台横向位置不变，仅做纵向移动。相邻两牙实际螺距为相应两次纵向读数之差，如图 10-24 所示。

同样，为了消除被测螺纹的安装误差对测量结果的影响，对普通螺纹需分别测出 $P_左$、$P_右$，并取其平均值作为实际螺距 $P_实$，如图 10-25 所示，即

$$P_{实} = \frac{P_{左} + P_{右}}{2}$$

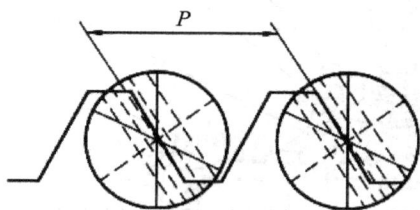

图 10-24　螺距测量示意图

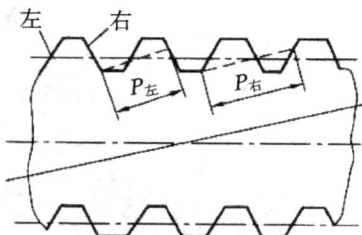

图 10-25　实际螺距测量

(4)牙形半角测量

牙形半角 $\alpha/2$ 是在螺纹轴向截面内牙侧与螺纹轴线的垂线间的夹角。通常牙形半角的测量在螺距或中径测量过程中同时进行,即当中虚线与牙侧影像对准重合后,从测角读数目镜中读取角度数。

同样,为消除工件安装误差对测量结果的影响,对普通螺纹需分别测出 $\frac{\alpha}{2}$ I,$\frac{\alpha}{2}$ II、$\frac{\alpha}{2}$ III 和 $\frac{\alpha}{2}$ IV 并分别计算左、右牙形半角的平均值,如图 10-26 所示。

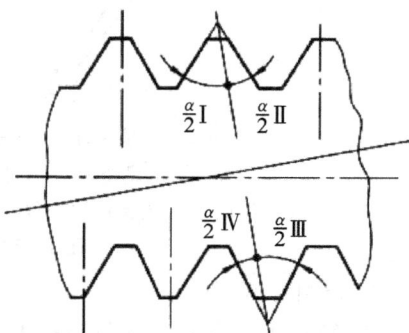

图 10-26　牙形半角测量示意图

牙形半角的测量结果为

$$\frac{\alpha}{2}左 = \frac{\frac{\alpha}{2} \text{I} + \frac{\alpha}{2} \text{IV}}{2}$$

$$\frac{\alpha}{2}右 = \frac{\frac{\alpha}{2} \text{II} + \frac{\alpha}{2} \text{III}}{2}$$

10.7.2　万能工具显微镜测量操作

1. 仪器结构

图 10-27 所示为万能工具显微镜外形。仪器有两个拖板。纵向拖板 11 上装有顶尖座 2 和平工作台 3,它可沿 x 方向移动,移动量由纵向读数装置 10 读取。件 12 为纵向移动装置。横向拖板 4 上装有立柱 7 及主显微镜 6(也称物镜或测角目镜),测量零件时件 6 主要起瞄准作用。件 13 为横向移动装置,移动量由横向读数装置 9 读取。件 5 为立柱倾斜手轮,可使立柱左、右倾斜,测量螺纹零件时使用。件 8 为光圈调节环。仪器备有光圈与直径对照表,测量圆柱或螺纹零件时使用。

综上所述,工具显微镜为一直角坐标测量系统,由于其备有多种附件,因此可以完成复杂的测量工作,如螺纹测量等。

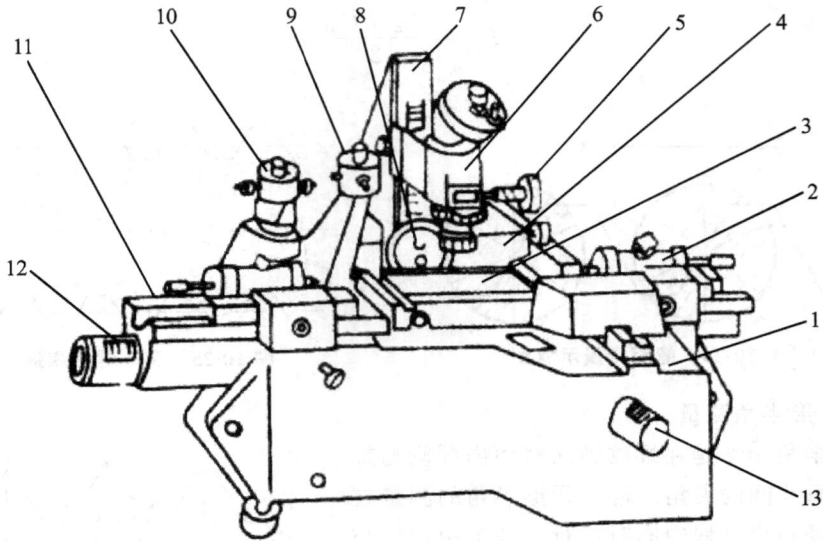

1—基座；2—顶尖座；3—平工作台；4—横向拖板；5—立柱倾斜手轮；
6—侧角目镜；7—立柱；8—光圈调节环；9—横向读数装置；
10—纵向读数装置；11—纵向拖板；12—纵向移动装置；13—横向移动装置

图 10-27　万能工具显微镜外形图

2. 检测步骤

(1)转动主显微镜上的目镜视度调节环，使目镜中的米字线清晰可见。

(2)利用对焦杆调节好物镜焦距。

(3)将被测丝杠安装在仪器两顶尖之间。转动光圈调节环至所需光圈数位置。

注意，对于丝杠测量，左、右螺距不能取平均值。左、右半角也不能取平均值。因此在此进行丝杠测量时，必须精确找正丝杠的位置，以尽可能减少安装误差对测量结果的影响。

(4)按检测报告的要求，进行螺距和半角的测量。此步骤的仪器操作见本实验的螺纹测量介绍。

(5)进行螺距偏差的计算或图解。

对于丝杠螺距偏差，包括单个螺距偏差和螺距累积偏差，它们均可通过计算或图解得到，具体方法请见数据处理。

(6)判断丝杠合格性。合格条件为半角下偏差≤半角偏差≤半角上偏差。

习题 10

简答题

1. 非整圆弧的测量的方法有哪些？

2. 简述弓高弦长法测量非整圆的测量步骤。

3. 简述光电自准直仪的工作原理。

4. 简述精密测量技术的发展方向。

🏠 大国工匠　大国成就

　　"大国工匠"是这样练成，那就是必须深入一线，认真学习，把所有的技术吃透、搞懂，才能不断创新创造。青年强，则国家强。当代中国青年生逢其时，施展才干的舞台无比广阔，实现梦想的前景无比光明。广大青年要坚定不移听党话、跟党走，怀抱梦想又脚踏实地，敢想敢为又善作善成，立志做有理想、敢担当、能吃苦、肯奋斗的新时代好青年。

王伟挺举中国大飞机翱翔蓝天

参考文献

1. 冯丽萍. 公差配合与机械测量. 北京：机械工业出版社，2011 年 12 月
2. 邹吉权. 公差配合与技术测量. 重庆：重庆大学出版社，2011 年 5 月
3. 董先智、于延军、金志涛. 公差配合与机械测量. 北京：教育科学出版社，2015 年 12 月
4. 张继东. 机械测量入门与提高. 北京：机械工业出版社，2011 年 5 月
5. 杨好学. 互换性与技术测量. 西安：西安电子科技大学出版社，2010 年 5 月
6. 曾秀云. 公差配合与技术测量. 北京：机械工业出版社，2010 年 8 月
7. 应琴. 机械精度设计与检测. 成都：西南交通大学出版社，2011 年 5 月
8. 毛平淮. 互换性与测量技术基础(第 3 版)北京：机械工业出版社，2016 年 10 月
9. 刘在金. 公差配合与测量技术. 北京：中国人民大学出版社，2011 年 11 月
10. 高莉莉、李志虎、赖华清. 互换性与技术测量. 上海：同济大学出版社，2014 年 6 月
11. 朱士忠. 精密测量技术常识(第 3 版). 北京：电子工业出版社，2011 年 8 月
12. 李敏. 精密测量与逆向工程. 北京：电子工业出版社，2015 年 2 月
13. 甘永立. 几何量公差与检测(第十版). 上海：上海科学技术出版社，2013 年 11 月
14. 孙长库、胡晓东. 精密测量理论与技术基础. 北京：机械工业出版社，2015 年 9 月
15. 张海光、胡庆夕. 现代精密测量实践教程. 北京：清华大学出版社，2014 年 9 月
16. 郭旗. 精密测量与无损检测. 西安：西安交通大学出版社，2014 年 3 月
17. 邢闽芳、房汉强、兰利洁. 互换性与技术测量. 北京：清华大学出版社，2011 年 6 月
18. 马恒、孙素荣. 公差配合与测量技术. 北京：机械工业出版社，2017 年 1 月
19. 魏斯亮、李时骏. 互换性与技术测量(第 3 版). 北京：北京理工大学出版社，2014 年 9 月
20. 王伯平. 互换性与测量技术基础(第 4 版). 北京：机械工业出版社，2013 年 9 月
21. 李柱. 互换性与测量技术几何产品技术规范与认证 GPS. 北京：高等教育出版社，2008 年 12 月
22. 廖念钊. 互换性与技术测量. 北京：机械工业出版社，2002 年 12 月
23. 甘永立. 几何量公差与检测实验指导书. 上海：上海科学技术出版社，2013 年 11 月
24. 胡凤兰. 互换性与测量技术基础. 北京：高等教育出版社，2005 年 6 月
25. 沈学勤、李世雄. 极限配合与技术测量. 北京：机械工业出版社，2002 年 12 月
26. 陈于萍、高晓康. 互换性与测量技术. 北京：高等教育出版社，2005 年 6 月
27. 卢志珍、闫维建. 互换性与测量技术基础学习指导及习题集. 北京：机械工业出版社，2006 年 6 月
28. 杜水峰、胡长对. 基于优先数系的工程参数记忆方法. 北京：装备制造技术，2009 年 9 月